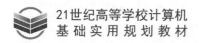

21世纪高等学校计算机
基础实用规划教材

U0168176

# Python应用程序设计

◎ 易建勋 编著

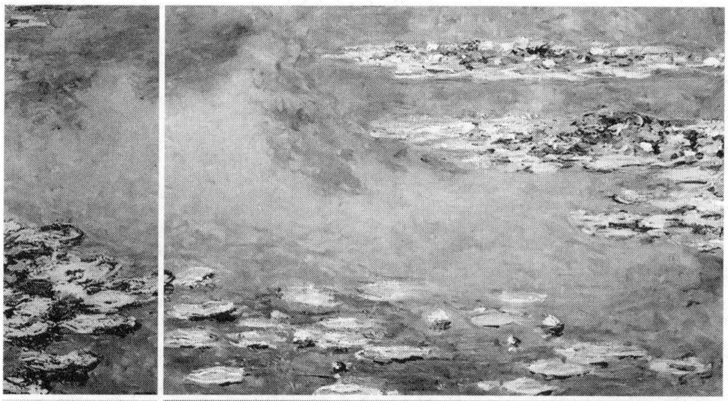

清华大学出版社
北京

## 内 容 简 介

本书内容包括程序设计基础和应用程序设计两大部分。程序设计基础部分内容简单，易学易用；应用程序设计部分包括图形用户界面程序设计、文本分析程序设计、可视化程序设计、数据库程序设计、大数据程序设计、人工智能程序设计、简单游戏程序设计和其他应用程序设计（如图像处理程序设计、视频处理程序设计、语音合成程序设计和科学计算程序设计）等内容。

本书由多个教学模块组成，便于不同专业采用不同模块组合的方式进行教学。本书列举了600多道程序例题，此外还提供了丰富的教学资源，包括PPT课件、习题参考答案、程序案例源代码以及书中涉及的软件包、数据集、语料库等。

本书适合作为大学本科学生的教材，也适合作为Python程序设计初学者的参考用书。



**图书在版编目(CIP)数据**

Python应用程序设计/易建勋编著. —北京：清华大学出版社，2021.4 (2021.11重印)
21世纪高等学校计算机基础实用规划教材
ISBN 978-7-302-57633-4

Ⅰ. ①P… Ⅱ. ①易… Ⅲ. ①软件工具－程序设计－高等学校－教材 Ⅳ. ①TP311.561

中国版本图书馆CIP数据核字(2021)第037427号

**责任编辑**：闫红梅　张爱华
**封面设计**：刘　键
**责任校对**：胡伟民
**责任印制**：刘海龙

**出版发行**：清华大学出版社
**网　　址**：http://www.tup.com.cn，http://www.wqbook.com
**地　　址**：北京清华大学学研大厦A座　　**邮　　编**：100084
**社 总 机**：010-62770175　　**邮　　购**：010-83470235
**投稿与读者服务**：010-62776969，c-service@tup.tsinghua.edu.cn
**质量反馈**：010-62772015，zhiliang@tup.tsinghua.edu.cn
**课件下载**：http://www.tup.com.cn，010-83470236
**印 装 者**：三河市龙大印装有限公司
**经　　销**：全国新华书店
**开　　本**：185mm×260mm　　**印　　张**：25.25　　**字　　数**：635千字
**版　　次**：2021年5月第1版　　**印　　次**：2021年11月第2次印刷
**印　　数**：1501～3000
**定　　价**：69.00元

产品编号：091108-01

# 前 言

本书主要介绍 Python 程序设计的基础知识和应用程序设计，努力提高读者的编程水平，增强读者利用 Python 程序设计语言解决应用问题的能力。

## 本书特色

(1) 模块化教学。本书将 Python 程序设计分为程序设计基础（即基础部分）和应用程序设计（即应用部分）两大部分，基础部分遵循简单易学原则；应用部分力求解决实际问题。应用部分由多个专业教学模块组成，便于不同专业采用不同模块组合的方式进行教学。

(2) 程序案例教学。本书从学生的角度出发，按照学生理解问题的思路和方式进行写作，力求内容通俗易懂。本书列举了 600 多道程序例题，其中很多典型应用程序案例可以作为课程设计的参考题目。作者期望通过"案例—模仿—改进—创新"的学习方法，使读者快速掌握 Python 语言的程序设计方法，帮助读者利用所学的 Python 程序语言知识，解决专业领域的具体问题。

(3) 丰富的教学资源。教材提供的教学资源有 PPT 课件、习题参考答案、程序案例源代码以及书中涉及的软件包、数据集、语料库等；此外还提供了程序案例中的图片、音频、视频、文本、分类器、字体等资源。

## 主要内容

本书按模块化设计，分为两部分。

第 1～6 章为程序设计基础，篇幅占全书的 40%左右。这部分内容比较浅显，避免了冗长繁杂的编程语法，对应用较少的程序语言功能（如迭代器、生成器、装饰器、断言、协程等）极少讨论。除第 5 章中的 CSV 和 Excel 文件读写案例外，第 1～6 章程序案例中的函数调用都使用标准函数，没有采用第三方软件包，这方便了课程实验教学。简单地说，**第 1 部分内容主要面向文科和理工科各个专业的程序设计基础教学**。

第 7～14 章为应用程序设计，篇幅占全书的 60%左右。这部分内容根据不同专业的教学需求进行编写。对这部分内容，不同专业可以选择不同的章节模块。如文科专业可以选择其中的文本分析、可视化程序设计等模块进行教学；工科专业可以选择可视化、数据库、大数据等模块进行教学；人工智能、简单游戏、图像处理、科学计算等教学模块可以作为课程设计内容。简单地说，**第 2 部分内容主要面向更深入的应用程序设计教学**。

## 教学建议

教学中建议注意以下内容。

(1) 软件包选择。Python标准库函数丰富,另外还有大量非常成熟的第三方软件包,这对应用程序设计非常有利,但是也带来了选择难题。例如,可视化程序设计中,Python自带的Turtle模块可以绘制一些简单的几何图形,但是数据处理功能很弱;第三方软件包Matplotlib的商业可视化图形设计功能很强大,但是动态数据图形处理能力很弱;其他第三方可视化软件包往往是某一方面的功能强大,其他功能很弱,如WordCloud仅词云可视化功能强大,PyEcharts仅地图可视化功能强大,NetworkX仅社交网络可视化功能强大等。大数据、数据库、人工智能、图像处理等软件包都存在同样的问题。本书虽然提供了多种方案解决这些问题,但是**教学中并不需要介绍所有程序设计模块**。建议每个章节重点介绍2个左右,其他模块让学生在课程实验或课程设计中完成更好。

(2) 教学要点。第1部分的程序设计基础内容比较简单,不存在太多学习困难。第2部分的应用程序设计中,由于涉及的软件模块较多,部分软件包会涉及一些专业背景知识。因此,建议将教学重点放在核心函数的应用上。尤其是软件包中的核心函数,教学中可以重点介绍核心函数的功能、核心函数的主要参数及其含义与设置等。在今后的专业课程教学中,会讲解到这些函数采用的算法思想。本书的重点是程序设计,建议在教学中重点讲解核心函数的使用方法,淡化函数的算法原理和专业背景知识。通俗地说,就是"**不要问汽车如何造,而要问汽车如何开**"。

(3) 问题处理。程序设计往往会遇到很多问题。**Python程序调试中遇到最多的问题是文件路径、程序中的逗号、中文乱码和软件包版本不匹配**。本书在1.2.6节讨论了路径问题;在4.4.2节讨论了逗号等问题;在8.2.3节讨论了乱码问题;软件包版本不匹配问题分散在各章节进行讨论。在此特意提醒读者注意这些问题。对于大部分可能遇到的问题,本书都提供了解决的方法和案例。但是,任何图书都无法解决程序设计中的所有问题。因此,**应当鼓励学生利用网络资源和动手实验来解决问题**。

## 本书说明

(1) 为了使读者快速理解书中的程序案例,书中的程序都进行了详细注释,这些注释大部分是说明程序的语法规则和语句功能。在软件工程实际中,程序注释不需要说明程序语法规则,而是告诉别人程序语句的意图和想法,增强程序的易读性。

(2) 程序中的空行会使程序结构看起来更加清晰明了,在程序代码中适当增加空行是一个良好的编程习惯。遗憾的是,受篇幅的限制,本书的程序代码压缩了所有空行,这使一些程序看起来有些局促拥挤,这实在是无奈之举。

(3) 为了解决程序案例实用性与个人隐私的矛盾,书中的人物姓名一部分来自文学名著,另一部分由Python程序自动生成,如有雷同,纯属巧合。

(4) Python是一种多范式编程语言,它可以采用命令式编程、过程式编程、事件驱动编程、面向对象编程、函数式编程等。多范式编程语言不可避免地会存在同一概念不同名称的情况发生。特别是"函数"的概念,过程式编程时称为"函数",面向对象编程时称为"方法";函数式编程中,"函数"的概念又会有所不同。本书对"函数"与"方法"两个概念不做严格区分,大部分情况下统称为"函数"。其他名词如"属性""特征""标签""数组"等,在不同的软件包中，它们的概念都会存在一些差异。

(5) 一种良好的编程方法是修改程序案例中某些语句或参数，看看会发生些什么。虽然不会总是得到一个期望的结果，但即使程序出错，也能增加读者的编程经验。

## 代码约定

(1) 书中程序案例均在以下环境中调试通过：中文简体 Windows 10(64 位)、Python 3.7(32 位)和 Python 3.8(32 位)、MySQL 8.0.17(32 位)以及其他相应的第三方软件包或模块(32 位)；程序调试环境为 Python 自带的 IDLE。由于软件设计遵循向下兼容原则，在更高版本的软件环境(如 64 位环境)下，运行本书中的程序案例，会具有更好的性能。

(2) 程序案例中使用的软件包较多，为了避免引起混淆，在程序注释中，凡是有"导入第三方包"时，说明这个程序需要安装相应的第三方软件包；程序注释中，有"导入标准模块"时，说明模块已由 Python 安装，不需要再另外安装软件包；程序注释中，有"导入自定义模块"时，说明这个模块由读者编写，并且存放在程序指定目录下。

(3) 本书的程序案例源代码和相应资源均存放在 d:\test\01～d:\test\14 子目录(如 d:\test\01\E0123.py)中。读者调试部分程序案例(如需要载入数据集等文件)时，应当在硬盘建立相应目录，并且存放相应资源，或者修改程序案例中相关语句的路径。

(4) 部分程序案例的输出很长，为了压缩篇幅，书中省略了一些输出信息；部分多行短数据的程序输出，也合并在一行中书写。为了区别程序语句与程序输出，案例中的程序行和命令行都标注了行号，而程序输出信息则不标注行号，以示区别。

(5) 一些函数语法格式中，方括号[,x]内的参数 x 表示可选参数，输入可选参数 x 时，[]不需要输入，但是其他符号(如逗号)需要输入。

## 读者反馈

非常欢迎读者对本书提出反馈意见，让我们了解您对本书的看法：您喜欢哪些内容，不喜欢哪些内容，哪些内容讲解过于啰嗦拖沓，哪些内容还需要更加深入地讨论，等等。这些反馈对我们很重要，它有助于我们编写出对读者真正有帮助的教材。

尽管我们已经竭尽全力确保内容的准确性，但错误在所难免。如果您发现了书中的错误，无论是正文错误还是代码错误，希望您能将它反馈给我们，我们将不胜感激。这样不仅能够减少其他读者的困惑，还能帮助我们提高本书后续版本的质量。

如果您对书中某个问题存有疑问或不解，请联系我们，我们会尽力为您做出解答。您可以发送邮件至清华大学出版社客服邮箱 c-service@tup.tsinghua.edu.cn。

## 致谢

本书由易建勋老师(长沙理工大学)编著，参加编写工作的还有周玮老师(四川工商学院)、唐良荣老师(长沙理工大学)、廖寿丰老师(湖南行政学院)、冯桥华老师(安顺职业技术学院)、李冬萍老师(昆明学院)等。因特网技术资料给作者提供了极大帮助，在这里对这些作者也表示真诚的感谢。

尽管我们非常认真、努力地编写本书，但水平有限，书中难免有疏漏之处，恳请各位同仁和读者给予批评指正。

本书提供了大量课程教学资源，如果教师在教学中需要这方面的资源，可登录清华大学出版社网站(http://www.tup.tsinghua.edu.cn/index.html)下载。

易建勋

2021 年 2 月

# 目　录

## 第1部分　程序设计基础

## 第2部分 应用程序设计

# 第1部分　程序设计基础

# 第1章 基础知识

计算机程序语言是人与计算机之间的交流语言。计算机的基本特征是不断地执行指令,这些指令由一些符号和数字组成,它们基于某些语法规则,完成一些特定的操作,这些指令的集合就是计算机程序语言。计算机的每一个操作都是在执行程序中的指令。

## 1.1 安装与运行

### 1.1.1 Python 语言的特征

Python(读作[派森],蟒蛇)是一种解释型、面向对象、动态数据类型的高级程序设计语言。Python 语言由荷兰计算机科学家吉多·范·罗苏姆(Guido van Rossum)1989 年发明。

**1. Python 语言的基本特征**

Python 是一种开源(开放源代码)程序设计语言,它遵循 GPL(通用公共授权)协议,Python 程序大部分都用源代码的形式发布。Python 程序可以跨平台,程序可以在 Windows、Linux、Android、UNIX 等系统中使用。Python 是一种胶水语言,它可以实现与 C/C++、Java、. Net 等开发平台的混合编程。**Python 语言最大的特点是语法简洁和资源丰富**。Python 语言的优势不在于运行效率,而在于高效率开发和高可维护性。几乎所有 Linux 发行版都内置了 Python 解释器。

**2. Python 语言的优点**

(1) 简单易学。**对初学者来说,简单非常重要**。Python 语言是一种代表简单主义思想的编程语言,为了让代码具备高度的可读性,Python 语言拒绝花哨的语法。Python 语言取消了指针数据类型,**语言解释器自动进行内存垃圾回收**(即内存清理);Python 语言不需要在程序开头定义变量的数据类型和数据长度,程序中使用某个变量时,系统可以自动识别变量的数据类型,自动分配数据精度和数据存储长度;Python 语言简化了面向对象的实现方法。

(2) 软件包功能强大。开发应用程序时,程序员除了编写程序代码外,还需要很多已经写好的程序(标准模块库、第三方软件包等),它可以加快程序开发进度。

Python 语言提供了功能丰富的标准函数模块,它们无须另外安装,可以在程序中直接调用。Python 官方网站(https://pypi.python.org/pypi)还提供了大量免费第三方软件包(第一方为 Python 标准模块,第二方为用户程序模块,第三方为其他团队提供的开源软件包)。Python 官方网站(https://pypi.org/)列出的第三方软件包达 28 万多个,共有 374 万个程序模块(截至 2021 年 1 月),这些软件包覆盖了各个领域的大部分技术方向。用 Python 语言开发程序,许多功能不必从零开始编写,直接调用标准函数模块或第三方软件包的函数即可。

### 1.1.2 Python 的下载和安装

**1. 选择 Python 版本**

Python 官方网站发行的 Python 版本繁多,按操作系统划分,有源代码版、Windows 版、Mac OS X 版、Linux/UNIX 版;按 Python 解释器划分,有 CPython、IronPython、Jython、PyPy 等解释器;按兼容性划分,有 Python 2.x 和 Python 3.x 两个互不兼容的版本;按操作系统和 CPU 的位宽划分,有 32 位版和 64 位版。用户需要根据自己的应用环境选择相应版本。32 位版本的 Python 与第三方软件包的兼容性比较好(有些软件包没有 64 位版),本书所有案例均采用 Python 3.7 和 Python 3.8 for Windows 32 位版测试通过。

**2. 下载 Python 软件**

步骤 1:打开浏览器,在地址栏输入 Python 官方网址 https://www.python.org/。

步骤 2:在官方网站首页选择 Downloads→Windows 命令。

步骤 3:如图 1-1 所示,页面中有多种 Python 版本可供下载,其中 Windows x86 为 32 位版本,Windows x86-64 为 64 位版本。安装 32 位版本时,单击 Windows x86 executable installer 选项后,系统自动开始下载该软件。

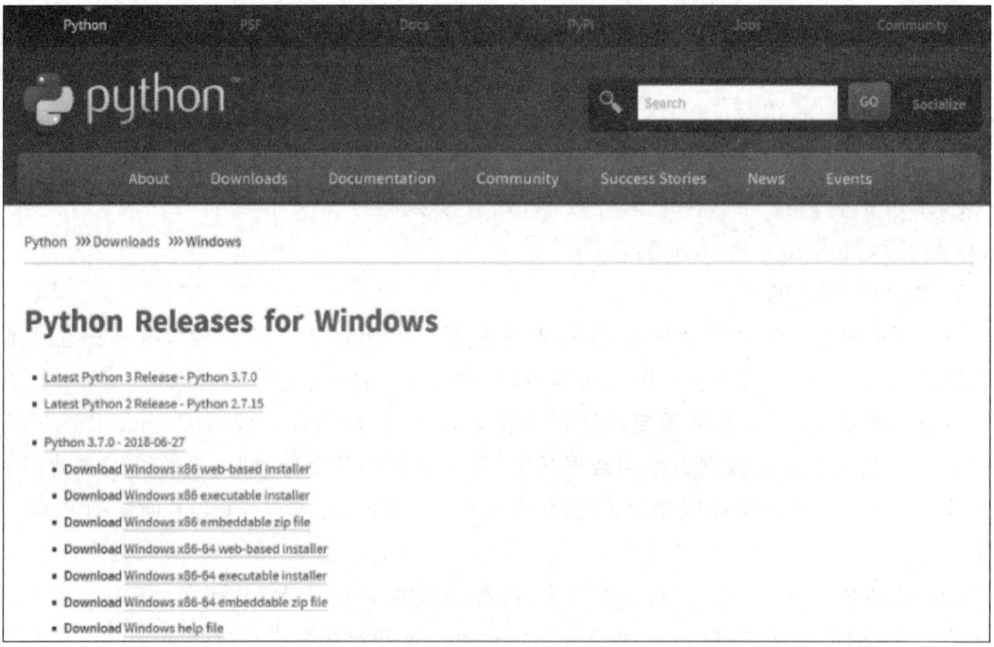


图 1-1　Python 官方网站 Python 3.7 下载页面

**3. Python 安装过程**

步骤 1:在下载目录中找到下载的 Python 安装文件 Python-3.7.0.exe。注意,每个用户自定义的下载目录有所不同,如果没有找到下载文件,可以在 Windows 资源管理器的"搜索栏”中查找下载文件。找到 Python-3.7.0.exe 文件后，双击这个文件，就会弹出 Python 程序安装向导对话框，如图 1-2 所示。

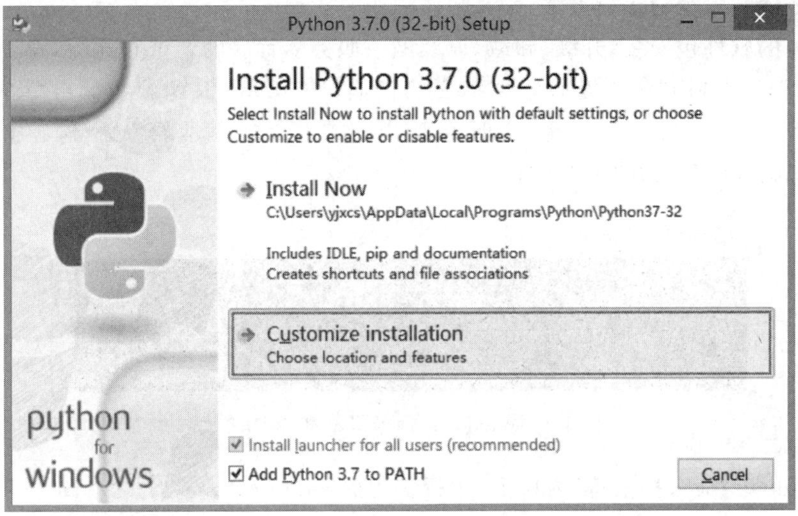


图 1-2　Python 3.7.0 程序安装向导对话框

步骤 2：勾选 Add Python 3.7.0 to PATH 复选框（很重要），添加路径的环境变量。

步骤 3：单击 Customize installation（个人定制安装），这时出现安装选项窗口，默认为勾选所有项目（很重要）；然后单击 Next 按钮进入下一步安装。

步骤 4：如图 1-3 所示，注意勾选 Install for all users 复选框，然后在 Customize install location（自定义安装位置）栏目下，将安装路径修改为 D:\Python37（或其他目录名称），然后单击 Install 按钮进入正式安装过程。

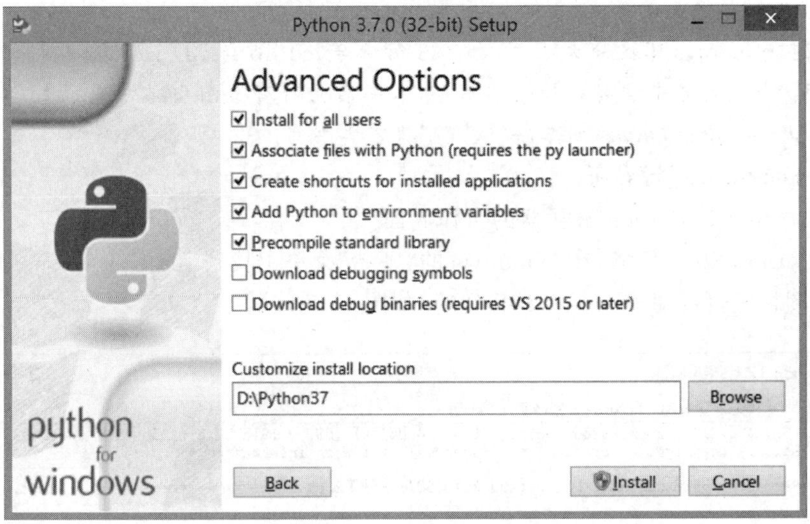


图 1-3　修改 Python 3.7 安装目录

步骤 5：如果没有意外，将会出现 Python 安装完毕窗口，关闭窗口即可。

### 1.1.3 Python 程序的运行

**1. Windows 命令行运行方法**

Python 的软件包安装、升级、卸载，以及网络服务器程序的调试和运行，都需要用到“命令提示符”窗口。调用“命令提示符”窗口的方法是：按 Win+R 组合键调出“运行”窗口，在窗口中输入 cmd 后按 Enter 键，这时会弹出一个“命令提示符”窗口，窗口将会显示 Windows 的版本信息，如图 1-4 所示。

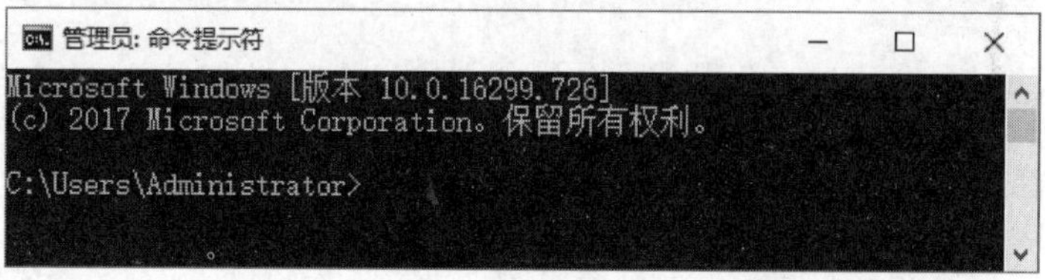


图 1-4　Windows“命令提示符”窗口界面

在 Windows“命令提示符”窗口下，运行常用的 cmd 命令。

| | | |
|---|---|---|
| 1 | C:\Users\Administrator > d:[CR] | # 命令 d:为进入 d 盘分区，[CR]为回车符 |
| 2 | D:\> cd\python[CR] | # 命令 cd\python 为进入 d 盘下 Python 目录 |
| 3 | D:\Python > cd lib[CR] | # 命令 cd lib 为进入 Python 目录的下级子目录 Lib |
| 4 | D:\Python\Lib > dir[CR] | # 命令 dir 为查看 d:\Python\Lib 目录下所有文件 |
| | …(输出略) | # 显示当前目录下所有文件，信息 dir 表示是子目录 |
| 5 | D:\Python\Lib > cd.. [CR] | # 命令 cd..为退出本级目录 Lib，进入上级目录 Python |
| | D:\Python > | # 显示当前路径 |

**说明 1**：上例中，“>”为命令提示符，在“>”前面的字符为路径，在“>”后面的字符为用户输入的命令或程序名。输入 cmd 命令后，按 Enter 键执行。

**说明 2**：Windows 不区分大小写，如第 3 行命令，cd lib 与 CD LIB 均可。

**说明 3**：为了使书中案例更加简单明了，本书后面所有案例中，“>”前面的路径(如 D:\Python >)和 cmd 命令后面的回车符“[CR]”将不再书写。

**2. Python Shell 运行界面**

Python Shell 是 Python 解释器的工作界面。

启动 Python Shell 环境，在 Windows 的“开始”菜单中找到 IDLE(Python 3.7 32bit)图标，单击该图标即可启动 Python Shell 环境，如图 1-5 所示。

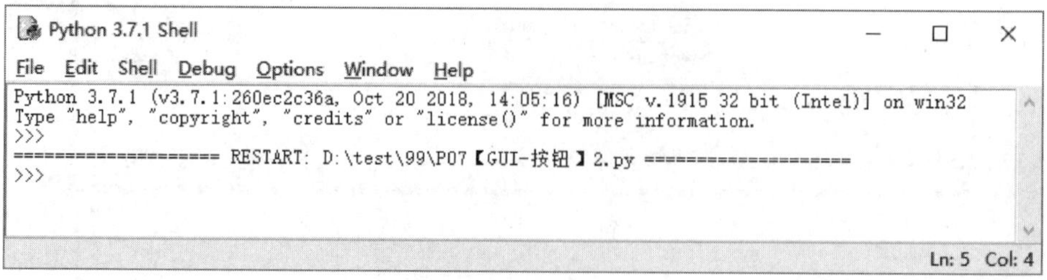


图 1-5　Python Shell 运行界面(即 Python 解释器)

Python Shell 环境中，以“>>>”符号作为 Python 解释器的提示符（注意，Windows 命令提示符为“>”）。可以在提示符“>>>”后输入 Python 命令或程序语句。注意，本书所有案例中，提示符“>>>”不需要输入。

**3. Python 的 IDLE 编程环境**

Python Shell 环境可以用于程序指令的逐条运行，并且即时显示程序运行结果。但是 Python Shell 只提供了行编辑功能（一次只能编辑一行），这对编写多条指令组成的程序非常不方便。因此，Python 自带了 IDLE（Python 简易集成开发环境，用 Python 编写）编程环境，在 IDLE 中可以进行大型程序的编辑、调试、打开、保存等操作。

(1) 启动 IDLE 环境。在 Windows 下启动 Python Shell 环境。在 Python Shell 窗口中选择 File→New File 命令，即可进入 IDLE 编程环境，如图 1-6 所示。

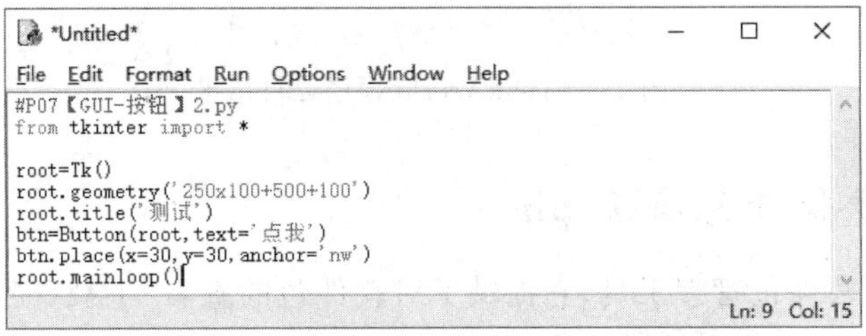


图 1-6　Python IDLE 编程环境（即 Python 自带 IDE）

(2) 保存文件。可以在 IDLE 窗口中编写 Python 程序，编程完成后，在 IDLE 菜单中选择 File→Save As 命令，在弹出的对话框中选择路径并对程序命名，然后单击“保存”按钮，可以保存程序文件。

(3) 检查语法。在 IDLE 菜单中选择 Run→Check Module 命令，检查程序是否有语法错误。

(4) 运行程序。在 IDLE 菜单中选择 Run→Run Module 命令，可以运行程序。

**4. 测试程序**

**【例 1-1】** 在 Python 的 Shell 环境下运行 Python 命令。

```
1  >>> print('Hello World! 你好，世界！')      # 在 Shell 下输入 Python 命令，按 Enter 键执行
   Hello World! 你好，世界！                   # 命令运行结果
2  >>>(1 + 2) * (8 - 4)                        # 在 Shell 下输入 Python 命令，按 Enter 键执行
   12                                          # 命令运行结果
```

**说明 1：** 在 Python 的 Shell 提示符>>>输入命令时，命令前面不需要输入空格。

**说明 2：** 按 Alt+P 组合键浏览上一条使用过的语句；按 Alt+N 组合键浏览下一条使用过的语句。

**【例 1-2】** 在 Python IDLE 环境编写图形用户界面（GUI）程序，程序如下。

```
#E0102.py                      #【HelloWorld 程序】
import sys                     # 导入标准模块 - 系统
import tkinter                 # 导入标准模块 - 图形窗口
win = tkinter.Tk()             # 定义主窗口
```

```
win.title('测试')                                                  # 定义窗口标题
win.minsize(200, 100)                                              # 设置窗口大小(长×高)
tkinter.Label(win, text = 'Hello World!').pack()                   # 定义窗口显示内容
tkinter.Label(win, text = '你好,Python').pack()
tkinter.Button(win, text = '退出', command = sys.exit).pack()       # 定义按钮,将命令与按钮绑定
win.mainloop()                                                     # 启动主循环,显示窗口
>>>                                                                # 程序运行结果如图 1-7 所示
```

图 1-7　HelloWorld 程序运行结果

## 1.1.4　第三方软件包安装 pip

pip 是 Python 软件包管理工具,它提供了对软件包的查看、下载、安装、升级、卸载等功能。pip 的优点是它不仅能在线下载软件包,而且会把相关的依赖软件包也一起下载安装。在 Python 3.4 及后续版本中,Python 自动安装了 pip、pip3、pip3.x 等工具。

**1. pip 常用命令和参数**

pip 常用命令和参数如表 1-1 所示。

**表 1-1　pip 常用命令和参数说明**

| 命令格式 | 说明 |
|---|---|
| pip--help | 查看 pip 帮助信息 |
| pip install 包名 | 从官方网站在线安装第三方软件包 |
| pip install -i 镜像网站名 包名 | 从镜像网站在线安装第三方软件包 |
| pip install 包名 --upgrade | 从官方网站在线升级第三方软件包 |
| pip install-i 镜像网站名 包名 -U | 从镜像网站在线升级第三方软件包 |
| pip uninstall 包名 | 卸载本地(本机)指定的第三方软件包 |
| pip show 包名 | 查看指定安装第三方软件包详细信息 |
| pip list | 查看当前已安装的第三方软件包和版本号 |
| pip list --outdated | 检查哪些第三方软件包需要更新 |
| pip -V | 查看 pip 版本和安装目录(注意 V 大写) |

注意，以上命令均运行在 Windows 或 Linux 命令提示符下(即 Shell 环境)。

**2. 第三方软件包资源网站**

官方网站速度较慢或者无法连接时,可在国内镜像网站(见表 1-2)安装软件包。

**表 1-2　第三方软件包资源下载网站**

| 名称 | 网址(URL) | 说明 |
|---|---|---|
| PyPi | https://pypi.python.org/simple 或 https://pypi.org | Python 官方网站 |
| 加州大学欧文分校 | https://www.lfd.uci.edu/~gohlke/pythonlibs | 国外离线包下载网站 |

续表

| 名　称 | 网址(URL) | 说　明 |
|---|---|---|
| 清华大学 | https://pypi.tuna.tsinghua.edu.cn/simple | 国内镜像安装网站 |
| 阿里云 | https://mirrors.aliyun.com/pypi/simple | 国内镜像安装网站 |
| 豆瓣 | https://pypi.douban.com/simple | 国内镜像安装网站 |
| 中国科技大学 | https://pypi.mirrors.ustc.edu.cn/simple | 国内镜像安装网站 |
| Python 中文网 | https://www.cnpython.com/pypi | 国内软件包下载网站 |

### 3. 第三方软件包在线安装

**【例 1-3】** pip 命令在线安装第三方软件包 NumPy。

在 Windows 下选择"开始"→"Windows 系统"→"命令提示符",输入以下命令。

```
> pip install numpy                                  # 从国外官方网站在线安装 NumPy
> pip list                                           # 查看安装软件包版本
> pip uninstall numpy                                # 卸载 NumPy 软件包
> pip install numpy = 1.18.2                         # 安装指定版本 NumPy 包
> pip install numpy -- upgrade                       # 升级 NumPy 软件包
> pip install numpy - i https://pypi.tuna.tsinghua.edu.cn/simple   # 从清华大学网站安装 NumPy
> pip list                                           # 检查软件包安装是否成功
```

### 4. 第三方软件包在线升级方法

**【例 1-4】** 升级方法 1：安装 Python 时,pip 命令也自动安装了,但是 pip 版本较低,需要进行 pip 版本升级,从 Python 官方网站升级 pip,命令如下。

```
> python - m pip install -- upgrade pip              # 从 Python 官方网站升级 pip
```

**【例 1-5】** 升级方法 2：从清华大学镜像网站升级 pip,命令如下。

```
> pip install - i https://pypi.tuna.tsinghua.edu.cn/simple pip - U       # 升级 pip
```

**说明 1**：-m 表示手工安装；-i 表示国内镜像网站安装；协议是 HTTPS 而不是 HTTP；simple 参数不能省。

**说明 2**：使用指南见清华大学镜像网站(https://mirrors.tuna.tsinghua.edu.cn/help/pypi/)。

**【例 1-6】** 升级方法 3：由于众所周知的原因,升级 pip 往往会被官方网站的服务器中断,并且反复提示各种错误。经过网络高手们的种种尝试,以下方法成功率很高。

步骤 1：不要按 Win+R 组合键调用 cmd,而是选择"开始"→"Windows 系统"→在"命令提示符"图标上右击→"更多"→"以管理员身份运行"。

步骤 2：在命令提示符下进入 Python 安装目录,如：d:按 Enter 键(进入 d 盘)→cd python37,按 Enter 键(进入 Python 安装目录),使用以下命令进行软件包镜像升级。

```
> python - m pip install -- upgrade pip - i https://pypi.douban.com/simple   # 从豆瓣网站升级 pip
```

### 5. 第三方软件包离线安装

一般情况下使用 pip install 命令在线安装 Python 第三方软件包。但是有些软件包在安装时可能会遇到困难，这时需要离线安装 whl 软件包(whl 文件是已经编译和压缩好的软件包，下载后可以直接用 pip 命令安装。注意，.gz 是 Linux 压缩文件)。

**【例 1-7】** 在线安装 WordCloud 词云制作第三方软件包时，无论从 Python 官方网站或国内镜像网站安装，都很容易安装失败，这时就需要离线安装 WordCloud 软件包。

步骤 1：从相关网站(如 https://www.lfd.uci.edu/~gohlke/pythonlibs/#wordcloud 或 Python 官方网站 https://pypi.org/)下载所需的 WordCloud 文件。注意，whl 文件名中的 cp 必须与当前使用的 Python 版本一致，如 cp37 对应 Python 3.7 版本；win32 表示对应 Windows 下 32 位 Python 版本。如 wordcloud-1.6.0-cp37-cp37m-win32.whl。

步骤 2：在 Windows"命令提示符"窗口下，用 cd 命令跳转到 whl 文件所在目录。

步骤 3：使用"pip install 文件名.whl"进行 whl 文件本机安装，如下所示。

```
> pip install wordcloud-1.6.0-cp37-cp37m-win32.whl        # 本机当前目录下安装 whl 软件包
```

注意，离线安装软件包时也需要联网，因为有些软件需要在线安装依赖包。

离线安装存在以下弊端：当第三方软件包有一个或者多个依赖包(软件包的功能依赖另外一些软件模块来支撑，如某些视频播放器就依赖于 Flash 插件)时，往往会导致安装失败。所以最好选择在线安装方式，它会自动帮你把所有依赖包都安装好。

**6. 安装中存在的问题**

安装中如果出现 ImportError：xxx 等红色提示信息时，说明安装存在错误。这时需要检查安装过程中出现了什么问题，然后根据问题进行修复。最常见的问题有网络连接故障、软件包版本不匹配、安装路径错误、用户没有管理员权限等。

安装后如果出现黄色提示信息，一般是软件更新提示信息(大部分为 pip 版本更新提示，不用管它)；如果安装后出现白色提示信息，则说明安装正常完成。

### 1.1.5 程序的解释与编译

**1. 程序的解释执行方式**

用程序语言编写的计算机指令序列称为源程序，计算机并不能直接执行用高级语言编写的源程序，源程序必须通过"翻译程序"翻译成机器指令的形式计算机才能识别和执行。源程序翻译有两种方式：解释执行和编译执行。不同的程序语言有不同的翻译程序，这些翻译程序称为语言解释器(也称为虚拟机)或程序编译器(简称为编译器)。

(1) 程序的解释执行过程。首先由语言解释器(如 Python 解释器)进行初始化工作。然后语言解释器从源程序中读取一个语句(指令)，并对指令进行语法检查，如果程序语法有错，则输出错误信息；否则，将源程序语句翻译成机器执行指令，并执行相应的机器操作。返回后检查解释工作是否完成，如果未完成，语言解释器继续解释下一个语句，直至整个程序执行完成，如图 1-8 所示。否则，进行善后处理工作。

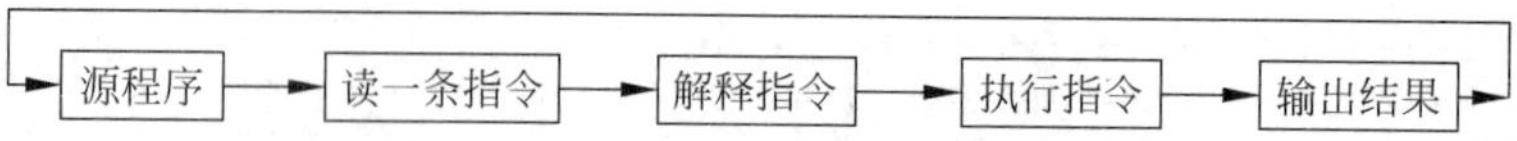

图 1-8 程序的解释执行过程

语言解释器一般包含在开发软件或操作系统内，如 IE 浏览器带有.Net 脚本语言解释功能；有些语言解释器是独立的，如 Python 解释器就包含在 Python 软件包中。

(2) 解释程序的优点。其优点是实现简单，交互性较好。动态程序语言(如 Python、JavaScript、PHP、R、MATLIB 等)一般采用解释执行方式。

(3) 解释程序的缺点。一是程序运行效率低，如源程序中出现循环语句时，解释程序也要重复地解释并执行这一组语句；二是程序独立性不强，不能在操作系统下直接运行，因为操作系统不一定提供这个程序语言的解释器；三是程序代码保密性不强，例如，要发布 Python 开发项目，实际上就是发布 Python 源代码。

**2. 程序的编译执行方式**

程序员编写好源程序后，由编译器将源程序翻译成计算机可执行的机器代码。程序编译完成后就不需要再次编译了，生成后的机器代码可以反复执行。

源程序编译是一个复杂的过程，这一过程分为以下步骤：**源程序→预处理→词法分析→语法分析→语义分析→生成中间代码→代码优化→生成目标程序→程序连接→生成可执行程序**。事实上，某些步骤可能组合在一起进行。

在编译过程中，源程序中各种信息被保存在不同表格里，编译工作的各个阶段都涉及构造、查找或更新有关表格。如果编译过程中发现源程序有错误，编译器会报告错误性质和错误代码行号，这些工作称为出错处理。

# 1.2 程序符号

## 1.2.1 保留字

保留字也称为关键字。**保留字就是程序指令**。保留字的含义是这些单词已经被 Python 使用，程序员不允许再使用保留字做变量名或函数名。Python 3.7 有 35 个保留字。

**【例 1-8】** 在 Python 的 Shell 界面下查看 Python 保留字。

```
>>> import keyword                                    # 导入标准模块 - 保留字
>>> keyword.kwlist                                    # 查看保留字
['False', 'None', 'True', 'and', 'as', 'assert', 'async', 'await', 'break', 'class', 'continue', 'def', 'del', 'elif', 'else', 'except', 'finally', 'for', 'from', 'global', 'if', 'import', 'in', 'is', 'lambda', 'nonlocal', 'not', 'or', 'pass', 'raise', 'return', 'try', 'while', 'with', 'yield']
```

Python 3.7 保留字和说明如表 1-3 所示。

**表 1-3 Python 3.7 保留字和说明(35 个)**

| 保留字 | 说明 | 保留字 | 说明 |
|---|---|---|---|
| False | 逻辑假 | from | 导入模块(与 import 配套) |
| None | 空 | global | 定义全局变量 |
| True | 逻辑真 | if | 条件判断(与 else 配套) |
| and | 逻辑与运算 | import | 导入模块 |
| as | 别名(与 import 配套) | in | 循环范围(与 for 配套) |
| assert | 断言(异常处理) | is | 身份运算符 |
| async | 协程(多任务处理) | lambda | 匿名函数 |

续表

| 保留字 | 说明 | 保留字 | 说明 |
|---|---|---|---|
| await | 挂起协程 | nonlocal | 函数外层作用域变量 |
| class | 定义类 | not | 逻辑非运算 |
| continue | 跳过剩余语句继续循环 | or | 逻辑或运算 |
| break | 跳出循环(与 with 配套) | pass | 空语句(不做任何操作) |
| def | 定义函数或方法 | raise | 主动抛出异常 |
| del | 删除元素 | return | 函数返回(与 def 配套) |
| elif | 其他选择(与 if 配套) | try | 异常处理(与 except 配套) |
| else | 否则(与 if 配套) | while | 条件循环 |
| except | 异常处理(与 try 配套) | with | 异常处理 |
| finally | 异常处理(与 try 配套) | yield | 生成器(函数返回) |
| for | 计数循环(与 in 配套) | | |

## 1.2.2 变量命名

**1. 变量**

**变量是程序中动态变化的数据**。变量有类型、值域、结构三个特征。变量可以是任意数据类型,如数字、字符串、逻辑值、空值(None)等。对数值类数据来说,值域是数据的有效位,如整数的有效位、小数的有效位;对字符型数据来说,变量的值域即数据集大小,字符型数据的值域差别很大,有时为“空”,有时为数百万个元素(如将一本小说读入一个变量中)。变量结构指变量中数据的表示和存储形式,它们有字符串、列表、元组、字典、堆栈、队列、链表、树、堆、图等形式。

**2. 常量**

常量指程序中不会变化的数据,或者说常量是变量的一种特殊形式。

**3. 变量名与内存地址**

变量是程序的重要组成部分,系统会分配一块内存区域存储变量值(命名空间),这块内存区域地址在程序中以“变量名”的形式表示。因此,**变量名本质上是一个内存地址**。程序使用变量名代表内存地址有以下原因:一是内存地址不容易记忆,变量名容易记忆;二是内存地址由操作系统动态分配,地址会随时变化,而变量名不会变化。

在程序中“给变量赋值”时,操作系统就会为这个值(数据)分配内存空间,然后让变量名指向这个值;当程序中变量值改变时,操作系统会为新值分配另一个内存空间,然后继续让变量名指向新值。即数据值变化时,变量名不变,内存地址改变。

**【例 1-9】** 检查变量的内存地址。

```
>>> s = [1, 2, 3]                    # 为变量 s 赋值
>>> id(s)                            # 用 id()函数查看变量 s 的内存地址
12302976                             # 输出变量 s 的内存地址
>>> s = s + [4]                      # 改变变量 s 的值
>>> id(s)                            # 用 id()函数查看变量 s 的内存地址
12303096                             # 输出变量 s 的新内存地址
```

**4. 变量名常用命名方法**

**好的变量名不需要注释即可明白其含义**。变量名一般采用以下方法命名。

(1) 下画线命名法。PEP 8 建议变量名、函数名等采用"全小写＋下画线"命名。如 my_list、new_text、background_color、read_csv 等。

(2) 驼峰命名法。第一个单词的首字母小写，第二个单词及以后单词的首字母大写。如 myListName、outPrint 等，这种命名方法在 C、Java 等语言中应用普遍。

(3) 帕斯卡命名法。单词首字母大写，如 DisplayInfo 等。

(4) 全大写命名法。常量采用"全大写＋下画线"命名，如 KEY_UP、PI。

**5. 应当注意的命名方式**

(1) **变量名不允许以数字开头，也不能使用连字符(-)和空格**。

(2) Python 程序对大小写敏感，如 X 与 x 是不同的变量名。

(3) 变量名不要使用通用函数名(如 list)、现有名(程序上下文使用的变量名)、保留字名(如 and)等。不可避免需要使用通用名时，可以在通用名前加 my(如 mylist)、在尾部加数字(如 list2)或者在通用名尾部加下画线(如 list_)以示区别。

(4) 不要使用单个 o(与 0 混淆)、l(与 1 混淆)、I(与 1 混淆)做变量名。

(5) 错误变量名，如 sun＄2(特殊符号)、3x(数字开头)、and(保留字)等。

(6) **程序语句中，除文本信息外，其他所有符号均为英文符号，如引号、逗号等**。

**6. 变量名中下画线的特殊含义**

在 Python 程序中，下画线有特殊意义，它们是内置函数或私有变量名使用的符号。Python 中，变量名下画线模式和命名说明如表 1-4 所示。

表 1-4 Python 变量名下画线模式和命名说明

| 模　式 | 名　称 | 说　明 | 案　例 |
|---|---|---|---|
| _××× | 前导单下画线 | 私有变量名，内部使用，非强制规定 | self._bar = 10 |
| ×××_ | 末尾单下画线 | 避免与保留字(关键字)名称冲突 | (name, class_) |
| __××× | 前导双下画线 | 私有成员，避免类冲突，强制规定 | __method(self) |
| __×××__ | 前导和末尾双下画线 | 特殊方法名，强制规定，避免使用 | def __init__(self): |
| _ | 单下画线 | 用于临时或无关紧要的变量名 | for _ in range(100): |
| ×××_××× | 中间单下画线 | Python 推荐变量或函数命名方式 | my_list |

变量名_×××一般被看作是私有的，在函数外或类外不可使用。以单下画线开始的变量称为保护变量，意思是只有类对象和子类对象自己能访问这些变量。以双下画线开始的变量是私有成员，意思是只有类对象自己能访问，连子类对象都不能访问这个数据。

__×××__是 Python 的特殊方法名(也称为魔法方法)，应当都避免这种命名风格。

**7. 常见单词缩写规则**

**变量命名目前倾向用完整单词，尽量少用缩写单词**。但是在程序设计领域中，已经存在以下约定俗成的单词缩写形式。

(1) 常用大写缩写。如 ID(标志)、RGB(色彩模型)、URL(网址)、SQL(数据库查询语言)、XML(可扩展标记语言)、UTF-8(Unicode字符集编码)、GBK(汉字编码)等,这些大写缩写字母在程序语句中有时也写为小写缩写形式,如utf-8、id等。

(2) 常用变量名缩写。如obj(object,对象)、num(number,数字)、int(integer,整数)、char(character,字符串)、max(maximum,最大)、min(minimum,最小)、var(variable,变量)、fun(function,函数)、temp(temporary,临时)、txt(text,文本)、img(image,图像)、err(erroneous,错误)、as(alias,别名)、db(database,数据库)、bg(background,背景)、r(red,红)、b(blue,蓝)、g(green,绿)、conn(connect,连接)、win(window,窗口)等。

(3) Python程序中,一些模块也采用了缩写命名方法。如math(mathematics,数学模块)、re(regular,正则处理模块)、os(operating system,操作系统模块)等。

(4) Python程序中,经常对导入的软件包采用缩写别名表示。如tkinter as tk(tk为tkinter的别名)、numpy as np(np为numpy的别名)、matplotlib. pyplot as plt(plt为matplotlib. pyplot的别名)、pandas as pd(pd为pandas的别名)等。

**8. 汉字做变量名**

Python在字符串、列表、数据库、文件等数据类型中使用汉字没有任何问题。但是变量名和函数名能不能使用汉字(如工资=2000)取决于程序解释器是否支持Unicode字符集,如Windows和Python 3.7对Unicode字符集的支持很好,因此变量名和函数名使用汉字完全没有问题。但是,Python程序中经常使用第三方软件包,这些软件包不一定支持汉字做变量名。因此,**出于对程序兼容性的考虑,建议不采用汉字做变量名**。

**【例1-10】** 变量名、表达式、类名、函数名采用汉字的案例。

```
>>>基本工资 = 5000                         # 赋值语句,用汉字做变量名
>>>补贴 = 2000
>>>工资 = 基本工资 + 补贴                   # 赋值语句,用汉字做表达式
>>>工资                                    # 汉字变量名查看变量值
7000
>>> class 人物类:                          # class是关键字,用汉字做类名,结尾冒号为英文
        pass                               # pass是关键字(空操作)
>>> def 工资函数(基本工资, 补贴):           # 定义函数,用汉字做函数名、形式参数名
        工资 = 基本工资 + 补贴              # 赋值语句,用汉字做表达式和变量名
        return 工资                        # return是关键字,用汉字做返回值变量名
>>>工资函数(8000, 600)                      # 函数调用,函数名采用汉字
8600
```

程序扩展:尝试用π做变量名,求圆面积。

## 1.2.3 算术运算

Python的运算类型比较丰富,如四则运算(+、-、*、/)、整除运算(//)、指数运算(**)、模运算(%)、关系运算(==、!=、>、<、<=、>=)、赋值运算(=、:=、+=、-=、*=)、逻辑运算(and、or、not、∧)、位运算(<<、>>)、成员运算(in、in not)等。

**1. 算术表达式应用**

表达式由常量、变量、函数、运算符及圆括号等组成。表达式用来计算求值,最常见的值有数字(整数,浮点数等),布尔值(True,False),字符串,列表等。

用算术运算符、关系运算符串联起来的变量或常量称为算术表达式。描述各种不同运算的符号称为运算符，参与运算的数据称为操作数。

**【例 1-11】** Python 语言运算符应用。

```
>>> x = 5                       # 赋值语句(注意，赋值语句不是表达式，此处表达式为 5)
>>> y = 3
>>> x + y                       # 加法运算表达式(x 和 y 是操作数，+ 是运算符)
8                               # 5 + 3 = 8
>>> x - y                       # 减法运算表达式
2                               # 5 - 3 = 2
>>> x * y                       # 乘法运算表达式
15                              # 5 * 3 = 15
>>> x/y                         # 除法运算表达式
1.6666666666666667              # 5/3 = 1.6
>>> x//y                        # 整除运算表达式
1                               # 5 // 3，商取整数，不进行四舍五入
>>> x % y                       # 模运算(求余运算)表达式
2                               # 5 % 3，商 1 余 2，取余数
>>> x ** y                      # 指数运算表达式
125                             # 5 ** 3 = 5^3 = 125
```

### 2. 模运算

模运算也称为求余运算，它在计算机领域应用广泛，如整除检查、CRC 冗余校验、求哈希值、RSA 加密算法等都涉及模运算。模运算是求整数 n 除以整数 p 后的余数，而不考虑商。Python 语言用“%”表示模运算(求余运算)。

**【例 1-12】** 7 % 3 =1，因为 7 除以 3 商 2 余 1，商丢弃，余数 1 为模运算结果。

**【例 1-13】** 今天是星期二，请问 100 天后是星期几？

```
>>>(2 + 100) % 7                # 求余运算(模运算)
4                               # 100 天后是星期四
```

### 3. 算术表达式书写规则

算术表达式是最常用的表达式，程序语言只能识别按行书写的算术表达式，因此必须将一些数学运算式转换成程序语言规定的格式。

(1) 所有表达式必须从左到右在同一行书写，可以续行。

(2) 算术表达式中的乘号不能省略，如 ab(a 乘以 b)应写为 a * b。

(3) 表达式可用()说明运算顺序，不能用[ ]或{ }说明运算顺序，()可嵌套使用。

(4) 数学运算式与 Python 算术表达式之间的转换方法如表 1-5 所示。

**表 1-5 数学运算式与 Python 算术表达式之间的转换方法**

| 数学运算式 | Python 算术表达式写法 | Python 算术表达式说明 |
|---|---|---|
| a+b=c | c=a+b | 不允许 a+b=c 这种赋值方法 |
| 2×2,3x | 2 * 2,3 * x | 乘法用星号 * 表示 |
| 8÷2 | 8/2 | 除法用斜杠/表示，分子在/前，分母在/后 |
| $S=\pi R^2$ | s= pi * r ** 2 | 指数运算(幂运算)用 ** 表示 |
| π≈3.14 | 3.14<pi<3.15 | 编程语言不支持“约等于” |

续表

| 数学运算式 | Python算术表达式写法 | Python算术表达式说明 |
| --- | --- | --- |
| $\frac{(12+8)\times 3^2}{25\times 6+6}$ | ((12+8) * 3 ** 2)/(25 * 6+6) | 数学分式可用除法加圆括号表示<br>圆括号可以嵌套使用,不能使用[ ]或{ } |
| $x=\sqrt{a+b}$ | x=math.sqrt(a+b) | 高级数学运算需要专用函数或程序处理 |

**4. 算术表达式的运算顺序**

算术表达式一般遵循以下优先顺序。

(1) 算术表达式中,圆括号()的优先级最高,其他次之。多层圆括号**遵循由里向外的优先顺序**;多个平行圆括号遵循从左到右的优先顺序。

(2) 中括号[ ]在Python中表示列表数据类型,花括号{ }在Python中表示字典数据类型,它们都不能用于表示运算优先顺序。

(3) 表达式中有多个不同运算符时,运算顺序为:圆括号→乘方→乘/除→加/减→字符连接运算符→关系运算符→逻辑运算符。最好采用多层圆括号确定运算顺序。

(4) 运算符优先级相同时,计算类表达式遵循左侧优先的原则,即**计算表达式从左到右**。如表达式 x−y+z 中,先执行 x−y 运算,再执行+z 运算。

(5) 运算符优先级相同时,赋值类表达式遵循右侧优先的原则,即**赋值表达式从右到左**。如表达式 x=y=0 中,先执行 y=0 运算,再执行 x=y 运算。

**【例 1-14】** 求数学运算式$\frac{(12+8)\times 3^2}{25\times 6+6}$的程序表达式和运算顺序。

数学运算式转换为程序表达式:((12+8) * (3 ** 2))/(25 * 6+6)

运算顺序:(12+8)=①→(3 ** 2)=②→(① * ②=③)→(25 * 6)=④→(④+6)=⑤→③/⑤=⑥

```
>>>((12 + 8)  *  (3 ** 2)) / (25 *  6 + 6)                # 算术表达式运算
1.1538461538461537
```

**说明**:以上圆圈内数字表示算术运算的中间步骤值,如1为第1个中间运算值20。

## 1.2.4 其他运算

**1. 关系运算**

关系运算用于表达式之间的关系比较,比较值只有True或False,通常在程序中用于条件判断。常用关系运算符如下:

```
==(等于)、! =(不等于)、>(大于)、<(小于)、> =(大于或等于)、< =(小于或等于)
```

**说明1**:在Python语言中,"="是赋值符号,等于运算符是"=="。

**说明2**:关系运算必须在两个数字或两个字符之间进行。

**2. 逻辑运算**

Python语言的逻辑运算有and(与)、or(或)、not(非)、^(异或)。

用逻辑运算符将关系表达式或逻辑量连接起来的语句称为逻辑表达式。逻辑表达式的值只有 True(真)或 False(假)。逻辑运算的基本规则如表 1-6 示。当表达式中有多种算术符时,运算顺序是算术运算→关系运算→逻辑运算。

**表 1-6 逻辑运算的基本规则**

| 表达式<br>a | 表达式<br>b | 或运算<br>a or b | 与运算<br>a and b | 异或运算<br>a ^ b | 非运算<br>not a |
|---|---|---|---|---|---|
| False | False | False | False | False | True |
| False | True | True | False | True | — |
| True | False | True | False | True | False |
| True | True | True | True | False | — |

**【例 1-15】** 常见逻辑运算。

```
>>> a = 4                    # 逻辑运算中,假设 True 为 1,False 为 0,and 为逻辑乘,or 为逻辑加
>>> b = 2                    # 逻辑 and 运算规则为:1×1 = 1,1×0 = 0,0×1 = 0,0×0 = 0
>>> c = 0                    # 逻辑 or 运算规则为:1 + 1 = 1,1 + 0 = 1,0 + 1 = 1,0 + 0 = 0
>>> print(a > b and b > c)   # (a > b) = True,(b > c) = True,True and True = True(即 1×1 = 1)
True
>>> print(a > b and b < c)   # (a > b) = True,(b < c) = False,True and False = False(即 1×0 = 0)
False
>>> print(a > b or c < b)    # (a > b) = True,(c < b) = True,True or True = True(即 1 + 1 = 1)
True
>>> print(not c < b)         # c < b = True,(not True) = False
False
>>> print(not a < b)         # a < b = False,(not False) = True
True
```

### 3. 位运算

**【例 1-16】** 位运算是对数字按二进制数逐位运算,位运算数必须是整数。

```
>>> a = 60      # 60 = [0011 1100]_2(8 位二进制数)
>>> b = 13      # 13 = [0000 1101]_2(8 位二进制数)
>>> a & b       # & 为与运算符:60 & 13 = (0011 1100) & (0000 1101)(逻辑乘)
12              # 12 = [0000 1100]_2
>>> a | b       # |为或运算符:60 | 13 = (0011 1100) | (0000 1101)(逻辑加)
61              # 61 = [0011 1101]_2
>>> a ^ b       # ^为异或运算符:60^13 = (0011 1100) ^(0000 1101)(相异为 1,相同为 0)
49              # 49 = [0011 0001]_2
>>>~a           # ~为取反运算符:a = 60 = [0011 1100]_2; ~a = ~[0011 1100]_2 = [1100 0011]_2 = -61
-61             # 注意,-61 是补码,二进制数高位的 1 是符号位,可见取反运算很烦琐
>>> a << 3      # <<为左移运算符,二进制数左移 n 位相当于乘 2 的 n 次方,即 a×2^n
480             # 60×2^3 = 480 = [1 1110 0000]_2(左移时,符号位保持在最高位,低位补 0)
>>> a >> 3      # >>为右移运算符,二进制数右移 n 位相当于除 2 的 n 次方,即 a÷2^n
7               # 60÷2^3 = 7 = [0000 0111]_2(右移时,符号位不变,移出的低位舍弃,高位补 0)
```

### 4. 成员运算

**【例 1-17】** 成员运算常用于查找某个元素是否在序列(列表、元组、字符串)中。

```
1  >>> print('天' in '黄河之水天上来')              # x in y(x 在 y 中则返回 True,否则返回 False)
   True
2  >>> print('天' not in '黄河之水天上来')          # x not in y(x 不在 y 中则返回 True,否则返回 False)
   False
```

## 1.2.5 转义字符

程序中以"\字符"表示的符号称为转义字符,如\0、\r、\n 等。反斜杠后的第一个字符不是 ASCII 字符,它表示其他含义。例如,转义字符\n 不表示字符 n,而是表示换行输出。Python 支持的转义字符如表 1-7 所示。

**表 1-7 Python 支持的转义字符**

| 转义字符 | 说　明 | 转义字符 | 说　明 | 转义字符 | 说　明 |
|---|---|---|---|---|---|
| \(用在行尾) | 续行符 | \b | 退格 | \v | 纵向制表符 |
| \\ | 反斜杠符号 | \r | 回车 | \t | 横向制表符 |
| \' | 单引号 | \n | 换行 | \0 | 字符串结束 |
| \" | 双引号 | \f | 换页 | \xhh | 16 进制编码值 |

**【例 1-18】** 转义字符应用案例。

```
1  >>> print('人生苦短\n我用 Python')                # 用转义字符\n 表示换行输出
   人生苦短
   我用 Python
2  >>>'我喜欢'\                                      # 用转义字符\表示续行
       'python'                                      # 继续输入字符串,按 Enter 键(即回车键)确认
   '我喜欢 python'
3  >>> print('野火烧不尽\t 春风吹又生')              # 用转义字符\t 表示输出制表符(即空格)
   野火烧不尽 春风吹又生
4  >>> print('C:\\Windows\\System32')                # 用转义字符\\表示路径分隔
   C:\Windows\System32
5  >>> print('宝玉对\"林姑娘\"一往情深。')           # 用转义字符\"表示双引号
   宝玉对"林姑娘"一往情深。
```

所有程序语言都需要有转义字符,主要原因如下。

(1) 需要使用转义字符来表示字符集中定义的字符。如 ASCII 码中的回车符、换行符等,这些符号没有文字代号,因此只能用转义字符来表示。

(2) 在程序语言中,一些字符被定义为特殊而失去了原有意义。例如,程序语言都使用反斜杠(\)作为转义字符的开始符号,如果需要在程序中使用反斜杠,就只能使用转义字符。

## 1.2.6 程序路径

### 1. 当前工作目录

每个运行的程序都有一个"当前工作目录",简单地说,**当前工作目录就是程序运行所在的目录**。在技术文献中,经常会提到"文件夹"与"目录",它们常用来表示同一个概念,不过"文件夹"是一种通俗的说法,"目录"是一个标准术语。例如,可以说"当前工作目录",但是没有"当前工作文件夹"这种说法。

【例 1-19】 查看程序当前工作目录。

```
>>> import os                          # 导入标准模块－系统功能
>>> os.getcwd()                        # 查看当前工作目录
'D:\\Python37'
>>> os.chdir('d:\\test')               # 修改当前工作目录
>>> os.getcwd()                        # 查看当前工作目录
'd:\\test'
```

注意，如果使用 os.chdir()修改的工作目录不存在，Python 会报错。

**2. 绝对路径**

路径是文件存放位置的说明。绝对路径指从根目录(盘符)开始到文件所在位置的完整说明。Window 系统中以盘符(如 C:\、D:\等)作为根目录。绝对路径的优点是可以精确指定文件存放位置；缺点是程序移植到其他计算机时，容易出现路径错误。

【例 1-20】 按绝对路径打开 d:\test\01\春.txt 文件，并读出文件。

```
>>> f = open(r'd:\test\01\春.txt', 'r').read()      # 按绝对路径打开指定文件
```

**3. 相对路径**

相对路径是以当前工作目录为基准，目录逐级指向被引用的文件。相对路径的优点是程序移植性好；缺点是关系复杂，使用麻烦，容易出现路径引用错误。

【例 1-21】 相对路径与当前工作目录密切相关，例如文件在 d:\test\01\春.txt 时，不同当前工作目录，打开和读出文件的路径会各不相同。

```
>>> f = open(r'./test/01/春.txt', 'r').read()      # 相对路径，当前工作目录为 d:\
>>> f = open(r'./01/春.txt', 'r').read()           # 相对路径，当前工作目录为 d:\test
>>> f = open('春.txt', 'r').read()                 # 相对路径，当前工作目录为 d:\test\01
```

注意，读者的源程序存放目录、资源存放目录等，都可能与本书不同，读者应当根据应用环境，对书中程序案例的路径做适当调整。

**4. 路径分隔符**

路径分隔符有“/”(正斜杠)和“\”(反斜杠)的区别。在 Windows 系统中，用反斜杠(\)表示路径；在 Linux 和 UNIX 系统中，用正斜杠表示路径。Python 支持这两种不同的路径分隔符表示方法，但是两种路径分隔符造成了一些混乱。

【例 1-22】 路径分隔符的不同表达方式(当前工作目录为 d:\test\)。

```
>>> book1 = open('d:\\test\\01\\白鹿原.txt', 'r')    # 绝对路径打开文件，\\中第 1 个\为转义符
>>> book2 = open(r'd:\test\01\白鹿原.txt', 'r')      # 绝对路径打开文件，r 表示''内为源字符串
>>> book3 = open(R'd:/test/01/白鹿原.txt', 'r')      # 绝对路径打开文件，R 大写也可以
>>> book4 = open('d://test//01//白鹿原.txt', 'r')    # 绝对路径打开文件
>>> book5 = open('./01/春.txt', 'r')                 # 相对路径打开文件，文件在 d:\test\01\目录
>>> book6 = open('.\\01\\春.txt', 'r')               # 相对路径，文件在 d:\test\01\目录
>>> book7 = open('虎口脱险.txt', 'r')                # 相对路径打开文件，文件在当前目录 d:\test\
```

**注意 1**：程序第 5 行中，路径不要写为 open('.\01\春.txt', 'r')，这是错误路径。

**注意 2**：以上路径测试仅仅是针对纯 Python 语句而言的。在一些第三方软件包中，并不一定都支持以上路径形式。

**注意 3**：第三方软件包 Pandas 中，路径不能使用 r'd:\test\11\test.txt'或'd:\test\11\test.txt'形式，只能使用'd:\\test\\11\\test.txt'形式的路径。

**注意 4**：第三方软件包 OpenCV 中，img=cv2.imread('d:\\test\\14\\蓝天.jpg')语句中使用中文文件名将会出错，只能使用 img=cv2.imread('d:\\test\\14\\blue.jpg')形式的路径。

## 1.3 程序说明

### 1.3.1 Python 程序的组成

**1. Python 程序的基本组成**

(1) 函数(function)。Python 程序主要由函数构成，函数是功能单一和可重复使用的代码块。面向对象编程时，函数也称为方法。

(2) 模块(module)。Python 中，一个程序就是一个模块，程序名也是模块名。每个模块可由一个或多个函数组成。Python 源文件(模块)的扩展名为.py。

(3) 软件包(package)。软件包是对一系列程序进行分类管理，这样一是有利于解决程序中变量名的冲突；二是可以在应用时加载一个模块(如 import math)，或者仅加载模块中的某个函数(如 from math import sqrt)，而不是加载全部模块。**软件包是一个分层次的文件目录**，但是该目录下必须存在一个__init__.py 文件，这个文件的内容可以为空，它用于标识当前目录是一个包；目录下没有__init__.py 文件时，Python 则认为它只是一个普通目录。**包的调用采用"点命名"形式**，如调用数学模块中的开方函数时，写为 math.sqrt()，它表示调用 math 模块中的 sqrt()函数。

(4) 库(Library)。多个软件包就形成了一个 Python 程序库。**包和库都是一种目录结构，它们没有本质区别**，因此包和库的名称经常混用。

**2. Python 程序入口**

程序入口指程序第一条执行语句。在很多编程语言中，程序都必须有一个入口，如 C/C++有一个 main()主函数作为程序入口，也就是说程序从 main()主函数开始运行。同样，Java 和 C#必须有一个包含 main()方法的主类作为程序入口。

Python 程序为动态逐行解释运行。也就是说程序从第一行语句开始执行，因此没有统一的程序入口。Python 程序除了可以直接运行外，还可以作为模块导入执行。

Python 虽然没有统一的程序入口，但提供了 if __name__ == '__main__'语句，它相当于 Python 程序入口。Python 并没有规定程序必须写这条入口语句，它仅仅是满足一种编程习惯的需要；当然，它也可以满足某种特殊需要。

在 if __name__ == '__main__'语句中，__name__是当前模块名，__main__说明是主程序入口；if 用来判断程序代码是直接执行还是作为模块被导入。整个语句的意思是：当模块直接运行时，主程序块将被运行；当模块被导入时，主程序块不运行。更加深入地说，模块直接运行意味着整个程序被运行；而模块被导入时，主程序语句块(注意，不是全部程序)不运行，但是程序内部的函数语句块可以被其他程序调用执行。

## 1.3.2　Python 程序的结构

### 1. 程序结构

**Python 程序由三部分组成：头部语句块(注释和导入)、函数语句块(函数或者类定义)和主程序语句块。**

**【例 1-23】**　猜数字程序代码如下所示，程序基本结构和说明示意图如图 1-9 所示。

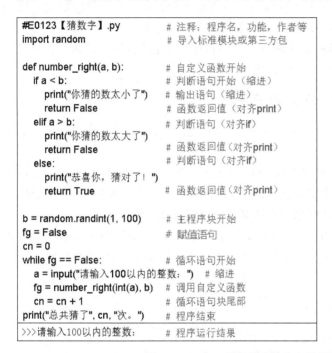

```
#E0123【猜数字】.py                       # 注释：程序名，功能，作者等
import random                             # 导入标准模块或第三方包

def number_right(a, b):                   # 自定义函数开始
    if a < b:                             # 判断语句开始（缩进）
        print("你猜的数太小了")           # 输出语句（缩进）
        return False                      # 函数返回值（对齐print）
    elif a > b:                           # 判断语句（对齐if）
        print("你猜的数太大了")
        return False                      # 函数返回值（对齐print）
    else:                                 # 判断语句（对齐if）
        print("恭喜你，猜对了！")
        return True                       # 函数返回值（对齐print）

b = random.randint(1, 100)                # 主程序块开始
fg = False                                # 赋值语句
cn = 0
while fg == False:                        # 循环语句开始
    a = input("请输入100以内的整数：")    # 缩进
    fg = number_right(int(a), b)          # 调用自定义函数
    cn = cn + 1                           # 循环语句块尾部
print("总共猜了", cn, "次。")             # 程序结束
>>>请输入100以内的整数：                  # 程序运行结果
```

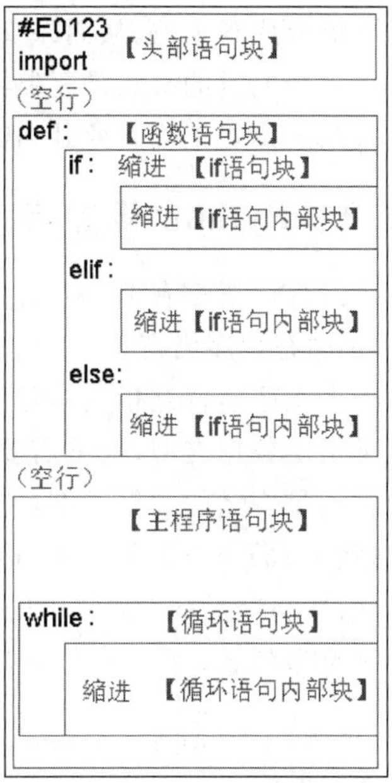


图 1-9　Python 程序基本结构和说明示意图

(1) 头部语句块。程序头部语句块主要有注释语句和模块或软件包导入语句，简单程序可能没有头部语句块。注释语句有程序汉字编码注释(Python 3.7 以上版本可以省略编码注释)，程序名称、作者、日期、版本说明以及程序功能说明等。模块或软件包导入语句主要是标准模块导入、第三方软件包导入等。

(2) 函数语句块。函数是程序的主要组成部分，函数以"def 函数名(参数)："开始，大部分函数以"return 返回值"语句结束，语句块内语句必须遵循缩进规则。

(3) 主程序语句块。主程序语句可以在函数语句前面，也可以在函数语句后面，它由初始化、赋值、函数调用、条件判断、循环控制、输入输出等语句组成。

### 2. 程序代码缩进规则

Python 语言有意使用缩进方式表示语句块开始和结束(off-side 规则)。**Python 中凡是语句结尾用冒号(:)标识时，下面语句块必须缩进书写**；同一语句块中每一个语句的缩进量必须相同；当减少缩进空格时，则表示语句块退出或结束。**不同缩进深度代表了不同语句块**。同一个语句块必须严格左对齐，推荐缩进 4 个空格。if、for、while、def、class、try、with

等语句块都必须缩进书写。

【例 1-24】 正确语法。

```
if True:
    print('美女好!')
else:
    print('帅哥好!')
```

【例 1-25】 错误语法。

```
if True:                    # 语句冒号结束
    print('美女好!')
  else:                     # else 没有与 if 对齐
print('帅哥好!')            # 语句没有缩进
```

**3. 语句块缩进的优点与缺点**

语句块缩进有利有弊,其优点是强迫程序员写出格式化代码;强迫程序员把一段很长的代码拆分成若干块,从而减少程序结构深度,简化程序逻辑结构。

语句块缩进的缺点是复制和粘贴功能失效了。程序员重构代码时,粘贴的代码必须重新检查缩进是否正确。此外,IDE 很难格式化 Python 代码。

## 1.3.3 Python 语言与 C 语言的区别

动态程序语言有 Python、JavaScript、PHP 等;静态程序语言有 C、C#、C++、Java 等。

**1. 动态程序语言**

动态程序语言是指变量数据类型在运行时做动态检查。用动态程序语言编程时,不用给变量指定数据类型,也不需要指定数据存储长度,动态程序语言会在变量第一次赋值时,在内存记录变量的数据类型,并且**根据程序需要自动调整数据存储长度**。

【例 1-26】 以下程序中,mylist=open("d:\\test\\01\\春.txt", 'r').read()语句表示打开文件,将"春.txt"文件中的数据读入到变量 mylist 中。Python 会自动将变量 mylist 定义为字符型列表;变量存储长度由 Python 动态分配,这给编程带来了极大方便。

```
>>> mylist = open('d:\\test\\01\\春.txt', 'r').read()    # 打开"春.txt"文件,读到 mylist 中
>>> mylist                                               # 输出文件内容
朱自清《春》\n 盼望着,盼望…(输出略)                        # 转义字符\n 为换行符
```

**2. 静态程序语言**

静态程序言是指数据类型和数据长度是在运行前(如编译阶段)做检查。**用静态程序语言编程时,变量遵循"先定义,后使用"的原则**。

【例 1-27】 在 C 语言中,如果定义 age 为整型数据,name 为字符型数据、长度为 50 个字符时,需要进行如下定义。

```
int age;              /* 定义 a 为整型数据 */
char name[50];        /* 定义 str[ ]数组为字符型,长度 = 50 */
```

静态程序语言的优点是代码严格规范;缺点是需要写很多定义变量数据类型的相关代码,而且需要事先定义数据存储长度,程序代码不够简洁。

**3. Python 语言与 C 语言语法上的区别**

Python 语言是解释型语言,执行速度慢,由于 Python 解释器是一个虚拟机,因此 Python 程序可以跨平台使用。C 语言是编译型语言,执行速度快,但是程序很难跨平台使用。可以说 C 语言是一种硬件编程语言,适用于操作系统和驱动程序等底层程序开发。

C语言需要在程序开始部分定义变量数据类型和精度，程序员必须自己进行内存管理，程序员需要考虑程序运行中内存数据溢出等问题。Python语言使用自动垃圾收集器进行内存管理，程序员无须考虑内存管理问题。因此，Python语言更适合编程初学者。

C语言对字符串的处理能力实在是太弱了，C语言的字符串处理函数不多，功能也不强大，而且使用麻烦，处理文本数据时更是令大伤脑筋。Python语言对字符串的处理能力非常强大，使用简单，上手快。而且很多第三方软件包提供了大量处理文本数据的函数，这些函数功能强大，实用性很好。因此，Python语言更加适用于应用程序的快速开发。

Python语言与C语言语法对比如表1-8所示。

**表1-8 Python与C语法对比**

| 比较内容 | Python语言 | C语言 |
|---|---|---|
| 变量数据类型 | 无须定义，赋值即可使用 | 先定义，后使用 |
| 变量精度和长度 | 无须定义，语言动态分配 | 先定义长度，不允许超过定义长度 |
| 指针数据类型 | 不支持 | 支持 |
| 代码一行多句 | 不推荐，一行一句 | 可一行多句，用分号(;)分隔 |
| 程序结构区分 | 严格遵守缩进格式区分程序块 | 用花括号({ })区分程序块 |
| 语句缩进方法 | 推荐4个空格，不推荐Tab键缩进 | 空格数无限制，允许Tab键缩进 |
| 主函数min() | 可有可无，非必须 | 必须有，而且只能有1个 |
| 函数调用 | 先定义后调用(或者先导入后调用) | 函数定义与调用没有先后关系 |
| 默认字符编码 | UTF-8(Python 3. x) | ANSI |
| 程序执行顺序 | 程序中第一条指令 | 程序的主函数min() |
| 程序执行方式 | 解释执行 | 编译执行 |
| 代码安全性 | 代码公开 | 代码编译后保密 |

## 1.3.4 PEP编程规范

### 1. 常用PEP原则

PEP(Python增强提案)是Python网络社区关于程序设计的一系列改进建议。每个Python版本的新特性和变化都是通过PEP提案，经过社区决策层讨论、投票决议，最终才形成Python新版本的功能。以下是Python编程规范中常用的PEP提案。

(1) PEP 8。PEP 8是每个Python程序员的必读提案，Python虽然以语法简洁著称，但是并不意味程序员一定能写出简洁、优雅的代码。PEP 8定义了编写Python代码应该遵守的原则，在编写程序代码时，应当遵守这些规范。

PEP 8网址为https://www.python.org/dev/peps/pep-0008/。

(2) PEP 257。PEP 257(文档字符串规范)指导程序员如何规范书写文档说明。Python语言的优点是代码简洁，但是缺乏约束性，所以需要通过文档来提高代码的可维护性。

PEP 257网址为https://www.python.org/dev/peps/pep-0257/。

(3) PEP 0。PEP 0是一个专门用来索引所有PEP的集合。

PEP 0网址为https://www.python.org/dev/peps/pep-0000/。

**2. PEP 8 规则基本要求**

(1) 用 Python 编写代码时,应该尽量遵循 PEP 8 编程风格指南。

(2) 编程规范会随时间推移而逐渐演变,随着语言变化,一些约定会被淘汰。

(3) 许多项目有自己的编码规范,在出现规范冲突时,项目自身规范优先。

(4) 尽信书则不如无书。

(5) **代码阅读比写作更加频繁,因此要提升代码的可读性。**

(6) 要保持项目风格的一致性,模块或函数风格的一致性很重要。

(7) 存在模棱两可的情况时,需要自己判断。看看其他示例再决定更好。

(8) **不要为了遵守 PEP 约定而破坏程序兼容性。**

## 1.3.5 Python 的语法规则

计算机语言与自然语言有所不同,自然语言同一语句在不同语境下有不同的理解,例如短语"女朋友很重要吗",可以理解为"女朋友/很重要吗?",也可以理解为"女朋友很重/要吗?"。在程序语言中,决不允许程序语句出现歧义。因此,任何一种程序语言都有一套规定的语法规则。

**1. 行长度**

PEP 8 推荐程序语句每行长度不超过 79 个字符,理由一是方便在屏幕中查看代码;二是一行代码太长可能存在设计缺陷;三是控制行长可以控制程序逻辑块递进深度。但是以下情况除外:长导入模块语句或 URL(网址)语句。

**2. 长语句续行**

(1) 语句太长时,允许在合适处断开语句,在下一行继续书写语句(续行)。

(2) 可以从长语句中逗号处分隔语句,这时不需要续行符。

(3) 在圆括号()、中括号[ ]、花括号{ }结尾处断开语句时,不需要续行符。

(4) 可以用续行符(\)断开语句,但是续行符必须在语句结尾处,续行符前面应无空格,续行符后面也不能有空格和其他内容。

(5) **不允许用续行符将关键词、变量名、运算符分割为两部分。**

(6) 当语句被续行符分割成多行时,后续行无须遵守 Python 缩进规则,前面空格的数量不影响语句正确性。但是编程习惯上,一般比本语句开头缩进 4 个空格。

**【例 1-28】** 续行推荐形式 1。

```
plt.pie(x = edu,
    labeldistance = 1.15,
    radius = 1.5,
    counterclock = False,
    frame = 1)
```

**【例 1-29】** 续行推荐形式 2。

```
plt.pie(x = edu,\
    labeldistance = 1.15, radius = 1.5,\
    counterclock = False, frame = 1)
```

**3. 空格**

(1) 使用空格键缩进,不要用 Tab 键缩进,以免引起混乱。

(2) 每一个有语法要求缩进的语句,上下语句之间缩进 4 个空格。

(3) 可以在逗号、分号、冒号后面加空格,不要在它们前面加空格。

【例 1-30】 推荐语法。

```
if x == 4:
    print(x, y)
    x, y = y, x
```

【例 1-31】 不推荐语法。

```
if x == 4 :                  # ":"前面有空格
    print(x , y)             # ","前面有空格
    x , y = y , x            # ","前面有空格
```

(4) 二元操作符之间不允许空格,如+=、-=、==、<=、>、!=等。二元操作符两边可以加一个空格,但两侧空格要保持一致。

【例 1-32】 推荐语法。

```
if a == 0:
    x += 1
```

【例 1-33】 不推荐语法。

```
if a = = 0:                  # 两个 = 之间有空格
    x + = 1                  # + 与 = 之间有空格
```

**4. 空行**

(1) 每个顶级函数或者顶级类之间空两行。

(2) 同一个类中,各个方法之间用一个空行隔开。

(3) 只有一行的函数不需要空行。

**5. 引号**

(1) 推荐提示信息使用双引号,如"请输入一个整数:"。

(2) 推荐数据类型标识使用单引号,如 mylist = ['Google', '百度', 1997, 2018]。

(3) 推荐正则表达式使用原生单引号,如 greed = re.findall(r'(\d+)', 'a23b')。

(4) 多行或者很长的注释字符串使用 3 个双引号,如""" 函数接口说明 """。

**6. 一行多句**

Python 虽然不推荐一行多条语句,但是一行多句在特殊情况下也可以运行。

【例 1-34】 一行导入同一软件包中多个模块时,可以用逗号(,)分隔不同模块。

```
>>> import sys, time, random, math                # 导入标准库中多个模块
>>> from pandas import Series, DataFrame          # 导入同一软件包中多个模块或函数
```

【例 1-35】 简单语句中,可以用分号(;)分隔不同语句。

```
>>> a = 2; b = 3                                   # 简单赋值语句分隔
>>> print(a); print(b); print(a + b)               # 简单输出语句分隔
2  3  5                                            # 注:输出为竖行
```

【例 1-36】 循环语句、函数定义语句、异常处理语句等只有一行时,可以不换行。

```
>>> def _sety(self, value): self.rect.y = value    # 函数定义只有一行时,可以不换行
>>> a = [[1, 2, 3], [4, 5, 6], [7, 8, 9]]          # 列表嵌套赋值
>>> print([j for i in a for j in i])               # 循环语句只有一行时,可以不换行
[1, 2, 3, 4, 5, 6, 7, 8, 9]
```

【例 1-37】 Python 的 lambda 匿名函数表达式只能写在一行中。

```
>>> f = lambda x, y:x + y                          # lambda 允许在代码行嵌入一个函数
>>> print(f(1, 2))                                 # 1,2 是传递给匿名函数 lambda 的实参
3
```

**7. 其他**

(1) 行注释符号为"#"。按软件工程要求,程序中注释行不要低于30%。**好注释提供代码没有的额外信息**,如表达程序意图、说明参数意义、提供警告信息。

(2) 一个模块中,程序一般在100行以下,程序最好不要超过200行。

(3) 程序默认使用UTF-8编码,如无特殊情况,不需要说明程序编码。

(4) 在低于Python 3.7的版本中,为了避免汉字乱码,最好在程序第1行加入编码说明,如"# -*-coding:utf-8-*-""# coding=utf8"或"# coding:utf-8"。

# 习题 1

1-1 简要说明Python语言的最大特点。

1-2 变量名常用命名方法有哪些?举例说明。

1-3 不同操作系统的路径分隔符是什么?

1-4 软件包在程序中采用什么表示方法?举例说明。

1-5 Python语句缩进书写原则是什么?

1-6 编程:在Python的Shell环境编制"helloworld.py"程序。

1-7 编程:在Python的IDLE环境编制GUI "helloworld.py"程序。

1-8 实验:在Python官方网站在线安装第三方软件包NumPy(科学计算)。

1-9 实验:在清华大学镜像网站在线安装第三方软件包Matplotlib(绘图)。

1-10 实验:离线安装第三方软件包WordCloud(词云绘图)。

# 第 2 章 数 据 结 构

早期计算机主要应用在科学领域，主要用来处理各种数值计算问题。但是，计算机能处理的远不止数值，还可以处理文本、图形、音频、视频、网页等各种各样的数据，为了解决这些数据之间的转换和计算，需要对不同数据定义不同的数据结构。

## 2.1 数字和字符串

### 2.1.1 数据类型

**1. 数据结构的特征**

早期计算机主要用于数值计算，运算对象是整数、实数（浮点数）、布尔逻辑数据等。随着计算机应用领域的不断扩大，非数值计算涉及的数据类型越来越复杂，数据之间的关系很难用数学方程式加以描述。因此，需要设计出合适的数据结构，才能有效地解决问题。**数据结构是计算机描述、表示、存储数据的方式**，如图 2-1 所示。数据结构可以带来更高的运行和存储效率。计算机科学家尼古拉斯·沃斯（Niklaus Wirth）指出：算法＋数据结构＝程序。可见，数据结构在程序设计中非常重要。

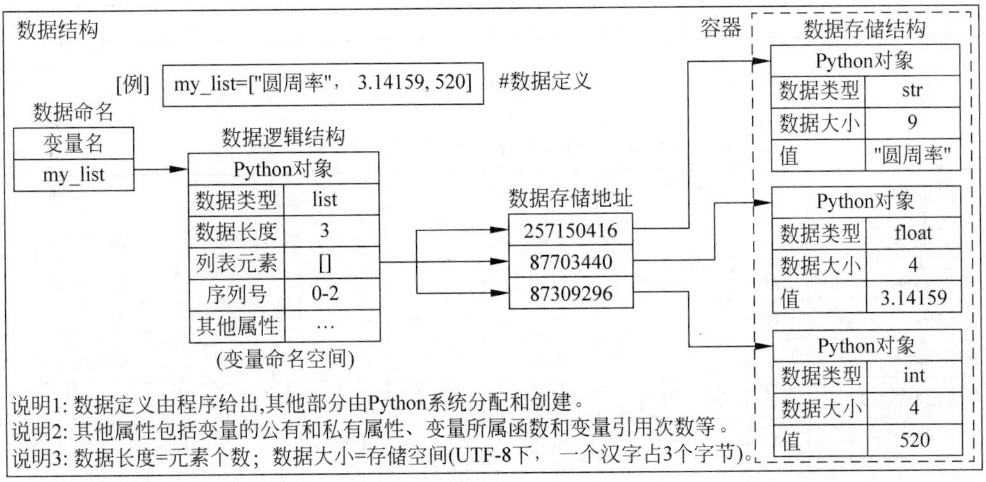


图 2-1 数据结构示意图

Python 支持数据结构中"容器"的基本概念。容器可以包含不同对象，如数字和字符串是两种不同的对象，它们都可以存放在同一个容器中。序列（如列表、元组、字符串等）是最主要的容器，**序列中每个元素都有索引号**；映射（如字典）也是一种容器，映射中每个元素都有键值对；另外一种容器是集合，它没有顺序性，也不能重复。

**2. Python 的数据类型**

Python 中变量的数据类型不需要预先声明，变量赋值即是变量声明和定义的过程，Python 用等号(=)给变量赋值。如果变量没有赋值，Python 则认为该变量不存在。

**【例 2-1】** 不同数据类型混用时，将造成程序运行错误。

```
>>> x = 123                                    # 变量 x 赋值为数字
>>> y = '456'                                  # 变量 y 赋值为字符串
>>> x + y                                      # 不同数据类型进行运算
Traceback (most recent call last):             # 抛出异常信息
>>> x + z                                      # 变量 z 没有赋值，Python 认为该变量不存在
Traceback (most recent call last):             # 抛出异常信息
```

Python 的主要数据类型如表 2-1 所示，主要数据类型的区别如表 2-2 所示。

**表 2-1  Python 3.x 的主要数据类型**

| 数据类型 | 名　　称 | 说　　明 | 案　　例 |
|---|---|---|---|
| int | 整数 | 精度无限制，数值有效位可达数万位 | 0、50、1234、-56789 等 |
| float | 浮点数 | 精度无限制，初步定义最大有效位为 308 位 | 3.1415927、5.0 等 |
| str | 字符 | 由字符组成的不无序元素，无长度限制 | 'hello'、'提示信息'等 |
| list | 列表 | 多种类型的可修改元素，最大有 5.3 亿个元素 | [4.0, '名称', True] |
| tuple | 元组 | 多种类型的不可修改元素 | (4.0, '名称', True) |
| dict | 字典 | 由键值对(用:分隔)组成的可修改元素 | {姓名:'张飞', 年龄:30} |
| set | 集合 | 无序且不重复的元素集合 | {4.0, '名称', True} |
| bool | 布尔值 | 逻辑运算的值为 True(真)或 False(假) | a > b and b > c |
| bytes | 字节码 | 由二进制字节组成的不可修改元素 | b'\xe5\xa5\xbd' |
| complex | 复数 | 复数 | 3+2.7j |

**说明**：在 Python 3.x 版本中，字符串采用 Unicode 字符集的 UTF-8 编码。

**表 2-2  Python 主要数据类型的区别**

| 数据属性 | 字符串 | 列表 | 元组 | 字典 |
|---|---|---|---|---|
| 数据定义 | 引号 | 方括号 | 圆括号或无括号 | 花括号 |
| 单个元素 | 独立符号 | 逗号分隔 | 逗号分隔 | 逗号分隔 |
| 索引号 | 有 | 有 | 有 | 无 |
| 序列操作 | 可以 | 可以 | 可以 | 可以(无序) |
| 数据类型混用 | 不可，仅字符 | 可以 | 可以 | 可以 |
| 元素修改 | 不可 | 可以 | 不可 | 不可 |
| 数据切片 | 可以，生成新串 | 可以，列表可改 | 可以，生成新元组 | 不可 |
| 元素遍历 | 循环 | 循环 | 循环 | 循环 |

**3. 数据类型简单介绍**

(1) 整数(int)。Python 可以处理任意大小的整数。

(2) 浮点数(float)。浮点数就是实数(带小数点的数)。

(3) 字符(str)。字符也称为字符串,它是以单引号(')、双引号(")或三引号(''')括起来的文本,如'book'等。注意,引号是一种分隔符,它不是字符串的一部分。

**【例 2-2】** 计算字符串的长度。字符串长度指元素的个数,不是元素存储的大小。

```
>>> len('孙悟空 SWK')                    # len()函数计算字符串长度
7                                        # 注意,一个汉字算一个字符,空格也是字符串
```

(4) 布尔值(bool)。布尔值是 True 或 False 两者之一(注意大小写)。逻辑运算、关系运算语句、条件判断语句、循环判断语句等运算结果都是布尔值。

**【例 2-3】** 布尔值简单案例。

```
>>> True or False                    # 逻辑或运算(一个为 True 时,运算结果为 True)
True
>>> x, y = 6, 20                     # 变量赋值(x = 6,y = 20)
>>> y > x > 0                        # 关系运算(Python 支持链式比较操作)
True
>>> x > y and y > 0                  # 逻辑与运算(所有为 True 时,运算结果为 True)
False
>>> if 1 <= x <= 10:                 # 条件判断语句
        print('变量 x 在 1 和 10 之间')   # 判断结果为 True 时,输出本信息;否则不输出信息
                                     # 变量 x 在 1 和 10 之间
```

(5) 空值(None)。空值是 Python 中的特殊值,它不支持任何运算。例如,每个函数都必须有返回值,如果程序中的函数没有写返回值,则系统默认返回值为 None。None 不能理解为 0,因为 0 有特殊意义,None 也不是空格,因为空格是 ASC11 字符。

(6) 字节码(bytes)。Python 3. x 版本将文本(text)和二进制数据(bytes)做了更清晰的区分。文本采用 UTF-8 编码,以 str 表示类型;二进制数据以 bytes 表示类型。

(7) 列表(list)。列表是 Python 中使用最频繁的数据类型。列表中元素的类型可以相同或不相同,它支持数字、字符串甚至可以包含列表(列表嵌套)。列表中的元素写在方括号([ ])之间,元素之间用逗号隔开。

(8) 元组(tuple)。元组与列表类似,不同之处在于元组的元素不能修改。元组中的元素写在小括号里,元素之间用逗号隔开。

(9) 集合(set)。集合是一个无序不重复元素的序列。

(10) 字典(dict)。字典是无序对象的集合,字典中的元素通过键来访问。

(11) 复数(complex)。复数由实数和虚数两部分构成,可以用 a+bj 或者 complex(a, b)表示,复数的实部 a 和虚部 b 都是浮点数据类型。

## 2.1.2 数字

### 1. 整数

Python 支持大整数计算,32 位 Python 初步定义的最大整数为: $2^{31}-1=2\ 147\ 483\ 647$; 64 位 Python 为 $2^{63}-1=9\ 223\ 372\ 036\ 854\ 775\ 807$。当数据值域超出这个范围时,Python 会自动转换为大数计算,整数有效位可达数万位(但是运行效率会降低)。

【例 2-4】 Python 初步定义的最大整数和最大浮点数。

```
1  >>> 123 ** 100                          # 大整数运算(** 为指数运算)
   …(输出略)                               # 输出为一个 209 位有效数字的大整数
2  >>> import sys                          # 导入标准模块 - 系统功能
3  >>> sys.maxsize                         # 初步定义的最大整数
   2147483647
4  >>> sys.float_info.max                  # 初步定义的最大浮点数
   1.7976931348623157e+308
5  >>> sys.float_info.min                  # 初步定义的最小浮点数
   2.2250738585072014e-308
```

**2. 浮点数**

浮点数是带小数点的实数。整数和浮点数在计算机内部的存储方式和计算方式都不同,所有整数采用补码(一种计算机二进制数编码方式)存储;所有浮点数采用 IEEE 754 标准规定的方法存储。在 CPU(中央处理器)中,整数由 ALU(算术逻辑部件)执行运算,浮点数由 FPU(浮点处理单元)执行运算。

【例 2-5】 除法(/)返回一个浮点数,要获取整数商必须使用整除(//)操作。

```
1  >>> 25/7                                # 除法运算时,商自动转换为浮点数
   3.5714285714285716
2  >>> 25//7                               # 整除,注意,整除的商不进行四舍五入
   3
```

【例 2-6】 注意,计算机本质上是做二进制数运算,然后转换为人们熟习的十进制数。在二进制和十进制数转换过程中,数据会产生截断误差(舍入误差)。

```
1  >>> 0.1 + 0.2 == 0.3                    # 注意,"=="是等于符号
   False                                   # 比较结果为假
2  >>> 0.1 + 0.2
   0.30000000000000004                     # 说明二进制和十进制转换过程中会产生截断误差
```

## 2.1.3 字符串

字符串的意思是"0 个或多个字符",字符串中的独立符号称为"元素"。字符串必须用引号括起来,用单引号、双引号、三引号都可以,但是引号必须成对使用。**Python 对字符串没有强制性长度限制**,测试表明,字符串长度大于 360MB 左右后会报内存错误。

**1. 特殊字符串赋值**

程序引用长 HTML 语句块或者长 SQL 语句时,可以使用三引号(''')。

字符串内部有单引号时,外部必须用双引号,否则将导致语句错误。

【例 2-7】 特殊字符串赋值案例。

```
#E0207.py                                  #【长语句赋值】
myHTML = '''
<html>
    <head>  <title>{{title}}微博</title>  </head>
    <body>
```

```
        <h1>你好,欢迎博主{{user.nickname}}访问! </h1>
    </body>
</html>'''                                # 用三引号定义长字符串(网页 HTML 代码块)
print(myHTML)
mySQL = ('''
    CREATE TABLE users (
    loginVARCHAR(8),
    uid INTEGER,
    prid INTEGER) ''')                    # 用三引号定义长字符串(一个 SQL 语句)
print(mySQL)
myPath = r"path = / % '相对路径'../n"    # 字符串前面加"r"表示保持原字符串(如/n)
print(myPath)
```

**2. 字符串访问**

字符串访问的语法格式如下。

```
变量名[起始索引号:终止索引号]                    #字符串访问的语法格式
```

Python 中字符串有两种索引(C 语言中称为下标)方式：一是起始索引号从左往右以 0 开始；二是起始索引号以 -1 开始,从右往左逆序读取。

**【例 2-8】** 字符串的截取输出。

```
1  >>> char = '醉过才知酒浓'          # 为字符串变量 char 赋值
2  >>> char[0: - 1]                   # 输出第 1 个至倒数第 1 个之间的字符
   '醉过才知酒'
3  >>> char[0]                        # 输出字符串索引号为 0(第 1 个)的字符
   '醉'
4  >>> char[2:5]                      # 输出索引号 2～4(第 3～5)的字符
   '才知酒'
5  >>> char[2:]                       # 输出索引号 2(第 3 个)之后的所有字符
   '才知酒浓'
6  >>> char + '【胡适】'               # 加号表示连接字符串
   '醉过才知酒浓【胡适】'
7  >>> char * 2                       # 乘号表示重复,2 表示重复次数
   '醉过才知酒浓醉过才知酒浓'
```

**3. 修改字符串中的元素**

**可以在字符串首尾添加元素,但是不能删除或改变字符串中的元素。**修改字符串时,可以读取字符串中部分元素,然后返回一个新字符串,而源字符串并没有改变。

**【例 2-9】** 将字符串“明月几时有”修改为“明月出天山”。

```
1  >>> char = '明月几时有'                    # 为字符串变量 char 赋值
2  >>> char = replace(char, '明月出天山')      # 不能将字符 char 替换为'明月出天山'
   Traceback (most recent call last):          # 出错(注意,字符串不可修改,但可重新定义)
3  >>> x = s.replace('几时有', '出天山')        # 利用 replace()函数返回一个新字符串给变量 x
4  >>> x                                       # 输出新变量 x
   '明月出天山'
5  >>> char                                    # 输出源字符串(注意,变量 char 本身没有改变)
   '明月几时有'
```

# 2.2 列表和元组

## 2.2.1 列表基本操作

### 1. 列表的基本功能

列表是 Python 最常用的数据结构。列表是一个存储元素的容器。**32 位 Python 对列表元素的限制是 $2^{29}$(=536 870 912)个**；而且每个元素的大小并没有限制。

列表操作包括元素索引、读取元素(访问)、增加元素、删除元素、元素切片、元素叠加(加)、元素重复(乘)和检查元素等。Python 内置了很多标准函数，可以对列表进行各种操作，如计算列表中元素长度(len())，确定列表中最大或最小元素(max()、min())，对列表中元素求和(sum())等。

### 2. 列表索引号

为了确定元素在列表中的位置，列表对每个元素都分配了一个“索引号”，它相当于 C、Java 等语言的数组下标。元素可以通过索引号进行访问(读写)或遍历(顺序访问列表中每一个元素)。索引分为正向索引和反向索引。在正向索引中，第一个元素索引号为 0，第二个元素索引号为 1，以此类推；在反向索引中，最后一个元素索引号为−1，倒数第二个元素索引号为−2，以此类推，如图 2-2 所示。

| 正向索引号: | 0 | 1 | 2 | 3 |
|---|---|---|---|---|
| 列表: | "枯藤" | "老树" | "昏鸦" | "小桥流水人家" |
| 反向索引号: | -4 | -3 | -2 | -1 |

图 2-2 列表索引号排列

### 3. 创建列表

列表中的元素用方括号([ ])括起来，元素之间以英文逗号分隔。列表元素可以是 Python 支持的任意数据类型，如数字、字符串、布尔值、列表、元组、字典等。

创建列表的语法格式如下。

```
列表名 =[元素 1,元素 2,元素 3,…,元素 n]          # 定义列表的语法格式
列表名[索引号]                                   # 按索引号输出列表语法
列表名[起始索引号:终止索引号]                     # 按起始和终止索引号输出列表语法
```

**【例 2-10】** 利用索引号输出列表中某个元素。

```
>>> myList = ['枯藤', '老树', '昏鸦', '小桥流水人家']   # 定义列表 myList(4 个元素)
>>> myList[0]                                         # myList[0] = 列表第一个元素索引号
'枯藤'
>>> myList[0:2]                                       # myList[0:2] = 列表前两个元素索引号
['枯藤', '老树']                                      # 左闭右开:含 0 号元素但不含 2 号元素
>>> myList[-1]                                        # 输出列表最后一个元素
'小桥流水人家'
>>> x1 = [1, 3, 5, 7, 9]                              # 定义列表 x1(5 个元素)
>>> x2 = [[1, 2], [3, 4], [5, 6]]                     # 定义嵌套列表 x2(3 个元素)
```

注意，**正向索引遵循“左闭右开”原则**，索引号为“[起始号：终止号]”时，包含左边起始元素，不包含右边终止元素。

**【例 2-11】** 列表元素以逗号进行分隔，每个逗号之间为同一个元素。

```
>>> myList = ['关云长', '张飞''赵云', '马超']     # "张飞" "赵云"之间没有逗号,为一个元素
>>> myList                                      # 输出列表 myList
['关云长', '张飞赵云', '马超']                    # 输出为 3 个元素
```

**4. 删除列表**

当列表不再使用时，可以用 del 命令将其删除。其语法格式如下。

```
del 列表名                                      # 删除列表的语法格式
```

**【例 2-12】** 删除列表 myList。

```
>>> myList = ['枯藤', '老树', '昏鸦', '小桥流水人家']      # 定义列表
>>> myList                                            # 输出列表
['枯藤', '老树', '昏鸦', '小桥流水人家']
>>> del myList                                        # 删除列表
>>> myList                                            # 输出列表
NameError: name 'myList' is not defined               # 出错信息:对象删除后无法访问
```

**5. 判断列表是否为空**

**【例 2-13】** 利用布尔函数判断列表是否为“空”。

```
>>> myList = ['关羽', '张飞', '赵云']              # 定义列表 myList
>>> bool(myList)                                # 利用布尔函数,判断列表是否为"空"
True                                            # True 表示列表不为空
```

**6. 判断元素在列表中位置**

**【例 2-14】** 利用 index()函数判断元素在列表中的位置。

```
>>> myList = ['情', '深', '深', '雨', '蒙', '蒙']
>>> print(myList.index('蒙'))                    # 查找字符串中元素"蒙"的索引号
4
>>> print(myList.count('深'))                    # 统计字符串中元素"深"出现的次数
2
```

## 2.2.2 列表添加元素

**1. 列表中添加元素**

当在列表中增加或删除元素时，Python 会对列表自动进行内存大小调整（扩大或缩小）。在列表中间位置增加或删除元素时，不仅运行效率较低，而且该位置后面所有元素在列表中的索引号也会发生变化，因此应当尽量从列表尾部进行元素添加或删除操作。

在列表中添加元素有 3 个方法：append()、extend()和 insert()。其语法格式如下。

```
列表名.append(元素)                                # 在列表尾部添加一个元素
列表名.extend([多个元素列表])                       # 在列表尾部添加多个元素
列表名.insert(索引号, 元素)                         # 在列表指定位置插入元素或列表
```

**【例 2-15】** 用 append()函数在列表末尾添加一个元素。

```
>>> myList = ['宝玉', '黛玉', '宝钗']              # 定义列表 myList(列表中有 3 个元素)
>>> myList.append('晴雯')                          # 在列表尾部添加一个元素"晴雯"
>>> myList                                         # 输出列表 myList
['宝玉', '黛玉', '宝钗', '晴雯']                    # 列表添加元素时,列表会自动扩展
```

**【例 2-16】** 利用 extend()函数在列表尾部添加多个元素。

```
>>> myList = ['宝玉', '黛玉', '宝钗']              # 定义列表 myList
>>> myList.extend(["晴雯", 666])                   # 在列表尾部添加元素"晴雯"和 666
>>> myList
['宝玉', '黛玉', '宝钗', '晴雯', 666]
```

**【例 2-17】** 利用 extend()函数合并列表。

```
>>> myList1 = ['好好学习']                          # 定义列表 myList1
>>> myList2 = ['天天向上']                          # 定义列表 myList2
>>> myList1.extend(myList2)                        # 合并列表 myList1 和列表 myList2
>>> myList1                                        # 输出列表 myList1
['好好学习', '天天向上']
```

**【例 2-18】** 利用 insert()方法在列表指定位置插入元素。

```
>>> myList = ['宝玉', '黛玉', '宝钗']              # 定义列表 myList
>>> myList.insert([1, '晴雯'])                     # 在列表索引号为 1 的位置添加元素"晴雯"
>>> myList                                         # 输出列表
['宝玉', '晴雯', '黛玉', '宝钗']
```

注意,插入元素时,索引号为−1 时,在最后一个元素之后插入。

**2. 列表中重复和拼接某个元素**

**【例 2-19】** 利用"+"拼接某个元素。

```
>>> s1 = ['寒蝉凄切', '对长亭晚']                   # 定义列表 s1
>>> s2 = ['骤雨初歇']                              # 定义列表 s2
>>> s1 += s2                                       # 列表 s1 和列表 s2 拼接,并将结果赋值给 s1
>>> s1                                             # 上面 s1 += s2 语句等价于 s1 = s1 + s2
['寒蝉凄切', '对长亭晚', '骤雨初歇']
```

**【例 2-20】** 利用"*"重复某个元素。

```
>>> s1 = ['江阔云低', '断雁叫西风']                 # 定义列表 s1
>>> s2 = ['叫西风']                                # 定义列表 s2
>>> s1 = s1 + s2 * 2                               # 列表 s1 与重复 2 次的列表 s2 拼接
>>> s1                                             # 输出列表 s1
['江阔云低', '断雁叫西风', '叫西风', '叫西风']
```

**3. 列表嵌套**

列表嵌套即在列表中创建其他列表。

**【例 2-21】** 列表嵌套示例如下。

```
>>> s = ['孙悟空', '猪八戒', '沙和尚']                    # 为列表 s 赋值
>>> n = [1000, 700, 300]                                  # 为列表 n 赋值
>>> x = [s, n]                                            # 列表嵌套
>>> x                                                     # 输出列表 x
[['孙悟空', '猪八戒', '沙和尚'], [1000, 700, 300]]
```

**4. 列表复制**

复制一个列表时，Python 只是创建了一个别名，两个列表指向同一个内存位置，实际上只存在一个列表。修改列表 A 将影响列表 B，这点要特别注意。

**【例 2-22】** 列表复制示例。

```
>>> myList1 = [1, 2, 3, 4]              # 定义列表 myList1
>>> myList2 = myList1                   # 列表复制，将 myList1 复制到 myList2
>>> myList2[3] = 666                    # 修改列表 myList2 中第 4 个元素值为 666
>>> print(myList1)                      # 输出列表 myList1
[1, 2, 3, 666]                          # 可见列表 myList1 中的值也被修改了
>>> myList1[0] = 'Python'               # 修改列表 myList1 中第一个元素值为'Python'
>>> print(myList2)                      # 输出列表 myList2
['Python', 2, 3, 666]                   # 可见列表 myList2 中的值也修改了
```

## 2.2.3 列表修改元素

**1. 修改列表中元素**

修改列表中元素的语法格式如下。

```
列表名[元素索引号] = 新元素                # 修改列表中元素的语法格式
```

**【例 2-23】** 在列表 s 中，修改元素“瘦马”为“昏鸦”。

```
>>> s = ['枯藤', '老树', '瘦马', '小桥流水人家']     # 定义列表 s
>>> s[2] = '昏鸦'                                    # 修改索引号为 2 的元素(第 3 个元素)
>>> s
['枯藤', '老树', '昏鸦', '小桥流水人家']             # 删除列表中元素时，列表会自动收缩
```

**2. 删除指定位置元素**

删除列表指定位置元素的方法有 pop()、del。语法格式如下。

```
列表名.pop(元素索引号)                      # 删除列表元素的语法格式 1
del 列表名[元素索引号]                      # 删除列表元素的语法格式 2
```

**【例 2-24】** 删除指定位置元素示例。

```
>>> s = ['枯藤', '老树', '昏鸦', '小桥流水人家']
>>> s.pop(2)                                    # 删除列表中索引号为 2 的元素
'昏鸦'
>>> s
['枯藤', '老树', '小桥流水人家']
>>> del s[1]                                    # 删除列表中索引号为 1 的元素(第 2 个元素)
>>> s
['枯藤', '小桥流水人家']
```

**3. 删除第一个匹配元素**

删除列表元素时,Python 首先检索是否存在要删除的元素,然后将遇到的第一个匹配元素从列表中删除,并对后面元素重新编号。如果该元素有多个,那么只删除第一个匹配元素。如果没有找到匹配元素,则出现错误提示,其语法格式如下。

```
列表名.remove(元素)                              # 删除列表元素的语法格式
```

**【例 2-25】** 删除列表中第一个重复的匹配元素。

```
>>> s = ['天苍苍', '野茫茫', '风吹草低见牛羊']
>>> s.remove('野茫茫')                           # 删除第一个匹配元素
>>> s
['天苍苍', '风吹草低见牛羊']
>>> s.remove('苍')                               # 删除一个不存在的元素时,将会出错
ValueError: list.remove(x): x not in list       # 注意,'天苍苍'是一个元素,'苍'是另一个元素
```

**4. 清空列表中所有元素**

清除列表中所有元素的语法格式如下。

```
列表名.clear()                                   # 清空列表中所有元素的语法格式
```

**【例 2-26】** 清空列表中所有元素。

```
>>> s = ['天苍苍', '野茫茫', '风吹草低见牛羊']
>>> s.clear()                                    # 清空列表中所有元素,但是保持列表
>>> s
[]
```

**5. 关于越界错误**

列表进行读出、删除、修改时,列表容易出现越界错误。有些操作会提示越界错误,有些操作则不会提示错误(如切片)。提示偏移量越界的操作有 list[偏移量](读或者修改某个元素)、del list[偏移量](删除指定位置元素)、list.remove(值)(删除指定值元素)、list.pop(偏移量)(删除指定位置元素)。如果偏移量越界,则这些方法都会报错。所以使用这些方法时,务必确认该偏移量的元素是否存在,否则可能会报错。

## 2.2.4 列表切片操作

列表切片是按指定顺序获取列表中某些元素,并且得到一个新列表,它也可以用来修改

或删除列表中部分元素，还可以为列表增加新元素。列表切片的语法格式如下。

```
列表名[切片起始索引号：切片终止索引号：步长]        # 列表切片的语法格式
```

**切片遵循“左闭右开”原则**，即切片结果不包括“切片终止索引号”元素；切片步长默认为 1。当步长为正整数时，表示正向切片，此时要求“切片起始索引号”应该小于“切片终止索引号”，否则得到一个空序列。如果步长值省略，则索引号默认为 0，表示从列表第一个元素开始切片；如果“切片终止索引号”省略，则表示切片一直延伸到列表结尾，也就是索引号为－1 的元素。当步长为负整数时，则表示反向切片，此时要求“切片起始索引号”应该大于“切片终止索引号”；与正向切片类似，可以省略“切片起始索引号”和切片“终止索引号”。

**【例 2-27】** 列表 S＝['财','从','道','取','利','方','长','o']，列表元素切片示意图如图 2-3 所示。

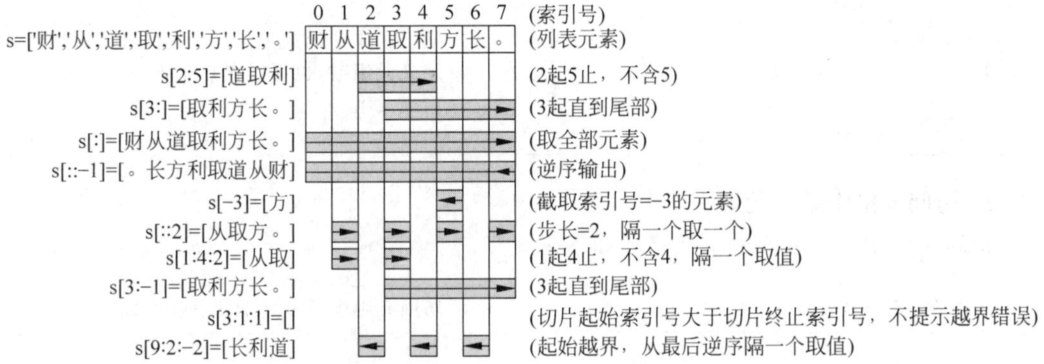


图 2-3 列表元素切片示意图

**【例 2-28】** 列表元素切片操作时，如果偏移量越界，Python 不会报错。

```
>>> s = ['客', '上', '天', '然', '居']     # 定义列表 s
>>> s[2:5:1]                               # 2 为起始索引号,5 为终止索引号(已越界),1 为步长
['天', '然', '居']                         # 偏移量越界后,Python 不会提示出错
```

注意，切片时，如果偏移量越界，Python 会仍然按照界限处理。如切片起始索引号小于 0 时（越界），Python 仍然会按照切片起始索引号为 0 计算。

### 2.2.5 元组基本操作

#### 1. 创建元组

元组（tuple）也是一种存储一系列元素的容器。元组与列表的区别在于以下两点：一是元组中的元素不能修改，而列表中的元素可以修改；二是元素和列表的创建符号不一样，元组使用圆括号定义，而列表使用方括号定义。元组创建的语法格式如下。

```
元组名 = (元素 1,元素 2,元素 3,…,元素 n)          # 定义元组的语法格式
```

【例 2-29】 创建元组简单案例。

```
>>> s = ('春', '风', '吹', '又', '生')                # 定义元组 s
>>> s                                               # 输出元组
('春', '风', '吹', '又', '生')
>>> n = (12, 34, 56, 78)                            # 定义元组
>>> n                                               # 输出元组
(12, 34, 56, 78)
```

元组中所有元素放在一对圆括号中，元素之间用逗号分隔。

如果元组中只有一个元素，则必须在元素后面增加一个逗号。如果没有逗号，则 Python 会假定这只是一对额外的圆括号，这虽然没有坏处，但并不会创建一个元组。

在不引起语法错误的情况下，用逗号分隔的一组值，系统也会自动将其创建为元组。也就是说，在没有歧义的情况下，**元组也可以没有括号**。

【例 2-30】 元组的特殊创建方法。

```
>>> n = (0,)                       # 元组为单个元素时，必须加逗号以防出错
>>> k = 1, 2, 3, 4, 5              # 定义元组时，也可以省略圆括号
>>> k                              # 输出元组
(1, 2, 3, 4, 5)
```

### 2. 访问元组中某个元素

访问元组中某个元素的语法格式如下。

```
元组名[索引号]                      # 访问元组中某个元素的语法格式
```

元组访问方式与列表相同，元组索引号与列表相同，从 0 开始编号。

【例 2-31】 访问元组中某个元素。

```
>>> s = ('春', '风', '吹', '又', '生')     # 定义元组 s
>>> s[1]                                  # 访问元组中第 2 个元素(注意，元组可读不可写)
'风'
>>> k = (1, 2, 3, 4, 5)                   # 定义元组 k
>>> k[2]                                  # 访问元组中第 3 个元素
3
```

### 3. 连接元组

可以对元组进行连接组合。与字符串运行一样，元组之间可以用“+”和“*”进行运算。这意味它们可以组合和复制，运算后会生成一个新元组。

【例 2-32】 元组的连接操作。

```
>>> tup1 = ('张飞', '关羽')               # 定义元组 tup1
>>> tup2 = (800, 1000)                   # 定义元组 tup2
>>> tup3 = tup1 + tup2                   # 元组 tup1 和元组 tup2 连接，赋值给新元组 tup3
>>> tup3                                 # 输出元组 tup3
('张飞', '关羽', 800, 1000)
```

**4. 删除元组**

元组中的元素不允许删除,但是可以用 del 语句删除整个元组。

**【例 2-33】** 删除元组示例。

```
>>> my_tup = ('黛玉', '宝钗', 18, 20)                    # 定义元组 my_tup
>>> my_tup                                               # 输出元组 my_tup
('黛玉', '宝钗', 18, 20)
>>> del my_tup                                           # 删除元组
>>> my_tup                                               # 输出元组
SyntaxError: invalid character in identifier             # 抛出异常信息
```

**5. 元组不能进行的操作**

无法向元组添加元素,元组没有 append()、extend()、insert()等函数。

不能从元组中删除元素,元组没有 remove()、pop()函数。

**【例 2-34】** 列表可以用 append()添加元素。

```
>>> my_list = [1, 2, 3]                                  # 定义列表 my_list
>>> my_list.append('四')                                 # 在列表尾部添加元素(写操作)
>>> my_list                                              # 输出列表
[1, 2, 3, '四']
```

**【例 2-35】** 元组不能用 append()方法添加元素,因为元组不能修改。

```
>>> my_tup = (1, 2, 3)                                   # 定义元组 my_tup
>>> my_tup.append('四')                                  # 在元组尾部添加元素(写操作)
AttributeError: 'tuple' object has no attribute 'append'   # 抛出异常信息
```

# 2.3 字典和集合

## 2.3.1 字典

**1. 字典的特征**

字典是 Python 中一种重要的数据结构。字典中每个元素都分为两部分,前半部分称为"键"(key),后半部分称为"值"(value)。例如"姓名:张飞"这个元素中,"姓名"称为键,"张飞"称为值。**字典是"键值对"元素的集合,元素之间没有顺序,但不能重复。**

字典类似于表格中的一行(一条记录),键相当于表格中列的名称,值相当于表格中单元格内的值。同一字典中虽然键不允许重复,但是不同字典中的键可以重复;而表格中,同一列的不同行都必须保持列名称一致。

列表和元组都是有序对象的集合,而字典是无序对象的集合。它们之间的区别在于:字典中的元素通过键进行查找,列表中的元素通过索引号进行查找。

**2. 创建字典**

字典是一种可变容器,它可以存储任意数据类型的对象。字典中每个"键值对"(key-value)用冒号":"分隔,每个键值对之间用逗号","分隔,整个字典包含在花括号中。其语法格式如下。

```
字典名 = {键 1:值 1,键 2:值 2,…,键 k:值 v}                    # 创建字典的语法格式
```

键可以是字符串、数字、元组等数据类型。**键是唯一的，如果键有重复，最后一个键值对会替换前面的键值对；值不需要唯一，值可以是任何数据类型。**

**【例 2-36】** 创建字典的各种方法。

```
>>> dict1 = {'姓名':'张飞', '战斗力':'1000'}    # 字典中键与值的数据类型可以一致
>>> dict2 = {'年龄':35, '战斗力':1000}          # 字典中键与值的数据类型也可以不一致
>>> dict3 = {'姓名':'张飞', '战斗力':1000}      # 不同字典中键允许重复(如 dict1 与 dict3)
>>> dict4 = {'张飞':35, '张飞':1000}            # 同一字典中,键重复时,后键值将覆盖前键值
>>> dict5 = {'宝玉':85, '黛玉':85}              # 同一字典中值允许重复
>>> dict5['宝钗'] = 88                          # 在字典 dict5 尾部添加一个键值对('宝钗':88)
>>> dict6 = {(80, 90):'优良', 60:'及格'}        # 键也可以是元组,如(80, 90)
>>> dict7 = dict(x = 10.5, y = 20.0)            # 也可以利用 dict()函数创建字典
```

可以通过字典中的“键”(key)查找字典中的“值”(value)。

字典打印输出时，元素的输出顺序可能与定义时不同，因为字典无顺序之分。

**3. 访问字典元素**

字典中元素(键值对)位置是无序的，或者说，字典中的元素没有索引号，元素之间也没有前后顺序关系。因此访问字典中元素可以由键查找到值。其语法格式如下。

```
字典名[键名]                                    # 访问字典的语法格式
```

**【例 2-37】** 在字典中取出人物身高信息。

```
>>> people = {'姓名':'张飞', '性别':'男', '身高':'180cm'}
>>> people['身高']                                          # 访问字典,由键查找值
'180cm'
```

**4. 修改字典元素**

向字典中添加新内容的方法是增加新键值对，修改或删除已有键值对。

**【例 2-38】** 向字典中添加新内容。

```
my_dict = {'姓名':'关云长', '年龄':40, '战斗力':'一级'}                # 定义字典
my_dict['年龄'] = 48                                                   # 修改字典条目
my_dict['宝贝'] = '赤兔马'                                             # 尾部新增键值对
print('字典:', my_dict)                                                # 输出字典
>>>字典:{'姓名': '关云长', '年龄': 48, '战斗力': '一级', '宝贝': '赤兔马'}   # 程序运行结果
```

## 2.3.2 集合

**1. 集合的特点**

集合(set)是许多唯一对象的聚集。集合具有以下特点。

(1) 集合是可变容器，也就是说，集合可以增加或删除其中的元素。

(2) 集合内元素不能重复(因此集合可以用于去重)。

(3) 集合是一种无序存储结构,集合中的元素没有先后顺序关系。

(4) 集合内元素必须是不可变的对象(不能是变量)。

(5) 集合相当于只有键没有值的字典(键是集合的元素)。

**2. 创建集合**

创建集合的语法格式如下。

```
集合名 = {}                                              # 创建集合的语法格式
```

**【例 2-39】** 创建集合与创建字典类似,集合中的元素用逗号隔开。

```
>>> d = {1, 2, 3, 2, 1, 5, 6, 3, 4}                      # 定义集合 d
>>> d                                                    # 查看集合
{1, 2, 3, 4, 5, 6}                                       # 集合全自动去重
>>> s = {'风', '风', '雨', '雨'}                          # 定义集合 s
>>> s                                                    # 查看集合
{'风', '雨'}                                              # 集合全自动去重
```

**3. 添加元素**

**【例 2-40】** 将元素添加到集合中,如果元素已存在,则不进行任何操作。

```
>>> set1 = set(("长江", "黄河", "湘江"))        # 将元组转换为集合(注意为双括号)
>>> set1.add("雅鲁藏布江")                      # 添加元素
>>> print(set1)
{'黄河', '雅鲁藏布江', '长江', '湘江'}          # 集合输出无序
```

**4. 删除元素**

**【例 2-41】** 将元素从集合中删除,如果元素不存在,则会发生错误。

```
>>> set1 = {"长江", "黄河", '雅鲁藏布江', "湘江"}          # 定义集合
>>> set1.remove("雅鲁藏布江")                             # 删除元素
>>> print(set1)
{'黄河', '长江', '湘江'}                                   # 集合输出无序
```

**5. 集合的运算**

**【例 2-42】** 集合的运算类型有:交集、并集、补集、子集、全集等。

```
>>> s1 = {'我', '住', '长', '江', '头'}        # 定义集合 s1
>>> s2 = {'君', '住', '长', '江', '尾'}        # 定义集合 s2
>>> s3 = s1 & s2                              # 集合 s1 与 s2 进行交运算(同留异去)
>>> s3                                        # 查看运算结果
{'江', '长', '住'}                             # 注意,集合元素没有先后关系,输出位置随机
>>> s4 = s1 | s2                              # 集合 s1 与 s2 进行并运算(同留一,异留一)
>>> s4                                        # 查看运算结果
{'江', '尾', '住', '君', '头', '我', '长'}
>>> s5 = s1 - s2                              # 集合 s1 与 s2 进行补运算(同去,相异留一)
>>> s5                                        # 查看运算结果
{'头', '我'}
>>> s6 = s1 ^ s2                              # 集合 s1 与 s2 进行对称补运算(同去异留)
>>> s6                                        # 查看运算结果
{'尾', '我', '君', '头'}
```

【例 2-43】 判断一个集合是另一个集合的子集。

```
>>> n1 = {1, 2, 3}                          # 定义集合 n1
>>> n2 = {2, 3}                             # 定义集合 n2
>>> n2 < n1                                 # 判断 n2 小于 n1,即 n2 是 n1 的子集
True
>>> n2 > n1                                 # 判断 n2 大于 n1,即 n2 是 n1 的父集
False
```

【例 2-44】 判断两个集合是否相同或不同。

```
>>> s1 = {'我', '住', '长', '江', '头'}       # 定义集合 s1
>>> s2 = {'江', '住', '头', '我', '长'}       # 定义集合 s2
>>> s2 == s1                                # 集合 s2 与集合 s1 相同
True                                        # 注意,集合元素没有先后关系
```

## 习 题 2

2-1 Python 的数据类型有什么特点?

2-2 列表有哪些特点?

2-3 列表与元组有什么区别?

2-4 Python 中字符串的最大长度是多少?

2-5 索引号有什么特点?

2-6 列表切片有什么功能?

2-7 元组有什么特点?

2-8 字典有什么特点?

2-9 编程将两个列表转换为字典。

2-10 用 join()函数编程,将序列中的元素以指定字符连接成新字符串。

# 第3章 程序语句

计算机程序之所以功能强大，主要在于程序具有逻辑推理能力，而最基本的逻辑推理操作是条件判断。条件判断可以控制程序执行的流程，因此程序控制结构非常重要。所有程序语言都提供顺序执行、条件判断执行（只执行某一部分程序块，如 if 语句）、循环执行（反复执行某一程序块，如 for 语句）三种最基本的程序控制方式。

## 3.1 顺序语句

### 3.1.1 导入语句

**1. 模块导入**

Python 中，库、包、模块等概念，本质上就是操作系统中的目录和文件。模块导入就是将软件包、模块、函数等程序一次性载入计算机内存，方便程序快速调用。

**【例 3-1】** 导入语句 import matplotlib. pyplot 实际上就是执行 D:\Python37\Lib\site-packages\matplotlib\pyplot. py 程序。其中 matplotlib 是包名，pyplot 是模块名。

Python 程序以函数为主体，程序中有自定义函数、标准库函数、第三方软件包中的函数。程序中自定义函数无须导入。标准库函数分为两部分：一部分内置函数（如 print()、len()等 72 个内置函数）和内置方法（如 str. format()，str. join()等 45 个内置方法），在 Python 启动时已经导入内存，无须再次导入；另外的大部分标准库（如 math、sys、time 等模块）中的函数，都需要先导入再调用。**第三方软件包中所有模块和函数都需要先导入再调用**。导入语句一般放在程序开始部分，语法格式如下。

```
import 模块名                               # 绝对路径导入，导入软件包或模块
import 模块名 as 别名                       # 绝对路径导入，别名为简化调用
from 模块名 import 函数名或子模块名         # 相对路径导入，导入指定函数或子模块
from 模块名 import *                        # 导入模块所有函数和变量(慎用)
```

（1）以上“模块名”包括库、包、模块、函数等（可采用点命名形式）。

（2）**同一模块多次导入时，它只会执行一次，这防止了同一模块的多次执行**。

（3）绝对路径导入时，调用时用“模块名. 函数名()”的形式，优点是避免了同名函数；相对路径导入时，调用时用“函数名()”的形式，非常方便，缺点是容易导致同名函数。

（4）一个函数库有哪些软件包？一个软件包有哪些模块？一个模块有哪些函数？某个函数如何调用（API，应用程序接口）？这些问题都必须参考软件包使用指南。

（5）如果当前目录下存在与导入模块同名的. py 文件，就会把导入模块屏蔽掉。

**2. 模块路径查找**

Python 解释器执行 import 语句时,如果模块在当前路径中,模块马上就会被导入。如果需要导入的模块不在当前路径中,Python 解释器就会查找搜索路径。搜索路径是 Python 在安装时设置的环境变量,安装第三方软件包时也会增加搜索路径。搜索路径存储在 Python 标准库中 sys 模块的 path 变量中。

**【例 3-2】** 查看 sys 模块中的搜索路径,了解 Python 设置了哪些路径。

```
>>> import sys                                  # 导入标准模块 - 系统功能
>>> sys.path                                    # 查看路径变量
['', 'D:\\Python37\\Lib\\idlelib', …(输出略)    # 输出当前路径设置
```

**说明**:以上输出列表中,第一项是空串(''),它代表当前目录。

**【例 3-3】** 查看 matplotlib. pyplot 模块存放路径。

```
>>> import matplotlib.pyplot                    # 导入第三方包 - 绘图
>>> print(matplotlib.pyplot)                    # 查看模块存放路径
<module 'matplotlib.pyplot' from 'D:\\Python37\\lib\\site-packages\\matplotlib\\pyplot.py'>
```

**【例 3-4】** 用 sys. path 在路径列表中临时添加新路径 d:\work\apps。

```
import sys                                      # 导入标准模块 - 系统功能
sys.path.insert(0, 'd:\\work\\apps')            # 添加新路径,0 为路径插入在开始位置
```

**说明**:insert()函数是动态插入路径,作用范围仅限于当前. py 文件。

**3. import 绝对路径导入**

**【例 3-5】** 根据勾股定理 $a^2+b^2=c^2$,计算直角三角形的边长。

```
1  #E0305.py                                       #【计算三角形的边长】
2  import math                                     # 导入标准模块 - 数学计算
3  a = float(input('输入直角三角形第 1 条边的边长:'))   # 输入边长,转换为浮点数
4  b = float(input('输入直角三角形第 2 条边的边长:'))   # 输入边长,转换为浮点数
5  c = math.sqrt(a * a + b * b)                    # 调用数学开方函数计算边长
6  print('直角三角形第 3 条边的边长为:', c)           # 打印计算值
```

```
>>>                                             # 程序运行结果
输入直角三角形第 1 条边的边长:3                   # 输入边长 3
输入直角三角形第 2 条边的边长:4                   # 输入边长 4
直角三角形第 3 条边的边长为: 5.0                  # 输出运行结果
```

程序第 1 行,每个模块都有各自独立的变量符号表(命名空间),导入模块(math)中的变量名会放入内存中模块符号表中。程序员可以放心地使用模块内部的全局变量,不用担心变量名的重名问题。使用该模块中的函数或属性时,必须加上模块名称。

程序第 5 行,math. sqrt()为调用 math(数学)模块中的开方函数 sqit()。注意,一个模块中往往会有多个函数,这些函数的调用方法(API)可以查看相关使用指南。

**4. 对导入软件包或模块取别名**

导入软件包时,对包或模块取别名后,调用模块时会简化很多。

**【例 3-6】** 对导入软件包或模块取别名示例。

```
1  #E0306.py                                         #【绘制散点曲线图 A】
2  import matplotlib.pyplot as plt                   # 导入第三方包 - 绘图包.绘图模块(别名 plt)
3  import numpy as np                                # 导入第三方包 - 科学计算(别名 np)
4
5  t = np.arange(0., 5., 0.2)                        # 调用科学计算包 NumPy 中的 arange()函数
6  plt.plot(t, t, 'r--', t, t**2, 'bs', t, t**3, 'g^')  # 调用时,用别名 plt 代替 matplotlib.pyplot
7  plt.show()                                        # 调用时,用别名 plt 代替 matplotlib.pyplot
   >>>
```

程序第 2 行,matplotlib 为第三方软件包名,pyplot 为子模块名; matplotlib. pyplot 表示只导入了 matplotlib 软件包中的绘图子模块 pyplot,因为程序第 6、7 行需要用到 pyplot 模块中的 plot()和 show()函数; matplotlib. pyplot 模块在调用时可简写为 plt(别名)。

程序第 3 行,numpy 为导入软件包全部模块,numpy 包别名为 np。

**【例 3-7】** 程序与例 3-6 功能完全相同,语句差别是没有对软件包和模块取别名,因此调用这些包的函数时,要书写"包名. 模块名. 函数名()"的全称路径形式。

```
#E0307.py                                         #【绘制散点曲线图 B】
import matplotlib.pyplot                          # 导入第三方包 - 绘图(没有别名)
import numpy                                      # 导入第三方包 - 科学计算(没有别名)

t = numpy.arange(0., 5., 0.2)                     # 调用 numpy 包时写全称
matplotlib.pyplot.plot(t, t, 'r--', t, t**2, 'bs',   # 调用时写"包名.模块名.函数名"
t, t**3, 'g^')
matplotlib.pyplot.show()                          # 调用时写"包名.模块名.函数名"
>>>
```

## 5. from 相对路径导入

使用"from 模块名 import 子模块名"相对路径导入时,子模块名可以是软件包中的子模块,也可以是子模块中定义的函数、类、公共变量(如 pi、e)等。

**【例 3-8】** 导入标准库中开方函数进行计算。

```
>>> from math import sqrt          # 导入标准模块 - 导入 math 模块中的 sqrt()函数
>>> sqrt(2)                        # 调用开方函数
1.4142135623730951
```

**【例 3-9】** 采用"from... import"形式导入时,也可以使用别名(很少使用)。

```
>>> from math import sqrt as kf    # 导入标准模块 - 导入 sqrt 函数,别名为 kf(开方)
>>> kf(2)
1.4142135623730951
```

**【例 3-10】** 使用"from... import"导入模块中某几个函数,而不是所有函数。

```
from math import sqrt, sin, cos, log        # 导入标准模块-导入 math 模块中几个函数
```

**6. "from 模块名 import *"导入**

"from 模块名 import *"方式将导入模块中所有非下画线开始的对象，它可能导致命名空间中存在相同的变量名，这种导入方式容易污染命名空间，尽量谨慎使用。

### 3.1.2 赋值语句

**1. 变量赋值常规方法**

Python是动态程序语言，不需要预先声明变量类型和变量长度，变量值和类型在首次赋值时产生。变量赋值很简单，取一个变量名然后给它赋值即可，语法格式如下。

```
变量名 = 表达式                                    # 赋值语句的语法格式
```

赋值语句中，"="是把等号右边的值或表达式赋给等号左边的变量名，这个变量名就代表了变量的值。

**【例3-11】** 变量赋值的正确方法。

```
>>> path = 'd:\test\03\'                          # 字符串赋值
>>> pi = 3.14159                                  # 浮点数赋值
>>> s = pi * (5.0 ** 2)                           # 表达式赋值
>>> s = ['张飞', '程序设计', 60]                   # 列表赋值
>>> b = True                                      # 布尔值bool赋值
```

Python赋值语句不允许嵌套(重叠赋值)；不允许引用没有赋值的变量；不允许连续赋值；不允许数据类型混用：否则将引发程序异常。

**【例3-12】** 变量赋值的错误方法。

```
>>> x = (y = 0)                                   # 错误，不允许赋值语句嵌套
>>> print(y)                                      # 错误，不允许引用没有赋值的变量
>>> x = 2, y = 5                                  # 错误，不允许连续赋值
>>> x = 2; y = 5                                  # 可运行，但是PEP不推荐这种赋值方法
>>> s = '日期' + 2018                              # 错误，不允许不同数据类型混淆赋值
>>> 2 + 3 = c                                     # 错误，不允许赋值语句颠倒
```

**【例3-13】** Python中，一个变量名可以通过重复赋值，定义为不同的数据类型。

```
>>> ai = 1314                                     # 变量名ai赋值为整数
>>> ai = '一生一世'                                # 变量名ai重新赋值为字符串
```

**2. 变量赋值的特殊方法**

**【例3-14】** 序列赋值实际上是给元组赋值，因此可以赋多个值，赋不同类型的值。

```
>>> A = 1, 2, 3                        # 序列赋值，允许一个变量赋多个值(实际为元组)
>>> x, y, z = A                        # 元组A中的值顺序赋给多个变量
>>> n, m, k = 10, 6, 5                 # 按顺序赋值为：n = 10，m = 6，k = 5
>>> n, m, k = 10, 0.5, '字符'           # 按顺序赋值为：n = 10，m = 0.5，k = '字符'(变量为元组)
```

【例 3-15】 变量链式赋值方法。

```
>>> x = y = k = 0                                 # 链式赋值,等价于 x=0,y=0,k=0
>>> x = y = student = {'姓名':'贾宝玉', '年龄':18}   # 允许变量重新赋值,并改变数据类型
```

【例 3-16】 变量增量赋值方法。

```
>>> x = 1              # x=1(语义:将 1 赋值给变量名 x)
>>> x += 1             # x=2(语义:将 x+1 后赋值给 x;等价于 x=x+1)
>>> x *= 3             # x=6(语义:将 x*3 后赋值给 x;等价于 x='***')
>>> x -= 1             # x=5(语义:将 x-1 后赋值给 x;等价于 x=x-1)
>>> x %= 3             # x=2(模运算,语义:将 x 除以 3 取余数赋值给 x)
>>> s = '世界,'         # s = '世界,'(语义:字符串赋值给变量名 s)
>>> s += '你好!'        # s = '世界,你好!'(语义:字符串连接)
>>> s *= 2             # s = '世界,你好! 世界,你好!'(语义:字符串重复)
```

【例 3-17】 变量交换赋值方法。

```
>>> x, y = 10, 20            # 变量序列赋值(x=10,y=20)
>>> x, y = y, x              # 变量内容交换,x←y,y←x(x=20,y=10)
>>> a, b = '天上', '人间'      # 变量序列赋值(a='天上',b='人间')
>>> a, b = b, a              # 字符串变量交换,a←b,b←a(a='人间',b='天上')
```

【例 3-18】 对方程 $44x^2+123x-54=0$ 求根(方法 1,比较例 3-29、例 3-33)。

一元二次方程标准式:$Ax^2+Bx+C=0$

一元二次方程判别式:$\Delta=B^2-4AC$

$$
解:\begin{cases}\Delta<0\ 时,无解;\\ \Delta=0\ 时,x=B/2A;\\ \Delta>0\ 时,x1=-((B+\sqrt{\Delta})/2A),x2=-((B-\sqrt{\Delta})/2A)。\end{cases}
$$

```
>>> delta = 123**2 - 4*44*(-54)          # 计算一元二次方程判别式 Δ 值
>>> x1 = (123 + delta**0.5)/(-2*44)      # 计算方程的根:x1=-((B+√Δ)/2A)
>>> x2 = (123 - delta**0.5)/(-2*44)      # 计算方程的根:x2=-((B-√Δ)/2A)
>>> print('方程的根:x1=', x1)
方程的根:x1= -3.18123904902659
>>> print('方程的根:x2=', x2)
方程的根:x2= 0.3857845035720447
```

## 3.1.3 输入输出语句

输入是用户告诉程序所需要的信息,输出是程序运行后告诉用户的结果,通常把输入输出简称为 I/O。Python 有三种输入输出方式:表达式、函数和文件。文件输入输出方式在后续章节专门讨论。input()和 print()是最基本的输入和输出函数。

**1. 用 input()函数读取键盘数据**

input()函数是一个内置标准函数,它的功能是从键盘读取输入数据,并返回一个字符串(注意,返回值不是数值)。如果希望输入的数据为整数,需要用 int()函数将输入的数据

转换为整数；如果希望输入的数据为小数，需要用 float()函数将输入的数据转换为小数；也可以用 eval()函数，将输入的数据转换为实数。

【例 3-19】 用 input()函数读取键盘输入数据。

```
>>> s = input('请输入产品名称:')                # 从键盘读取字符串,并且赋值给变量名 s
请输入产品名称:计算机                           # 注意,即使输入的是数字,结果也是字符串
>>> x = int(input('请输入一个整数:'))           # 从键盘读取一个整数,赋值给变量名 x
请输入一个整数:105                              # 注意,输入小数时会出错
>>> y = float(input('请输入一个浮点数:'))       # 从键盘读取一个小数,赋值给变量名 y
请输入一个浮点数:88.66                          # 注意,输入会自动转换为浮点数
>>> z = eval(input('请输入一个数字:'))          # 从键盘读取数字
请输入一个数字:16.5                             # 注意,输入字符时会出错
```

**2. 用 eval()函数读取多个数据**

【例 3-20】 用 eval()函数从键盘读取多个数据。

```
>>> a, b, c = eval(input('请输入 3 个数字【数据之间用逗号分隔】:'))   # 注意,输入个数少于
请输入 3 个数字【数据之间用逗号分隔】:1,2,3                          # 变量个数时会出错
>>> x, y = eval(input('数字 x= ')), eval(input('数字 y= '))          # 分行输入数据
数字 x= 1
数字 y= 2
```

**3. 表达式输出**

【例 3-21】 表达式输出方法。

```
>>>'程序' + '设计'                  # 字符串表达式输出
'程序设计'
>>> 5200000 + 1314                  # 数字表达式输出
5201314
```

**4. 用 print()函数输出**

print()函数是一个内置的打印输出函数，它并不是向打印机输出数据，而是向屏幕输出数据。print()函数有多个参数，可以用来控制向屏幕的输出格式。

【例 3-22】 用 print()函数连续打印输出。

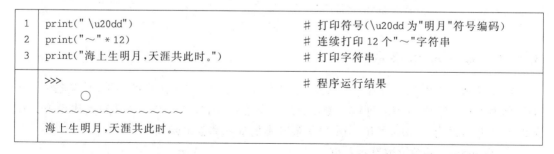

```
print(" \u20dd")                    # 打印符号(\u20dd 为"明月"符号编码)
print("～" * 12)                    # 连续打印 12 个"～"字符串
print("海上生明月,天涯共此时。")    # 打印字符串
```

```
>>>                                 # 程序运行结果
     ○
～～～～～～～～～～～～
海上生明月,天涯共此时。
```

【例 3-23】 用 prnt()函数输出的方法。

```
>>> love = 5201314                                # 变量赋值
>>> print('爱情计算值 = ', love)                   # 输出提示信息和变量值
爱情计算值 = 5201314
>>> print("学号\t姓名\t成绩")                      # 用制表符\t控制输出空格
学号    姓名    成绩                                # 注意,\t和\n只在引号内才起作用
>>> print("休言女子非英物\n夜夜龙泉壁上鸣")          # 用换行符\n控制换行输出
休言女子非英物
夜夜龙泉壁上鸣
```

**【例 3-24】** 用 print()函数连续输出不换行。

```
myList = ['碧云天', '黄花地', '西风紧', '北雁南飞']     # 列表赋值
for i in myList:                                     # 循环输出列表
    print('', i, end = '')                           # 参数 end = ''为不换行输出
```

```
>>>碧云天  黄花地  西风紧  北雁南飞                    # 程序运行结果
```

### 5. 利用占位符控制输出格式

我们经常会遇到"亲爱的×××您好！您××月的电话费是××,余额是××"之类的字符串,其中×××的内容经常变化。所以,需要一种简便的格式化字符串方式。print()函数的输出格式可以用占位符控制。在字符串内部,%是占位符,有几个%,后面就需要几个变量或者值,顺序对应。占位符后的常见情况有 d 为整数、f 为浮点数、s 为字符串、x 为十六进制整数。如果不太确定用什么占位符,%s 永远起作用,它会把任何数据类型转换为字符串。占位符前面的 x 表示占几位,如 10.2f 表示占 10 位,其中小数占 2 位。

**【例 3-25】** 用占位符控制输出格式案例。

```
>>>'您好, %s, 您有 %s 元到账了。' %('小明', 1000.00)    # %为占位符,s为字符串
'您好, 小明, 您有 1000.00 元到账了。'                  # 第1个%s对应'小明',其余类推
>>> print('教室面积是%10d平方米。' %(80))              # %10d = 右对齐,占位符占10位
教室面积是        80平方米。
>>> print('教室面积是% -10d平方米。' %(80))            # % -10d = 左对齐,占位符占10位
教室面积是80        平方米。
>>> print('教室面积是%10.2f平方米。' %(80))            # %10.2f = 右对齐,占位符占10位
教室面积是     80.00平方米。                           # 其中小数占2位
```

### 6. 利用函数格式化输出

使用{:}.format()函数格式化输出,函数用{:}来代替占位符%。其语法格式如下。

```
{0:[填充字符][对齐参数][宽度]}.format()
```

对齐参数<为左对齐；对齐参数^为居中；对齐参数>为右对齐。

**【例 3-26】** {:}.format()函数格式化输出方法。

```
>>>'{0:> 10}'.format('计算机')          # 符号>为右对齐输出,10表示占10位,1个汉字算1位
'       计算机'
```

```
2  >>>'{0:< 10}'.format('计算机')          # 符号<为左对齐输出,10 表示占 10 位
   '计算机       '
3  >>>'{0:^10}'.format('计算机')           # 符号^为居中对齐输出,10 表示占 10 位
   '   计算机    '
4  >>>'{0:=^10}'.format('计算机')          # 符号=为填充符号,10 表示填充 10 个"="符号
   '===计算机===='
5  >>>'{0:.4f}'.format(1/3)                # 符号".4f"为 4 位小数输出
   '0.3333'
6  >>>'{:,}'.format(12369132698)           # 符号","为按千分位格式输出
   '12,369,132,698'
```

# 3.2 条件判断语句

## 3.2.1 if-else 条件判断语句

程序设计中,经常需要根据特定条件来判断程序运行哪部分代码。在 Python 中,可以用 if 语句来检查程序当前状态,并根据当前状态采取相应的措施。因此,if 语句和循环在编程语言中被称为"控制语句",用来控制程序执行的顺序。

**1. if 语句语法格式**

Python 条件判断语句的语法格式如下:

```
1  if 条件表达式:       # 条件表达式只允许用关系运算符"==";不允许用赋值运算符"="
2      语句块 1         # 如果条件为 True,执行语句块 1,执行完后结束 if 语句(不执行语句块 2)
3  else:               # 否则
4      语句块 2         # 如果条件为 False,执行语句块 2,执行完后结束 if 语句(不执行语句块 1)
```

在 if 语句中,关键词 if 可以理解为"如果";条件表达式往往就是关系表达式(如 x>=60),条件表达式的值只有 True 或者 False;语句结尾的冒号(:)可以理解为"则";关键词"else:"可以理解为"否则"。注意,if 语句的冒号(:)不可省略,if 语句块可以有多行,但是 if 语句块内部必须缩进 4 个空格,并且保持垂直对齐。

Python 根据条件表达式的值为 True 还是为 False,来决定怎样执行 if 语句中的代码。如果条件表达式的值为 True,Python 就执行 if 语句块 1;如果条件表达式的值为 False,Python 将忽略语句块 1,选择执行语句块 2。由此可见,程序代码并不是全部都需要执行。这样就使得程序具有了很大的灵活性,为逻辑推理提供了良好基础。

值得注意的是,if 语句中的"else:"为可选语句块。

**【例 3-27】** 条件判断语句简单案例。

```
1  x = 80                       # 变量赋值
2  if x >= 60:                  # 条件判断语句,如果 x>= 60 为真
3      print('成绩及格')         # 则执行本语句,执行完后结束 if 语句(不执行语句 4 和 5)
4  else:                        # 否则(x>= 60 为假时,跳过语句 3)
5      print('成绩不及格')       # 执行本语句,执行完后结束 if 语句
```

程序第 2 行,如果 x>=60 条件成立(表达式的值为 True),则执行语句 3,执行完后结束 if 语句;否则(表达式的值为 False)跳过语句 3,执行语句 4 和 5,执行完后结束 if 语句。

**2. 读取用户输入的数据进行条件判断**

**【例 3-28】** 利用 input()函数读取用户输入的数据。

```
1  num = input('请输入课程成绩:')                    # 数据输入语句
2  if num > 59:                                      # 条件判断语句
3      print('不错,课程及格了!')
4  else:
5      print('成绩尚未及格,同学仍需努力!')
```

```
>>>                                                  # 程序运行结果
请输入课程成绩:80
Traceback (most recent call last):…(输出略)          # 抛出异常信息
```

程序初学者很容易犯以上错误,这是因为 input()函数返回的数据是字符串,而字符串不能与 if 表达式中的整数进行比较。

程序第 1 行,将原语句修改为:num = int(input('请输入课程成绩:')),这样从键盘读取的数据通过 int()函数转换为整数,就不会出现数据类型错误了。当然,如果输入的数据是浮点数或英文字符,同样会出现程序运行错误。

**【例 3-29】** 对一元二次方程 $44x^2+123x-54=0$ 求根(方法 2,比较例 3-18、例 3-33)。

Python 可以用 input()函数读取用户输入信息,但是 Python 默认将输入信息保存为字符串形式。所以,需要用 float()函数将输入信息强制转换为浮点数类型,这样在计算时才可以避免出现错误。

```
#E0329.py                                            # 【解一元二次方程 B】
import math                                          # 导入标准模块 - 数学计算

print('请输入方程 A*x**2+B*x+C=0 的系数:')
a = float(input('二次项系数 A = '))                  # 将输入数据转换为浮点数
b = float(input('一次项系数 B = '))
c = float(input('常数项系数 C = '))
p = b*b-4*a*c                                        # 计算方程判别式
if p<0:                                              # 如果判别式小于 0
    print('方程无解')
    exit()                                           # 函数 exit()为退出程序
else:
    x1 = (-b+math.sqrt(p))/(2*a)                     # 计算方程的根 1
    x2 = (-b-math.sqrt(p))/(2*a)                     # 计算方程的根 2
print('x1 = ', x1, "\t", 'x2 = ', x2)                # 参数"\t" = 制表符(空 4 格)
```

```
>>>                                                  # 程序运行结果
请输入方程 A*x**2+B*x+C=0 的系数:
二次项系数 A = 44
一次项系数 B = 123
常数项系数 C = -54
x1 = 0.3857845035720447      x2 = -3.18123904902659
```

**3. 三元条件判断语句**

三元运算是有 3 个操作数(左表达式、右表达式、条件表达式)的程序语句。程序中经常用三元运算进行条件赋值,三元运算的语法格式如下。

```
a= 左表达式 if 条件表达式 else 右表达式        # 三元运算语法格式
```

三元语句中,条件表达式的值为 True 时,返回左表达式的值;条件表达式的值为 False 时,返回右表达式的值;返回值赋值在变量 a 中。

**【例 3-30】** 条件判断语句的三元运算。

```
score = 80                                    # 操作数赋值
s = '及格' if score >= 60 else '不及格'        # 三元为:'及格'、score、'不及格'
print('三元运算结果:', s)
```

```
>>>三元运算结果:及格                           # 程序运行结果
```

## 3.2.2 if-elif 多分支判断语句

**1. if-elif 多分支判断语句语法**

当条件判断为多个值时,可以使用多分支 if-elif 判断语句。elif 是 else if 的缩写,if-elif 语法格式如下。

```
if 条件表达式 1:
    条件 1 成立时,执行语句块 1
elif 条件表达式 2:
    条件 2 成立时,执行语句块 2
elif 条件表达式 3:
    条件 3 成立时,执行语句块 3
else:
    以上条件都不成立时,执行语句块 4
```

在以上语法中,**if、elif 都需要写条件表达式,但是 else 不需要写条件表达式**;if 可单独使用,而 else、elif 需要与 if 一起使用。注意,if、elif、else 行尾都有冒号(:)。

if 语句执行有一个特点,它是从上往下判断的,如果某个判断的值是 True,把该判断对应的语句块执行完后,就忽略掉剩下的 elif 和 else 语句块。

Python 并不要求 if-elif 结构后面必须有 else 代码块。在有些情况下,else 代码块很有用;而在其他一些情况下,使用一条 elif 语句来处理特定情形更清晰。

**2. if-elif 多条件判断语句应用案例**

**【例 3-31】** 体重是衡量一个人健康状况的重要标志之一,过胖和过瘦都不利于身体健康。BMI(身体质量指数)是国际上常用衡量人体健康程度的指标,其参考标准如表 3-1 所示。

表 3-1　BMI 参考标准

| BMI 分类 | WHO 标准 | 中国参考标准 NAT | 相关疾病发病的危险性 |
|---|---|---|---|
| 体重过低 | BMI<18.5 | BMI<18.5 | 低(其他疾病危险性增加) |
| 正常范围 | 18.5≤BMI<25 | 18.5≤BMI<24 | 平均水平 |
| 超重 | BMI≥25 | BMI≥24 | 增加 |
| 肥胖前期 | 25≤BMI<30 | 24≤BMI<28 | 增加 |
| Ⅰ度肥胖 | 30≤BMI<35 | 28≤BMI<30 | 中度增加 |
| Ⅱ度肥胖 | 35≤BMI<40 | 30≤BMI<40 | 严重增加 |
| Ⅲ 度肥胖 | BMI≥40.0 | BMI≥40.0 | 非常严重增加 |

BMI 计算方法为：BMI＝体重/身高$^2$，其中体重的单位为 kg，身高的单位为 m。

对于这个问题编程的难点在于同时输出国际和国内对应的 BMI 分类。我们可以先对 BMI 指标进行分类，合并相同项，列出差别项，然后利用 if-elif 语句进行编程。

```
#E0331.py                                                   #【BMI 计算】
height = eval(input("请输入您的身高(米)："))                  # 输入数据
weight = eval(input("请输入您的体重(公斤)："))                # 输入数据
BMI = weight / (height ** 2)                                # 计算 BMI 值
print("您的 BMI 为：{:.2f}".format(BMI))                     # 输出 BMI 值
who = nat = ""                                              # who 为国际标准值
if BMI < 18.5:                                              # nat 为国内标准值
    who, nat = "偏瘦", "偏瘦"                                # 根据 BMI 值判断
elif 18.5 <= BMI < 24:                                      # 多重判断
    who, nat = "正常", "正常"
elif 24 <= BMI < 25:
    who, nat = "正常", "偏胖"
elif 25 <= BMI < 28:
    who, nat = "偏胖", "偏胖"
elif 28 <= BMI < 30:
    who, nat = "偏胖", "肥胖"
else:
    who, nat = "肥胖", "肥胖"
print("国际 BMI 标准：'{0}',国内 BMI 标准：'{1}'".format(who,nat))  # 输出结论
```

```
>>>                                                         # 程序运行结果
请输入您的身高(米)：1.75
请输入您的体重(公斤)：76
您的 BMI 为：24.82
国际 BMI 标准：'正常', 国内 BMI 标准：'偏胖'
```

## 3.2.3　if 嵌套语句

在 if 嵌套语句中，可以把 if-elif-else 结构嵌套在另外一个 if-else 结构中。

if 嵌套语法格式如下：

```
if 条件表达式 1:                    # 开始外层 if-else 语句
    语句块 1
    if 条件表达式 2:                # 开始内层 if-elif-else 嵌套语句
        语句块 2
    elif 条件表达式 3:
        语句块 3
    else:
        语句块 4                    # 结束内层 if-elif-else 嵌套语句
else:
    语句块 5                        # 结束外层 if-else 语句
```

**【例 3-32】** 判断用户输入的整数是否能够被 2 或者 3 整除。

```
1   #E0332.py                                         #【if 嵌套】
2   num = int(input('请输入一个整数:'))
3   if num % 2 == 0:                                  # if 语句块 1 开始,% 为模运算
4       if num % 3 == 0:                              # 内层 if 嵌套语句块 2 开始
5           print('输入的数字可以整除 2 和 3')
6       else:                                         # if 语句块 2 部分
7           print('输入的数字可以整除 2,但不能整除 3')  # 内层 if 嵌套语句块 2 结束
8   else:                                             # if 语句块 1 部分
9       if num % 3 == 0:                              # 内层 if 嵌套语句块 3 开始
10          print('输入的数字可以整除 3,但不能整除 2')
11      else:                                         # if 语句块 3 部分
12          print('输入的数字不能整除 2 和 3')          # if 语句块 3,语句块 1 结束
    >>>                                               # 程序运行结果
    输入一个数字:55
    输入的数字不能整除 2 和 3
```

程序第 3～12 行为 if 语句块 1；程序第 4～7 行为 if 语句块 2；程序第 9～12 行为 if 语句块 3。

**【例 3-33】** 一元二次方程 $44x^2+123x-54=0$ 求根(方法 3,比较例 3-18、例 3-29)。

```
#E0333.py                                     #【解一元二次方程 C】
import math                                   # 导入标准模块-数学计算

a = float(input("请输入二次项系数 a:"))         # 将输入信息转换为浮点数
b = float(input("请输入一次项系数 b:"))
c = float(input("请输入常数项系数 c:"))
if a != 0:                                    # 如果判别式不等于 0
    delta = b**2-4*a*c                        # 计算方程判别式
    if delta < 0:                             # 如果判别式小于 0
        print("无根")
    elif delta == 0:                          # 如果判别式等于 0
        s = -b/(2*a)                          # 计算方程的唯一根
        print("唯一根 x=",s)
    else :
        root = math.sqrt(delta)               # 计算方程判别式
        x1 = (-b+root)/(2*a)                  # 计算方程的根 1
        x2 = (-b-root)/(2*a)                  # 计算方程的根 2
        print("x1=", x1, "\t", "x2=", x2)     # 参数"\t"=制表符(空 4 格)
```

```
>>>                                                      # 程序输出
请输入二次项系数 a:44
请输入一次项系数 b:123
请输入常数项系数 c:-54
x1 = 0.3857845035720447     x2 = -3.18123904902659
```

# 3.3 循环语句

## 3.3.1 for 计数循环

### 1. for 循环基本结构

循环是为了实现程序中部分语句的重复执行。Python 有两种循环结构,for 计数循环(用于循环次数确定的情况)和 while 条件循环(用于循环次数不确定的情况)。

for 循环可以对序列中每个元素逐个访问(称为遍历)。序列可以是列表、字符串、元组等,也可以用 range()函数生成顺序整数序列(整数等差数列)。

for 循环语法格式 1:

```
for 临时变量 in 序列:                      #将序列中每个元素逐个代入临时变量
    循环语句块                              #临时变量在这里作为迭代变量
```

**【例 3-34】** 简单字符串 for 循环语句设计。

```
names = ['唐僧', '孙悟空', '猪八戒', '沙和尚']    # 定义列表(序列)
for n in names:                                  # 将 names 中的元素逐个顺序代入临时变量 n
    print(n)                                     # 执行循环语句块
>>>唐僧 孙悟空 猪八戒 沙和尚                      # 注:输出为竖行
```

**【例 3-35】** 用 for 循环语句设计一个打字机输出效果。

```
#E0335.py                               #【循环-打字机效果】
import sys                              # 导入标准模块-系统功能调用
from time import sleep                  # 导入标准模块-睡眠函数

poem = '''\                             # 加\不空行输出,删除\空 1 行输出
pain past is pleasure.                  # 定义字符串
过去的痛苦就是快乐。'''
for char in poem:                       # 把 poem 序列中每个元素代入临时变量 char
    sleep(0.2)                          # 睡眠 0.2s(用暂停形成打字机效果)
    sys.stdout.write(char)              # 输出字符串
>>> pain past is pleasure….(输出略)      # 程序运行结果
```

### 2. for 循环执行过程

步骤 1:循环开始时,for 语句内部计数器自动设置索引号为 0,并读取序列(如列表等)中 0 号元素,如果序列为空,则循环自动结束并退出循环;

步骤 2:如果序列不为空,则 for 语句读取索引号指定元素,并将它复制到临时变量;

步骤 3：执行循环中语句块，循环语句块执行完后，一次循环执行完毕；

步骤 4：for 语句内部计数器将索引号自动加 1，继续访问下一个元素；

步骤 5：for 语句自动判断，如果序列中存在下一个元素，则重复执行步骤 2～5；

步骤 6：如果序列中已经没有元素了，for 语句会自动退出当前循环语句。

**【例 3-36】** 用循环结构计算 1～10 的整数和。

```
sum = 0                                       # 变量初始化，sum 变量用于存放累加值
for x in [1, 2, 3, 4, 5, 6, 7, 8, 9, 10]:     # 按列表进行循环计算
    sum = sum + x                             # 累加计算
print('1 + 2 + 3 + … + 10 = ', sum)
>>> 1 + 2 + 3 + … + 10 = 55                   # 程序运行结果
```

### 3. for 循环扩展结构

循环程序经常用 range() 函数生成顺序整数序列（称为列表生成式），语法如下。

```
range(起始索引号，终止索引号，步长)                # 整数序列生成语法
```

参数“起始索引号”默认从 0 开始，如 range(5) 等价于 range(0, 5)，共 5 个元素。

参数“终止索引号”即停止数，但不包括停止数本身，如 range(0, 5) 共 5 个元素。

参数“步长”即每个整数的增量，默认为 1，如：range(0, 5) 等价于 range(0, 5, 1)。

range() 函数返回一个[顺序整数列表]。

for 循环语法格式 2：

```
for 临时变量 in range():          # 将 range() 函数生成的整数序列顺序代入临时变量
    循环语句块
```

**【例 3-37】** 一个球从 100m 高度自由落下，每次落地后反弹回原高度的一半再落下。球在第 10 次落地时的反弹高度是多少？球一共经过的路程是多少？

```
#E0337.py                                   # 【球的反弹】
high = 100                                  # 高度赋值
total = 0                                   # 总共经过的路程
for i in range(10):                         # 计数循环，range(10) = 生成 0～10 的整数
    high /= 2                               # 计算反弹高度（反弹高度每次除 2）
    total += high                           # 计算总路程
    print('球第', i + 1, '次反弹高度：', high)  # 注意，索引号 i 从 0 开始，因此需要加 1
print('球总共经过的路程为[米]：', total)
>>>球第 1 次反弹高度：50.0…（输出略）          # 程序运行结果
```

### 4. 列表推导式

列表推导是构建列表的快捷方式，它可读性更好，而且效率更高。如果想简单、高效地生成满足特定需要的列表，可以使用列表推导式。

```
表达式 for 临时变量 in 列表                   # 语法格式 1
表达式 for 临时变量 in 列表 if 条件           # 语法格式 2
```

【例 3-38】 利用列表推导生成一个等差数列列表。

```
>>> ls = [1, 2, 3, 4, 5, 6, 7, 8]                # 定义列表 ls
>>> ls = [i * i for i in ls]                     # 用 ls 列表中各元素的平方生成一个新列表
>>> ls                                           # 输出列表 ls
[1, 4, 9, 16, 25, 36, 49, 64]
```

【例 3-39】 假设有一个学生成绩列表,请选出分数在 80～90 分的成绩。

```
1  >>> scores = [45, 82, 75, 88, 91, 68, 90, 70]                        # 定义成绩列表
2  >>> print('成绩过滤:', [s for s in scores if s >= 80 and s < 90])    # 打印列表推导式
   成绩过滤:[82, 88]
```

程序第 2 行,列表推导式语句看上去很复杂,并且难以理解。如图 3-1 所示,对复杂语句可以从右到左,按子句逐个分解,这样理解起来就容易多了。

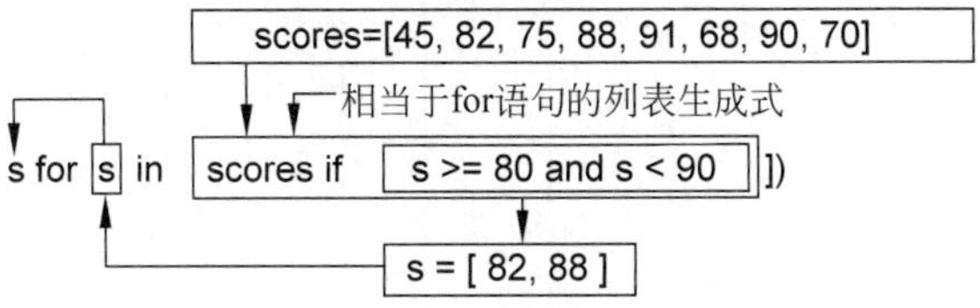


图 3-1 列表推导式结构示意图

## 3.3.2 while 条件循环

### 1. while 循环结构

while 循环在运行前先判断条件表达式,如果满足条件再循环。while 语法如下。

```
while 条件表达式:                    # 如果条件表达式 = True,则执行循环语句块
    循环语句块                       # 如果条件表达式 = False,则结束循环语句
```

【例 3-40】 用 while 循环计算 1 到 100 的累加和。

```
n = 100                              # 定义循环终止条件
sum = 0                              # sum 存放累加和,初始化变量
counter = 1                          # 定义计数器变量,记录循环次数,并作为累加增量
while counter <= n:                  # 循环判断,如果 counter <= n 为 True,则执行下面语句
    sum = sum + counter              # 累加和(sum 值 + counter 值后,再存入 sum 单元)
    counter += 1                     # 循环计数(ounter <= n 为 False 时结束循环)
print('1 到 %d 之和 = %d' % (n, sum)) # 循环外语句,打印累加和
>>> 1 到 100 之和 = 5050             # 程序运行结果
```

### 2. 无限循环

如果循环语句的条件表达式永远不为 False,就会导致出现无限循环(也称为死循环)的情况。无限循环在网络服务端程序设计中非常有用,但是在大部分时候,在程序设计中应当尽量避免。出现无限循环可以通过按 Ctrl+C 组合键,强制退出循环;或者通过关闭 Python 调试窗口强制退出循环。

【例 3-41】 无限循环示例。

```
while True:                                  # 循环条件表达式永远 = True
    num = int(input('请输入一个整数:'))
    print('你输入的数字是:', num)
    print('按[Ctrl + C]键强制退出循环')
```

```
>>>…(输出略)                                  # 程序运行结果
```

**3. while 循环程序案例**

【例 3-42】 输出简单正三角形。

```
i = 1                   # 变量初始化
while i <= 5:           # 循环终止条件
    print("*" * i)      # 打印*号
    i += 1              # 自加运算
```

```
>>>
*
**
***
****
*****
```

【例 3-43】 输出简单倒三角形。

```
i = 5                   # 变量初始化
while i >= 0:           # 循环终止条件
    print("*" * i)      # 打印*号
    i -= 1              # 自减运算
```

```
>>>
*****
****
***
**
*
```

## 3.3.3 循环中止

**1. 用 continue 语句跳过循环块中剩余语句**

continue 语句用来跳过当前循环块中的剩余语句,然后继续进行下一轮循环。

【例 3-44】 在循环语句中,用 continue 语句跳过某个字符的输出。

```
for s in '人间四月芳菲尽':       # 依次循环取出字符串列表中的字符
    if s == '芳':               # 如果字符为'芳'
        continue                # 则跳过这个字符,返回到循环开始处重新循环
    print(s)
```

```
>>>人  间  四  月  菲  尽                # 注,输出为竖行
```

**2. 用 break 语句强制跳出循环**

break 语句可以强制跳出 for 和 while 循环体。break 语句一般与 if 语句配合使用,在特定条件满足时,达到跳出循环体的目的。

【例 3-45】 在循环语句中,用 break 语句强制跳出循环。

```
for s in '人间四月芳菲尽':       # 依次循环取出字符串列表中的字符
    if s == '芳':               # 如果字符 = "芳"
        break                   # 则强制退出循环(比较与例 3 - 44 的区别)
    print(s)
```

```
>>>人  间  四  月                # 注:输出为竖行
```

【例 3-46】 在“石头-剪刀-布”游戏程序中强制跳出循环。

```
#E0346.py                                                          #【石头 - 剪刀 - 布】
import random                                                      # 导入标准模块 - 随机数

guess_list = ['石头', '剪刀', '布']                                 # 定义字符串列表
win_combination = [['布', '石头'], ['石头', '剪刀'], ['剪刀', '布']]  # 定义输赢标准
while True:                                                        # 无限循环(死循环)
    computer = random.choice(guess_list)                           # 生成随机数
    people = input('请输入【石头,剪刀,布】= ').strip()               # 用户输入
    if people not in guess_list:                                   # 判断输赢方
        people = input('请重新输入【石头,剪刀,布】= ').strip()        # 重新输入
        continue                                                   # 回到循环起始处
    if computer == people:                                         # 判断输赢
        print('平手,再玩一次!')
    elif [computer, people] in win_combination:                    # 判断输赢
        print('电脑获胜!')
    else:                                                          # 否则,人获胜
        print('你获胜!')
        break                                                      # 人获胜则退出循环
```

```
>>>                                                                # 程序运行结果
请输入【石头,剪刀,布】= 石头
平手,再玩一次!
请输入【石头,剪刀,布】= 布
你获胜!!!
```

## 3.3.4 循环嵌套

循环嵌套就是一条循环语句里面还有另外一条循环语句,当两个以上的循环语句相互嵌套时,位于外层的循环结构简称为外循环,位于内层的循环结构简称为内循环。循环嵌套会导致代码阅读性非常差,因此要避免出现三个以上的循环嵌套。

输出一个多行字符串需要两个嵌套在一起的循环。第 2 个循环(内循环)在第 1 个循环(外循环)内部。**循环嵌套是每一次外层循环时,都要进行一遍内层循环。**

【例 3-47】 利用循环嵌套打印乘法口诀表。

```
#E0347.py                                                # 【打印乘法口诀表】
for i in range(1, 10):                                   # 外循环打印行(最大 9 行)
    for j in range(1, i + 1):                            # 内循环打印一行中的列(最大 9 列)
        print('{}×{}={}\t'.format(j, i, i * j), end='')  # 按格式打印输出每一个乘法口诀
    print()                                              # 换行
```

```
>>>                                                      # 程序运行结果
1×1=1
1×2=2   2×2=4
1×3=3   2×3=6   3×3=9
1×4=4   2×4=8   3×4=12  4×4=16
1×5=5   2×5=10  3×5=15  4×5=20  5×5=25
1×6=6   2×6=12  3×6=18  4×6=24  5×6=30  6×6=36
1×7=7   2×7=14  3×7=21  4×7=28  5×7=35  6×7=42  7×7=49
1×8=8   2×8=16  3×8=24  4×8=32  5×8=40  6×8=48  7×8=56  8×8=64
1×9=9   2×9=18  3×9=27  4×9=36  5×9=45  6×9=54  7×9=63  8×9=72  9×9=81
```

程序第 2 行,for i in range(1, 10)为外循环,它控制行输出,一共打印 9 行。

程序第 3 行,for j in range(1, i+1)为内循环,它控制一行中每个表达式(如 1×1=1)的输出,由于循环变量 i=10,因此每行最多输出 9 个乘法口诀。

程序第 4 行,print('{}×{}={}\t'.format(j, i, i*j), end='')为控制打印格式;j 值对应第 1 个{},i 值对应第 2 个{},i*j 的值对应第 3 个{};end=''为不换行打印。

程序第 5 行,print()语句属于外循环,因此语句缩进与第 3 行 for 语句对齐,外循环每次循环中,它都会执行一次。print()语句没有写任何东西,它只起到换行作用。

**【例 3-48】** 判断 1~100 有多少个素数,并输出所有素数。

判断素数的方法:公元前 250 年,古希腊数学家厄拉多赛(Eratosthenes)提出了一个构造出不超过 n 的素数算法。它基于一个简单的性质:对正整数 n,如果用 2~$\sqrt{n}$的所有整数去除,均无法整除,则 n 为素数。

```
1  #E0348.py                                        #【求素数】
2  import math                                      # 导入标准模块 - 数学
3  for n in range(1, 100):                          # 外循环,n = 1~100 的顺序整数
4      for j in range(2, round(math.sqrt(n)) + 1):  # 内循环,i 为 2 至 sqrt(n)之间的整数
5          if n % j == 0:                           # 求余运算:n % j = 0 是合数(能整除)
6              break                                # 退出内循环
7      else:                                        # 否则
8          print('素数', n)                         # n % j≠0 是素数
   >>>素数 1 素数 2 素数 3…(输出略)                  # 程序运行结果(注,输出为竖行)
```

程序第 4 行,n 为外循环顺序整数,j 为内循环 2 至 sqrt(n)之间的整数;math.sqrt(n)为求 n 开方值;round()为取整数;range()为创建顺序整数。语句为循环筛选素数。

程序第 5 行,n 和 j 求余为 0,则 n 不是素数;如果 n 和 j 求余不为 0,则 n 为素数。

### 3.3.5 案例:猜数字游戏

猜数字大小是一种古老的密码破译类小游戏,一般由两个人玩,也可以由一个人与计算机玩。下面用 Python 设计这个经典小游戏。在游戏中,应用了以下程序设计知识:变量赋值、函数参数传递、随机数生成、条件判断、循环嵌套、强制退出循环、计数、用户数据输入、错误处理等。

**【例 3-49】** "猜年龄"游戏程序如下所示。

```
#E0349.py                                        #【游戏 - 猜年龄】
import random                                    # 导入标准模块 - 随机数

print('=== 猜猜 mm 芳龄几何 === ')
def judge(x):                                    # 定义数据类型错误处理函数
    while not x.isdigit():                       # 输入是否为非数值类型
        print('拜托,不要用脚敲键盘! 还有' + count + '次')
        x = input('敲黑板! 好好输[1 - 60]:')     # 用户重新输入数据
```

```
    num = int(x)                                  # 对输入数据取整
    if (num < 0) or (num > 60):                   # 检查数据是否超出范围
        print('请不要乱敲键盘哦,还有' + count + '次')
        x = input('敲黑板! 好好输[1 - 60]:')
        judge(x)                                  # 调用自身,处理输入错误
    return num                                    # 则返回用户输入数据

T = 'Y'                                           # 初始化循环条件
while (T == 'Y') or (T == 'y'):                   # 外循环,判断是否再玩游戏
    num = random.randint(1, 60)                   # randint()生成1~60的随机整数
    for i in range(0, 7):                         # 内循环,range()生成顺序整数
        if i != 6:                                # 判断猜的次数
            count = str(6 - i)                    # 循环计数 - 1
            print('你有6次机会,还剩' + count + '次')
            x = input('猜猜我的年龄多大[1 - 60]:')  # 用户输入数据
            x = judge(x)                          # 调用函数检测输入是否错误
            if x == num:                          # 如果猜数 = 随机数
                print('^_^猜对了! 我们做朋友吧')
                break                             # 强制退出循环
            else:
                if x > num:                       # 猜数>随机数
                    print('帅哥,我有那么老吗?')
                else:                             # 否则,猜数<随机数
                    print('小弟,比你稍稍大点!')
        else:                                     # 否则,猜的次数等于6次
            print('【游戏结束】')
            break                                 # 强制退出循环
    T = input('继续游戏输入y,回车键退出:')          # 检测是否退出外循环while
```

```
>>> …(输出略)                                     # 程序运行结果
```

### 3.3.6 案例:走迷宫游戏

**【例3-50】** 利用循环语句和多条件判断语句,设计一个走迷宫游戏。

(1) 迷宫设计。走迷宫程序首先要确定迷宫的宽和高、迷宫矩阵的形式以及迷宫的入口和出口。迷宫矩阵中的每一个元素可以设置为0(输出为空格)或1(输出为■),0表示道路,可走,1表示墙,走不通。我们用坐标(x,y)表示走迷宫的精灵(输出为☆)。程序首先读入迷宫矩阵数据,然后显示迷宫矩阵。

(2) 输入判断。用循环语句+多条件判断语句检测玩家的键盘输入(w、s、a、d)。玩家在键盘输入中,可能会出现输入错误的情况,程序需要进行错误处理。

(3) 碰撞检测。通过玩家输入的字符,计算精灵移动的坐标。如果精灵坐标的上、下、左、右是1(墙),则跳出循环,结束游戏;如果上、下、左、右不是1,则精灵按输入方向移动。

(4) 胜利判断。精灵移动到出口位置(endx,endy)时,强制跳出循环,玩家胜利。

```
#E0350.py                                                # 【游戏 - 走迷宫】
#【定义迷宫路径】
my_map = [                                               # 利用列表嵌套定义迷宫地图
    [1, 1, 1, 1, 1, 1, 1, 1, 1, 1], [1, 0, 0, 0, 0, 0, 0, 0, 1, 1], # 定义一个10×10的二维列表
    [1, 2, 1, 1, 1, 1, 1, 0, 1, 1], [1, 0, 1, 1, 1, 1, 1, 1, 1, 1], # 1表示墙,0表示路,2表示精灵☆位置
    [1, 0, 1, 1, 1, 0, 0, 0, 0, 0], [1, 0, 1, 1, 1, 1, 1, 0, 1, 1],
    [1, 0, 1, 1, 1, 1, 1, 0, 1, 1], [1, 0, 1, 1, 1, 1, 1, 0, 1, 1],
    [1, 0, 0, 0, 0, 0, 0, 0, 1, 1], [1, 1, 1, 1, 1, 1, 1, 1, 1, 1],
]
#【精灵起点与迷宫出口】
x, y = 1, 2                                              # 精灵起始x,y坐标
endx, endy = 9, 4                                        # 迷宫出口x,y坐标
#【打印迷宫】
def print_map():                                         # 定义迷宫打印函数
    for m in my_map:                                     # 循环输出全部行
        for n in m:                                      # 循环输出一行中列的字符
            if n == 1:                                   # 如果地图数据=1
                print('■', end='')                       # 输出■(墙)
            elif(n == 0):                                # 如果地图数据=0
                print(' ', end='')                       # 输出空格(路)end=""不换行
            else:
                print('☆', end='')                       # 否则,输出精灵☆
        print('')                                        # 打印精灵,并换行
print_map()                                              # 打印迷宫地图
#【游戏主循环】
while True:                                              # 游戏主循环(无限循环)
    print('☆表示精灵当前位置')                             # 提示信息
    #【检测玩家输入】
    key = input('请输入指令【w上, s下, a左,d右】:')          # 等待玩家输入
    #【碰撞检测】
    if key == 'a':                                       # a为玩家输入
        x = x - 1                                        # 计算x坐标值
        if my_map[y][x] == 1:                            # 碰撞检测,判断my_map[y][x]
            print('囧,碰壁了,游戏结束!')                    # (第y列第x行)的值是否为1
            break                                        # 强制退出循环,结束游戏
        else:                                            # 否则
            my_map[y][x], my_map[y][x+1] =\              # 交换坐标值(A,B = B,A)
                my_map[y][x+1], my_map[y][x]             # \为续行符
            print_map()                                  # print_map()打印迷宫地图
    elif key == 's':                                     # s为玩家输入
        y = y + 1                                        # 计算y坐标值
        if my_map[y][x] == 1:                            # x,y=1时表示碰壁
            print('囧,碰壁了,游戏结束!')
            break                                        # 强制退出循环
        else:
            my_map[y][x], my_map[y-1][x] =\
                my_map[y-1][x], my_map[y][x]             # 计算迷宫坐标值
            print_map()                                  # 打印迷宫地图
    elif key == 'd':                                     # d为玩家输入
        x = x + 1                                        # 计算x坐标值
```

```
        if my_map[y][x] == 1:                          # x,y=1 时表示碰壁
            print('囧,碰壁了,游戏结束!')
            break                                      # 强制退出循环
        else:
            my_map[y][x], my_map[y][x-1] =\
                my_map[y][x - 1], my_map[y][x]         # 计算迷宫坐标
            print_map()                                # 打印迷宫地图
            if my_map[y][x] == my_map[endy][endx]:
                print('恭喜你,过关了!^_^')
                break                                  # 强制退出循环
    elif key == 'w':                                   # w 为玩家输入
        y = y - 1                                      # 计算 y 坐标值
        if my_map[y][x] == 1:                          # x,y=1 时表示碰壁
            print('囧,碰壁了,游戏结束!')
            break                                      # 强制退出循环
        else:
            my_map[y][x], my_map[y+1][x] =\
                my_map[y+1][x], my_map[y][x]           # 计算迷宫坐标
            print_map()                                # 打印迷宫地图
    #【检测玩家输入错误】
    else:
        print('输入指令错误,请重新输入指令:')          # 等待玩家输入
        continue                                       # 回到循环头,继续循环
```

```
>>>                                                    # 程序运行结果
■■■■■■■■■■
■       ■■
■☆■■■■■ ■■
■ ■■■■■■■■
■ ■■■
■ ■■■■■ ■■
■ ■■■■■ ■■
■ ■■■■■ ■■
■       ■■
■■■■■■■■■■
☆表示精灵当前位置
请输入指令【w 上, s 下, a 左,d 右】:
```

## 习 题 3

3-1 模块导入的功能是什么?

3-2 模块导入有哪些原则?

3-3 说明语句 import matplotlib. pyplot as plt 各部分的功能。

3-4 赋值语句应当注意哪些问题?

3-5 例 3-18、例 3-29、例 3-33 都是对一元二次方程求根,它们有什么不同?

3-6 编程:输入三个整数,请把这三个数按由小到大的排序输出。

3-7 编程:学习成绩大于或等于 85 分用"优"表示;75~84 分用"良"表示;60~74 分

用“及格”表示；60分以下用“不及格”表示。用键盘输入成绩，显示成绩等级。

3-8　编程：兔子问题(斐波那契数列)。有一对兔子，从出生后第3个月起，每个月都生一对兔子，小兔子长到第3个月后，每个月又生一对兔子。假如兔子都不死，问每个月兔子总数为多少？

3-9　编程：打印100～1000的所有“水仙花数”。“水仙花数”是指一个三位数，各位数字的立方和等于该数本身。例如，153是一个“水仙花数”，因为$153=1^3+5^3+3^3$。

3-10　编程：输入一行字符，统计出其中字母、空格、数字和其他字符的个数。

# 第4章 函数与模块

Python 是一种富有表现力的编程语言。它提供了一个庞大的标准函数库，帮助我们快速完成工作。数学中的函数是指给定一个输入就会有输出的一种对应关系。程序语言中的函数与它基本相同，但也有一些差别。函数是一种可以重复调用的子程序，它减少了程序设计的重复代码，提高了程序可靠性，降低了程序设计难度。

## 4.1 函数程序设计

### 4.1.1 内置标准函数程序设计

**1. Python 函数类型**

Python 有四种函数类型：内置标准函数、导入标准函数、第三方软件包函数、自定义函数。Windows 平台下，Python 通常安装了全部标准库模块。

(1) 内置标准函数由 Python 自带，Python 启动后就可以调用，不需要导入。

(2) 大部分标准函数需要在 Python 运行后，由 import 导入相关模块才能使用。Python 标准库功能非常强大，它提供了 33 大类 1000 多个软件模块，大约一万多个函数。

(3) 第三方软件包中的函数需要采用 pip 工具从网络下载和安装软件包，Python 运行后也不会自行启动，需要由 import 导入，然后才能在程序中调用。

(4) 自定义函数由程序员在程序模块中编写，在程序中调用。自定义函数也可以做成单独的程序模块，保存在指定目录下，便于用户今后调用。

**2. 命名空间和函数调用形式**

命名空间是 Python 的一个独立内存空间，它用于存放程序中的变量。Python 中，每个程序都有一个公共命名空间(全局)，它记录了程序中的变量，其中还包括函数、类和导入模块中的变量和常量。程序中的每个函数都有一个本地命名空间(局部)，它记录了函数中定义的变量。另外还有内置标准函数(如 print()、len()等)命名空间。

**函数调用采用“变量名.模块名.函数名()”的形式**，“变量名”可以是对象名、软件包名等，这样避免了函数名和变量名的重名冲突。函数名后面必须是圆括号，括号里面是函数的调用参数，参数可以有 0 到多个，有多个参数时，参数之间用逗号分隔。

通常情况下，**函数调用与数据类型有关**，如列表的函数不能用在字符串上，反之亦然。例如，内置函数 reverse()的功能是用于数据反转，它仅仅对列表有用，这个函数对字符串、元组、字典等数据类型无效；而 len()函数对任何数据类型都适用。对大部分内置标准函数而言，很多数据类型都可以使用。

**3. Python 内置标准函数**

Python 内置标准函数包括变量、函数、模块和类，可以用 dir()查询内置标准函数。

**【例 4-1】** 用 dir()函数查看内置模块、内置变量、内置函数和内置方法。

```
>>> dir(__builtins__)                              # 查看内置变量和内置标准函数
['ArithmeticError', 'AssertionError', 'AttributeError', 'BaseException',        …(内置类、变量略)
'_', '__build_class__', '__debug__', '__doc__', '__import__', '__name__',        …(内置特殊方法略)
'abs', 'all', 'any', 'ascii', 'bin', 'bool', 'breakpoint', 'bytearray', 'bytes', …(72 个内置函数略)
>>> dir('str')                                     # 查看字符串类的 78 个内置方法
…(输出略)
```

Python 3.7 常用内置标准函数(部分)如表 4-1 所示。

**表 4-1 Python 3.7 常用内置标准函数一览表(部分)**

| | | |
|---|---|---|
| abs()返回对象绝对值 | all()对象是否全 True | any()对象是否全 False |
| ascii()返回对象字符串 | bin()返回整数的二进制数 | bool()对象转换为布尔值 |
| bytearray()返回对象字节数组 | bytes()返回对象字节码 | callable()对象是否可调用 |
| chr()返回整数对应的字符 | classmethod()对象无需实例化 | compile()编译为字节码 |
| complex()复数转换为字符串 | delattr()删除对象属性 | dict()对象转换为字典 |
| dir()返回对象属性和方法 | divmod()返回除数和余数 | enumerate()返回枚举对象 |
| eval()返回表达式计算结果 | exec()返回值永远为 None | filter()过滤不合条件的对象 |
| float()对象转换为浮点数 | format()对象格式化输出 | frozenset()返回冻结的集合 |
| getattr()返回对象属性值 | globals()返回全局变量 | hasattr()判断对象属性 |
| hash()返回对象哈希值 | help()返回对象帮助信息 | hex()转换为十六进制数 |
| id()返回对象内存地址 | input()返回输入字符串 | int()对象转换为整数 |
| isinstance()判断对象类型 | issubclass()对象是否为子类 | iter()生成迭代器 |
| len()计算对象元素长度 | list()将对象转换为列表 | locals()返回局部变量 |
| map()返回迭代器 | max()返回对象最大值 | memoryview()返回元组列表 |
| min()返回对象最小值 | next()返回迭代器下一对象 | object()返回对象类型 |
| oct()整数转成 8 进制字符串 | open()打开/创建文件 | ord()对象转换为 ASCII 值 |
| pow()返回 x 的 y 次方值 | print()对象打印输出到屏幕 | property()返回新类属性值 |
| range()生成顺序整数序列 | reversed()列表元素反转 | round()返回小数四舍五入值 |
| set()对象转换为集合 | setattr()设置对象属性值 | slice()返回切片对象 |
| sorted()返回排序对象 | str()对象转换为字符串 | sum()返回对象累加和 |
| super()调用对象父类 | tuple()将对象转换为元组 | type()返回对象类型 |
| vars()返回对象属性 | zip()返回序列解包对象 | __import__()动态加载函数 |

**4. 标准函数使用说明**

Python 提供了所有标准函数的使用说明。**函数 API(应用程序接口)包括：函数名、功能、调用方法、形参、返回值等。**

【例 4-2】 通过“help(模块名或函数名)”的形式,可以查看标准函数的 API。

```
>>> import math                # 导入标准模块 - 数学计算
>>> help(math)                 # 查看 math 模块中所有函数使用说明
…(输出略)
>>> help(math.sin)             # 查看 math 模块下 sin()函数使用说明
…(输出略)
>>> help('str')                # 查看 str 字符串内建方法和属性使用说明(共 45 个内置方法)
…(输出略)
```

**5. 常用内置标准函数应用**

【例 4-3】 常用内置函数应用案例。

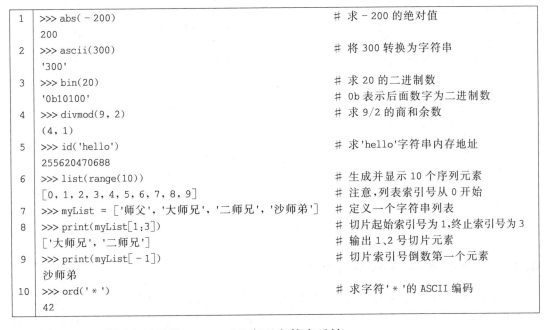

```
>>> abs( - 200)                                # 求 - 200 的绝对值
200
>>> ascii(300)                                 # 将 300 转换为字符串
'300'
>>> bin(20)                                    # 求 20 的二进制数
'0b10100'                                      # 0b 表示后面数字为二进制数
>>> divmod(9, 2)                               # 求 9/2 的商和余数
(4, 1)
>>> id('hello')                                # 求'hello'字符串内存地址
255620470688
>>> list(range(10))                            # 生成并显示 10 个序列元素
[0, 1, 2, 3, 4, 5, 6, 7, 8, 9]                 # 注意,列表索引号从 0 开始
>>> myList = ['师父', '大师兄', '二师兄', '沙师弟']  # 定义一个字符串列表
>>> print(myList[1:3])                         # 切片起始索引号为 1,终止索引号为 3
['大师兄', '二师兄']                             # 输出 1、2 号切片元素
>>> print(myList[ - 1])                        # 切片索引号倒数第一个元素
沙师弟
>>> ord('*')                                   # 求字符'*'的 ASCII 编码
42
```

【例 4-4】 利用内置函数 reversed()实现字符串反转。

```
#E0404.py                      #【字符串反转】
s1 = '客上天然居'                # 定义字符串 s1
s2 = ''                        # 初始化字符串变量 s2 为空
for i in reversed(s1):         # 利用 reversed()函数实现字符串反转
    s2 += i                    # 字符串变量 s2 长度自增
print('原始字符串:', s1)         # 打印原始字符串 s1
print('反转字符串:', s2)         # 打印反转字符串 s2
```

```
>>>                            # 程序运行结果
原始字符串:客上天然居
反转字符串:居然天上客
```

Python 内置了功能强大的排序函数 sort()和 sorted()。函数根据序列中元素的 UTF-8 编码排列,顺序如下:数字 0~9→大写 A~Z→小写 a~z→符号→汉字(按康熙字典排序)。sort()函数只能对列表元素进行排序,并且 sort()函数会改变当前对象。sorted()函数可以对所有可迭代的序列进行排序，sorted()函数会返回一个排序后当前对象的副本，它不会改变当前对象。sort函数的语法格式如下。

```
sort(fun, key, reverse = False)                  # 列表排序函数语法格式
sorted(可迭代对象, key = 函数名, reverse = False)    # 序列排序函数语法格式
```

参数fun表示采用哪个算法排序，默认为归并排序，一般不要修改这个参数。

参数key表示进行比较的元素，可以指定一个元素来进行排序。

参数reverse是布尔值，reverse=True表示降序，reverse=False表示升序(默认)。

**【例4-5】** 利用内置函数sort()排序。

```
>>> List1 = [5, 2, 8, 7, 1, 3, 4, 6]                # 定义一个整数列表
>>> List1.sort()                                    # 列表排序
>>> List1                                           # 查看排序后的列表
[1, 2, 3, 4, 5, 6, 7, 8]
>>> List2 = ['Y', 'B', 'Hello', '666', 'book', 'P']  # 定义一个字符串列表
>>> List2.sort()                                    # 列表排序
>>> List2                                           # 查看排序后的列表
['666', 'B', 'Hello', 'P', 'Y', 'book']             # 按utf-8码值大小排序:数字 - 大写 - 小写
>>> List3 = ['汉', '字', '排', '序']                 # 定义一个字符串列表
>>> List3.sort()                                    # 列表排序
>>> List3                                           # 查看排序后的列表
['字', '序', '排', '汉']                             # 汉字按utf - 8编码排序(按康熙字典排序)
>>> List3.sort(reverse = True)                      # 参数reverse = True为按utf - 8编码降序排序
>>> List3
['汉', '排', '序', '字']
```

## 4.1.2 导入标准函数程序设计

Python标准库非常庞大，功能繁多，如果一次全部导入内存，则程序运行效率会很低。因此Python对模块和函数采用了“需用即导”的原则。所有函数都通过API调用，本书提供了常用函数的调用方法和案例，其他标准函数的调用方法可以参考Python使用指南(网址为https://docs.python.org/3/library/index.html)。

**1. 数学标准模块math**

数学标准模块math提供了很多数学函数。示例如下。

**【例4-6】** 数学标准模块math应用。

```
>>> import math                        # 导入标准模块 - 数学计算
>>> math.sqrt(144)                     # 求开平方值:114为开方数
12.0
>>> math.log(1024, 2)                  # 求对数:1024为求对数的数,2为对数底
10.0
>>> math.cos(math.pi/4)                # 求余弦值:pi/4为求余弦的数
0.7071067811865476
```

**2. 随机数标准模块random**

随机数标准模块random提供了随机数生成函数。示例如下。

【例 4-7】 随机数标准模块 random 应用。

```
>>> import random                                  # 导入标准模块 - 随机数
>>> random.sample(range(100), 10)                  # 100 为整数范围,10 为随机数个数
[24, 51, 65, 82, 56, 7, 36, 69, 48, 5]
>>> random.randrange(10)                           # 生成 10 个数字序列,取一个随机数
4
>>> random.choice(['关羽', '张飞', '赵云', '马超'])  # 在列表中随机取一个字符串
'张飞'
```

**3. 数据统计标准模块 statistics**

用标准模块 statistics 进行数据统计处理。示例如下。

【例 4-8】 数据统计标准模块 statistics 应用。

```
>>> import statistics as st                        # 导入标准模块 - 数据统计
>>> st.mean([1, 2, 3, 4, 5, 6, 7, 8, 9])           # 计算列表数据的平均值
5
>>> st.harmonic_mean([4, 5, 7])                    # 计算调和平均值(倒数平均值)
5.0602409638554215
>>> st.median([1, 4, 7, 10])                       # 计算数据的中位数
5.5                                                # (4 + 7)/2 = 5.5
>>> st.mode([1, 2, 2, 3, 4])                       # 计算众数(出现次数最多的数)
2                                                  # 没有众数或众数有多个时会出错
```

**4. 日期时间标准模块 datetime**

标准模块 datetime 提供了很多日期和时间处理函数。示例如下。

【例 4-9】 日期和时间标准模块 datetime 应用。

```
1  >>> from datetime import date                       # 导入标准模块 - 日期时间
2  >>> date.today( )                                   # 输出当前日期
   datetime.date(2020, 8, 31)
3  >>> import time                                     # 导入标准模块 - 时间(时 - 分 - 秒)
4  >>> print(time.time( ))                             # 时间戳:1970.1.1:00 到现在的秒
   1598858622.354559                                   # 时间戳用于产生时间的数字签名
5  >>> print(time.strftime('%Y-%m-%d', time.localtime()))  # 获取年 - 月 - 日
   2020-08-31
```

程序第 4 行,时间戳是计算机系统产生的时间数据,时间戳是从 1970 年 1 月 1 日 00:00:00 开始,到目前时间的秒数。时间戳经常用于电子凭证的数字签名技术。

【例 4-10】 计算程序运行时间。

```
#E0410.py                                    #【计算程序运行时间】
import time                                  # 导入标准模块 - 时间戳
start = time.time()                          # 获取起始时间戳
for i in range(10000000):                    # 循环计数(循环次数起延时作用)
    pass                                     # 空操作(一般为功能语句块)
end = time.time()                            # 获取结束时间戳
print("循环运行时间:%.2f 秒" % (end - start))  # 打印循环运行时间
>>> 循环运行时间:1.13 秒                        # 程序运行结果
```

**5. 日历标准模块 calendar**

标准模块 calendar 提供了日历功能。示例如下。

**【例 4-11】** 日历标准模块 calendar 应用。

```
>>> import calendar                         # 导入标准模块 - 年历和月历
>>> cal = calendar.month(2020, 9)           # 赋值 2020 年 9 月份月历
>>> print(cal)                              # 打印月历
…(月历输出略)
>>> c = calendar.calendar(2021)             # 赋值 2021 年年历
>>> print(c)                                # 打印 2021 年年历
…(年历输出略)
```

### 4.1.3 自定义函数程序设计

**1. 自定义函数**

Python 中没有子程序,只有函数和模块。函数是一个语句块,这个语句块有一个函数名,我们可以在程序中使用函数名调用自定义函数。函数定义的语法格式如下。

```
def 函数名(形式参数):          # def 表示定义函数;形式参数为接收数据的变量名;行尾为":"
    函数体                     # 函数执行主体,比 def 缩进 4 个空格
    return 返回值              # 函数结束,返回值传递给调用语句,比 def 缩进 4 个空格
```

函数名最好能见名知义,不要与已有函数名重复,并且是合法的标识符。

形式参数(简称形参)的功能是接收调用语句传递过来的数据。有多个形参时,它们之间用逗号分隔。形参不用说明数据类型,函数会根据传递来的实际参数(简称实参)判断数据类型。形参有位置参数、默认参数、可变参数三种类型。位置参数中,**形参的位置和数量必须与实参一一对应**。

函数体是能够完成一定功能的语句块,函数应当只做一件事,并且做好这件事。

return 语句表示函数结束并带回返回值。返回值是函数返回给调用语句的执行结果。返回值可以是变量名或表达式。函数没有 return 语句或返回值时,默认返回值为 None。

**【例 4-12】** 定义一个延时输出函数,使输出字符串形成打字机效果。

```
#E0412.py                                    #【循环 - 打字机效果】
import time                                  # 导入标准模块 - 时间

def my_print(text, delay = 0.2):             # 定义函数,text、delay 为形参
    for ch in text:                          # 循环获取字符串
        print(ch, end = '')                  # 不换行输出字符串
        time.sleep(delay)                    # 调用标准睡眠函数
my_print('宽容智者懂得隐忍,\n 原谅周围的那些人,' +    # 调用自定义函数,传入实参
    '\n 在宽容中壮大自己。\n——莫言')                # 可以用引号和加号对长语句续行
>>>宽容智者懂得隐忍,…(输出略)                   # 程序运行结果
```

**2. 函数的形参与实参**

Python 不允许在函数定义之前调用函数,即函数必须先定义后调用。**函数调用名必须与定义的函数名一致,并按函数要求传输参数**。函数调用的语法格式如下。

```
函数名(实际参数)                                # 实际参数为传递给函数形参的实际值
```

函数调用时，函数名必须与定义的函数名一致。

实参是调用语句传递给函数形参的实际值，实参可以是实际值，也可以是已经赋值的变量，但是**实参不能是没有赋值的变量**。实参可以有一个或多个，多个实参之间用逗号分隔，实参的位置和数量必须与形参一一对应。

**【例 4-13】** 用自定义函数计算圆柱体的体积。

```
1  #E0413.py                                  # 【计算圆柱体的体积】
2  def volume(a, b):                          # 自定义函数，函数名 volume()，a，b 为形参
3      PI = 3.1415926                         # 函数体，常数赋值
4      v = PI * a * a * b                     # 函数体，计算圆柱体的体积
5      return v                               # 函数结束返回，返回值为 v
6  r = float(input("请输入圆柱体半径:"))        # 接收键盘输入(作为实参值)
7  h = float(input("请输入圆柱体高度:"))        # 接收键盘输入(作为实参值)
8  x = volume(r, h)                           # 调用 volume()函数，r，h 为实参，x 为函数返回值
9  print("圆柱的体积为:", x)                   # 打印计算结果
```

```
>>>                                           # 程序运行结果
请输入圆柱体半径:5                             # 输入半径:5
请输入圆柱体高度:12                            # 输入高度:12
圆柱的体积为: 942.47778
```

程序第 2～5 行为自定义函数。a 和 b 为形参，它接收程序第 8 行传递过来的实参 r 和 h。注意，**形参与实参的位置和数量必须一一对应，但是变量名可以不同或相同**。

程序第 6～9 行为主程序块。程序第 8 行为调用自定义函数 volume()，并且传递实参 r 和 h 给自定义函数进行计算(r 和 h 必须是已赋值的变量或表达式)。

程序第 8 行，由于**返回值 v 是局部变量，它只在函数内部才有效**，因此需要将返回值赋值给变量 x，后面的程序语句才可以使用返回值。

### 3. 鸭子类型

鸭子类型来源于美国印第安纳诗人莱利(James Whitcomb Riley)的一首诗：“当看到一只鸟走起来像鸭子、游泳起来像鸭子、叫起来也像鸭子，那么这只鸟就可以称为鸭子。”鸭子类型是动态数据类型的一种编程风格，它不关心对象的类型，而是关心对象具有的行为。例如，Python 解释器并不关心对象 x、y 是什么数据类型，只要它们都可以进行加法运算，那就是一群相同的鸭子。

**【例 4-14】** 函数调用中对象的数据类型，这是一个典型的鸭子类型案例。

```
def add(x, y):                       # 定义鸭子类型函数 add()，对象(x, y)为形参
    return x + y                     # 返回值为 x + y
print(add(66, 33))                   # 调用 add()函数，实参(66, 33)为"鸭子 1"
print(add("三国", "演义"))            # 调用 add()函数，实参("三国", "演义")为"鸭子 2"
```

```
>>>                                  # 程序运行结果
99                                   # "鸭子 1"运行结果
三国演义                              # "鸭子 2"运行结果
```

**4. 默认参数和可变参数**

Python函数支持位置参数、默认参数和可变参数。默认参数是在形参中直接设置实际值，不再需要传递实参。可变参数也称为关键字参数，它不需要严格按位置来匹配实参(它通过关键字名称进行匹配)，关键字参数的个数也是可变的。它有两种形式：第一种是形参变量名前面加1个星号(*)，它表示元组关键字参数(关键字名称自定)；第二种是形参变量名前面加2个星号(**)，它表示字典关键字参数。注意，“*关键字”和“**关键字”同时存在时，一定要将“*关键字”放在“**关键字”之前。

**【例4-15】** 简单可变参数案例。

```
#E0415.py                             #【可变参数】
def multi_sum(*args):                 # 定义函数，*args为可变参数(关键字参数)
    s = 0                             # 初始化
    for item in args:                 # 循环计算
        s += item                     # 自加
    return s                          # 返回计算结果
x = multi_sum(3,4,5)                  # 调用函数，传递一个实参列表
print(x)

>>> 12                                # 程序运行结果
```

**【例4-16】** 位置参数、默认参数和可变参数的应用。

```
1 #E0416.py                                           #【位置参数、默认参数和可变参数】
2 def do_something(name, age, xb='男', *sgtz, **cj):   # 定义函数
3     print('姓名:%s,年龄:%d,性别:%s'%(name, age, xb))   # 输出姓名、年龄和性别
4     print(sgtz)                                     # 输出身高和体重
5     print(cj)                                       # 输出成绩
6 do_something('宝玉', 18, '男', 175, 70, 数学=30, 古文=60)  # 调用函数，传递实参

>>>                                                   # 程序运行结果
姓名:宝玉,年龄:18,性别:男
(175, 70)
{'数学': 30, '古文': 60}
```

程序第2行，形参(name, age, xb='男', *sgtz, **cj)中，参数name和age是位置参数(形参与实参按位置一一对应)；参数xb='男'是默认参数(相当于常数)；参数*sgtz(身高和体重)是元组可变参数(关键字参数)；参数**cj(成绩)是字典可变参数(键值对)。

程序第6行，实参('宝玉', 18, '男', 175, 70, 数学=30, 古文=60)中，实参'宝玉'和18传递给形参name和age；实参175和70实际上是没有写圆括号的元组，这两个值传递给形参*sgtz(元组可变参数)；实参“数学=30”和“古文=60”实际上是两个键值对，它们是没有写花括号的字典，它们的值传递给形参**cj(字典可变参数)。

**5. 函数多个返回值**

大多数编程语言中，函数只能返回一个值。在Python中，**如果函数有多个返回值时，它们是一个元组数据类型**，返回值之间用逗号分隔。Python中函数虽然可以返回多个值，但是本质上函数还是返回一个元组值。

【例 4-17】 函数多个返回值为元组的案例。

```
def test():                      # 自定义函数 test()
    return 'Python', 520         # 多个返回值('Python', 520 是没有写括号的元组)
print(test())                    # 打印 test()函数返回值

>>>('Python', 520)               # 程序运行结果(输出为一个元组)
```

## 4.1.4 局部变量与全局变量

**1. 变量的作用域**

定义变量(变量赋值)时,变量有一定的作用范围,变量的作用范围称为作用域。作用域是程序代码能够访问该变量的区域,如果超过该区域,将无法访问该变量。根据定义变量的位置(作用域),可以将变量分为局部变量和全局变量。

**2. 局部变量**

局部变量是指在函数内部定义并使用的变量,它只在函数内部有效。内部函数执行时,系统会为该函数分配一块“临时内存空间”,所有局部变量都保存在这块临时内存空间内。函数执行完成后,这块内存空间就被释放了,因此局部变量也就失效了。

程序中企图引用函数内部的局部变量时,将引发异常。示例如下。

【例 4-18】 引用内部函数的局部变量引发异常。

```
def test2():                         # 定义测试函数 test2()
    txt = 'Python 语言学习'          # txt 是函数内部的局部变量
    print(txt)                       # 打印局部变量 txt
test2()                              # 调用测试函数 test2()
print('局部变量 txt 的值为:', txt)   # 调用函数内部的局部变量 txt,引发异常

>>>                                  # 程序运行结果
Python 语言学习                      # 函数内部的局部变量 txt 正常输出
…(错误提示略)                        # 在函数外部调用局部变量 txt,引发异常
```

**3. 全局变量**

全局变量指作用于函数内部和外部的变量,即全局变量既可以在函数的外部使用,也可以在函数内部使用。有两种方式定义全局变量:一是在函数体外定义的变量一定是全局变量;二是在函数体内部可以用 global 关键词来定义全局变量。

可以通过 global 保留字将局部变量声明为全局变量,避免程序异常。

【例 4-19】 通过 global 保留字将局部变量声明为全局变量。

```
def test3():                         # 定义测试函数 test3()
    global txt                       # global 保留字声明 txt 为全局变量
    txt = 'Python 语言学习'          # 全局变量赋值
    print(txt)                       # 输出全局变量 txt 值
test3()                              # 调用测试函数 test3()
print('全局变量 txt 的值为:', txt)   # 输出函数内部定义的全部变量值
```

```
>>>                                           # 程序运行结果
Python 语言学习                                # 内部函数输出
全局变量 txt 的值为：Python 语言学习            # 外部调用全局变量时输出
```

**注意**：全局变量和局部变量不要同名，因为同名很容易引发程序异常。

### 4.1.5 自定义模块导入和调用

**1. 一个简单的自定义模块**

除了 Python 标准模块和第三方软件包外，读者也可以自己编写和导入模块。最简单的方法是编写一个 Python 程序，将它保存在 Python 的 Lib 目录下(或者保存在程序运行目录下)。然后在其他程序中通过 import 语句导入和使用这个模块。

**【例 4-20】** 自定义一个模块，并且导入自定义模块。

步骤 1：在 IDLE 环境下编辑以下示例程序。

```
print("Hello,你好!")                           # 程序 hello.py 内容
```

步骤 2：将以上程序保存在 d:\test\目录下，并命名为 hello. py。

步骤 3：通过 import 语句导入 hello. py 模块。

```
>>> import hello                              # 导入自定义模块
Hello,你好!
```

**2. 自定义模块的创建与调用**

目录 D:\Python\Lib\sit-packages 是 Python 用来存放第三方软件包和模块的，当然这个目录下也可以存放程序员自定义的模块。这个路径在 Python 安装时已经设置好了环境变量，因此**导入模块时，默认模块在 D:\Python\Lib\sit-packages 目录下**。

如果程序员需要编写一些功能较多、内容复杂的模块时，可以自己创建一个模块包。**创建模块包就是创建一个目录，目录中包含一组程序文件和一个内容为空的_int_. py 文件**(用于标识当前目录是一个包)。

**【例 4-21】** 设计一个自定义模块包，实现两个数的四则运算。

在 D:\Python\Lib\sit-packages 目录下，创建一个名为 demo 的子目录(包名)。打开 demo 目录，创建一个名为__init__. py 的文本文件，该文件内容为空。然后在该目录下建立 4 个程序文件(模块)：add. py、sub. py、mul. py、div. py 等，程序内容如下。

加法程序(模块)：add. py

```
def add(a, b):
    return a + b
```

减法程序(模块)：sub. py

```
def sub(a, b):
    return a - b
```

乘法程序(模块)：mul. py

```
def mul(a, b):
    return a * b
```

除法程序(模块)：div. py

```
def div(a,b):
    return a/b
```

将这些文件保存在 demo 目录下，目录和文件结构如图 4-1 所示。

子目录 demo 和 5 个文件创建后，可以在程序或 Python 提示符下调用这些模块。

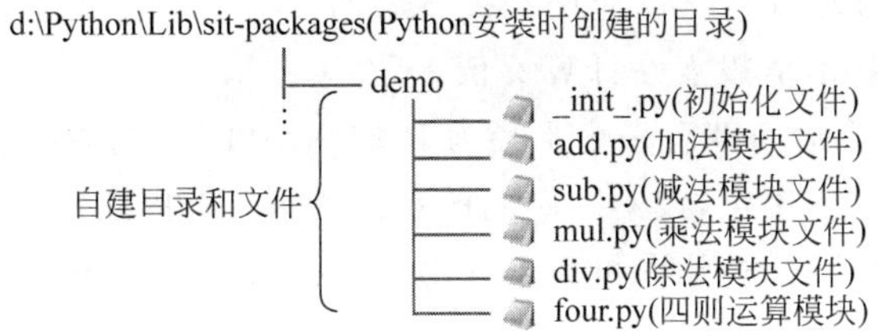


图 4-1　demo 模块包目录结构和文件

**【例 4-22】** 调用加法模块。

```
1  >>> import demo.add # 导入自定义模块
2  >>> demo.add.add(2, 6)
   8
```

**【例 4-23】** 调用乘法模块。

```
>>> import demo.mul # 导入自定义模块
>>> demo.mul.mul(4, 5)
20
```

例 4-22 程序的第 2 行，在 demo.add.add()中可以看到，模块名(add)与函数名(add)相同时，很容易引起误解。因此，模块名与函数名最好不要取相同名字。

**【例 4-24】** 将四则运算函数定义在 four.py 程序中，然后将 four.py 文件保存在 D:\Python\Lib\sit-packages\demo\目录下(见图 4-1)。

```
#four.py                                  #【四则运算模块】
def add(a, b):                            #【定义加法函数】
    return a + b
def sub(a, b):                            #【定义减法函数】
    return a - b
def mul(a, b):                            #【定义乘法函数】
    return a * b
def div(a, b):                            #【定义除法函数】
    return a/b
```

**【例 4-25】** 调用 four 模块中的四则运算函数。

```
>>> import demo.four                      # 导入自定义模块 - 四则运算
>>> demo.four.sub(4, 7)                   # 调用 sub()函数进行减法运算,4,7 为实参
-3
>>> demo.four.div(10, 2)                  # 调用 div()函数进行除法运算,10,2 为实参
5
```

## 4.1.6 案例：蒙特卡洛算法求 π 值

蒙特卡洛(Monte Carlo,赌城)算法由冯·诺依曼和乌拉姆提出，目的是解决当时核武器中的计算问题。蒙特卡洛算法以概率和统计学的理论为基础，用于求得问题的近似解。蒙特卡洛算法能够求得问题的一个解，但是这个解未必是精确的。蒙特卡洛算法求得精确解的概率依赖于算法执行时间，计算时间越多，求得精确解的概率越高。

蒙特卡洛算法的基本方法是首先建立一个概率模型，使问题的解正好是该模型的特征量或参数。然后通过多次随机抽样试验，统计出某事件发生的百分比。只要试验次数很大，该百分比就会接近于事件发生的概率。蒙特卡洛算法在游戏、机器学习、物理、化学、生态

学、社会学、经济学等领域都有广泛应用。

**【例 4-26】** 用蒙特卡洛投点法计算 π 值。

如图 4-2 所示，正方形内部有一个半径为 R 的内切圆，它们的面积之比是 π/4。向该正方形内随机均匀地投掷 n 个点，设落入圆内的点数为 k。当投点 n 足够大时，k∶n 之值也逼近“圆面积∶正方形面积”的值，从而可以推导出经验公式 π≈4k/n。

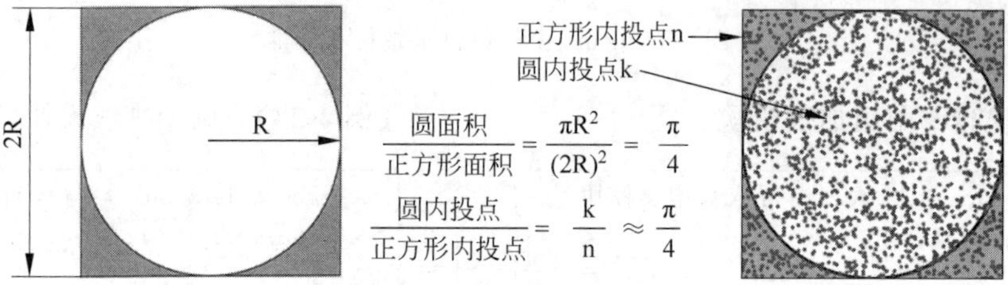


图 4-2 蒙特卡洛投点法计算 π 值原理示意图

蒙特卡洛算法计算 π 值的程序如下。

```
#E0426.py                                              #【蒙特卡洛法计算 PI 值】
from random import *                                   # 导入标准模块 - 随机数
import time                                            # 导入标准模块 - 计时
from math import qrt                                   # 导入标准模块 - 数字开方
def MC(n):                                             # 定义蒙特卡洛函数
    k = 0                                              # 初始化计数器
    for i in range(n):                                 # 循环生成随机投点坐标
        x = random()                                   # 随机生成投点的 x 坐标
        y = random()                                   # 随机生成投点的 y 坐标
        if sqrt (x * x + y * y) <= 1:                  # 判断投点是否落在圆中
            k = k + 1                                  # 落在圆中的投点数累加
    return 4 * k/n                                     # Pi = 4 * 落在圆中的点/总投点数

def main():                                            # 定义主函数
    n = int(input("请输入模拟次数,n = "))               # 输入投点次数,并对输入数取整
    t0 = time.perf_counter()                           # 计时开始
    print("蒙特卡洛算法模拟的 Pi 值为:", MC(n))          # 调用蒙特卡洛函数,输出 Pi 值
    t1 = time.perf_counter()                           # 计时结束
    print("程序处理时间为:%.2fs" % (t1 - t0))           # .2 表示 2 位小数;% 表示占位符
main()                                                 # 执行主函数
```

```
>>> 请输入模拟次数,n = 1000000                         # 输入总投点数
蒙特卡洛算法模拟的 Pi 值为:3.141684                     # 输出 Pi 模拟值(每次会不同)
程序处理时间为:6.11s                                    # 输出计算时间
```

从以上实验结果可以得出以下结论：

(1) 随着投点次数的增加，圆周率 Pi 值的准确率也在增加。

(2) 投点次数达到一定规模时，准确率精度增加减缓，因为随机数是伪随机的。

(3) 做两次 100 万个投点时，由于算法本身的随机性，每次实验结果会不同。

# 4.2 简单绘图程序设计

## 4.2.1 海龟绘图基本函数

**1. Turtle绘图模块**

Turtle是一个标准函数库绘图模块。Turtle的光标形状是一个小海龟(也称为"画笔"),因此也称为海龟绘图。画笔可以通过函数指令控制它移动,在屏幕上绘制出图形。画笔有三个属性:位置、方向(角度)、画笔(颜色和粗细)等。

**2. 画布(canvas)**

(1) 设置画布大小。画布就是Turtle绘图区域,可以设置它的大小和初始位置。

```
turtle.screensize(canvwidth = None, canvheight = None, bg = None)          # 语法格式
```

参数canvwidth为画布宽(像素);canvheight参数为高;bg为背景颜色。例如:

```
turtle.screensize(800, 600, "green")
```

(2) 设置画布位置。

```
turtle.setup(width = 0.5, height = 0.75, startx = None, starty = None)          # 语法格式
```

参数width、height为宽和高(整数表示像素;小数表示比例)。这一坐标表示窗口左上角顶点的位置,如果为空则窗口位于屏幕中心。例如:

```
turtle.setup(width = 0.6, height = 0.6)
turtle.setup(width = 800, height = 800, startx = 100, starty = 100)
```

**3. 绘图函数**

在Turtle绘图中,默认坐标原点在画布中心,并且在坐标原点上有一个面朝x轴正方向的画笔(光标)。Turtle绘图中,使用位置和方向描述画笔的状态。绘图命令有画笔运动命令、画笔绘图命令和绘图控制命令,如表4-2～表4-4所示。

**表4-2 画笔运动命令**

| 运动函数 | 说　明 | 案　例 |
|---|---|---|
| pendown()或down() | 画笔落下,移动时绘图(默认) | turtle.down(),画笔落下 |
| penup()或up() | 画笔抬起,移动时不绘图 | turtle.up(),画笔抬起 |
| forward(x)或fd() | 画笔沿当前方向移动x像素 | turtle.forward(10),前进10像素 |
| backward或bk() | 画笔沿当前相反方向移动x像素 | turtle.backward(10),后退10像素 |
| right(a度)或rt() | 画笔向右(顺时针方向)转动a度 | turtle.rignt(60),顺时针转动60° |
| left(a度)或lt() | 画笔向左(逆时针方向)转动a度 | turtle.left(45),逆时针转动45° |
| setheading(a度) | 设置画笔当前朝向为a角度 | turtle.seth(90),画笔为90°方向 |
| goto(x, y) | 将画笔移动到坐标为(x,y)的位置 | turtle.goto(0,0),坐标回到原点 |

续表

| 运动函数 | 说明 | 案例 |
| --- | --- | --- |
| setx() | 将当前x轴移动到指定位置 | turtle. setx(10),x坐标为10像素 |
| sety() | 将当前y轴移动到指定位置 | turtle. sety(10),y坐标为10像素 |
| home() | 画笔返回原点(朝水平右向) | turtle. home(),画笔返回原点 |
| speed(速度) | 画笔绘制速度,为整数0～10,10表示速度最快 | turtle. speed(10),画笔速度最快 |

**表4-3 画笔绘图命令**

| 绘图函数 | 说明 | 案例 |
| --- | --- | --- |
| pensize()或width() | 画笔线条粗细,正整数 | turtle. pensize(2),画笔2像素 |
| pencolor(颜色) | 画笔颜色 | turtle. pencolor("yellow") |
| fillcolor(颜色) | 图形填充颜色 | turtle. fillcolor("red") |
| color(笔色,填色) | 画笔颜色,填充颜色 | turtle. color('red', 'pink') |
| begin_fill() | 准备开始填充图形 | turtle. begin_fill() |
| end_fill() | 图形填充完成 | turtle. end_fill() |
| hideturtle()或ht() | 隐藏画笔光标形状 | turtle. hideturtle() |
| showturtle() | 显示画笔光标形状 | turtle. showturtle() |
| write(s [,font]) | 写文本,s为文本、字体名称/大小/类型 | turtle. write("说明",font=('simhei',30)) |
| dot(r) | 画点,绘制指定直径和颜色的圆点 | turtle. dot(10, 'red') |
| circle(参数) | 画圆,参数有半径、弧度、多边形边数 | turtle. circle(-80, 10) |
| shape() | 设置光标形状,turtle代表乌龟,arrow代表箭头,circle代表圆,square代表正方形,triangle代表三角形,classic代表经典 | turtle. shape('turtle') |

**表4-4 绘图控制命令**

| 绘图函数 | 说明 |
| --- | --- |
| position() | 获取画笔当前坐标位置,如turtle. position(),获取画笔当前坐标 |
| towards() | 目标方向(角度),如turtle. towards(0,0) |
| heading() | 获取朝向,如turtle. heading(),返回当前画笔的朝向 |
| distance() | 获取距离,如turtle. distance(0,0) |
| clear() | 清空绘图窗口,画笔的位置和状态不会改变 |
| reset() | 清空窗口,恢复所有设置 |
| undo() | 撤销上一个动作 |
| isvisible() | 返回当前画笔是否可见,布尔值 |
| mainloop()或done() | 启动事件循环,必须是程序的最后一个语句 |
| delay() | 设置绘图延迟(单位为ms),如delay(delay=20) |

**【例4-27】** 绘制如图4-3所示的直角三角形。

```
#E0427.py                          # 【画三角形】
import turtle as tt                # 导入标准模块 - 海龟绘图
tt.setup()                         # 设置画布,显示绘图窗口
tt.forward(400)                    # 前进 400 像素,画出水平横线
tt.right(90)                       # 海龟光标右转(顺时针方向)90°,改变海龟光标朝向
tt.forward(200)                    # 画出三角形垂直线段
tt.goto(0, 0)                      # 海龟光标前往原点,画出直角三角形的斜边
>>>                                # 程序运行结果如图 4-3 所示
```

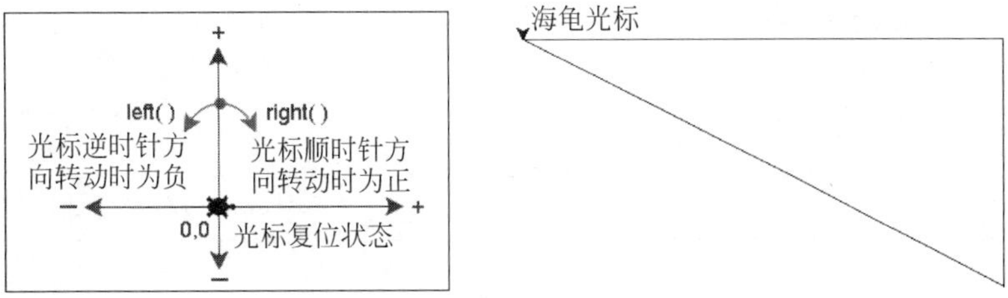


图 4-3 绘制直角三角形

## 4.2.2 海龟绘制基本图形

【例 4-28】 利用 Turtle 模块绘制一个彩色五角星,如图 4-4 所示。

```
#E0428.py                                      # 【画五角星】
import turtle                                  # 导入标准模块 - 海龟绘图(导入方法 1)

turtle.pensize(5)                              # 画笔宽度为 5 像素
turtle.pencolor("yellow")                      # 线条色彩为黄色
turtle.fillcolor("red")                        # 五角星填充色为红
turtle.begin_fill()                            # 颜色填充开始
for _ in range(5):                             # 循环 5 次
    turtle.forward(200)                        # 画线,200 为线条步长
    turtle.right(144)                          # 144 为画笔顺时针方向旋转角度
turtle.end_fill()                              # 颜色填充结束
turtle.penup()                                 # 抬起画笔
turtle.goto(-150, -120)                        # 画笔移动到 x = -150,y = -120 处
turtle.color("violet")                         # 设置文本颜色,violet 为紫罗兰色
turtle.write("五角星", font=('simhei', 30))     # 绘制文本,simhei 为黑体,30 为大小
turtle.mainloop()                              # 启动事件循环
>>>                                            # 程序运行结果如图 4-4 所示
```

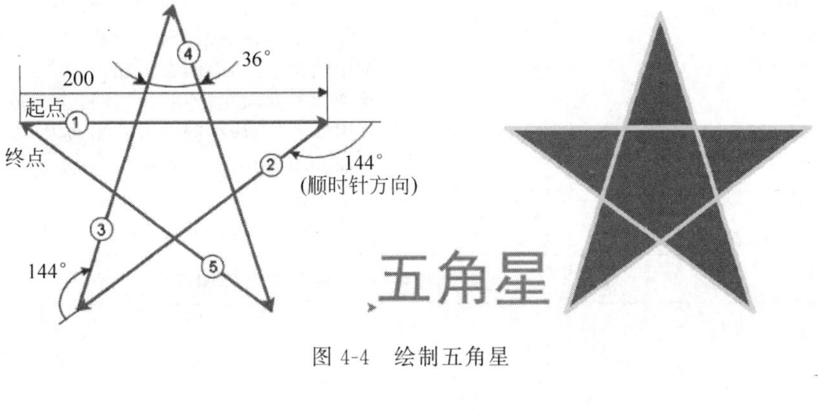


图 4-4 绘制五角星

**【例 4-29】** 利用 Turtle 模块绘制一个彩色旋转图(如图 4-5 所示)。

```
#E0429.py                                                       #【彩色旋转图】
import turtle as t                                              # 导入标准模块 - 绘图(导入方法 2)

b = 5                                                           # 设置绘制五边形
colors = ["red","yellow","green","blue","orange","purple"]      # 线条色彩赋值
for x in range(146):                                            # 循环绘制线条,146 为总线条数
    t.pencolor(colors[x % b])                                   # 设置海龟画笔色彩
    t.forward(x * 3/b + x)                                      # 画线,(x * 3/b + x)为线条步长
    t.left(360/b + 1)                                           # 计算线条旋转角度(光标角度)
    t.width(x * b/200)                                          # 计算线条宽度(里细外粗)
t.exitonclick()                                                 # 停止绘图
>>>                                                             # 程序运行结果如图 4-5 所示
```

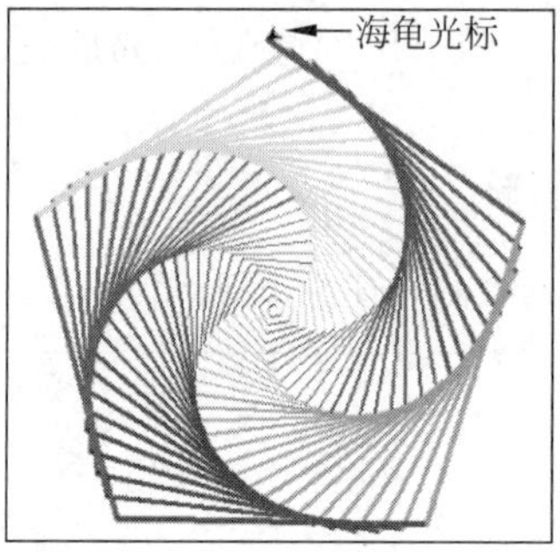


图 4-5 绘制彩色旋转图

**【例 4-30】** 利用 Turtle 模块绘制一个心形,如图 4-6 所示。

```
#E0430.py                          #【绘制心形】
from turtle import *               # 导入标准模块 - 海龟绘图(导入方法 3)

def curvemove():                   # 定义绘图函数
    for i in range(200):           # 循环绘制线条,200 为总线条数
        right(1)                   # 将画笔(海龟光标)向右旋转 1°
        forward(1)                 # 画线,1 为线条步长
color('red', 'pink')               # red 为红色线条,pink 为桃红色内部填充
begin_fill()                       # 准备开始填充图形
left(140)                          # 将画笔方向向左(逆时针)旋转 140°
forward(110)                       # 向前移动 110 像素,画线
curvemove()                        # 调用绘图函数,绘制心形左半边
left(120)                          # 将画笔方向向左(逆时针)旋转 120°
curvemove()                        # 调用绘图函数,绘制心形右半边
forward(110)                       # 向前移动 110 像素,画线
end_fill()                         # 结束填充
done()                             # 启动事件循环,功能与 turtle.mainloop()相同
>>>                                # 程序运行结果如图 4-6 所示
```

【例 4-31】 利用 Turtle 模块绘制一个旋转的文字，如图 4-7 所示。

```
#E0431.py                                                       #【旋转的文字】
from turtle import *                                            # 导入标准模块 - 海龟绘图

title("动静")                                                    # 窗口标题
bgcolor('black')                                                # 画布背景为黑色
colors = ['red','orange','yellow','green']                      # 颜色列表赋值
text = ['动之', '则分', '静之', '则合']                            # 文本赋值
speed(0)                                                        # 绘图速度,0 表示最慢,10 表示最快
for i in range(70):                                             # 循环次数
    pencolor(colors[i%4])                                       # 每次取一种画笔颜色
    penup()                                                     # 抬起画笔
    forward(i*6)                                                # 画笔沿当前方向移动距离
    pendown()                                                   # 画笔落下(绘图)
    write(text[i%4], font=("微软雅黑", int(i/4+4)))               # 设置文本字体
    left(92)                                                    # 画笔逆时针方向转动 92°
    hideturtle()                                                # 隐藏画笔形状
>>>                                                             # 程序运行结果如图 4-7 所示
```

图 4-6 绘制心形图

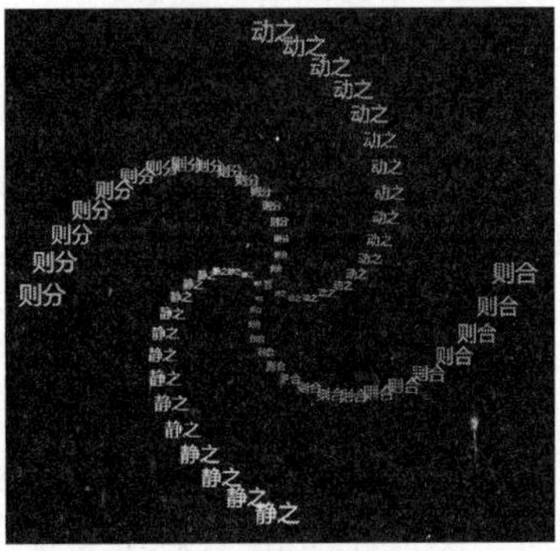


图 4-7 绘制旋转的文字

## 4.2.3 案例：动态时钟程序设计

Python 安装好的同时也安装了很多样板程序，这些样板程序对设计 Python 程序有很大帮助。查看样板程序和运行样板程序方法如下：启动 Python 的 IDLE 选择 Help→Turtle Demo→Examples，可以看到有 19 个绘图演示程序，单击 clock 菜单，就会调出“动态时钟”的源程序和执行效果。下面对 clock. py 时钟动态显示程序进行详细说明。

【例 4-32】 clock. py 时钟动态显示程序。

程序一共定义了 8 个自定义函数：画笔运动函数 Skip()、指针绘制函数 mkHand()、指针初始化函数 Init()、设置时间函数 SetupClock()、设置星期函数 Week()、设置日期函数 Date()、表针动态显示函数 Tick()和主函数 main()。具体如下。

```
#E0432.py                                 #【动态时钟绘制】
from turtle import *                      # 导入标准模块 - 海龟绘图
from datetime import *                    # 导入标准模块 - 日期时间
#【画笔运动函数】
def Skip(step):                           # 形参 step 为步长
    penup()                               # 提起画笔,与 pendown()配对使用
    forward(step)                         # 按步长 step 绘图
    pendown()                             # 落下画笔,与 penup 配对使用
#【指针绘制函数】
def mkHand(name, length):                 # 形参 name 为指针名称;length 为指针长度
    reset()                               # 清空当前窗口,并重置位置等信息为默认值
    Skip(-length*0.1)                     # 调用画笔运动函数
    begin_poly()                          # 开始记录多边形顶点,当前画笔位置是多边形的第一个顶点
    forward(length*1.1)                   # 向当前画笔方向移动(length*1.1)像素长度
    end_poly()                            # 停止记录多边形顶点,当前画笔位置是多边形最后一个顶点
    handForm = get_poly()                 # 返回最后记录的多边形
    register_shape(name, handForm)
#【指针初始化函数】
def Init():
    global secHand, minHand, hurHand, printer        # global 声明局部变量为公共变量
    mode("logo")                          # 设置指北模式
    mkHand("secHand", 180)                # 绘制秒针,180 为秒针长度
    mkHand("minHand", 130)                # 绘制分针,130 为分针长度
    mkHand("hurHand", 90)                 # 绘制时针,90 为时针长度
    secHand = Turtle()                    # 显示秒指针绘图过程
    secHand.shape("secHand")
    minHand = Turtle()                    # 显示分指针绘图过程
    minHand.shape("minHand")
    hurHand = Turtle()                    # 显示时指针绘图过程
    hurHand.shape("hurHand")
    for hand in (secHand, minHand, hurHand):        # 循环绘制秒 - 分 - 时指针
        hand.shapesize(1, 1, 3)           # 设置画笔尺寸,1 为指针长度比例,3 为线条宽度
        hand.color("red")                 # 设置 3 个指针为红色
        hand.speed(0)                     # 设置画笔移动速度,为 0~10 的整数,数字越大越快
    printer = Turtle()                    # 建立输出文字
    printer.hideturtle()                  # 隐藏画笔
    printer.penup()                       # 提起画笔
#【设置时间函数】
def SetupClock(radius):                   # 形参 radius 为表盘半径(实参为 200)
    reset()                               # 建立表的外框
    pensize(7)                            # 设置表盘时钟线条宽度为 7 个像素
    pencolor("blue")                      # 设置表盘线条为蓝色
    for i in range(60):                   # 循环计数
        Skip(radius)                      # 调用画笔运动函数(radius 为半径)
        if i % 5 == 0:                    # 每 5 个刻度绘制一个短线段
            forward(20)                   # 向当前画笔方向移动 20 个像素长度
            Skip(-radius-20)              # 调用画笔运动函数(radius 为半径)
        else:
            dot(5)                        # 绘制表盘外圈的圆点,直径为 5 个像素
            Skip(-radius)                 # 调用画笔运动函数(radius 为半径)
```

```
51          right(6)                        # 6 表示顺时针方向移动 6°(表盘小点间隔)
52  #【设置星期函数】
53  def Week(t):
54      week = ["星期一", "星期二", "星期三", "星期四", "星期五", "星期六", "星期日"]
55      return week[t.weekday()]            # 返回星期值
56  #【设置日期函数】
57  def Date(t):
58      y = t.year                          # 年赋值
59      m = t.month                         # 月赋值
60      d = t.day                           # 日赋值
61      return "%s %d %d" % (y, m, d)       # 返回年-月-日
62  #【表针动态显示函数】
63  def Tick():
64      t = datetime.today()                # 日期时间赋值
65      second = t.second + t.microsecond * 0.000001 # 计算秒
66      minute = t.minute + second/60.0     # 计算分钟
67      hour = t.hour + minute/60.0         # 计算小时
68      secHand.setheading(6 * second)      # 设置朝向,秒针每秒转动 6°
69      minHand.setheading(6 * minute)      # 分针每次转动 6°
70      hurHand.setheading(30 * hour)       # 时针每次转动 30°
71      tracer(False)                       # 不显示绘图过程,直接显示绘图结果
72      printer.forward(65)                 # 向当前画笔方向移动 65 像素(星期位置)
73      printer.write(Week(t), align="center", font=("Courier", 20, "bold"))  # 绘制星期文字
74      printer.back(130)                   # 向当前画笔相反方向移动 130 像素(日期位置)
75      printer.write(Date(t), align="center", font=("Courier", 20, "bold"))  # 绘制日期文字
76      printer.back(50)                    # 向当前画笔相反方向移动 50 像素(Logo 位置)
77      printer.write("北极星", align="center", font=("Courier", 20, "bold"))  # 绘制 Logo 文字
78      printer.home()                      # 设置当前画笔位置为原点,朝向东
79      tracer(True)                        # 显示绘图过程
80      ontimer(Tick, 1000)                 # 1000ms(=1s)后继续调用 Tick
81  #【主函数】
82  def main():
83      tracer(False)                       # 关闭海龟光标的轨迹,并为更新图设置延迟
84      Init()                              # 调用初始化函数
85      SetupClock(200)                     # 调用设置时钟函数,200 为表盘直径(像素)
86      tracer(True)                        # 显示绘图过程
87      Tick()                              # 调用表针动态显示函数
88      mainloop()                          # 启动事件循环,它必须是绘图的最后一个语句
89  if __name__ == "__main__":
90      main()                              # 运行主函数
    >>>                                     # 程序运行结果如图 4-8 所示
```

程序第 5 行,Skip(step)为绘图画笔运动函数,由于表盘刻度不连续,绘制刻度时需要频繁地抬起画笔和放下画笔。

程序第 10 行,mkHand(name, length)为定义指针的几何形状,name 为指针名称,length 为指针长度。

程序第 13 行、15 行,begin_poly()、end_poly()函数记录多边形形状。

程序第 17 行,register_shape(name, handForm)函数将 handForm 几何形状注册为合

法的绘图形状外形。

程序第 19 行,Init()函数为初始化表针和文本对象。

程序第 39 行,def SetupClock(radius)为绘制表盘函数,形参 radius 为表盘半径。

程序第 43 行,for i in range(60)通过 60 次循环绘制表盘外圆的刻度。

程序第 45 行,if i % 5 == 0 为每 5 个刻度绘制一个短线段,其余为绘制小圆点。

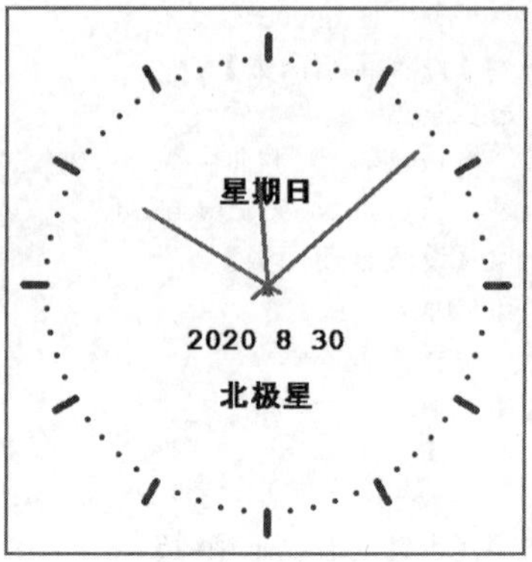


图 4-8 程序运行结果

程序第 63 行,Tick()函数为绘制动态显示表针。函数获取当前的时、分、秒,设置每个指针转动的角度,绘制星期与日期文本,每隔 100ms 调用这个函数来更新时间。

程序第 71 行,tracer(False)函数为不显示绘图过程,用 tracer()函数控制图形刷新,参数为 False 时关闭动画,绘制结束后刷新;参数为 True 时恢复动画绘制。

程序第 88 行,mainloop()为启动事件循环,它必须是海龟绘图的最后一个语句。

# 4.3 程序迭代与递归

## 4.3.1 迭代程序特征

### 1. 迭代的概念

迭代是通过重复执行代码处理数据的过程,并且本次迭代处理的数据要依赖上一次处理结果,上一次处理处理结果为下一次处理的初始状态。每次迭代过程都可以从变量原值推出一个新值。例如,用 for 循环从列表[1,2,3]中依次循环取出元素进行处理,这个遍历过程就称为迭代。简单地说,**迭代就是循环处理的过程**。

Python 中,可迭代对象包括有序数据集,如列表、元组、字符串、迭代器等;可迭代对象也包括无序数据集,如字典、集合等。无论数据集是有序还是无序,迭代都可以用循环语句依次取出数据集中的每一个元素进行处理。

### 2. 迭代的基本策略

利用迭代解决问题时,需要做好以下三个方面工作。

(1) 确定迭代模型。在可以用迭代解决的问题中,至少存在一个直接或间接地不断由旧值递推出新值的变量,这个变量就是迭代变量。

(2) 建立迭代关系式。迭代关系式是指从变量前一个值推出下一个值的基本公式。迭代关系式是解决迭代问题的关键。

(3) 迭代过程控制。不能让迭代过程无休止地重复执行(死循环)。迭代过程的控制分为两种情况:一是迭代次数是确定值时,可以构建一个固定次数的循环来实现对迭代过程的控制;二是迭代次数无法确定时,需要在程序循环体内判断迭代结束条件。

**【例 4-33】** 利用迭代,求 1+2!+3!+…+10!。

```
#E0433.py                              # 【迭代】
s,t = 0,1                              # 初始化(迭代对象,数据集初始值)
for n in range(1, 11):                 # n 为迭代变量,n = 11 时结束迭代,range()为生成数据集
    t *= n                             # 迭代处理(从变量原值叠加出它的新值)
    s += t                             # 控制迭代结束条件
print('10 的阶乘 = ', s)
```

```
>>> 10 的阶乘 = 4037913                  # 程序运行结果
```

**【例 4-34】** 用迭代算法编写函数,求正整数 n=5 的阶乘值。Python 程序如下。

```
#E0434.py                              # 【迭代求阶乘】
def fact(n):                           # 定义迭代函数 fact(n)
    result = 1                         # 设置初始值
    for i in range(2, n + 1):          # 循环计算(迭代),从 i = 2 开始,到 i = n + 1 终止
        result = result * i            # 计算阶乘值
    return result                      # 将值返回给调用函数
print(fact(5))                         # 调用函数 fact(n),并传入实参 5
```

```
>>> 120                                # 程序运行结果
```

### 4.3.2 案例:细菌繁殖迭代程序设计

**【例 4-35】** 阿米巴细菌以简单分裂的方式繁殖,它分裂一次需要 3min。将若干个阿米巴细菌放在一个盛满营养液的容器内,45min 后容器内就充满了阿米巴细菌。已知容器最多可以装阿米巴细菌 $2^{20}$ 个。请问,开始的时候往容器内放了多少个阿米巴细菌?

根据题意,阿米巴细菌每 3min 分裂一次,那么从开始将阿米巴细菌放入容器里面,到 45min 后充满容器,需要分裂 45/3 次=15 次。而"容器最多可以装阿米巴细菌 $2^{20}$ 个",即阿米巴细菌分裂 15 次以后得到的个数是 $2^{20}$。不妨用倒推的方法,从第 15 次分裂之后的 $2^{20}$ 个,倒推出第 14 次分裂之后的个数,再进一步倒推出第 13 次分裂之后的个数,第 12 次分裂之后的个数……第 1 次分裂之前的个数。

设第 1 次分裂之前的阿米巴细菌个数为 $x_0$ 个,第 1 次分裂之后的个数为 $x_1$ 个,第 2 次分裂之后的个数为 $x_2$ 个……第 15 次分裂之后的个数为 $x_{15}$ 个,则有:

$x_{14}=x_{15}/2, x_{13}=x_{14}/2, \cdots, x_n-1=x_n/2 \quad (n\geqslant 1)$

因为第 15 次分裂后的个数已知,如果定义迭代变量为 x,则可以将上面倒推公式转换成如下迭代基本公式:

$x=x/2$(x 初值为第 15 次分裂之后的个数 $2^{20}$,即 $x=2^{20}$)

让这个迭代基本公式重复执行 15 次,就可以倒推出第 1 次分裂之前的阿米巴细菌个数。因为所需迭代次数是确定值,我们可以使用一个固定次数的循环来实现对迭代过程的控制。Python 程序代码如下所示。

```
#E0435.py                                # 【计算阿米巴细菌数量】
x = 2 ** 20                              # 最终阿米巴细菌数量赋值给 x(迭代初始条件)
for i in range(0, 15):                   # 设置循环(迭代)终止条件
    x = x/2                              # 利用迭代基本公式进行计算
print('初始阿米巴细菌数量为:', x)          # 输出初始阿米巴细菌数量
>>>初始阿米巴细菌数量为:32.0               # 程序运行结果
```

## 4.3.3 递归程序特征

### 1. 递归的概念

在 Python 程序语言中，**递归是指在函数内部自己调用自己的方法**。递归函数实现的功能与循环等价，在函数式编程语言中，递归是进行循环的一种方法。递归一词也常用于描述以自相似方法重复事物的过程，**递归具有自我描述、自我繁殖的特点**。

德罗斯特效应(Droste effect，Droste 是荷兰著名巧克力品牌)是递归的一种视觉形式，图 4-9 中，女性手持的物体中有一幅她本人手持的同一物体的小图片，进而小图片中还有更小的一幅相同图片。可见递归具有自我复制的特点。

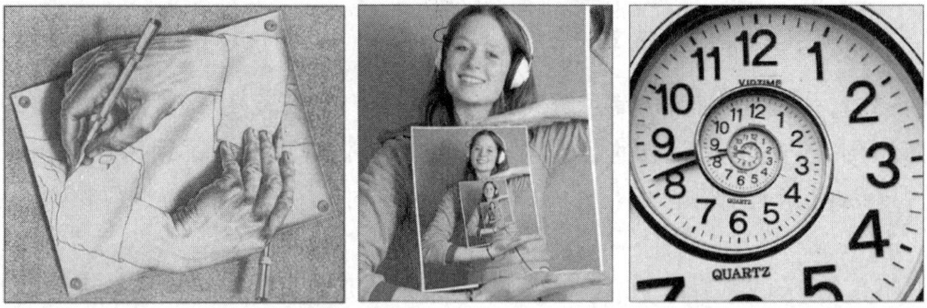

图 4-9 图形中自我描述和自我繁殖的递归现象

**【例 4-36】** 语言中也存在递归现象，童年时，小孩央求大人讲故事，大人有时会讲这样的故事："从前有座山，山上有个庙，庙里有个老和尚和小和尚，老和尚给小和尚讲故事，讲的是：从前有座山，山上有个庙……"这是一个永远也讲不完的故事，因为故事中有故事，无休止地循环，讲故事人利用了语言的递归性。故事的递归程序如下。

```
#E0436.py                                # 【递归讲故事】
import time                              # 导入标准模块 - 时间

def story(a):                            # 定义故事函数
    print(a)                             # 打印输出故事
    time.sleep(1)                        # 暂停 1s(调用休眠函数)
    return story(a)                      # 递归调用(在函数内部自己调用自己)
myList = ["从前有座山,山上有个庙,庙里有个老和   # 故事赋值
尚和小和尚,老和尚给小和尚讲故事,讲的是:"]
story(myList)                            # 调用故事函数
```

| | |
|---|---|
| | >>>　　　　　　　　　　　　　　　　　　# 程序输出陷入死循环状态<br>['从前有座山，山上有个庙，…(输出略)　　　# 按 Ctrl + C 组合键或关闭窗口强制中断 |

从以上程序可以看到，程序没有对递归深度进行控制，这会导致程序无限循环执行，这也充分反映了递归自我繁殖的特点。由于每次递归都需要占用一定的存储空间，程序运行到一定次数(Python 递归默认深度大致为 1000 次)后，就会因为内存不足，导致内存溢出而死机。**计算机病毒程序和蠕虫程序正是利用了递归函数自我繁殖的特点**。

**2. 递归的执行过程**

设计递归程序的困难之处在于如何编写递归函数。**递归的执行分为递推和回溯两个阶段**。在递推阶段，将较复杂问题的求解，递推到比原问题更简单一些的子问题求解。在递归中，必须要有终止递推的边界条件，否则递归将陷入无限循环之中。在回溯阶段，利用基本公式进行计算，逐级回溯，依次得到复杂问题的解。

**3. 递归的终止条件**

**在递归中，当边界条件不满足时，递归就前进；当边界条件满足时，递归就开始回溯。**可见递归实现了螺旋状循环，循环体每次执行时都必须取得某种进展，逐步逼近循环终止条件。递归函数在每次递归调用后，必须越来越接近边界条件；当递归函数符合这个边界条件时，它不再调用自身，递推就会停止，并且开始回溯。如果递归函数无法满足边界条件，则程序会因为内存单元溢出而失败退出。

**4. 阶乘的递归过程分析**

**【例 4-37】** 递归包含递推和回溯两个过程，下面以 3! 的计算为例，说明递归的执行过程。

对 n>1 的整数，阶乘的边界条件是 0!=1；基本公式是 n!=(n * fac(n-1))。

(1) 递推过程。如图 4-10 所示，利用递归方法计算 3! 时，可以先计算 2!，将 2! 的计算值回代就可以求出 3! 的值(3!=3 * 2!)；但是程序并不知道 2! 的值是多少，因此需要先计算 1! 的值，将 1! 的值回代就可以求出 2! 的值(2!=2 * 1!)；而计算 1! 的值时，必须先计算 0!，将 0! 的值回代就可以求出 1! 的值(1!=1 * 0!)。这时 0!=1 是阶乘的边界条件，递归满足这个边界条件时，也就达到了子问题的基本点，这时递推过程结束。

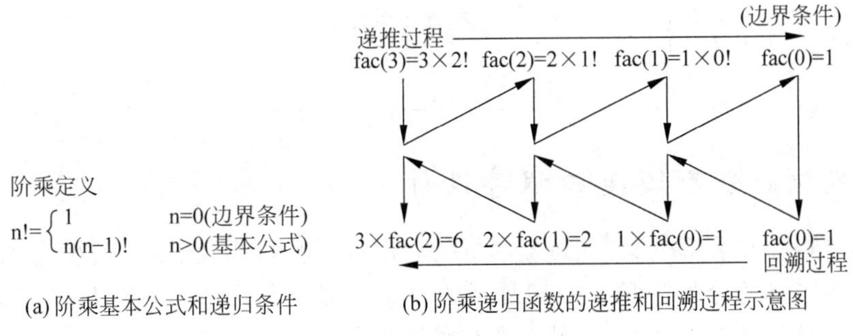


图 4-10　递推过程

(2) 回溯过程。递归满足边界条件后，或者说达到了问题基本点后，递归开始进行回溯，即(0!=1)→(1!=1 * 1)→(2!=2 * 1)→(3!=3 * 2)，最终得出 3!=6。

从例 4-37 可以看出,用手工方法计算递归需要花费更长时间,处理过程更加复杂;但是利用计算机处理递归过程时,程序会变得更加简单,并且程序逻辑更加清晰。

**5. 递归的缺点**

首先递归算法比循环算法运行效率低;其次在递归调用过程中,递归函数每进行一次新调用时,都将创建一批新变量,系统必须为每一层的返回点、局部变量等开辟内存单元来存储,如果递归深度过大,很容易造成内存单元不够而产生数据溢出故障。例如,在 Python 语言中,当递归深度大于 1000(实测约为 995)时,将产生内存堆栈溢出故障。

**6. 递归算法程序设计案例**

**【例 4-38】** 用 Python 语言编写一个递归函数,求正整数 n 的阶乘值 n!。

用 fac(n)表示 n 的阶乘值,阶乘的数学定义如下:

$$fac(n) = n! = \begin{cases} 1 & n=0(\text{边界条件}) \\ n * fac(n-1) & n \geqslant 1(\text{基本公式}) \end{cases}$$

利用递归函数求阶乘值的 Python 程序如下。

```
#E0438.py                                    #【递归求阶乘】
def fac(n):                                  # 定义递归函数 fac(n)
    if n == 0:                               # 判断边界条件,如果 n = 0
        return 1                             # 返回值为 1
    return n * fac(n - 1)                    # 阶乘函数递归调用,将值返回给调用函数
print('5 的阶乘 = ', fac(5))                  # 调用函数 fac(n),并传入实参 5
```

```
>>> 5 的阶乘 =  120                           # 程序运行结果
```

**【例 4-39】** 用递归算法将十进制数转换为二进制数。Python 程序如下。

```
#E0439.py                                    #【递归将十进制数转换为二进制数】
def T2B(n):                                  # 定义 T2B 函数(T2B 表示十进制数转换为二进制数)
    if n == 0:                               # 如果传入的参数为 0
        return                               # 函数返回
    T2B(int(n/2))                            # 函数递归调用(在函数内部自己调用自己)
    print(n % 2, end = '')                   # 输出二进制数,end = ''为不换行输出
print('转换后的二进制数为:')
T2B(200)                                     # 调用 T2B()函数,并传入实参 200
```

```
>>>                                          # 程序运行结果
转换后的二进制数为:
11001000
```

## 4.3.4 案例:分形图递归程序设计

自然界普遍存在分形现象,如蜿蜒曲折的海岸线、树木、雪花、复杂的生命现象等,都表现了客观世界丰富的分形现象。一切复杂的对象看似杂乱无章,但它们具有某种相似性。如果把复杂对象的某个局部放大,其形态与整体基本相似。

(1) 分形几何学特征。1973 年,芒德布罗(B. B. Mandelbrot)首次提出了分维和分形的设想。分形具有以下特征:一是分形图在任意小的尺度上都能保持丰富、精细的结构;二是分形图不太规则,难以用传统的欧氏几何语言描述;三是**分形图具有某种整体与局部的**

**自相似形式**，例如树杈分支形状与树的形状非常相似。

(2) Koch(科赫)曲线算法思想。如图 4-11 所示，首先将一个线段三等分；其次将中间段直线去掉，换成一个去掉底边的等边三角形；然后在每条直线上重复以上操作；如此进行下去，直到达到预定递归深度时停止，这样就得到了 Koch 曲线。

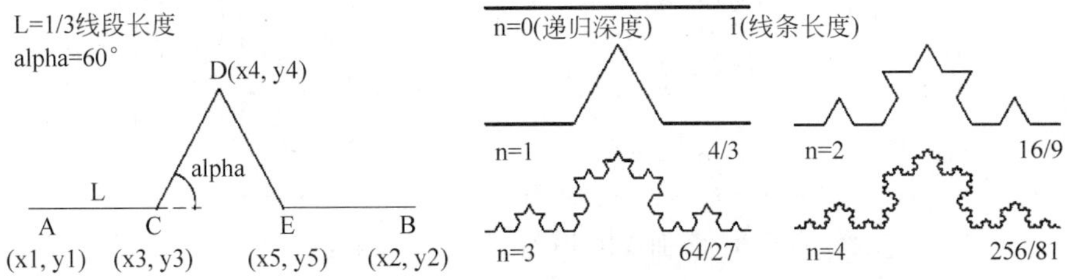


图 4-11　Koch 曲线的递归过程

如图 4-11 所示，Koch 曲线长度每次都是原来的 4/3。如果最初的线段长为 1 个单位，那么第 1 次递归操作后总长度变成了 4/3；第 2 次递归操作后总长增加到 16/9；第 n 次递归操作后的长度为$(4/3)^n$。如果递归操作无限进行下去，这条 Koch 曲线将达到无限长，而且这条无限长的曲线却始终保持某个固定大小(面积基本不变)。

**【例 4-40】** 程序的输入为递归深度 n(整数)、线段长度 size、起点坐标、终点坐标、旋转角度等参数。Koch 曲线递归算法的 Python 程序如下所示。

```
#E0440.py                                        #【递归 Koch 曲线】
import turtle                                    # 导入标准模块 - 海龟绘图

def Koch(size, n):                               #【定义 Koch 函数】size 为线长，n 为递归深度
    if n == 0:                                   # 判断递归深度，0 阶 Koch 曲线是一条直线
        turtle.fd(size)                          # 调用海龟函数绘制线段，长度为 size 的直线
    else:                                        # 否则，绘制高阶 Koch 雪花曲线
        for angle in [0, 60, -120, 60]:          # 光标偏移角度在 0,60, -120, 60 时，执行以下操作
            turtle.left(angle)                   # 光标向左偏移 angle 度，转向后进入下一段
            Koch(size/3, n-1)                    # 递归调用 Koch 函数，画 1/3 长度线条，_/\_形状

def main():                                      #【主函数】
    turtle.setup(600, 600)                       # 设置窗口，600×600 像素
    turtle.penup()                               # 海龟笔抬起(默认在屏幕中间)
    turtle.goto(-200, 100)                       # 海龟笔移动到 -200, 100(以默认位置为参考点)
    turtle.pendown()                             # 海龟笔放下
    turtle.pensize(2)                            # 设置海龟笔粗细为 2 像素
    level = 2                                    # 设置 2 阶 Koch 曲线(数字越大，线条越短)
    Koch(400, level)                             # 画边长为 400 的等边三角形(绘制 A-B 段曲线)
    turtle.right(120)                            # 海龟光标在 B 点处向右旋转 120°
    Koch(400, level)                             # 画边长为 400 的等边三角形(绘制 B-C 段曲线)
    turtle.right(120)                            # 海龟光标在 C 点处向右旋转 120°
    Koch(400, level)                             # 画边长为 400 的等边三角形(绘制 C-D 段曲线)
main()                                           # 执行主函数
>>>                                              # 程序运行结果如图 4-12 所示
```

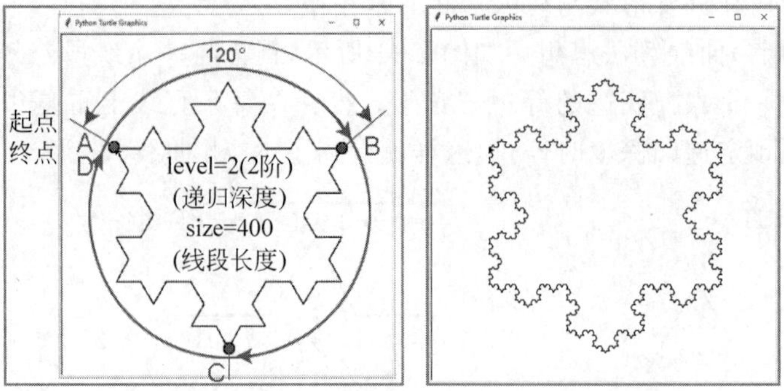


图 4-12　Koch 曲线说明(左：level＝2　右：level＝4)

程序第 8 行,光标在“尖角”4 条线上改变的角度,分别为 0°、60°、−120°和 60°。

程序第 9 行,对应上边 4 个角度,一共需要转 4 次弯,画出本阶的 4 条直线。

程序第 10 行,每个角度下的一个边对应低一阶曲线的“尖角”;至此完成递归函数本身的循环和复用,自动画出一个完整的 n 阶的“尖角”。

**【例 4-41】** 利用递归函数绘制一个分形树,绘制顺序如图 4-13 所示。

```
#E0441.py                                      #【递归 - 绘制分形树】
import turtle                                  # 导入标准模块 - 绘图

def draw_branch(L):                            # 定义分形树绘制递归函数
    if L >= 5:                                 # 一共递归 5 层
        turtle.forward(L)                      # 画笔向前移动 L 长度
        turtle.right(20)                       # 绘制右侧树枝(顺时针移动 20°)
        draw_branch(L - 5)                     # 递归调用,绘制分形树
        turtle.left(40)                        # 绘制左侧树枝(逆时针移动 40°)
        draw_branch(L - 5)                     # 递归调用,绘制分形树
        turtle.right(20)                       # 回到之前的树枝(顺时针移动 20°)
        turtle.backward(L)                     # 画笔回退移动 L 长度,返回根节点

def main():                                    # 主函数
    turtle.penup()                             # 提起画笔,不绘图
    turtle.backward(50)                        # 画笔向相反方向移动的长度,50 为移动长度像素
    turtle.pendown()                           # 落下画笔绘图
    turtle.left(90)                            # 方向向上
    turtle.pencolor("red")                     # 设置画笔颜色,red 为红色
    draw_branch(50)                            # 调用递归函数绘制分形树,50 为树枝起始长度
    turtle.exitonclick()                       # 关闭绘图窗口

if __name__ == '__main__':                     # 程序入口
    main()
```

```
>>>                                            # 程序运行结果如图 4 - 14 所示
```

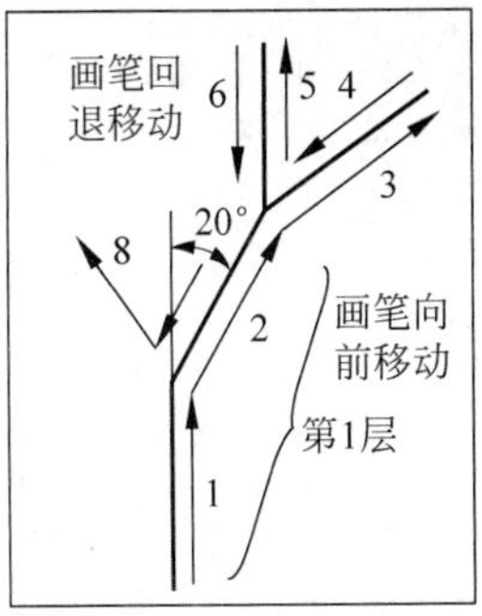


图 4-13　分形树绘图顺序

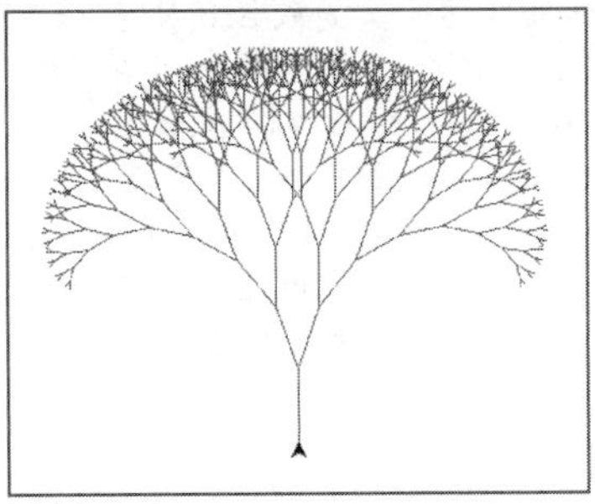

图 4-14　递归函数绘制的分形树

## 4.4　常用的程序设计技巧

技巧就像一把椅子，有人追求花样翻新，有人喜欢简单朴素，有人讲究高端大气，有人感觉实用就行，编程技巧也大致如此。本节讨论的问题深受各种考试出题人员喜爱，作者认为，有些问题除了“烧脑”外，并无大用。

### 4.4.1　Python 内存管理机制

Python 中的变量无须事先声明，也无须事先指定数据类型。简单地说，**程序员无须关心变量的内存管理，Python 解释器会自动回收内存垃圾**。既然无须关心，为什么还要介绍内存管理机制呢？这主要是希望解释 Python 编程中一些令人莫名其妙的问题。

Python 中万物皆对象，每个对象（变量、函数等）Python 都会分配一块内存空间存储它。Python 内存管理机制主要有对象引用计数、内存池和垃圾回收。

**1. 对象引用计数机制**

对不同对象赋相同值时，Python 会只分配一个存储单元，对象计数机制会+1（对象引用增加 1 次）。Python 内部采用引用计数来追踪内存中的对象，所有对象都有引用计数。引用计数增加和减少的情况如表 4-5 所示。

**表 4-5　对象计数增加和减少的情况**

| 对象引用计数加 1 的情况 | 对象引用计数减 1 的情况 |
|---|---|
| 对象被创建，如 x=4 | 引用离开作用域，如 foo(x)函数结束时 |
| 对象被别的对象引用，如 y=x | 对象被删除销毁，如 del x |
| 对象被作为参数传递给函数，如 foo(x) | 对象被重新赋值，如 x=3.14 |
| 对象作为容器中的一个元素，如 a=[1, x, 'A'] | 窗口对象本身被删除，如 del myWin |

**【例 4-42】** 同一行赋值。

```
1  >>> a = b = 8      # 对象 a、b 引用 +1
2  >>> id(a)          # 对象 a 地址,a 引用 +1
   85737408           # a 存储地址
3  >>> id(b)          # b 存储地址,b 引用 +1
   85737408           # b 与 a 同一存储单元
4  >>> a is b         # 判断是否是同一成员
   True               # a 与 b 是同一成员
```

**【例 4-43】** 不同行赋值。

```
1  >>> a = 520        # 对象 a 引用 +1
2  >>> b = 520        # 对象 b 引用 +1
3  >>> id(a)          # a 引用 +1
   85737344
4  >>> id(b)          # b 引用 +1
   85736608           # b 与 a 不在同一存储单元
5  >>> a is b         # 判断是否是同一成员
   False              # a 与 b 不是同一成员
```

例 4-42 程序第 1 行,同一行同时给两个变量赋同一值时,第 4 行 Python 解释器知道这个对象已经生成,那么它就会引用到同一个对象,所以它们属于同一成员。

例 4-43 程序第 1、2 行,对象赋值分成两个部分,第 5 行 Python 解释器并不知道这个对象已经存在,这时会重新申请内存存放这个对象,因此它们不是同一成员。

**【例 4-44】** 对象引用和计数。当 Python 中某个对象引用计数归 0 时,该对象就会被垃圾回收机制处理掉。例如某个新建对象被分配给某个引用时,对象引用计数为 1。如果引用被删除,对象引用计数为 0,这时对象就会被当作内存垃圾回收。

```
>>> import sys                       # 导入标准模块 - 系统功能
>>> a = [321, 123]                   # 定义对象 a,对象引用计数为 1
>>> sys.getrefcount(a)               # 查看对象 a 的计数,对象引用计数 +1
2                                    # 对象计数目前为 2
>>> del a                            # 删除对象 a(对象引用计数为 0)
>>> sys.getrefcount(a)               # 查看对象 a 的计数
NameError: name 'a' is not defined   # 抛出异常信息
```

**2. 内存池机制**

Python 中,很多时候申请的内存都是小块内存,这些小块内存在申请后,很快又会被释放。这就意味着 Python 运行期间,会大量执行 malloc(申请)和 free(释放)操作,频繁地在操作系统的用户态和核心态之间进行切换,这将严重影响 Python 的执行效率。为了提高 Python 的执行效率,Python 引入了内存池机制,它用于管理对小块内存的申请和释放。Python 将暂时不使用的内存放到内存池,而不是返回给操作系统。

(1) 小整数内存池。为了避免整数频繁申请和释放内存空间,Python 定义了一个小整数池[−5, 256],Python 已经在内存中提前建立好这些整数对象了,它们不会被当作垃圾回收。但是,对大于 256 的整数,Python 需要重新分配对象的存储空间。

**【例 4-45】** 整数小于或等于 256 的案例。

```
>>> a = 256
>>> b = 256
>>> a is b    # 判断 a 与 b 是否是同一成员
True
>>> a == b
True
```

**【例 4-46】** 整数大于 256 的案例。

```
>>> a = 257
>>> b = 257
>>> a is b
False
>>> a == b
True
```

以上案例中,is 运算符检查两个运算对象是否引用自同一对象;==运算符比较两个运算对象的值是否相等。因此 is 代表对象引用相同;==代表对象的值相等。

(2) 字符串驻留(intern)机制。Python 使用字符串驻留机制来提高短英文字符串使用效率,它就是对同样的短英文字符串对象仅仅保存一份,放在一个共用的字符串存储池中。这也是字符串是不可变对象的原因。注意,短字符串中有空格时无效;短字符串字母长度大于 20 时无效;短字符串为中文时无效。

**【例 4-47】** 英文字符串案例。

```
>>> s1 = "hello"
>>> s2 = "hello"
>>> s1 is s2
True
>>> s1  ==  s2
True
>>> id(s1)
89696768
>>> id(s2)
89696768        # s1,s2 存储单元相同
```

**【例 4-48】** 中文字符串案例。

```
>>> s1 = "长江"
>>> s2 = "长江"
>>> s1 is s2
False
>>> s1  ==  s2
True
>>> id(s1)
85163568
>>> id(s2)
89761984        # s1,s2 存储单元不同
```

**3. 垃圾回收机制**

当 Python 中对象越来越多,占据越来越大的内存时,Python 就会启动垃圾回收,将很久没有使用的对象清除。但是,频繁的垃圾回收工作将会大大降低 Python 工作效率。因此,Python 运行时,会记录对象分配次数和取消次数(计数),当两者差值高于某个阈值时,Python 才会启动垃圾回收机制。

Python 中分为大内存和小内存(以 256KB 为界限)。大内存使用申请进行分配;小内存使用内存池进行分配。如果对象请求内存在 1~256B 时(如小整数、小字符串等),则使用内存池进行分配。Python 每次会向操作系统申请一块 256KB 的大块内存,并且不会释放这个内存,这块内存将留在内存池中,以便下次使用。

### 4.4.2 Python 中要注意的"坑"

Python 程序语言虽然简单易用,但是也容易给程序员造成一些难以捕捉的错误。**程序总会有一些出乎意料的输出结果**,这就是程序员通常所说的"坑"。编程的乐趣之一就在于不经意之间自己给自己挖了一个"坑",掉到"坑"里后还一直挠头纳闷,爬出"坑"后倍感欣慰。下面是 Python 编程中一些常见的"坑"。

**Python 程序设计中的三大"坑"是逗号、路径分隔符和乱码**。使用不当就会出现一些灵异现象。路径分隔符中的"坑",1.2.6 节已经进行了讨论,乱码问题在 8.2.3 节讨论。下面讨论程序中的逗号和其他问题。

**【例 4-49】** 加逗号定义元组。

```
>>> t = 'a',            # 定义一个元组
>>> type(t)             # 查看变量类型
<class 'tuple'>         # 变量为元组
```

**【例 4-50】** 不加逗号定义字符串。

```
>>> t = 'a'             # 定义一个字符串
>>> type(t)
<class 'str'>           # 变量为字符串
```

【例 4-51】 加逗号时返回元组。

```
>>> def f():
        return 1,
>>> type(f())
<class 'tuple'>        # 函数值为元组
```

【例 4-52】 不加逗号时返回整数。

```
>>> def f():
        return 1
>>> type(f())
<class 'int'>        # 函数值为整数
```

Python中,圆括号既可以表示元组,也可以表示数学中的小括号,这样很容易产生二义性。因此,Python规定,圆括号中只有一个元素时,加逗号表示的是元组。然而灵异的是列表中元素加逗号后依然是列表;更加令人吃惊的是变量名居然可以有尾巴。

【例 4-53】 列表元素加逗号。

```
>>> t = ['坑',]         # 定义一个列表
>>> type(t)
<class 'list'>          # 变量为列表
```

【例 4-54】 元组的括号能省吗?

```
>>> x = 3, 5        # 省略括号的元组
>>> x == 3, 5       # 省略括号进行比较
(False, 5)          # x == 3 为假
```

【例 4-55】 正常的列表定义。

```
>>> x = [10]
>>> y = x
>>> y
[10]                          # 变量为列表
```

【例 4-56】 带尾巴的变量名。

```
>>> x = [10]
>>> y, = x          # 列表转换为整数
>>> y
10                  # 变量为整数
```

【例 4-57】 灵异语法。

```
line, = ax.plot(x, np.sin(x))
```

【例 4-58】 例 4-57 的还原形式。

```
w = ax.plot(x, np.sin(x))
line = w[0]
```

例 4-57 中,返回值“line,”的作用与例 4-58 相同,它是将返回值 line 的元组类型转换为整数。例 4-57 的完整语句形式如例 4-58 所示,其中 w 为函数返回值,它是一个列表,其中可能会有多个元素;w[0]表示取列表中的第一个元素,并将它转换为整数。

【例 4-59】 某行代码如下,变量名后面加冒号是什么意思?

```
user:User = User.objects.filter(id = data.get('uid')).first()
```

Python 3.6 以后的版本加入了一个语法:变量名后面可以加冒号,冒号左边是变量名,冒号右边是注释,它期望帮助程序员了解复杂语句中返回值的数据类型。这个语法很容易引起误会,如 a:str = 10 语句中,变量 a 是什么数据类型?读者不妨测试一下。

【例 4-60】 逻辑运算符 and 和 or 通常用来做判断,很少用它来取值。如果用逻辑运算符赋值,表达式中所有值都为真时,or 会选择第 1 个值,而 and 则会选择第 2 个值。

```
>>>(2 or 3) * (5 and 7)              # or 选择第 1 个值 2,and 选择第 2 个值 7
14                                   # 14 = 2 * 7
```

【例 4-61】 下画线是临时变量。

```
>>>2 + 3
5
>>>_          # 表示上一个输出
5
>>> print(_)
5
```

【例 4-62】 省略号也是对象。

```
>>>...
Ellipsis
>>> type(...)
<class 'ellipsis'>    # 下画线类
>>> bool(...)         # 转换为布尔类型
True
```

【例 4-63】 字符前面有 0 行吗?

```
>>> eval('09.9')          # 字符前面可以有 0
9.9                       # 正常
>>> eval('09')            # 字符前不能有 0
SyntaxError: invalid token        # 异常
```

【例 4-64】 整数占多大存储空间?

```
>>> import sys
>>> x = 1
>>> sys.getsizeof(x)          # 查看存储空间
14                            # 分配 14 字节
```

例 4-64 中,在 Python 3.7 及以上版本中,一个整数变量分配 14 字节。可以使用 getsizeof()函数查看这个变量的内存使用情况。但是这并不意味变量已经使用了 14 字节,这是 Python 为了适应变量动态变化,预分配的存储空间。

【例 4-65】 带参数调用返回结果。

```
def a(x):
    return x * x
print(a(3))
>>> 9
```

【例 4-66】 调用函数本身返回地址。

```
def a(x):
    return x * x
print(a)
>>> <function a at 0x060D7DF8>
```

【例 4-67】 创建多个列表。

```
>>> ls = [[]] * 3      # 定义 3 个空列表
>>> print(ls)
[[], [], []]
>>> ls[0].append(1)    # 列表 0 添加元素
>>> print(ls)
[[1], [1], [1]]        # 3 个列表添加元素
```

【例 4-68】 创建多个列表的方法。

```
>>> li = [[] for _ in range(3)]
>>> print(li)
[[], [], []]
>>> li[0].append(1)
>>> print(li)
[[1], [], []]
```

【例 4-69】 到底循环多少次?

```
1  for i in range(4):                # 循环临时变量取值范围为 0~4
2      print(i)
3      i = 10                        # 变量赋值,改变循环临时变量
   >>> 0   1   2   3                 # 输出为竖行
```

例 4-69 中,程序第 3 行,赋值语句 i=10 并不会影响迭代循环。每次迭代开始之前,range(4)函数生成的下一个元素赋值给临时变量(i)。

### 4.4.3 Python 优雅编程方法

所谓优雅,其实就是编程语言的"语法糖",它会给人造成一种"好厉害"的错觉。其实很

多语言都可以实现优雅编程，只不过实现起来可能没有 Python 这么“优雅”而已。优雅编程方法要求代码干净、整洁、一目了然。除前面章节案例中列举的一些优雅编程方法外（如匿名函数、列表推导式等），还有下面一些常见的 Python 优雅编程方法。

**【例 4-70】** 多值判断常规编程。

```
num = 1
if num == 1 or num == 3 or num == 5:
    type = '奇数'
print(type)
```

```
>>>奇数
```

**【例 4-71】** 多值判断优雅编程。

```
num = 1
if num in(1,3,5):
    type = '奇数'
print(type)
```

```
>>>奇数
```

**【例 4-72】** 序列解包常规编程。

```
info = ['古道', '西风', '瘦马']
gudao = info[0]
xifeng = info[1]
shouma = info[2]
print(gudao, xifeng, shouma)
```

```
>>> 古道 西风 瘦马
```

**【例 4-73】** 序列解包优雅编程。

```
info = ['古道', '西风', '瘦马']
gudao, xifeng, shouma = info
print(gudao, xifeng, shouma)
```

```
>>>古道 西风 瘦马
```

**【例 4-74】** 区间判断常规编程。

```
score = 82
if score >= 80 and score < 90:
    level = '良好'
print(level)
```

```
>>>良好
```

**【例 4-75】** 区间判断优雅编程。

```
score = 82
if 80 <= score < 90:
    level = '良好'
print(level)
```

```
>>>良好
```

**【例 4-76】** 判断元素常规编程。

```
A,B,C = [1,3,5],{},''
if len(A) > 0:
    print('A 为非空')
if len(B) > 0:
    print('B 为非空')
if len(C) > 0:
    print('C 为非空')
```

```
>>> A 为非空
```

**【例 4-77】** 判断元素优雅编程。

```
A,B,C = [1,3,5],{},''
if A:
    print('A 为非空')
if B:
    print('B 为非空')
if C:
    print('C 为非空')
```

```
>>> A 为非空
```

if 后面的执行条件可以简写，只要条件是非零数值、非空字符串、非空列表等，就判断为 True，否则为 False。

**【例 4-78】** 遍历序列常规编程。

```
L = ['高数', '英语', '计算机']
for i in range(len(L)):
    print(i, ':', L[i])
```

```
>>> 0 : 高数 1 : 英语 2 :计算机
```

**【例 4-79】** 遍历序列优雅编程。

```
L = ['高数', '英语', '计算机']
for k,v in enumerate(L):
    print(k, ':', v)
```

```
>>> 0 : 高数 1 : 英语 2 :计算机
```

【例 4-80】 字符串连接常规编程。

```
colors = ['红', '蓝', '绿', '黄']
result = ''
for s in colors:
    result += s
print(result)
>>> 红  蓝  绿  黄
```

【例 4-81】 字符串连接优雅编程。

```
colors = ['红', '蓝', '绿', '黄']
result = ''.join(colors)
print(result)
>>> 红  蓝  绿  黄
```

【例 4-82】 键值交换常规编程。

```
people = {'姓名':'宝玉', '年龄':18}
exchange = {}
for key, value in people.items():
    exchange[value] = key
print(exchange)
>>> {'宝玉': '姓名', 18: '年龄'}
```

【例 4-83】 键值交换优雅编程。

```
people = {'姓名':'宝玉', '年龄':18}
exchange = {value : key for key,
    value in people.items()}
print(exchange)
>>> {'宝玉': '姓名', 18: '年龄'}
```

【例 4-84】 循环常规编程。

```
S = "最简单的回答就是干。"
i = 0
while i < len(S):
    print(S[i], end = '')
    i += 1
>>>最简单的回答就是干。
```

【例 4-85】 循环优雅编程。

```
S = "最简单的回答就是干。"
for x in S:print(x, end = '')
>>>最简单的回答就是干。
```

当需要从左到右遍历一个有序元素时，用简单 for 循环（如 for x in 表达式:）比基于 while 或者 range()计数循环而言会更容易编程，运行起来也更快。除非一定需要，否则尽量避免在 for 循环中使用 range()函数。在 Python 编程时，简单至上。

【例 4-86】 超长字符串处理。写网络爬虫程序时，网址太长时很难看，可以在合适的位置按 Enter 键，分行过长的字符串。

```
start_url = 'http://mp.blog.csdn.net/mdeditor'     # 网址分割前
start_url = ['http://mp.blog'                      # 网址分割后
    '.csdn.net/mdeditor']
```

【例 4-87】 在()，[]，{}这些符号中间的代码换行时，可以省略续行符。

```
>>> my_list = [1,2,3,
               4,5,6]
>>> my_tuple = (1,2,3,
                4,5,6)
>>> my_dict = {"姓名": "宝玉",
               "年龄": 18}
```

【例 4-88】 一行代码打印乘法口诀。

```
>>> print('\n'.join([' '.join([" %2s x %2s  =  %2s" % (j,i,i * j) for j in range(1,i + 1)]) for
i in range(1,10)]))
```

【例 4-89】 一行代码打印迷宫。

```
>>> print(''.join(__import__('random').choice('\u2571\u2572') for i in range(50 * 24)))
```

说明：编码\u2571＝/，编码\u2572＝\。经常变化的模块可以用__import__()动态载入。

【例 4-90】 一行代码打印漫画。

```
>>> import antigravity              # 相当于执行 D:\Python37\Lib\antigravity py 文件
```

【例 4-91】 一行代码开启 Web 服务器。

```
> python -m http.server 8080       # 注意，在 Windows 命令提示符窗口运行，8080 为端口号
```

【例 4-92】 一行代码打印 Python 之禅。

```
>>> import this                     # 相当于执行 D:\Python37\Lib\this.py 文件
```

## 习 题 4

4-1 Python 中各种函数库有哪些特征？

4-2 函数调用时，采用什么命名形式？

4-3 函数中的形参有哪些特征？

4-4 简要说明局部变量和全局变量。

4-5 什么是递归，它有什么特点？

4-6 编程：用海龟绘图模块，绘制一个黄边红底的五角星。

4-7 编程：生成一个有 10 元素，值为 1～100 的随机数列表。

4-8 编程：生成一个长度为 4 的验证码，验证码由数字和英文字母随机构成。

4-9 编程：利用递归求 1＋2＋3＋4＋…＋100。

4-10 编程：打印出一个 10 行的杨辉三角形，形状如下所示。

```
1
1 1
1 2 1
1 3 3 1
1 4 6 4 1
```

# 第5章 文件读写

文件是计算机存储数据的重要形式，用文件组织和表达数据更加有效和灵活。文件有不同的编码和存储形式，如文本文件、图像文件、音频和视频文件、数据库文件、特定格式文件等。每个文件都有各自的文件名和属性，对文件进行操作是 Python 的重要功能。

## 5.1 TXT 文件读写

### 5.1.1 读取文件全部内容

文本文件的读写通常有 3 个基本步骤：打开文件、读写文件和关闭文件。

**1. 文件打开模式**

对文件访问之前，必须先打开文件，并指定被打开的文件做什么操作。在 Python 中，通过标准内置函数 open()打开一个文件并获得一个文件对象。语法格式如下。

```
文件句柄 = open('文件路径和名称', '操作模式')          # 文件打开语法 1
with open('文件路径和名称', '操作模式') as 文件句柄:    # 文件打开语法 2
```

(1) 文件读写是一个非常复杂的过程，它涉及设备(如硬盘)、通道(数据传输方式)、路径(文件存放位置)、进程(读写操作)、文件缓存(文件在内存中的存放)等复杂问题。文件句柄是简化文件读写的变量，它隐藏了设备、通道、路径、进程、缓存等复杂操作，帮助程序员关注正在处理的文件。**文件句柄用变量名表示**，通过 open()函数把它和文件连接，文件读写完成后，关闭文件就会释放文件句柄占用的资源。

(2) 文件打开或创建成功后，文件句柄就代表了打开的文件对象，这简化了程序语句。我们可以得到这个文件的各种信息(属性)。

(3) 文件可以采用相对路径，如"江南春.txt"；也可以采用绝对路径(包含完整目录的文件名)，如"d:\\test\\05\\江南春.txt"。路径前面有 r 参数是保持路径中字符串原始值的意思，也就是说不对其中的符号进行转义。路径采用\表示时，可以加上 r 参数，如 r"d:\test\05\江南春.txt"。注意，路径采用\\表示时，不要加 r 参数。

(4) 文件读取时，会同时读取行末尾包含的回车换行符号(\n)。

(5) 操作模式用于控制文件打开方式，文件打开的操作模式及参数说明如表 5-1 所示。

**表 5-1 文件打开的操作模式及参数说明**

| 操作模式 | 参数说明 |
|---|---|
| r | 仅读，待打开的文件必须存在；文件不存在时会返回异常 FileNotFoundError |
| w | 仅写，若文件已存在，内容将先被清空；若文件不存在则创建文件，不可读 |

续表

| 操作模式 | 参数说明 |
|---|---|
| a | 仅写,若文件已存在,则在文件最后追加新内容;若文件不存在则创建文件 |
| r+ | 可读,可写,可追加;待打开的文件必须存在("+"参数说明允许读和写) |
| a+ | 读写,若文件已存在,则内容不会被清空 |
| w+ | 读写,若文件已存在,则内容将先被清空 |
| rb | 仅读,读二进制文件;待打开的文件必须存在("b"参数说明读写二进制文件) |
| wb | 仅写,写二进制文件;若文件已存在,则内容将先被清空 |
| ab | 仅写,写二进制文件;若文件已存在,则内容不会被清空 |

**【例 5-1】** 打开当前目录下 test.txt 文件,对它进行覆盖写操作。

```
f = open("test.txt", "w")                    # 以写模式打开文件,f = 文件句柄,相对路径
```

### 2. 关闭文件

文件使用结束后一定要关闭,这样才能保存文件内容,释放文件占用内存。

```
文件句柄.close()                              # 文件关闭的语法格式
```

### 3. 文件读取函数

Python 提供了 read()、readlines()和 readline()三个文件读取函数。这三种函数都会把文件每行末尾的'\n'(换行符)也读进来,可以用 splitlines()等函数删除换行符。

(1) read()函数一次读取文件的全部内容,返回值存放在一个大字符串中。它的优点是方便、简单、速度最快;它的缺点是文件过大时,占用内存很大。

**【例 5-2】** 用 read()函数读取"琴诗.txt"文件中全部内容。

```
>>> f = open("d:\\test\\05\\琴诗.txt", "r")                # 打开文件,f 为文件句柄
>>> s = f.read( )                                          # 读文件全部内容
>>> s                                                      # 输出内容为字符串
'[宋] 苏轼《琴诗》\n 若言琴上有琴声,放在匣中何不鸣? \n        # \n 为换行符
若言声在指头上,何不于君指上听? \n'
```

**【例 5-3】** 读取"琴诗.txt"文件中全部内容,并且删除文件中的回车符。

```
>>> f = open("d:\\test\\05\\琴诗.txt", "r")                # 打开文件,f 为文件句柄
>>> s = f.read( )                                          # 读文件全部内容
>>> s = s.splitlines()                                     # 删除字符串中的换行符
>>> s                                                      # 输出内容已转换为列表
['[宋] 苏轼《琴诗》', '若言琴上有琴声,放在匣中何不鸣?', '若言      # 输出已经删除换行符
声在指头上,何不于君指上听?']
```

(2) readlines()函数一次读取全部文件,返回值将文件内容分解成一个大的列表,该列表可以用 for 循环进行处理。它的缺点是读取大文件时会比较占内存。

**【例 5-4】** 用 readlines()函数读取"琴诗.txt"文件中全部内容。

```
>>> f = open("d:\\test\\05\\琴诗.txt", "r")                # 打开文件,f 为文件句柄
>>> f.readlines( )                                         # 读文件全部内容
['[宋] 苏轼《琴诗》\n', '若言琴上有琴声,放在匣中何不       # 输出内容为列表
鸣? \n', '若言声在指头上,何不于君指上听? \n']
```

(3) readline()函数每次只读取一行,返回值是字符串。它的读取速度比 readlines()慢得多,只有在没有足够内存一次读取整个文件时,才应该使用 readline()函数。

**【例 5-5】** 用 readline()函数读取"琴诗.txt"文件中一行内容。

```
>>> f = open("d:\\test\\05\\琴诗.txt", "r")                # 打开文件,f 为文件句柄
>>> f.readline( )                                          # 读文件一行内容
'[宋] 苏轼《琴诗》\n'                                      # 输出一行字符串
>>> f.close( )                                             # 关闭文件
```

## 5.1.2 文件遍历

文件遍历就是读取文件中每个数据,然后对遍历结果进行某种操作。如输出遍历结果;将遍历结果赋值到某个列表;对遍历结果进行统计(如字符数,段落数等);对遍历结果进行排序;将遍历结果添加到其他文件等操作。遍历是一个非常重要的操作。

**1. 文件遍历方法**

用 open()语句或 with open()语句都可以实现文件遍历,它们的差别如下。

(1) 用 open()语句读取文件后,需要用 close()关闭文件;用 with open()语句读取文件结束后,语句会自动关闭文件,不需要再写 close()语句。

(2) 用 open()语句读取文件如果发生异常,语句没有任何处理功能;用 with open()语句会处理好上下文产生的异常。

(3) 用 open()语句一次只能读取一个文件;用 with open()语句一次可以读取多个文件。

**【例 5-6】** 文件遍历方法 1:逐行读取文件内容。

```
#E0506.py                                    #【文件遍历 1】
with open('登鹳雀楼.txt') as file_obj:       # 打开文件(相对路径,当前目录在 d:\test\05)
    content = file_obj.read()                # 循环读取文件中每一行
    print(content)                           # 输出行内容
>>>…(输出略)                                 # 程序运行结果
```

**【例 5-7】** 文件遍历方法 2:一次全部读入文件内容到列表,再逐行遍历列表。

```
#E0507.py                                        #【文件遍历 2】
f = open('d:\\test\\05\\登鹳雀楼.txt', 'r')      # 打开文件(绝对路径)
L = f.readline()                                 # 将文件内容一次全部读入列表 L
while L:                                         # 循环输出列表 L 中的内容
    print(L, end = '')                           # 参数 end = ''为不换行输出
    L = f.readline()                             # 读取列表中行的内容
f.close()                                        # 关闭文件
>>>…(输出略)                                     # 程序运行结果
```

【例 5-8】 文件遍历方法 3：循环读取文件内容到列表，再输出列表。

```
#E0508.py                                # 【文件遍历 3】
for myList in open("登鹳雀楼.txt"):       # 打开文件，循环输出列表内容(相对路径)
    print(myList)                        # 输出列表内容
>>>…(输出略)                              # 程序运行结果
```

【例 5-9】 文件遍历方法 4：文件内容一次全部读入列表，再逐行遍历列表内容。

```
#E0509.py                                   # 【文件遍历 4】
f = open("d:\\test\\05\\登鹳雀楼.txt", "r")   # 打开文件，前面 r = 路径，后面"r" = 读操作
L = f.readlines()                           # 读取文件全部内容到列表
for myList in L:                            # 循环读取列表中的行
    print(myList, end = '')                 # 输出行内容(没有 end = ''参数会多输出一些空行)
f.close()                                   # 关闭文件
>>>…(输出略)                                 # 程序运行结果
```

【例 5-10】 文件遍历方法 5：一次读取两个文件全部内容到列表，再输出列表。

```
#E0510.py                                                           # 【文件遍历 5】
with open("金庸名言 1.txt", 'r') as f1, open("金庸名言 2.txt", 'r') as f2:  # 读入两个文件
    print(f1.read())                                                # 打印第一个文件
    print(f2.read())                                                # 打印第两个文件
>>>                                                                 # 程序运行结果
侠之大者，为国为民。
——金庸《射雕英雄传》
只要有人的地方就有恩怨，有恩怨就会有江湖，人就是江湖。
——金庸《笑傲江湖》
```

**2. 用 if 语句判断文件是否结束**

【例 5-11】 用 if 语句判断文件是否结束。

```
1   #E0511.py                              # 【判断文件是否结束】
2   filename = "d:\\test\\05\\登鹳雀楼.txt"  # 路径变量赋值
3   file = open(filename, 'r')             # 读取文件全部内容，file 为文件句柄，r 为读取模式
4   done = 0                               # 初始化循环终止变量
5   while not done:                        # 循环读取文件行
6       Line = file.readline()             # 读取文件行
7       if (Line != ''):                   # 如果 Line 不等于空，则文件没有结束
8           print(Line)                    # 输出行内容
9       else:
10          done = 1                       # 退出循环标识
11  file.close()                           # 关闭文件
    >>>…(输出略)                            # 程序运行结果
```

程序第 7 行，if (Line !='')为判断第 6 行 readline()语句读到的内容是否为空，行内容为空意味着文件结束。如果 readline()语句读到一个空行，也会判断为文件结束吗？事实上空行并不会返回空值，因为空行的末尾至少还有一个回车符(\n)。所以，即使文件中包

含空行，读入行的内容也不为空，这说明 if (Line !='')语句判断是正确的。

### 5.1.3 读取文件指定行

**1. 文件指针**

文件打开后，对文件的读写有一个读取指针(元素索引号)，从文件中读入内容时，读取指针不断向文件尾部移动，直到文件结束位置。Python 提供了两个读写文件指针位置相关的函数 tell()和 seek()。它们的语法格式如下。

```
文件对象名.tell()                          # 获取当前文件操作指针的位置
文件对象名.seek(偏移量[, 偏移位置])         # 改变当前文件操作指针的位置
```

参数"偏移量"表示要移动的字节数，若为正数则向文件尾部移动，若负数则向文件头部移动。

参数"偏移位置"值为 0 表示文件开头，值为 1 表示当前位置，值为 2 表示文件结尾。

**【例 5-12】** 获取文件指针位置。

```
>>> f = open('d:\\test\\05\\琴诗.txt')          # 打开文件
>>> f.tell()                                    # 获得当前文件读取指针
0
>>> f.seek(10)                                  # 将文件指针向后移动 10 字节
10
>>> f.seek(0, 2)                                # 将文件读取指针移动到文件尾部
85                                              # 文件大小为 85 字节
```

注意，tell()方法中，size 代表字节数，这里数字、英文字符、回车符(包括空行回车符)占 1 字节，而汉字和中文标点符号占 2 字节。

**2. 读取文件指定行**

**【例 5-13】** 文件"成绩 utf8.txt"内容如下所示。

```
学号,姓名,班级,古文,诗词,平均
1,宝玉,01,70,85,0
2,黛玉,01,85,90,0
3,晴雯,02,40,65,0
4,袭人,02,20,60,0
```

用 readlines()函数读出文件到列表，从列表对指定数据进行切片。

```
#E0513.py                                                # 【读文件指定行】
fileName = 'd:\\test\\05\\成绩 utf8.txt'                  # 路径赋值(绝对路径)
with open(fileName, 'r', encoding = 'UTF-8') as f:        # 打开文件(文件编码为 UTF-8)
    lines = f.readlines()                                 # 读取全部文件到列表 lines
    for i in lines[1:3]:                                  # 列表切片，循环读取 1、2 行
        print(i.strip('\n'))                              # 函数 strip()删除字符串两端的空格
>>>                                                       # 程序运行结果
1,宝玉,01,70,85,0
2,黛玉,01,85,90,0
```

程序第5行，for i in lines[1:3]语句中，[1:3]为列表切片索引号位置，其中，0行是表头不读取，列表第3行不包含，因此语句功能为循环读取列表1、2行。

程序扩展：如果希望对文件数据隔一行读一行时，只需要修改程序第5行中列表索引号即可，如“for i in lines[1:4:2]:”，该语句表示读取列表1～4行，步长为2(即读1、3行)。

**【例5-14】** 用标准模块linecache中的getline()函数读出文件指定行。

```
#E0514.py                                               #【读文件指定行】
import linecache                                        # 导入标准模块-行读取
s = linecache.getline('d:\\test\\05\\成绩.txt', 1)       # 读取文件第1行
print('第1行:', s)
>>>第1行：学号,姓名,班级,古文,诗词,平均                     # 程序运行结果
```

**【例5-15】** 统计文件的行数。

```
1  #E0515.py                                              #【统计文件行数】
2  filepath = 'd:\\test\\05\\成绩.txt'                     # 文件路径赋值
3  count = 0                                              # 计数器初始化
4  for index, line in enumerate(open(filepath,'rb')):     # 循环读取文件行
5      count += 1                                         # 行数累加
6  print('文件行数为:', count)
>>>文件行数为：5                                          # 程序运行结果
```

程序第4行，函数enumerate()具有枚举功能，它可以遍历一个可迭代对象(如列表、字符串)，并且将其组成一个索引序列，利用它可以同时获得索引和值。

### 5.1.4 向文件写入数据

#### 1. 覆盖写入文件

Python提供了2个文件写入函数，语法格式如下。

```
文件句柄.write(["单字符串"])          # 语法1:向文件写入一个字符串或字节流
文件句柄.writelines(行字符串)         # 语法2:将多个元素的字符串写入文件
```

函数write()是将字符串写入一个打开的文件。注意，首先，这里的字符串可以是二进制数据，而不仅仅是文字；其次，write()函数不会在字符串结尾添加换行符(\n)。

**【例5-16】** 用write()函数将字符串内容写入名为“诗歌1.txt”的文件。

```
1  #E0516.py                                                    #【写入新文件1】
2  str1 = '白日依山尽,黄河入海流。\n欲穷千里目,更上一层楼。\n'     # \n为换行符
3  f = open('d:\\test\\05\\诗歌1.txt', 'w')                      # 以写模式打开文件
4  f.write(str1)                                                # 字符串内容写入文件
5  f.close()                                                    # 关闭文件
6  print('写入成功,保存在d:\\test\\05\\诗歌1.txt')
>>>写入成功,保存在d:\test\05\诗歌1.txt                          # 程序运行结果
```

程序第2行，由于write()函数不会在字符串结尾自动添加换行符(\n)，因此字符串中必须根据需要人为加入换行符。

程序第 3 行,如果这个文件已经存在,那么源文件内容将会被新内容覆盖。

【例 5-17】 用 writelines()函数将内容写入名为“登鹳雀楼 out.txt”的文件。

```
#E0517.py                                                         #【写入文件 2】
s = ['白日依山尽,', '黄河入海流。', '欲穷千里目,', '更上一层楼。']     # 定义列表
f = open('d:\\test\\05\\登鹳雀楼 out.txt', 'w')                    # 写模式打开文件
f.writelines(s)                                                   # 列表写入文件
f.close( )                                                        # 关闭文件
print('列表写入成功。')
```

```
>>>列表写入成功。                                                   # 程序运行结果
```

**2. 追加写入文件**

【例 5-18】 将字符串内容追加写入“诗歌 1.txt”文件的结尾。

```
#E0518.py                                        #【写入文件 3】
f = open('d:\\test\\05\\诗歌 1.txt', 'a+')        # 以追加模式打开已存在的文件
f.write('——王之涣《登鹳雀楼》\n')                  # 字符串内容追加写入文件末尾
f.close()                                        # 关闭文件
print('追加写入成功。')
```

```
>>>追加写入成功。                                  # 程序运行结果
```

## 5.1.5 文件属性检查

Python 提供了许多常用的文件和目录操作方法,用户利用它们可以方便地重命名、删除文件和创建、删除、更改目录等。这主要是通过 Python 内置 os 模块来进行。

在进行文件操作前,先检查文件或目录是否存在,不然会使程序出错。有三种检查文件或目录是否存在的模块: os 模块、try 语句、pathlib 模块。

**1. 使用 os.access()函数检查文件属性**

使用 os.access()函数可以判断文件的读写操作。语法格式如下。

```
os.access(路径, 操作模式)                        # 文件属性检查的语法格式
```

函数返回值为 True 或者 False。

【例 5-19】 利用 access()函数检查文件各种读写属性。

```
>>> import os                                         # 导入标准模块 - 系统
>>> os.access("d:\\test\\05\\登鹳雀楼.txt", os.F_OK)   # 参数 os.F_OK 检查文件路径是否存在
True
>>> os.access("d:\\test\\05\\登鹳雀楼.txt", os.R_OK)   # 参数 os.R_OK 检查文件是否可读
True
>>> os.access("d:\\test\\05\\登鹳雀楼.txt", os.W_OK)   # 参数 os.W_OK 检查文件是否可写
True
>>> os.access("d:\\test\\05\\登鹳雀楼.txt", os.X_OK)   # 参数 os.X_OK 检查文件是否可加载
True
```

**2. 使用 try 语句捕获程序异常**

如果文件不存在或者文件不能读写，Python 解释器会抛出一个程序异常，可以使用 try 语句来捕获这个异常。

**【例 5-20】** 利用 try 语句捕捉程序异常。

```
#E0520.py                                       # 【捕获程序异常】
try:                                            # 异常捕捉开始
    f = open("d:\\test\\05\\登鹳雀楼 temp.txt")  # 访问不存在的文件:登鹳雀楼 temp.txt
    for line in f.readlines():                  # 循环读取文件行
        print(line)                             # 输出文件行
    f.close()                                   # 关闭文件
except IOError:                                 # 程序若正常则跳过本语句,若异常则执行下面语句
    print("文件不可读写!")                       # 文件异常提示信息或其他处理语句
---------------------------------------------------------------------------
>>>文件不可读写!                                 # 程序运行结果
```

用 try 语句处理程序异常时，程序简单优雅，而且不需要引入其他模块。

**3. 使用 pathlib 模块检查文件路径**

可以使用 pathlib 模块检查文件路径和创建文件路径。

**【例 5-21】** 获取当前文件路径。

```
>>> from pathlib import Path                    # 导入标准模块 - 路径
>>> p = Path("d:\\test\\05\\登鹳雀楼.txt")      # 获取文件位置
>>> print(p)                                    # 输出文件位置
d:\\test\\05\\登鹳雀楼.txt
```

**【例 5-22】** 获取当前目录路径。

```
>>> from pathlib import Path                    # 导入标准模块 - 路径
>>> path = Path.cwd()                           # 获取目录位置
>>> print(path)                                 # 输出目录位置
D:\\test
```

**【例 5-23】** 查看当前路径下的文件。

```
1  #E0523.py
2  from pathlib import Path                     # 导入标准模块 - 路径
3  p = Path.cwd()                               # 导入路径标准模块 pathlib
4  pys = p.glob('*.py')                         # 获取当前路径,查找符合规则的文件名
5  for py in pys:                               # 读取扩展名为.py 的文件
6      print(py)
---------------------------------------------------------------------------
   >>>…(输出略)                                 # 程序运行结果
```

程序第 4 行，函数 glob('*.py')表示查找文件扩展名为.py 的文件，* 号表示所有文件主名。glob()函数可以使用 *、?、[ ]这三个匹配符。

# 5.2 CSV 文件读写

## 5.2.1 CSV 文件格式

### 1. CSV 格式文件概述

CSV(逗号分隔值)文件以纯文本格式存储数据,CSV 文件由任意数量的记录组成。每个记录为一行,行尾是换行符;每个记录由一个或多个字段组成,字段之间最常见的分隔符有逗号、空格等。CSV 文件广泛用于不同系统平台之间的数据交换,它主要解决数据格式不兼容的问题。

**CSV 文件是一个纯文本文件,所有数据都是字符串**。CSV 文件并不是表格,但是可以用 Excel 打开。CSV 文件无法生成和保存公式,CSV 文件不能指定字体颜色,没有多个工作表,不能嵌入图像和图表。CSV 文件采用的字符集有 ASCII、Unicode、EBCDIC、GB 2312 等。

### 2. CSV 格式文件规范

CSV 文件并不存在通用的格式标准,国际因特网工程小组(IEIT)在 RFC 4180(因特网标准文件)中提出的一些 CSV 格式文件的基础性描述,但是没有指定文件使用的字符编码格式,采用 7 位 ASCII 码是最基本的通用编码。目前大多数 CSV 文件遵循 RFC 4180 标准提出的基本要求,它们有以下规则。

(1) 回车换行符。

**【例 5-24】** 每一个记录都位于一个单独行,用回车换行符 CRLF(即\r\n)分隔。

```
aaa,bbb,ccc CRLF
zzz,yyy,xxx CRLF
```

(2) 结尾回车换行符。

**【例 5-25】** 最后一行记录可以有结尾回车换行符,也可以没有。

```
aaa,bbb,ccc CRLF
zzz,yyy,xxx
```

(3) 标题头。

**【例 5-26】** 第 1 行可以有一个可选的标题头,格式和普通记录行格式相同。标题头要包含文件记录字段对应的名称,应该有和记录字段一样的数量。

```
field_name,field_name,field_name CRLF
aaa,bbb,ccc CRLF
zzz,yyy,xxx CRLF
```

(4) 字段分隔。

**【例 5-27】** 标题行和记录行中,存在一个或多个由半角逗号分隔的字段。整个文件中,每行应包含相同数量的字段,空格也是字段的一部分。每一行记录最后一个字段后面不能跟逗号。注意,字段之间一般用逗号分隔,也有用其他字符(如空格)分隔的 CSV。

```
aaa,bbb,ccc
```

（5）字段双引号。

**【例 5-28】** 每个字段之间可用或不用半角双引号(")括起来(注意,Excel 不用双引号)。如果字段没有用引号括起来,那么该字段内部不能出现双引号字符。

```
"aaa","bbb","ccc" CRLF
zzz,yyy,xxx
```

**【例 5-29】** 字段中如果包含回车换行符、双引号或者逗号,该字段要用双引号括起来。

```
aaa, b CRLF
bb,"c,cc" CRLF
zzz,yyy,xxx
```

**【例 5-30】** 如果用双引号括字段,字段内双引号前必须加一个双引号进行转义。

```
""aaa","b""bb","ccc"
```

### 3. CSV 格式文件应用案例

**【例 5-31】** 二手汽车价格如表 5-2 所示,将表格内容按 CSV 格式存储。

**表 5-2　二手汽车价格表**

| 出厂日期 | 制造商 | 型号 | 说明 | 价格 |
|---|---|---|---|---|
| 2015 | 福特 | SUV2015 款 | ac, abs, moon | 30000.00 |
| 2016 | 雪佛兰 | 前卫"扩展版" | | 49000.00 |
| 2017 | 雪佛兰 | 前卫"扩展版, 大型" | | 50000.00 |
| 2016 | Jeep | 大切诺基 | 低价急待出售!<br>air, moon roof, loaded | 47990.00 |

将表 5-2 内的数据以 CSV 格式表示。

```
出厂日期,制造商,型号,说明,价格
2015,福特,SUV2015 款,"ac, abs, moon",30000.00
2016,雪佛兰,"前卫""扩展版""","",49000.00
2017,雪佛兰,"前卫""扩展版, 大型""","",50000.00
2016,Jeep,大切诺基,"低价急待出售!
air, moon roof, loaded",47990.00
```

## 5.2.2 CSV 文件读取

### 1. 用标准模块读取数据

Python 标准库支持 CSV 文件的操作,读取 CSV 文件函数的语法格式如下。

```
csv.reader(csvfile, dialect = 'excel', ** fmtparams)          # CSV 文件读取的语法格式
```

参数 csvfile 为 CSV 文件或者列表对象。

参数 dialect 为指定 CSV 格式，dialect='excel'表示 CSV 文件格式与 Excel 格式相同。

参数 ** fmtparams 为关键字参数，用于设置特殊的 CSV 文件格式（如空格分隔等）。

返回值 csv. reader 是一个可迭代对象（如列表）。

**【例 5-32】** “梁山 108 将 gbk. csv”文件内容如图 5-1 所示，读取和输出文件表头。

| | A | B | C | D | E | F | G | H |
|---|---|---|---|---|---|---|---|---|
| 1 | 座次 | 星宿 | 诨名 | 姓名 | 初登场回数 | 入山时回数 | 梁山泊职位 | |
| 2 | 1 | 天魁星 | 及时雨、呼 | 宋江 | 第18回 | 第41回 | 总督兵马大元帅 | |
| 3 | 2 | 天罡星 | 玉麒麟 | 卢俊义 | 第61回 | 第67回 | 总督兵马副元帅 | |
| 4 | 3 | 天机星 | 智多星 | 吴用 | 第14回 | 第20回 | 掌管机密正军师 | |
| 5 | 4 | 天闲星 | 入云龙 | 公孙胜 | 第15回 | 第20回 | 掌管机密副军师 | |
| 6 | 5 | 天勇星 | 大刀 | 关胜 | 第63回 | 第64回 | 马军五虎将之首兼左军 | |
| 7 | 6 | 天雄星 | 豹子头 | 林冲 | 第7回 | 第12回 | 马军五虎将之二兼右军 | |

图 5-1　梁山 108 将 gbk. csv 文件内容（片段）

```
1  #E0532.py                                          #【CSV 文件读第 1 行】
2  import csv                                         # 导入标准模块
3  with open("d:\\test\\05\\梁山 108 将 gbk.csv") as f:  # 打开文件循环读取
4      reader = csv.reader(f)                         # 创建读取对象
5      head_row = next(reader)                        # 读文件第 1 行数据
6      print(head_row)
```

```
>>>                                                   # 程序运行结果
['座次', '星宿', '诨名', '姓名', '初登场回数', '入山时回数', '梁山泊职位']
```

程序第 3 行，没有指明 CSV 文件编码时，如果文件中有字符串，则采用 GBK 编码。

程序第 4 行，从 CSV 文件读出的数据都是字符串。

**【例 5-33】** “梁山 108 将 gbk. csv”文件内容如图 5-1 所示，读取 CSV 文件中第 3 列对应的所有数值，并且打印输出。

```
1  #E0533.py                                          #【CSV 文件读第 3 列】
2  import csv                                         # 导入标准模块 - CSV 读写
3  with open("d:\\test\\05\\梁山 108 将 gbk.csv") as f:  # 打开文件，绝对路径
4      reader = csv.reader(f)                         # 创建读取对象
5      column = [row[3] for row in reader]            # 循环读文件第 3 列数据
6      print(column)
```

```
>>> ['姓名', '宋江', '卢俊义', '吴用', …(输出略)       # 程序运行结果
```

程序第 5 行，这种方法需要事先知道列序号，如已知“姓名”在第 3 列。

### 2. 用 pandas 包读取数据

**【例 5-34】** “梁山 108 将 utf8. csv”文件内容如图 5-1 所示，利用 pandas 软件包（参见 11.1 节）读取和输出文件中“诨名”和“姓名”两列数据的前 5 行。

```
1  >>> import pandas as pd                            # 导入第三方包 - 数据分析
2  >>> data1 = pd.read_csv('d:\\test\\05\\梁山 108 将 utf8.csv', usecols=['诨名', '姓名'], nrows=5)
3  >>> print(data1)
            诨名    姓名
   0  及时雨、呼保义、孝义黑三郎    宋江
   1            玉麒麟    卢俊义…(输出略)
```

程序第 2 行，pd. read_csv()是 pandas 读取 CSV 文件数据的函数；参数 usecols＝['诨名','姓名']表示只读取文件中的这两列；参数 nrows＝5 表示读取前 5 行的记录。

**注意**：pandas 软件包路径前不能有 r 参数；其次文件默认编码为 UTF-8。

**【例 5-35】** “梁山 108 将 gbk. csv”文件内容如图 5-1 所示，读取 CSV 文件中“姓名”列对应数据，并打印输出。

```
1   #E0535.py                                           #【CSV 读指定列】
2   import csv                                          # 导入标准模块 - CSV 文件读写
3   import pandas as pd                                 # 导入第三方包 - 数据分析
4
5   filename = "d:\\test\\05\\梁山 108 将 gbk.csv"       # 文件为 GBK 编码(绝对路径)
6   list1 = []
7   with open(filename, 'r') as file:                   # 打开文件
8       reader = csv.DictReader(file)                   # 读取 CSV 文件到列表
9       column = [row['姓名'] for row in reader]         # 循环读取列表的"姓名"列
10      print(column)
    >>>['宋江', '卢俊义', '吴用', '公孙胜', …(输出略)      # 程序运行结果
```

程序第 8 行，pandas 包的 csv. DictReader()与 reader()函数类似，接收一个可迭代对象，返回的每一个列都放在一个字典的值内，字典的键则是列标题。

程序第 9 行，这种方法不需要事先知道列号，直接按表头名称“姓名”输出。

## 5.2.3 CSV 文件写入

### 1. 创建 CSV 文件

**【例 5-36】** 创建一个“学生 gbk. csv”文件。

```
1   #E0536.py                                                   #【CSV 文件创建】
2   import csv                                                  # 导入标准模块 - CSV 读写
3
4   csvPath = 'd:\\test\\05\\学生 gbk.csv'                       # 设置 CSV 文件保存路径
5   f = open(csvPath, 'w', encoding = 'gbk', newline = '')      #【1.创建文件对象】
6   csv_writer = csv.writer(f)                                  #【2.构建写入对象】
7   csv_writer.writerow(['姓名', "年龄", "性别"])                 #【3.构建表头标签】
8   csv_writer.writerow(['贾宝玉', '18', '男'])                   #【4.写入行内容】
9   csv_writer.writerow(['林黛玉', '16', '女'])
10  csv_writer.writerow(['薛宝钗', '18', '女'])
11  f.close()                                                   #【5.关闭文件】
12  print('文件创建成功!')
    >>>文件创建成功!                                              # 程序运行结果
```

程序第 5 行，参数 newline＝''解决写入数据时写 CSV 文件出现多余空行的问题。

### 2. 向 CSV 文件追加数据

**【例 5-37】** “成绩 gbk. csv”文件如图 5-2 所示，在文件尾部写入一行新数据。

| | A | B | C | D | E | F |
|---|---|---|---|---|---|---|
| 1 | 学号 | 姓名 | 班级 | 古文 | 诗词 | 平均 |
| 2 | 1 | 宝玉 | 1 | 70 | 85 | 0 |
| 3 | 2 | 黛玉 | 1 | 85 | 90 | 0 |
| 4 | 3 | 晴雯 | 2 | 40 | 65 | 0 |
| 5 | 4 | 袭人 | 2 | 30 | 60 | 0 |

图 5-2 “成绩 gbk.csv”文件内容

```
#E0537.py                                                # 【CSV 文件写入数据】
import csv                                               # 导入标准模块 - CSV 读写
with open("d:\\test\\05\\成绩 gbk.csv", 'a') as f:       # 打开文件,添加模式
      row = ['5', '薛蟠', '01', '20', '60', '0']         # 插入行赋值
      write = csv.writer(f)                              # 创建写入对象
      write.writerow(row)                                # 在文件尾写入一行数据
      print("写入完成!")
>>>写入完成!                                              # 程序运行结果
```

### 3. 两个 CSV 文件行内容合并

**【例 5-38】** “成绩 source.csv”文件存放所有源数据(见图 5-2),另一个文件“成绩 update.csv”存放更新数据(见图 5-3)。两个文件表头相同,将“成绩 update.csv”文件内容添加到“成绩 source.csv”文件中。

| | A | B | C | D | E | F |
|---|---|---|---|---|---|---|
| 1 | 学号 | 姓名 | 班级 | 古文 | 诗词 | 平均 |
| 2 | 6 | 史湘云 | 1 | 80 | 80 | 0 |
| 3 | 7 | 刘姥姥 | 2 | 0 | 30 | 0 |

图 5-3 “成绩 update.csv”文件内容

```
1  #E0538.py                                                          # 【CSV 文件行合并】
2  import csv                                                         # 导入标准模块 - CSV 读写
3  import pandas as pd                                                # 导入第三方包 - 数据分析
4
5  reader = csv.DictReader(open('d:\\test\\05\\成绩 update.csv'))     # 读取"成绩 update.csv"文件,相对路径
6  header = reader.fieldnames                                         # 获取表头标签信息
7  with open('d:\\test\\05\\成绩 source.csv', 'a') as csv_file:       # 以追加模式打开"成绩 source.csv"文件
8       writer = csv.DictWriter(csv_file, fieldnames = header)        # 批量写入新内容
9       writer.writerows(reader)                                      # 内容写入文件
10 print("写入完成!")
   >>>写入完成!                                                        # 程序运行结果
```

程序第 5 行,DictReader()为 pandas 的读取 CSV 文件函数。

程序第 8 行,DictWriter()为 pandas 的写入 CSV 文件函数。

### 4. 两个 CSV 文件列内容合并

**【例 5-39】** 源文件“成绩 gbk.csv”如图 5-4 所示,扩展文件“成绩 expand.csv”内容如图 5-5 所示。将两个文件进行列合并,合并后内容保存为“成绩 out.csv”文件。

| | A | B | C | D | E | F |
|---|---|---|---|---|---|---|
| 1 | 学号 | 姓名 | 班级 | 古文 | 诗词 | 平均 |
| 2 | 1 | 宝玉 | 1 | 70 | 85 | 0 |
| 3 | 2 | 黛玉 | 1 | 85 | 90 | 0 |
| 4 | 3 | 晴雯 | 2 | 40 | 65 | 0 |
| 5 | 4 | 袭人 | 2 | 30 | 60 | 0 |

图 5-4　源文件“成绩 gbk.csv”内容

| | A | B | C |
|---|---|---|---|
| 1 | 姓名 | 性别 | 年龄 |
| 2 | 宝玉 | 男 | 18 |
| 3 | 黛玉 | 女 | 16 |
| 4 | 晴雯 | 女 | 15 |
| 5 | 袭人 | 女 | 20 |

图 5-5　扩展文件“成绩 expand.csv”内容

从图 5-4 与图 5-5 可以发现,源文件中“姓名”一列与扩展文件中“姓名”一列的属性相同,内容相同,可以以这一列为主键,把扩展文件中的“性别”“年龄”这两列的数据添加到源文件中。如果扩展文件缺少某些行,则空着,最后源文件的行数不变。文件合并后内容如图 5-6 所示。

| | A | B | C | D | E | F | G | H |
|---|---|---|---|---|---|---|---|---|
| 1 | 学号 | 姓名 | 班级 | 古文 | 诗词 | 平均 | 性别 | 年龄 |
| 2 | 1 | 宝玉 | 1 | 70 | 85 | 0 | 男 | 18 |
| 3 | 2 | 黛玉 | 1 | 85 | 90 | 0 | 女 | 16 |
| 4 | 3 | 晴雯 | 2 | 40 | 65 | 0 | 女 | 15 |
| 5 | 4 | 袭人 | 2 | 30 | 60 | 0 | 女 | 20 |

图 5-6　列合并后的“成绩 out.csv”文件内容

```
1 #E0539.py                                                                    #【CSV 文件列合并】
2 import pandas as pd                                                          # 导入第三方包-数据分析
3
4 df1 = pd.read_csv('d:\\test\\05\\成绩 gbk.csv', encoding='gbk')              #【1.读入主文件】
5 df2 = pd.read_csv('d:\\test\\05\\成绩 expand.csv', encoding='gbk')           #【2.读入扩展文件】
6 outfile = pd.merge(df1, df2, how='left', left_on='姓名', right_on='姓名')    #【3.设置合并主键】
7 outfile.to_csv('d:\\test\\05\\成绩 out.csv', index=False, encoding='gbk')    #【4.保存 CSV 文件】
8 print("文件合并完成!")
>>>文件合并完成!                                                              # 程序运行结果
```

程序第 4 行,df1=pd.read_csv()为读入 CSV 文件全部内容,返回值 df1 为 pandas 中的 DataFrame 二维表格结构,即源文件“成绩 gbk.csv”为 5 行 6 列,df1 也为 5 行 6 列。

程序第 6 行,pd.merge(df1, df2, how='left', left_on='姓名', right_on='姓名')中,参数 how='left'表示两表拼接时以左侧为主键;参数 left_on='姓名'表示左侧主键名称为“姓名”;参数 right_on='姓名'表示右边的关联键名称也为“姓名”。

**5. 解决 CSV 文件乱码问题**

**【例 5-40】** 用 UTF-8 编码写 CSV 文件后,如果用 Excel 打开时会显示乱码。

```
#E0540.py                                                                     #【CSV-文件乱码】
import csv                                                                    # 导入标准模块

file = open('d:\\test\\05\\csv 乱码.csv', 'w', encoding='utf-8', newline='')  # 创建文件
wr = csv.writer(file)                                                         # 创建写入对象
wr.writerow(['姓名', '成绩'])                                                 # 写入表头列名
wr.writerow(['宝玉', 85])                                                     # 写入数据行
wr.writerow(['黛玉', 90])
wr.writerow(['宝钗', 88])
file.close()
```

```
11 print('文件写入成功。')                                    # 关闭文件句柄
   >>>文件写入成功。                                          # 程序运行结果
```

程序第 4 行,本语句写 CSV 文件后,用 Windows 自带的“记事本”程序打开 CSV 文件,则 CSV 文件显示正常,如图 5-7 所示;如果用 Excel 打开刚刚写入的文件,就会发现文件内容是乱码,如图 5-8 所示,这说明 Excel 的默认编码存在问题。

UTF-8 编码分为两种:一种是不带 BOM(字节顺序编码)的标准形式;另一种是带 BOM 的微软 Excel 格式。UTF-8 以字节为编码单元,它没有字节序的问题,因此它并不需要 BOM。但是 Excel 的 UTF-8 文件默认带 BOM 格式,即 utf-8-sig(UTF-8 with BOM)。写入 CSV 文件时,定义 encoding='utf-8-sig'就可以解决 Excel 乱码问题。将 E0540.py 程序第 4 行修改为以下形式,就可以解决 Excel 乱码问题(结果见图 5-9)。

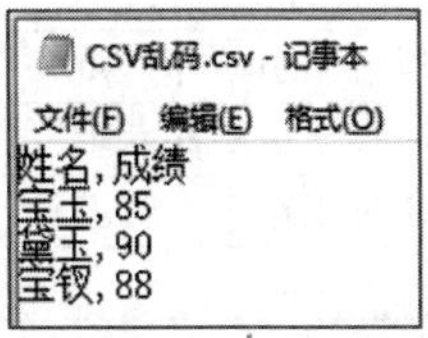

图 5-7　记事本打开正常

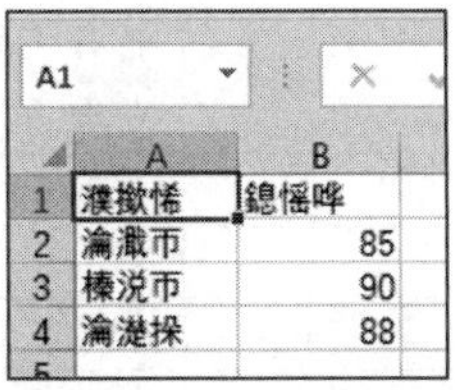

图 5-8　Excel 打开乱码

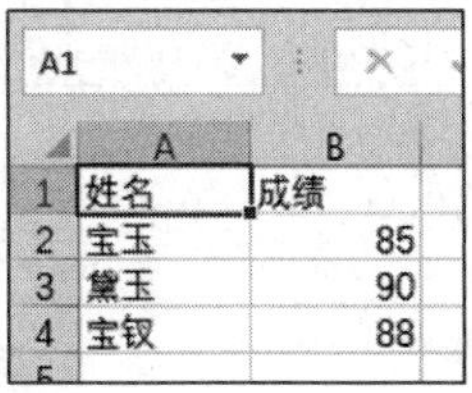

图 5-9　Excel 打开正常

```
4 file = open('d:\\test\\05\\csv乱码解决.csv', 'w', encoding = 'utf-8-sig', newline = '')
```

# 5.3 Excel 文件读写

## 5.3.1 Excel 模块操作函数

**1. 第三方软件包基本功能**

处理 Excel 文件的第三方软件包有 xlrd/xlwt、xlutils、openpyxl、xlsxwriter、pandas、win32com 等。由于设计目的不同,每个模块通常都着重于某一方面功能,各有所长。

xlrd 和 xlwt 是应用非常广泛的 Excel 读写第三方包,它可以工作在任何平台,这意味着可以在 Linux 下读取 Excel 文件。xlrd 和 xlwt 是两个相对独立的模块,它们主要是针对 Office 2003 或更早版本的 xls 文件格式。xlrd 软件包可读取 xls 或 xlsx 文件;xlwt 软件包只能写入 xls 文件,除了最基本的写入数据和公式,xlwt 提供的功能非常少。

**2. xlrd 和 xlwt 的安装和导入**

xlrd 和 xlwt 是 Python 的第三方包,它们的安装方法如下。

```
> pip install xlrd - i https://pypi.tuna.tsinghua.edu.cn/simple    # 清华大学镜像网站安装 xlrd
> pip install xlwt - i https://pypi.tuna.tsinghua.edu.cn/simple    # 清华大学镜像网站安装 xlwt
```

可以通过 help(xlrd)命令查看 xlrd 帮助信息,它会输出 xlrd 包中的一些模块,以及一些成员变量、常量、函数等。

**3. Excel 基本概念**

Excel 中工作簿(book)和工作表(sheet)的区别：一个工作簿就是一个独立的文件，一个工作簿里可以有一个或者多个工作表，工作簿是工作表的集合。

每个工作表都有行和列，行以数字 1 开始，列以字母 A 开始。一个工作表由单元格(cell)组成，单元格可以存储数字和字符串。单元格以"行号"和"列号"进行定位。

**注意**：读取 Excel 数据时，sheet 号、行号、列号都是从索引 0 开始的。

**4. Excel 操作函数**

xlrd 软件包中，Excel 文件的常用操作语句案例如表 5-3 所示。

**表 5-3　xlrd 软件包中 Excel 文件的常用操作语句案例**

| 操作语句应用案例 | 说　明 |
|---|---|
| import xlrd | 导入模块，只能读不能写，可读 xlsx、xls 文件 |
| data = xlrd.open_workbook('路径和文件名.xlsx') | 打开 Excel 文件读取数据 |
| table = data.sheets()[0] | 获取一个工作表，通过索引顺序获取 |
| table = data.sheet_by_index(0) | 获取一个工作表，通过索引顺序获取 |
| table = data.sheet_by_name('Sheet1') | 获取一个工作表，通过工作表名称获取 |
| name = table.name | 获取工作表名称 |
| nrows = table.nrows | 获取行数 |
| nclos = table.ncols | 获取列数 |
| row_value= table.row_values(i) | 获取某行整行的值 |
| col_value = table.col_values(i) | 获取某列整列的值 |
| cell_A1 = table.cell(0, 0).value | 获取第 1 行第 1 列单元格数据，方法 1 |
| cell_C4 = table.cell_value(2, 3) | 获取第 3 行第 4 列单元格数据，方法 2 |
| cell_A1 = table.row(0)[0].value | 获取第 1 行第 1 列单元格索引号，方法 1 |
| cell_A2 = table.col(1)[0].value | 获取第 2 行第 1 列单元格索引号，方法 2 |
| for i in range(nrows):<br>    print(table.row_values(i)) | 循环获取行的数据 |
| for j in range(nclol):<br>    print(table.col_values(j)) | 循环获取列的数据 |
| rows = sheet.get_rows()<br>for row in rows:<br>    print(row[0].value) | 遍历每行数据，输出第 1 列数据 |

## 5.3.2　Excel 文件内容读取

**1. 打开 Excel 工作簿**

```
open_workbook()                                  # 打开 Excel 工作簿
```

函数返回的是一个 book 对象，通过 book 对象可以获得一个 sheet 工作表。

**【例 5-41】**　"股票数据片段.xlsx"文件有两个工作表(股票数据片段 1、股票年报数据片段 2)，内容如图 5-10、图 5-11 所示，输出其中所有 sheet 的名称。

| 日期 | 开盘 | 最高 | 收盘 | 最低 | 成交量 |
|---|---|---|---|---|---|
| 2020/6/24 | 7.12 | 7.14 | 7.1 | 7.08 | 19231 |
| 2020/6/23 | 7.22 | 7.22 | 7.14 | 7.1 | 27640.87 |
| 2020/6/22 | 7.27 | 7.3 | 7.22 | 7.19 | 38257.48 |
| 2020/6/19 | 7.25 | 7.31 | 7.27 | 7.2 | 35708 |
| 2020/6/18 | 7.3 | 7.3 | 7.27 | 7.23 | 37496.01 |
| 2020/6/17 | 7.22 | 7.34 | 7.26 | 7.17 | 64578.38 |
| 2020/6/16 | 7.16 | 7.22 | 7.22 | 7.09 | 26508.64 |
| 2020/6/15 | 7.15 | 7.26 | 7.15 | 7.15 | 21904 |
| 2020/6/12 | 7.07 | 7.12 | 7.11 | 7.02 | 22328.85 |

股票数据片段1　股票 ...

图 5-10 "股票数据片段.xlsx"中 sheet1 内容

| 股票代码 | 股票名称 | 每股收益 | 增长率 | bvps | 净资产收益 |
|---|---|---|---|---|---|
| 600589 | 广东榕泰 | -0.76 | -445.45 | | -18.53 |
| 603087 | 甘李药业 | 3.23 | 24.71 | 15.16 | 23.88 |
| 300841 | 康华生物 | 4.15 | 10.96 | 12.77 | 40.49 |
| 300842 | 帝科股份 | 0.94 | 27.03 | 5.37 | 19.24 |
| 300838 | 浙江力诺 | 0.66 | -5.71 | 3.78 | 18.94 |
| 300837 | 浙矿股份 | 1.28 | 29.29 | 5.87 | 24.54 |
| 605288 | 凯迪股份 | 5.76 | -17.36 | 19.22 | 35.27 |
| 300836 | 佰奥智能 | 1.74 | 27.01 | 8.09 | 24.1 |

图 5-11 "股票数据片段.xlsx"中 sheet2 内容

```
#E0541.py                                        #【读取 Excel 工作表名称】
import xlrd                                      # 导入第三方包 - Excel 读入
excelPath = "d:\\test\\05\\股票数据片段.xlsx"     # 获取一个工作簿 book 对象
book = xlrd.open_workbook(excelPath, "r")        # 获取一个工作表 sheet 对象
sheets = book.sheets()                           # 遍历每一个工作表 sheet 名称
for sheet in sheets:                             # 输出工作表名称
    print(sheet.name)
>>>                                              # 程序运行结果
股票数据片段 1
股票年报数据片段 2
```

**2. 读取 Excel 单元格内数据**

```
sheet.cell(行号, 列号)                 # 读取 Excel 单元格内数据(行列均从 0 起)
sheet.cell_type(行号, 列号)            # 读取 Excel 单元格内数据类型(行列均从 0 起)
```

**【例 5-42】** "股票数据片段.xlsx"文件中，sheet1 内容如图 5-10 所示，sheet2 内容如图 5-11 所示。读取和输出两个工作表中第 4 行第 2 列单元格中的数据。

```
#E0542.py                                        #【读取单元格内容】
import xlrd                                      # 导入第三方包 - Excel 读入
excelPath = "d:\\test\\05\\股票数据片段.xlsx"     # 获取一个 book 对象
book = xlrd.open_workbook(excelPath)             # 获取一个 sheet 对象
sheets = book.sheets()                           # 遍历每一个 sheet
for sheet in sheets:                             # 读取 sheet1 和 sheet2 第 4 行第 2 列内容
    print(sheet.cell_value(3, 1))
```

```
>>>                                        # 程序运行结果
7.22 康华生物                              # 注意,输出为竖行
```

**【例 5-43】** “股票数据片段.xlsx”文件有两个工作表(股票数据片段 1、股票年报数据片段 2),内容如图 5-10、图 5-11 所示,输出 Excel 工作表相关数据。

```
#E0543.py                                                    #【读取 Excel 综合案例】
import xlrd                                                  # 导入第三方包 - Excel 读取
from datetime import date, datetime                          # 导入标准模块 - 日期时间

def read_excel():                                            #【定义 Excel 读取函数】
    workbook = xlrd.open_workbook('d:\\test\\05\\股票数据片段.xlsx')  # 打开文件
    print('全部工作表:', workbook.sheet_names())             # 获取所有工作表 sheet
    sheet2_name = workbook.sheet_names()[1]
    sheet2 = workbook.sheet_by_index(1)                      # 根据 sheet 索引获取 sheet 内容
    sheet2 = workbook.sheet_by_name('股票年报数据片段 2')    # 工作表名称赋值
    print('当前工作表:', sheet2.name, sheet2.nrows, '行', sheet2.ncols, '列')  # sheet 名/行/列
    rows = sheet2.row_values(3)                              # 获取第 4 行整行的值
    cols = sheet2.col_values(3)                              # 获取第 4 列行整列的值
    print('第 4 行全部内容:', rows)
    print('第 4 列全部内容:', cols)
    print('单元格第 2 行 2 列:', sheet2.cell(1, 1).value)   # 获取单元格第 2 行第 2 列内容
    print('单元格第 3 行 2 列:', sheet2.cell_value(2, 1))   # 获取单元格第 3 行第 2 列内容
    print('单元格数据类型:', sheet2.cell(1, 0).ctype)       # 获取单元格第 2 行第 0 列数据类型

if __name__ == '__main__':
    read_excel()                                             # 调用 Excel 读取函数
```

```
>>>…(输出略)                                                # 程序运行结果
```

## 5.3.3 Excel 文件写入数据

### 1. Excel 写操作语法

第三方软件包 xlwt 中,Excel 文件的常用操作语句应用案例如表 5-4 所示。

**表 5-4 xlwt 软件包中 Excel 文件的常用操作语句应用案例**

| 操作语句应用案例 | 说　明 |
|---|---|
| import xlwt | 导入写入库,只能写不能读,仅支持 xls 文件 |
| book = xlwt.Workbook() | 新建一个 Excel 文件 |
| sheet = book.add_sheet('红楼梦_sheet') | 添加一个名称为“红楼梦”的工作表 sheet |
| sheet.write(row, col, s) | 在单元格中写入数据 |
| book.save('test.xls') | 保存到当前目录下,注意,只能保存为 xls 文件 |

### 2. 创建 Excel 文件并写入数据

xlrd 和 xlwt 是两个相对独立的模块,xlwt 只提供写入方法,无法读取 Excel 中的数据,因此对已经写入的数据无法修改。除了最基本的写入数据和公式,xlwt 提供的功能非常少,而且 Excel 文件只能保存为 xls 格式。

【例 5-44】 创建一个新文件"红楼梦 excel_out.xls",并写入相关数据。

```
#E0544.py                                           #【写入 Excel 数据】
import xlwt                                          # 导入第三方包 - Excel 写入(只能写不能读)

stus = [['姓名', '年龄', '性别', '分数'],             # 定义工作表数据(列表嵌套)
        ['宝玉', 20, '男', 90],
        ['黛玉', 18, '女', 95],
        ['宝钗', 18, '女', 88],
        ['晴雯', 16, '女', 80]
        ]
book = xlwt.Workbook()                               # 新建一个 Excel 文件
sheet = book.add_sheet('红楼梦_sheet')                # 添加一个工作表 sheet 页
row = 0
for stu in stus:                                     # 行循环控制
    col = 0
    for s in stu:                                    # 列循环控制
        sheet.write(row, col, s)                     # 在单元格写入数据
        col += 1
    row += 1
book.save('d:\\test\\05\\红楼梦 excel_out.xls')       # 保存 Excel 文件
print("Excel 文件写入完成!")
```

```
>>> Excel 文件写入完成!                               # 程序运行结果如图 5-12 所示
```

| | A | B | C | D | E |
|---|---|---|---|---|---|
| 1 | 姓名 | 年龄 | 性别 | 分数 | |
| 2 | 宝玉 | 20 | 男 | 90 | |
| 3 | 黛玉 | 18 | 女 | 95 | |
| 4 | 宝钗 | 18 | 女 | 88 | |
| 5 | 晴雯 | 16 | 女 | 80 | |
| 6 | | | | | |

图 5-12 创建的"红楼梦 excel_out.xls"文件内容

# 5.4 其他文件读写

## 5.4.1 二进制文件读写

### 1. 二进制文件的解码和编码

文件在硬盘里以二进制格式存储,文件读到内存后需要转换为我们能看懂的数据格式。如果文件按照 GBK 格式的二进制字节码存储,而程序按照 UTF-8 编码格式读取,就会产生乱码问题。在 Python 程序设计中,我们需要指定用什么模式打开文件(字符串或二进制字节码)。如果以二进制字节码读取文件,还需要指定读取数据时采用什么编码格式(ASCII、UTF-8、GBK 等),如果不指定读取编码格式,Python3 默认编码为 UTF-8。

(1) 读二进制文件的解码操作 decode()。二进制文件按照字节流的方式读写。从二进制文件中读取数据时,应先进行解码操作,decode()函数可以将字符串由其他编码转换为 UTF-8 字节码,语法如下。

```
字符串变量名.decode([encoding = "UTF-8"] [,errors = "strict"])    # 二进制解码的语法格式
```

参数 encoding 为可选参数，表示要使用的编码，默认编码为 UTF-8。

参数 errors 为可选参数，表示设置错误处理方案。默认为 strict，含义是编码错误时，引起一个 UnicodeError 异常提示。

(2) 写二进制文件的编码操作 encode()。数据在写入二进制文件之前，应先进行编码操作，encode()函数的作用是将字符串由 UTF-8 字节码转换为其他编码。

```
字符串变量名.encode([encoding = "UTF-8"][,errors = "strict"])    # 二进制编码的语法格式
```

其参数与上面的解码函数相同。

**【例 5-45】** 字符串的编码和解码。

```
>>> a = '中国'                                      # 定义字符串
>>> a_utf8 = a.encode('UTF-8')                      # 将字符串编码为 UTF-8 字节码
>>> a_utf8
b'\xe4\xb8\xad\xe5\x9b\xbd'
>>> a_unicode = a_utf8.decode('UTF-8')              # 将 UTF-8 字节码解码为字符串
>>> a_unicode
'中国'
>>> b_gbk = a_unicode.encode('GBK')                 # 将 UTF-8 字节码转换为 GBK 字节码
>>> b_gbk
b'\xd6\xd0\xb9\xfa'
>>> b_unicode = b_gbk.decode('GBK')                 # 将 GBK 字节码转换回字符串
>>> b_unicode
'中国'
```

**2. 读取二进制文件**

步骤 1：读取二进制文件时，使用 open()函数打开文件，打开模式选择二进制数据读取模式"rb"，使读取的数据流是二进制。

步骤 2：由于纯二进制文件内部不含任何数据结构信息，因此需要自定义二进制数据读取时的字节数。如数据类型是 float32 型时，对应数据的字节数就是 4B。

步骤 3：使用循环语句块逐个读入 n 个字节数据。

**【例 5-46】** 读取二进制数据库文件"梁山 108 将.db"。

```
#E0546.py                                                  #【读取二进制文件】
import struct                                              # 导入标准模块 - 工具函数

with open("d:\\test\\05\\梁山 108 将.db", mode = "rb") as f:   # rb 表示以二进制形式打开文件
    f.seek(3)                                              # 移至指定字节位置
    a = f.read(16)                                         # 读入 16 字节
    print(type(a))                                         # 打印 a 类型
    print(len(a))                                          # 打印 a 内字节数
    print(a)                                               # 打印 a 内数据，以十六进制数显示
    val_tuple = struct.unpack("<4H2I", a)                  # 解析一个数据
    print(val_tuple)
    val_list = list(val_tuple)                             # 将元组转为 list
    print(val_list)                                        # 关闭文件
```

```
>>>                                                   # 程序运行结果
16
b'ite format 3\x00\x10\x00\x01'
(29801, 8293, 28518, 28018, 857764961, 16781312)
[29801, 8293, 28518, 28018, 857764961, 16781312]
```

程序第 6 行，16 字节为 4 个 unsigned short 数据和 2 个 unsigned int 数据，字节排列为小端字节序（Little Endian），返回数据类型为元组。

程序第 10 行，如果解析一个数据，则应当读取与数据存储空间大小一致的字节数目，unpack 仍然返回元组数据类型。

**3. 写二进制文件**

**【例 5-47】** 将字符串写入二进制文件。

```
#E0547.py                                             #【写二进制文件】
f = open('d:\\test\\05\\test1.dat', 'wb')             # 以二进制覆盖写模式创建文件
s1 = 'Python 你好!'                                    # 设置字符串内容
s2 = s1.encode('GBK')                                 # 字符串转换为 GBK 字节码
f.write(s2)                                           # 把字节码写入文件
f.close()                                             # 关闭文件
print('源字符串:', s1)
print('GBK 字节码:', s2)
```

```
>>>                                                   # 程序运行结果
源字符串: Python 你好!
GBK 字节码: b'Python\xc4\xe3\xba\xc3\xa3\xa1'
```

此外，Python 提供了 pickle、struct、shutil 等标准模块进行二进制文件读写操作。

## 5.4.2 JSON 文件读写

**1. JSON 文件数据类型**

JSON（JavaScript 对象符号）是一种轻量级的数据交换格式。JSON 是 ECMAScript（欧洲计算机协会）制定的一个规范，它采用独立于编程语言的文本格式来存储和表示数据。JSON 采用文本格式。网址在向页面 JavaScript 传输数据时，JSON 是最常用的数据格式之一。Python 与 JSON 数据类型存在一些细小的差别。

**2. 读取 JSON 文件中的数据**

**【例 5-48】** “工资.json”文件内容如下所示。

```
[
  {
    "姓名": "关羽",
    "年龄": 30,
    "职业": "将军",
    "工资": 10000
  },
  {
```

```
        "姓名":"周仓",
        "年龄":25,
        "职业":"副官",
        "工资":5000
    },
    {
        "姓名":"糜芳",
        "年龄":40,
        "职业":"文书",
        "工资":3000
    }
]
```

**【例5-49】** 方法1:读取并输出"工资.json"文件内容。

```
#E0549.py                                    #【读取Json文件】
import json                                  # 导入标准模块-Json文件读写
f = open('d:\\test\\05\\工资.json')           # 将数据导入文件句柄f
data = json.load(f)                          # 用loads()方法将字符串转换为列表
for dict_data in data:                       # 遍历data,打印列表中的每一个字典
    print(dict_data)
```

```
>>>                                          # 程序运行结果
{'姓名': '关羽', '年龄': 30, '职业': '将军', '工资': 10000}
{'姓名': '周仓', '年龄': 25, '职业': '副官', '工资': 5000}
{'姓名': '糜芳', '年龄': 40, '职业': '文书', '工资': 3000}
```

**【例5-50】** 方法2:读取"工资.json"文件中某一键对应的值。

```
#E0550.py                                    #【读取Json文件的值】
import json                                  # 导入标准模块-Json读写
f = open('d:\\test\\05\\工资.json')           # 将数据导入文件句柄f
data = json.load(f)                          # 用loads()方法将字符串转换为列表
for dict_data in data:                       # 遍历data,输出列表中每一个字典
    print(dict_data['姓名'], '工资 = ' + str(dict_data['工资']))
```

```
>>>                                          # 程序运行结果
关羽 工资 = 10000
周仓 工资 = 5000
糜芳 工资 = 3000
```

# 习　题　5

5-1　简要说明文本文件读写的步骤。

5-2　Python提供了哪些读取文本文件内容的函数?

5-3　open()语句或with open()语句都可以实现文件读写,它们有哪些差别?

5-4　简要说明CSV格式文件的特征。

5-5　简要说明xlrd和xlwt软件包的特征。

5-6　编程：检查 d:\\test\\05\\test_no.txt 文件是否存在。

5-7　编程：数据文件 test.txt 内容如下所示，把数据读入到矩阵中。

```
1 2 2.5
3 4 4
7 8 7
```

**注**：每个数据以空格分开。

5-8　编程：读取并打印"鸢尾花数据集.csv"。

5-9　编程：读取并打印"鸢尾花数据集.csv"数据集中第 2 行。

5-10　编程：将表 5-5 中的数据保存到"成绩.csv"文件。

**表 5-5　题 5-10 表**

| 学号 | 姓名 | 性别 | 班级 | 古文 | 诗词 |
|---|---|---|---|---|---|
| 100001 | 宝玉 | 男 | 1 班 | 85 | 70 |
| 100002 | 黛玉 | 女 | 2 班 | 88 | 85 |

# 第6章 深入编程

Python 是面向对象的编程语言。在 Python 中，函数、模块、变量、字符串等都是对象。Python 完全支持继承、重载、派生、多继承等功能，这些特性有益于增强代码的复用性。Python 对函数式编程也提供了一些基本的支持。

## 6.1 正则表达式

### 6.1.1 正则表达式的功能

**1. 正则表达式的概念**

正则表达式(也称为规则表达式)是一种字符串处理语言。程序员对正则表达式爱恨交加，爱是因为它的文本处理功能强大；恨是因为它的表示方法晦涩难懂，容错性太差。

我们在 Windows 下查找文档时，经常会用到通配符(* 和?)，例如，查找某个目录下所有的 Word 文档时，可以搜索"*.docx"字符串，这里"*"被解释成任意的字符串。与通配符类似，正则表达式也是用来进行文本匹配的工具，只不过比起通配符来，它能更精确地进行描述，当然，代价是正则表达式比通配符更加复杂难懂。

**2. 正则表达式的匹配过程**

正则表达式就是用一个字符串规则(正则模板，见图 6-1)描述一些特征，然后用这些规则去验证另一个字符串是否符合这些规则。简单地说，**正则表达式就是创建一个正则模板(筛子)，筛选出那些需要的字符串，这个过程称为“匹配”**。

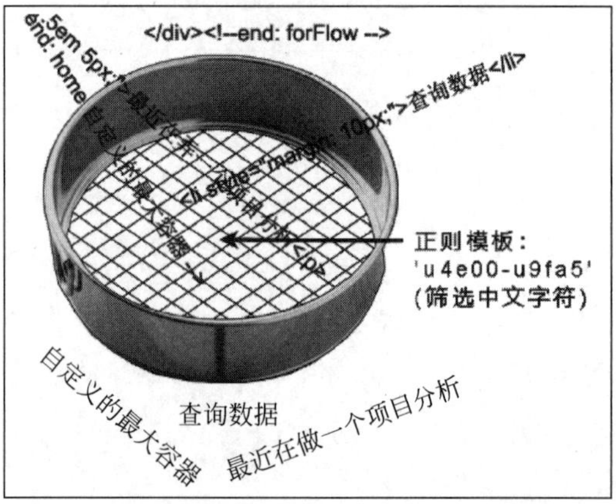


图 6-1 正则模板对字符串的筛选示意图

正则表达式可以对字符串进行匹配、查找、分割、替换等操作，它的主要用途有验证邮件地址是否是合法、从文本中提取出电话号码、清除网页源文件中的 HTML 标记、统计文本中某些字符的数量、进行字符串的翻译、对字符串进行加密处理等。正则表达式能够处理大量的、非连续性(如多个换行和空行、中英混用等)文本中的符号。

**3. 正则表达式的特征**

正则表达式是一种小型专业化的编程语言，在 Python 中，它通过 re 模块实现。由于 re 模块用 C 语言编写，它自然也受到了 C 语言整数类型大小的限制，re 模块一次匹配的字符串最大不能超过 21 亿($2^{31}$)个，好在很多应用场景都不会突破这个限制。

**正则表达式最大的优点是能够匹配不定长的字符集**。例如，在一个中英文混用的文本中，需要过滤出英文或中文文本，如果使用函数或编程来解决这个问题，都将是一项非常困难的工作；而这个任务对正则表达式来说，简直就是小菜一碟。

正则表达式的另一个优点是可以指定对文本中某一部分的重复匹配次数，这使得正则表达式的匹配更加精准，更具灵活性。

**【例 6-1】** 许渊冲先生是中国著名的翻译家，擅长中英互译。下面将许渊冲先生翻译的《江南春》古诗，用正则表达式筛选出文本中的英语部分。

```
1   #E0601.py                                                   #【正则筛选英语】
2   import re                                                   # 导入标准模块 - 正则表达式
3   
4   s = '''                                                     # 字符串赋值
5       《江南春》[唐]杜牧，许渊冲翻译
6       Spring on the Southern Rivershore
7       千里莺啼绿映红，
8       Orioles sing for miles amid red blooms and green trees,
9       水村山郭酒旗风。
10      By hills and rills wine shop streamers wave in the breeze.
11      南朝四百八十寺，
12      Four hundred eighty splendid temples still remain,
13      多少楼台烟雨中。
14      Of Southern Dynasties in the mist and rain.
15  '''
16  res = re.findall('[a-zA-Z\s]+' + '[.,;?! * -]+', s)        # 创建正则模板
17  for line in res:                                            # 逐行匹配出英语部分
18      print(line)
    >>>…(输出略)                                                # 程序运行结果
```

程序第 16 行，参数[a-zA-Z\s]为匹配(过滤)出大小写英文字母和空格；参数[.,;?! * -]为匹配诗歌中的英文符号。注意，“+”的不同作用，第 2 个“+”是连接符。

**提供正则表达式功能的编程语言，正则表达式的语法规则都是相同的**，区别在于不同的编程语言实现支持的语法数量不同，以及它们正则函数的形式不同。

**4. 正则表达式的基本语法格式**

```
"^([内容]{长度})([内容]{长度})… $"                        #正则表达式的基本语法格式
```

参数^表示正则表达式开始；参数 $ 表示正则表达式结束；括号中为内容和长度。

**【例 6-2】** 写出匹配字符串"tel:086-0666-88810009999"的正则模板。

正则模板为"^tel:[0-9]{1,3}-[0][0-9]{2,3}-[0-9]{8,11}$"。

以上正则表达式中，"^"表示正则表达式开始；"tel:"为普通文本直接匹配；"[0-9]"表示 0～9 的数字；"{1,3}"表示匹配长度为 1～3 位；"-"为普通文本直接匹配；"[0]"表示以 0 开始；"[0-9]"表示 0～9 的数字；"{2,3}"表示匹配长度为 2～3 位；"-"为普通文本；"[0-9]"表示 0～9 的数字；"{8,11}"表示匹配长度为 8～11 位；"$"表示正则表达式结束。

```
>>> import re                                                            # 导入标准模块 - 正则
>>> pattern = re.compile(r'tel:[0-9]{1,3}-[0][0-9]{2,3}-[0-9]{8,11}$')  # 编译正则模板
>>> result = pattern.findall('tel:086-0666-88810009999')                # 匹配字符串
>>> result                                                               # 查看匹配结果
['tel:086-0666-88810009999']
```

**5. 正则表达式中的等价概念**

**正则表达式中难以理解的是"等价"的概念**，这个概念会让很多初学者发懵，如果把等价符号都恢复成原始的基本语法，正则表达式就非常简单了。等价是等同于的意思，简单来说就是可以用不同的符号来书写同一个正则表达式。

例如，?、*、+、\d、\w 等符号是[]和{}符号的简写，因此它们之间是等价字符。如：?等价于匹配长度{0,1}；* 等价于匹配长度{0,}；\d 等价于[0-9]；\D 等价于[^0-9]；\w 等价于[A-Za-z_0-9]；\W 等价于[^A-Za-z_0-9]。

**【例 6-3】** 根据等价原则，将例 6-2 中的正则表达式简写。

简写的正则表达式："^tel:\d{1,3}-[0]\d{2,3}-\d{8,11}$"。

**6. 正则表达式的简单案例**

**【例 6-4】** 验证用户名和密码的正则模板如图 6-2 所示。

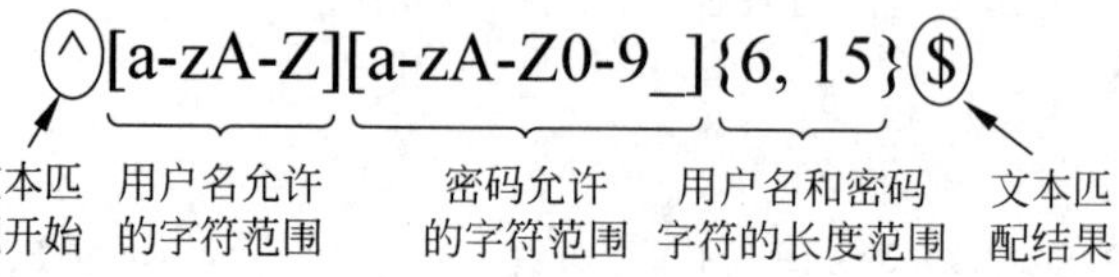


图 6-2 验证用户名和密码的正则模板

式中，"[a-zA-Z][a-zA-Z0-9_]"表示用户名和密码的字符可以为大写和小写英文字母、数字或下画线；"{6,15}"表示用户名和密码允许 6～15 个字符。

**7. 正则表达式的匹配过程**

正则表达式的匹配过程是：依次拿出文本中的字符与正则模板进行比较，如果每一个字符都能匹配，则匹配成功；一旦有匹配不成功的字符则匹配失败。如果表达式中有量词或边界，这个过程会稍微有一些不同。

Python 中数量词默认是"贪婪"的，也就是正则模板总是尝试匹配尽可能多的字符；非"贪婪"模式则相反，总是尝试匹配尽可能少的字符。

## 6.1.2　正则表达式运算符

正则表达式由一些普通字符和一些元字符组成。普通字符包括大写和小写的字母及数字，而元字符则具有特殊的含义。表 6-1～表 6-3 都是一些常用的元字符。

表 6-1　正则表达式常用元字符

| 元　字　符 | 说　　明 |
|---|---|
| \w | 匹配字母、数字、下画线等字符 |
| \s+ | 匹配任意空白符，如[\t\n\r\f\v] |
| \d | 匹配数字 |
| \b | 匹配单词的开始或结束 |
| \| | 或 |
| \ | 转义 |

表 6-2　正则表达式常用反义元字符

| 元　字　符 | 说　　明 |
|---|---|
| \W | 匹配的不是字母、数字、下画线、汉字等字符 |
| \S | 匹配任意不是空白符的字符 |
| \D | 匹配任意非数字的字符 |
| \B | 匹配不是单词开头或结束的位置 |
| [^x] | 匹配除了 x 以外的任意字符 |
| [^abcd] | 匹配除 a、b、c、d 以外的任意字符 |

表 6-3　正则表达式常用限定元字符

| 元字符 | 说　　明 | 元字符 | 说　　明 |
|---|---|---|---|
| ^或\A | 匹配字符串开始，如"^[a-z]+$" | () | 匹配区域，如('高', '高高兴兴') |
| $或\Z | 匹配字符串结束 | [ ] | 包含，如[\u4e00-\u9fa5]，匹配汉字 |
| .(点) | 匹配除换行外的任意单个字符 | [^] | 不包含，如[^\t\n]，不包含空行和回车 |
| * | 对它前面的正则式匹配 0 到任意次 | {n} | 匹配 n 个；少于 n 个时匹配失败 |
| + | 对它前面的正则式匹配 1 到任意次 | {n, m} | 匹配 n～m 次，尽量多，如"^\d{n,m}$" |
| ? | 对它前面的正则式匹配 0 到 1 次 | - | 指定两个字符中间的范围，如[0-9] |

## 6.1.3　正则表达式常用函数

### 1. re 模块常用函数

Python 通过 re 模块提供对正则表达式的支持。正则表达式使用的一般步骤：先将正则表达式编译为 pattern(正则模板)；然后使用 pattern 正则模板处理文本，并获得匹配结果；最后进行其他操作。re 模块中的常用函数如表 6-4 所示。

表 6-4　re 模块中的常用函数

| re 模块函数 | 函数说明 | 函数返回值 |
|---|---|---|
| re. compile(pattern[, flags]) | 编译正则模板 | 生成正则表达式对象 |
| re. findall(pattern, string[, flags]) | 匹配字符串中所有字符 | 匹配的列表 |
| re. finditer(pattern, string[, flags]) | 与 findall()相同,但返回的不是列表 | 返回一个迭代器 |
| re. match(pattern, string, flags=0) | 匹配字符串中开头的字符 | 返回匹配对象或 None |
| re. search(pattern, string, flags=0) | 搜索字符串中第一次匹配的字符 | 返回匹配对象或 None |
| re. split(pattern, string, max=0 ) | 将字符串分割为列表 | 返回分割后的列表 |
| re. sub(pattern, repl, string, count=0) | 用 repl 替换 count 次字符串 | 替换操作数 |
| re. purge() | 清除正则表达式模式,清除缓存 | |

**说明**: pattern 表示正则模板; string 表示待匹配的字符串; flags 表示标志位; max 表示最多匹配次数; repl 表示替换字符串; count 表示替换次数。注意,match()和 search()只匹配一次; findal()匹配所有。

**2. findall()函数**

函数 findal()在字符串中找到正则模板匹配的所有子串,并返回一个列表; 没有找到匹配子串则返回空列表。

```
findall(待匹配的字符串[, 匹配起始位置[, 匹配结束位置]])        #语法格式
```

字符串起始位置默认为 0,字符串结束位置默认为字符串的长度。

**【例 6-5】** 过滤出字符串中的所有数字。

```
>>> import re                                                      # 导入标准模块 - 正则
>>> pattern = re.compile(r'\d+')                                   # 编译正则模板
>>> result1 = pattern.findall('电话是 18912345678,密码是 87654321')  # 匹配全部字符
>>> print(result1)                                                 # 打印匹配结果
['18912345678', '87654321']
```

**3. re. search()函数**

函数 re. search()扫描整个字符串,找到匹配正则模板的第一个位置,并返回一个相应的匹配对象。如果没有匹配对象,就返回一个 None。

```
re.search(正则模板, 待匹配的字符串, flags = 0)        #语法格式
```

**【例 6-6】** re. search()函数匹配案例。

```
>>> import re                                          # 导入标准模块 - 正则
>>> pattern4 = re.compile(r'居')                       # 编译正则模板 4
>>> result4 = pattern4.search('客上天然居,居然天上客。')  # 匹配字符串
>>> print(result4)                                     # 打印匹配结果 4
<re.Match object; span = (4, 5), match = '居'
```

**4. re. sub()函数**

函数 re. sub()用于检索和替换字符串中的匹配项。

```
re.sub(正则模板,替换的字符串,原始字符串,count = 0)        #语法格式
```

参数 count 为匹配后替换的最大次数,默认为 0,表示替换所有匹配的字符。

**【例 6-7】** re.sub()函数匹配案例。

```
>>> import re                                            # 导入标准模块 - 正则
>>> phone = "0086 - 021 - 05201314【这是一个电话号码】"   # 待匹配的字符串
>>> num = re.sub(r'\D', "", phone)                       # 正则模板,删除非数字内容
>>> print("电话号码:", num)                               # 打印匹配结果
电话号码:008602105201314
```

**【例 6-8】** 利用正则表达式处理字符串中的英文符号,仅保留中文。

```
#E0608.py                                        #【保留中文】
import re                                        # 导入标准模块 - 正则
s = 'hello,world! 你好[520]世界。'                 # 待匹配字符串赋值
str1 = re.sub('[A-Za-z0-9\!\%\[\]\,]', '', s)    # 模板 1:匹配"A-Za-z0-9!%[],"等符号,
print(str1)                                      # 用""(空)替换(效果 = 删除)
list = '[\u4e00-\u9fa5]'                         # 模板 2:'u4e00-u9fa5'为中文编码
regex = re.compile(list)                         # 编译正则模板
str2 = regex.findall('No不Zuo作no不die死。')        # 匹配全部字符串
print(str2)
>>>                                              # 程序运行结果
你好世界。
['不', '作', '不', '死']
```

## 6.1.4 正则表达式应用案例

### 1. 从字符串中提取中文

**【例 6-9】** 方法 1:使用正则模板“\w+,re.ASCII”可以匹配除中文外的字符,滤除字符串中的 ASCII 码,得到一个中文字符串新列表。

```
#E0609.py                                     #【过滤出中文字符】
import re                                     # 导入标准模块 - 正则表达式

my_str = '404 not found 张飞 23 深圳'           # 字符串赋值
my_list = my_str.split(" ")                   # 读入列表,清除字符串中的空格
res = re.findall(r'\w+', my_str, re.ASCII)    # 创建正则模板:r'\w+', my_str, re.ASCII
new_list = []                                 # 新列表初始化
for i in my_list:                             # 循环读入字符串列表
    if i not in res:                          # 利用正则表达式匹配列表
        new_list.append(i)                    # 将过滤出的字符串加入新列表
print(" ".join(new_list))                     # 打印列表,每个字符串后增加一个空格
>>>张飞  深圳                                  # 程序运行结果
```

**【例 6-10】** 方法 2:根据汉字的 Unicode 码表,u4e00~u9fa5 的编码代表了汉字,因此可以创建正则模板“[\u4e00-\u9fa5]”,匹配出汉字字符。

```
>>> import re                                          # 导入标准模块-正则表达式
>>> my_str = '404 not found 张飞 23 深圳'              # 字符串赋值
>>> my_list = re.findall(r'[\u4e00-\u9fa5]', my_str)   # 读入列表,用正则模板过滤出汉字
>>> print(my_list)                                     # 打印列表
['张', '飞', '深', '圳']
```

**【例 6-11】** 方法 3：根据 Unicode 码表,x00～xff 的编码表示 ASCII 编码,因此可以创建正则模板“[^\x00-\xff]”,匹配 ASCII 字符。

```
>>> import re                                          # 导入标准模块-正则表达式
>>> my_str = '404 not found 张飞 23 深圳'              # 字符串赋值
>>> my_list = re.findall(r'[^\x00-\xff]', my_str)      # 读入列表,用正则模板滤去 ASCII 码
>>> print(my_list)                                     # 打印列表
['张', '飞', '深', '圳']
```

**【例 6-12】** 方法 4：创建正则模板“[A-Za-z0-9\! \%\[\]\,\。]”,匹配出中文字符。

```
>>> import re                                                     # 导入标准模块-正则表达式
>>> my_str = 'hello,world!!%[545]你好 234 世界。。。'              # 字符串赋值
>>> my_list = re.sub("[A-Za-z0-9\! \%\[\]\,\。]", "", my_str)     # 利用正则模板匹配列表
>>> print(my_list)                                                # 打印列表
你好世界
```

**【例 6-13】** 方法 5：常用匹配中文字符的正则模板。

```
>>> import re
>>> my_str = 'No news is good news.没有消息就是好消息。'
>>> res1 = re.sub(r'[^\u4e00-\u9fa5]', "", my_str)                  # 只保留中文
>>> res2 = re.sub(r'[^\u4e00-\u9fa5,。?!,、;:" "‘ ’()《 》〈 〉]', "", my_str) # 保留中文
>>> res3 = re.sub(r'[^\u4e00-\u9fa5,A-Za-z0-9]', "", my_str)  # 删除空格和标点符号
```

**2. 提取常用网页字符**

**【例 6-14】** 用正则表达式提取邮箱、手机号、网址、IP 地址。

```
#E0614.py                                                  #【正则表达式综合应用】
import re                                                  # 导入标准模块-正则表达式

#【获取电子邮件】
def get_findAll_emails(text):
    emails = re.findall(r"[a-z0-9\.\-+_]+@[a-z0-9\.\-+_]+\.[a-z]+", text)
# 邮件匹配正则模板
    return emails                                          # 返回电子邮件列表
#【获取手机号】
def get_findAll_mobiles(text):
    mobiles = re.findall(r"1\d{10}", text)                 # 手机号匹配正则模板
    return mobiles                                         # 返回手机号列表
#【获取 URL】
def get_findAll_urls(text):
```

```
    urls = re.findall(r"(http[s]?://(?:[a-zA-Z]|[0-9]|[$-_@.&+]|[!*,]
        |(?:%[0-9a-fA-F][0-9a-fA-F]))+)
        |([a-zA-Z]+.\w+\.+[a-zA-Z0-9\/_]+)", text)  # 网址匹配正则模板
    urls = list(sum(urls, ()))
    urls = [x for x in urls if x != '']
    return urls # 返回 url 列表
#【获取 IP 地址】
def get_findAll_ips(text):
    ips = re.findall(r"\b(?:(?:25[0-5]|2[0-4][0-9]|[01]?[0-9][0-9]?)\.){3}
        (?:25[0-5]|2[0-4][0-9]|[01]?[0-9][0-9]?)\b", text)  # IP 地址匹配正则模板
    return ips # 返回 IP 列表
#【主程序】
if __name__ == '__main__':
    content = '''
    IP 地址:42.121.252.58:443 contact 127.0.0.1
    手机号码:13788554433 us 18922001234
    新浪博客:http://blog.sina.com.cn/lm/edu/
    知乎官网:https://www.zhihu.com/
    企业邮箱:jib_swk@syzg.net for further information
    QQ 邮箱:123456789@qq.com You can
'''# 文本赋值
    emails = get_findAll_emails(text=content) # 调用电子邮件匹配函数
    print(emails)
    moblies = get_findAll_mobiles(text=content)# 调用手机号码匹配函数
    print(moblies)
    urls = get_findAll_urls(text=content)# 调用网址匹配函数
    print(urls)
    ips = get_findAll_ips(text=content)# 调用 IP 地址匹配函数
    print(ips)
```

```
>>>                                                    # 程序运行结果
['jib_swk@syzg.net', '123456789@qq.com']
['13788554433', '18922001234']
['http://blog.sina.com.cn/lm/edu/', 'https://www.zhihu.com/', 'swk@syzg.net']
['42.121.252.58', '127.0.0.1']
```

### 6.1.5 案例：选择题考试记分

**【例 6-15】** 用正则表达式设计一个简单的选择题考试记分程序。

为了方便题库的扩充，我们将题库创建为一个单独的文件，文件名为“历史题 utf8.txt”，文件采用 utf-8 编码，文件格式如下。

```
1. 在古代雅典城邦，陪审法庭几乎可以审核当时政治生活中的所有问题，甚至包括公民大会和议
事会通过的法令，并进行最终判决。这说明(B)。
A. 法律服从民众意愿
B. 判决体现权力来源
C. 全体公民参与政治
D. 法律面前人人平等
2. 汉武帝时，朝廷制作…(内容略)
```

说明1：题目的正确答案写在题干中，并且用中文括号括起来。

说明2：正确答案为字母A、B、C、D中的一个，且为大写字母。

说明3：题号、选择答案字母后面用英文点(.)标记分隔。

说明4：题目内容多少不限。

选择题考试记分程序代码如下。

```
1   #E0615.py                                                        #【正则-选择题记分】
2   import re                                                        # 导入标准模块-正则
3
4   path = 'd:\\test\\06\\历史题utf8.txt'                              # 定义路径
5   with open(path, 'r', encoding='utf8') as f:                      # 打开题库
6       st = f.read()                                                # 读取全部文件
7   t = open('d:\\test\\temp\\out错题号.txt', 'a+')                    # 创建记录出错文件
8   a = 0                                                            # 成绩初始化
9
10  for i in range(1, 4):                                            # 循环做3题
11      s = re.search('(' + str(i) + '\..*?)' + str(i+1) + '\.', st, re.S)  # 创建正则模板
12      tm = re.sub('( *([A-F]*)*  *)', '( )', s.group(1))           # 用空括号替换答案
13      print(tm)                                                    # 打印题目
14      m = input("请输入答案:")                                       # 等待用户输入
15      n = m.upper()                                                # 输入转换为大写
16      key = re.search('(([A-F]*))', s.group(1))                    # 匹配题目答案
17      print('正确答案:', key.group(0))                               # 打印正确答案
18      print()                                                      # 空行
19      if n == key.group(1):                                        # 判断答案是否正确
20          a += 10                                                  # 做对一题加10分
21      else:                                                        # 否则
22          t.write(str(i) + '\n')                                   # 将错误题号写入文件
23  t.close()                                                        # 关闭文件
24  print("得分:", a)                                                 # 打印得分
```

```
>>>                                                                  # 程序运行结果
1. 在古代雅典城邦，陪审法庭几乎可以审核当时政治生活中的所有问题，甚至包括公民大会和议事会通过的法令，并进行最终判决。这说明( )。
A. 法律服从民众意愿
B. 判决体现权力来源
C. 全体公民参与政治
D. 法律面前人人平等

请输入答案：D
正确答案：(B)
```

程序第7行，创建一个答题错误的记录文件，便于今后分析和成绩查证。

程序第10行，修改循环次数可以改变考试题目个数。

程序第11行，re.search()函数会在字符串内查找正则模块匹配，找到第1个匹字符后返回，如果字符串没有匹配，则返回None。

程序第12行，re.sub()函数是替换字符串；参数'( *([A-F]*)*  *)'为正则模板，这

里需要特别注意，最外层的括号为中文括号(第 1 和第 4 个括号)，它们是题库中答案的中文括号，A-F 表示匹配 A～F 的字符，* 号为匹配多个字符；参数()为替换后的字符串，目的是不显示原题中的答案；s.group(1)函数为获取第 1 个括号的字符串(即答案)，group(0)为匹配正则表达式全部字符串，没有匹配成功时返回 None。

# 6.2 异常处理

## 6.2.1 程序错误原因

### 1. 错误和异常

人们往往把操作失败和程序异常都称为“错误”，其实它们很不一样。操作失败是所有程序都会遇到的情况，只要错误被妥善处理，它们不一定说明程序存在错误或者是严重的问题。如“文件找不到”会导致操作失败，但是它并不一定意味着程序出错了，有可能是文件格式错误、文件内容被破坏、文件被删除或文件路径错误等。

Python 中错误与异常有些细微区别。错误是 Error 类的一个实例，错误可以创建，并且可以将它传递给程序进行处理；或者不处理，由 Python 抛出异常，如图 6-3 所示。一个错误被抛出来后它就成了一个异常。或者说，**异常是一种没有被程序处理的错误**。

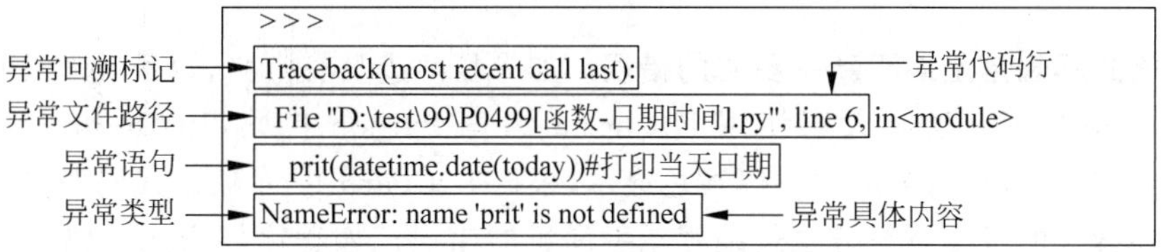


图 6-3 Python 抛出的程序异常信息

### 2. 程序运行失败的原因

如表 6-5 所示，程序运行失败的原因主要有操作错误、运行时错误和程序错误(由于教材篇幅的限制，本书只讨论程序错误)。

**表 6-5 程序运行失败的原因**

| 错误类型 | 错误原因 | 处理方式 |
|---|---|---|
| 操作错误 | 输入错误：如要求输入整数，但输入的是小数<br>按键错误：如用户按 Ctrl+C 组合键中断了程序运行<br>内容错误：如输入数据文件格式错误或损坏 | 校验用户输入；<br>提示正确处理方法；<br>程序强制改正等 |
| 运行时错误 | 交互错误：如网络故障，无法连接到服务器<br>资源错误：如内存不足；如程序递归层太深<br>兼容性错误：如 32 位系统调用 64 位程序<br>环境错误：如导入模块路径错误 | 检查网络；<br>记录日志；<br>抛出异常；<br>中断执行等 |
| 程序错误 | 语法错误：如没有缩行；如大小写混淆<br>语义错误：如先执行后赋值；如赋值与等于混淆<br>逻辑错误：如对输入数据没有做错误校验 | 程序调试；<br>黑盒测试，白盒测试；<br>等价类测试等 |

**3. 程序错误类型**

(1) 语法错误。语法错误是程序设计初学者出现得最多的错误。如,冒号“:”是条件语句(如 if)结尾的标志,如果忘记了写英文冒号“:”,或者采用了中文冒号“:”,都会引发语法错误。程序语法错误是编写程序时没有遵守语法规则,书写了错误的语法代码,从而导致Python 解释器无法正确解释源代码而产生的错误。常见的语法错误有非法字符、括号不匹配、变量没有定义、缺少×××之类的错误。程序发生语法错误时会中断执行过程,给出相应提示信息,可以根据提示信息修改程序。

(2) 语义错误。语义错误是指语句中存在不符合语义规则的错误,即一个语句试图执行一个不可能执行的操作而产生的错误,如从键盘输入的数字没有经过数据转换就参与四则运算。语义错误只有在程序运行时才能检测出来。常见的语义错误有变量声明错误(如数据类型不匹配)、作用域错误(如在函数外部使用函数内部变量)、数据存储区溢出等错误。语义错误很容易导致错误株连,即程序中一个错误将导致一连串的错误发生。

(3) 逻辑错误。逻辑错误是程序没有语法错误,可以正常运行,但得不到期望的结果,也就是说程序并没有按照程序员的思路运行。例如,求两数之和的表达式应该写成 z=x+y,鬼使神差写成了 z=x−y,这就会引发逻辑错误。Python 解释器不能发现逻辑错误,这类错误只能认真、仔细地进行程序分析,将运行结果与设计算法进行对比来发现。

## 6.2.2 新手易犯错误

**代码格式不规范是编程新手易犯的错误**。如等号两边没有空格,逗号后面没有空格,函数之间没有空行等。建议大家使用 PyCharm 编写 Python 代码,PyCharm 会对不符合PEP 8 规范的代码,在右侧的边栏以黄色显示,根据 PyCharm 提示修改代码即可。

**对程序异常的考虑不充分也是编程新手易犯的错误**。如程序要求用户输入数据时,用户没有输入数据就确认了,或者输入的数据类型不正确,这都会导致程序运行异常。

另外,程序中的语法错误、语义错误、运行时错误也是编程新手易犯的错误。

**1. 语法错误情况**

(1) 语法错误 1。**切记:程序中的逗号、引号、括号、冒号等都是英文符号**。

**【例 6-16】** 错误语句。

```
s = "字符串"      # 引号为中文符号
```

**【例 6-17】** 正确语句。

```
s = '字符串'
```

(2) 语法错误 2。语句中 if、else、elif、for、while、class、def、try、except、finally 等保留字语句末尾忘记添加英文冒号。

**【例 6-18】** 错误语句。

```
if x == 100      # 行尾没有冒号
    print('Hello!')
```

**【例 6-19】** 正确语句。

```
if x == 100:
    print('Hello!')
```

(3) 语法错误 3。在语句中用赋值符号(=)代替等号(==)。

**【例 6-20】** 错误语句。

```
if x = 100:    # 条件语句不准用赋值符
    print('优秀!')
```

**【例 6-21】** 正确语句。

```
f x == 100:
    print('优秀!')
```

(4) 语法错误 4。语句缩进量不一致错误。确保没有嵌套的代码从最左边的第一列开始,包括 shell 提示符中没有嵌套的代码。Python 用缩进来区分嵌套的代码段,因此在代码左边的空格意味着嵌套的代码块。代码行缩进不一致是容易被忽视的错误。

**【例 6-22】** 错误语句。

```
  if x == 100:       # 没有从第一列开始
    print('Hello!')
print('Howdy!')      # 与上行缩进不一致
```

**【例 6-23】** 正确语句。

```
if x == 100:
    print('Hello!')
    print('Howdy!')
```

(5) 语法错误 5。语句中变量或者函数名拼写错误。

**【例 6-24】** 错误语句。

```
Print('AI 是热门技术')      # 大写错误
```

**【例 6-25】** 正确语句。

```
print('AI 是热门技术')
```

(6) 语法错误 6。语句用 Tab 键空格。在代码块中,避免 Tab 键和空格键混用来缩进,否则在编辑器里看起来对齐的代码,在 Python 解释器中会出现缩进不一致的情况。

**【例 6-26】** 错误语句。

```
if x == 100:
    print('Hello!')     # 缩进为 Tab 键
    print('Howdy!')     # 缩进为空格键
```

**【例 6-27】** 正确语句。

```
if x == 100:
    print('Hello!')
    print('Howdy!')
```

(7) 语法错误 7。语句中用空格代替点表示符。

**【例 6-28】** 错误语句。

```
s = math ceil(12.34)   #点表示符为空格
```

**【例 6-29】** 正确语句。

```
s = math.ceil(12.34)
```

### 2. 语义错误情况

(1) 语义错误 1。语句中序列的索引号位置错误。

**【例 6-30】** 错误语句。

```
s = ['刘备', '关羽', '张飞']
print(s[3])            # 索引号超出范围
```

**【例 6-31】** 正确语句。

```
s = ['刘备', '关羽', '张飞']
print(s[2])
```

(2) 语义错误 2。语句中不同数据类型混用。**input()函数从键盘接收的数据都是字符串,当键盘输入的是数字时,很容易在编程时造成错觉。**

**【例 6-32】** 错误语句。

```
x = input('输入一个整数:')
y = x + 5      # 字符串与整数混合运算
```

**【例 6-33】** 正确语句。

```
x = int(input('输入一个整数:'))
y = x + 5
```

(3) 语义错误 3。在 Python 3.x 环境下采用 Python 2.x 版本代码。

**【例 6-34】** 错误语句。

```
print '春风又绿江南岸'   # Python 2.x 函数
```

**【例 6-35】** 正确语句。

```
print('春风又绿江南岸')
```

(4) 语义错误 4。函数输出的数据类型很容易被忽视,这在后续的操作中就很容易出错。如期望用 range()函数创建列表,但是 range()返回的是 range 对象,而不是列表值。

**【例 6-36】** 错误语句。

```
s = range(10)
s[4] = -1    # range()返回值不是列表
```

**【例 6-37】** 正确语句。

```
s = list(range(10))
s[4] = -1
```

(5) 语义错误 5。不能直接改变不可变的数据类型,如元组、字符串都是不可变数据类型,不能直接改变它们的值。但是,可以用切片和连接的方法构建一个新对象。

**【例 6-38】** 错误语句。

```
T = (1,2,5)    # 定义元组
T[2] = 3       # 将第 3 个元素修改为 3
```

**【例 6-39】** 正确语句。

```
1  T = (1,2,5)
2  T = T[:2]+(3,)    # 构建一个新对象
```

**注意**:例 6-39 第 2 行,变量 T 为重新赋值的新对象;T[:2]表示原元组中第 1-2 号元素;"+"为连接运算;(3,)表示只有一个值的元组(**元组只有一个元素时,必须在元素后加逗号以示区别**)。

(6) 语义错误 6。字符串中的元素可以读取,但字符串不可修改(不可写)。

**【例 6-40】** 错误语句。

```
s = '不尽长江滚来'
s[3] = '滚'    # 修改字符串错误
print(s)
>>>…(错误提示信息略)
```

**【例 6-41】** 正确语句。

```
s = '不尽长江滚来'
s = s[0:4] + '滚' + s[4:6] # s 重新赋值
print(s)
>>>不尽长江滚滚来
```

(7) 语义错误 7。Python 中,变量没有赋值之前无法使用。因此,一定要记得初始化变量。这样做一是可以避免输入失误;二是可以确认数据类型(如 0,None,'',[]等);三是将 Python 中的变量引用计数器初始化(参见 4.3.1 节)。

**【例 6-42】** 错误语句。

```
print('面朝大海', s)
# 变量 s 没有定义
```

**【例 6-43】** 正确语句。

```
s = '春暖花开'
print('面朝大海', s)
```

**3. 运行时错误情况**

(1) 运行时错误 1。调用某些函数或方法时没有安装或导入相应的模块。

**【例 6-44】** 错误语句。

```
s = math.ceil(12.34)
# 没有导入数学模块
```

**【例 6-45】** 正确语句。

```
import math
s = math.ceil(12.34)
```

(2) 运行时错误 2。调用文件时,路径错误或者本路径下不存在文件。

**【例 6-46】** 错误语句。

```
f = open('朱自清《春》.txt', 'r')
# 当前目录没有'朱自清《春》.txt'文件
```

**【例 6-47】** 正确语句。

```
f = open('d:\\test\\06\\春.txt', 'r')
# 设置文件绝对路径
```

(3) 运行时错误 3。语句中忘记为方法的第一个参数添加 self 参数。

【例 6-48】 错误语句。

```
class A:
    def __init__(self, name):
        self.name = name
    def printname(self):
        print(name) # 缺少 self 参数
a = A('hello')
a.printname()
```

【例 6-49】 正确语句。

```
class A:
    def __init__(self, name):
        self.name = name
    def printname(self):
        print(self.name)
a = A('hello')
a.printname()
```

**4. 其他情况**

(1) 在函数调用时,要注意变量的作用域,不要在函数外部调用局部变量。

【例 6-50】 错误语句。

```
def demo():
    x = 10
    return x
demo()
print(x)        # 错误,访问局部变量
>>> NameError: name 'x' is not defined
```

【例 6-51】 正确语句。

```
x = 10
def demo():
    print(x)        # 正常,访问全局变量
demo()
>>> 10
```

## 6.2.3 异常处理语句 try-except

**1. try-except 语法格式**

异常是 Python 对象,表示一个错误。当 Python 程序发生异常时需要捕获并处理它,否则程序会终止执行。try-except 语句用来检测 try 语句块中的错误,从而让 except 语句捕获异常信息并处理。try-except 语法格式如下。

```
try:                          # try 子句,开始捕获异常
    try 子语句块              # 执行可能触发异常的程序代码
except 异常类名:              # except 子句 1,处理捕获的异常
    except 子语句块 1         # 如果在 try 子句触发了异常,则执行这里的代码
except 异常类名:              # except 子句 2,处理捕获的异常
    except 子语句块 2         # 如果在 try 子句触发了异常,则执行这里的代码
except:                       # except 子句 3,处理捕获的其他异常
    except 子语句块 3         # 所有其他异常执行这里的代码
```

**2. try-except 异常处理工作过程**

步骤 1:执行 try 子句(关键字 try 和关键字 except 之间的语句)。开始执行 try 语句后,Python 在当前程序的上下文中做标记,这样当异常出现时就可以回到这里。

步骤 2:如果 try 子句下面的语句在执行时没有触发异常,将忽略 except 子句,整个 try-except 语句执行完毕。

步骤 3:如果执行 try 子句过程中触发了异常,那么 try 子句剩余部分将被忽略。

步骤 4:如果异常符合 except 子句的定义,则执行 except 子句下的代码。

步骤 5：如果触发的异常不匹配第 1 个 except 子句，则搜索第 2 个 except 子句，允许编写的 except 子句数量没有限制。

步骤 6：如果所有 except 子句都不匹配，则异常将被递交到上层的 try 子句，或者到程序的最上层（这时结束程序，并输出异常信息）。

**3. try-except 异常处理案例**

**【例 6-52】** 0 做除数会触发程序异常，捕获这个异常并进行处理。

```
try:                                # 异常子句，准备捕获异常
    res = 2/0                       # 触发一个异常(0 不能做除数)
except ZeroDivisionError:           # 处理捕获的异常，ZeroDivisionError 为异常类名
    print("错误：0 不能做除数！")      # 自定义的异常提示
>>>错误：0 不能做除数！               # 程序运行结果
```

以上程序捕获到了 ZeroDivisionError 异常类，如果希望捕获并处理多个异常，有两种方法：一是给一个 except 子句传入多个异常类参数；二是写多个 except 子句，每个子句都传入想要处理的异常类参数。

**【例 6-53】** 将异常信息保存到一个日志文件中。

```
#E0653.py                                   #【异常处理】
import traceback                            # 导入标准模块 - 异常跟踪
try:                                        # 异常子句，准备捕获异常
    a = b                                   # 触发异常，变量没有赋值
    b = c                                   # try 子句结束
except:                                     # 异常处理子句开始，处理捕获的异常
    f = open("d:\\test\\06\\log.txt", 'a')  # 将异常内容保存到日志文件 log.txt
    traceback.print_exc(file=f)             # 输出详细的异常信息
    f.flush()                               # 把异常信息从缓冲区写到硬盘，同时清空缓冲区
    f.close()                               # 关闭日志文件
>>>                                         # 输出的日志文件 log.txt
```

## 6.2.4 异常处理语句 try-finally

**1. try-finally 语法格式**

try-finally 语句语法格式如下。

```
try:                # 捕获异常
    语句块
finally:            # 处理异常
    语句块          # 无论正常与异常总是会执行
```

**【例 6-54】** 文件没有写权限。

```
try:                                    # 捕获异常
    fh = open("testfile.txt", "r")      # 触发异常，打开一个不存在的文件
    fh.write("这个文件用于测试异常！")
```

```
finally:                                    # 异常处理
    print("异常:读文件失败。")              # 退出时总是执行这个子句
```

```
>>>异常:读文件失败。                        # 程序运行结果
```

try-finally 语句的执行流程如下。

步骤 1：执行 try 子句下的代码。

步骤 2：如果触发异常,则在异常传递到下一级 try 子句时,执行 finally 中的代码。

步骤 3：如果没有发生异常,则执行 finally 中的代码。

**2. try-finally 语句应用案例**

try-finally 语句在无论有没有发生异常都要执行代码的情况下很有用。如打开一个文件进行读写操作时,在操作过程中不管是否出现异常,最终都要关闭该文件。

try-finally 语句的使用与 try-except 语句不同,finally 是不管 try 子句内是否有异常发生,都会执行 finally 子句内的代码。一般情况下,finally 常用于关闭文件或其他工作。

**【例 6-55】** try-finally 语句应用案例。

```
#E0655.py                                   #【异常处理】
s1 = 'hello'
try:                                        # 捕获异常
    int(s1)                                 # 触发异常,字符串转整数
except IndexError as e:                     # IndexError 表示下标索引出界
    print(e)
except KeyError as e:                       # KeyError 表示字典的键不存在
    print(e)
except ValueError as e:                     # ValueError 表示传入参数无效
    print(e)
else:
    print('try 内代码块没有异常就执行我')
finally:                                    # 无论异常与否都执行
    print('无论异常与否都执行该模块,进行清理')
```

```
>>>                                         # 程序运行结果
invalid literal for int() with base 10: 'hello'
无论异常与否都执行该模块,进行清理
```

## 6.2.5 自定义异常类

异常在 Python 中是一种类对象。除了可以使用 Python 内置的异常类,用户也可以定义自己的异常类,用来处理一些特殊的错误。创建自定义异常类,可以通过创建一个新类来实现,这个新类必须从 Exception 类继承(直接或间接继承均可)。

我们可以创建一个新的 Exception 类来定义自己的异常类。自定义异常类应该继承自 Exception 类,或者直接继承,或者间接继承。大多数异常类的名字都以 Error 结尾,就跟标准异常命名一样,如 MyError 等。

**【例 6-56】** 方法 1：自定义一个异常类 MyError。

```
#E0656.py                                              #【自定义异常类】
class MyError(Exception):                              # 自定义异常类,继承 Exception 基类
    def __init__(self, value):                         # 定义异常类初始化方法
        self.value = value
    def __str__(self):                                 # 定义异常类方法
        return repr(self.value)
try:                                                   # 捕获异常
    raise MyError(2 * 2)                               # 抛出一个异常
except MyError as e:                                   # 处理捕获的异常
    print('自定义异常触发了,值 = ', e.value)
>>>自定义异常触发了,值 = 4                              # 程序运行结果
```

【例 6-57】 方法 2:自定义异常类。

```
#E0657.py                                              #【自定义异常类】
class myError(Exception):                              # 自定义 myError 异常类
    def __init__(self, age):                           # 重写构造函数,创建一个新成员 age
        self.age = age
    def __str__(self):                                 # 使新成员信息能够显示
        return self.age
def ag():                                              # 自定义 ag()函数
    age = int(input('输入年龄:'))
    if age <= 0 or age > 100:                          # 判断年龄范围
       raise myError('年龄只能在 0 到 100 岁之间')       # raise 会抛出一个异常
try:                                                   # 捕获异常
     ag()                                              # 调用 ag()函数
except myError as m:                                   # 处理异常,m 是 myError 的一个实例
    print(m)
>>>                                                    # 程序运行结果
输入年龄:-10
年龄只能在 0 到 100 岁之间
>>>
输入年龄:120
年龄只能在 0 到 100 岁之间
>>>
输入年龄:60
```

## 6.3 面向对象编程

### 6.3.1 面向对象概述

**1. 面向对象程序设计的简单案例**

如果以面向对象的程序设计方法,设计一个类似《西游记》的游戏,我们要解决的问题是把西天如来的经书传给东土大唐。解决这个问题需要四个人:唐僧、孙悟空、猪八戒、沙和尚(四个对象),他们之间是师徒关系(属于师徒类),他们中每个人都有各自的特征(属性)和技能(方法)。然而这样的游戏设计并不好玩,于是再安排一群妖魔鬼怪(多个对象,定义为妖魔类),为了防止师徒四人在取经路上被妖怪搞死,又安排了一群神仙保驾护航(神仙类),

以及打酱油的凡人类。师徒四人、妖魔鬼怪、各路神仙、凡夫俗子这些对象之间就会出现错综复杂的场景。然后取经开始，师徒四人与妖魔鬼怪互相打斗，与各路神仙相亲相杀，为凡夫俗子排忧解难，直到最后取得真经。由不同游戏玩家扮演的师徒四人会按什么流程去取经？这是程序员无法预测的结果。

**2. Python 中的面向对象**

**Python 中一切皆为对象**，简单地说，用变量表示对象的特征，用函数表示对象的技能，给变量赋值就是对象实例化。具有相同特征和技能的一类事物就是"类"，对象则是这一类事物中具体的一个，一个对象包含了数据和操作数据的函数。面向对象编程时，需要记住：**类是抽象的，对象是具体的**。

**3. 面向对象的基本名词和概念**

面向对象的基本思想是使用类、对象、属性、方法、接口、消息等基本概念进行程序设计。面向对象编程的基本概念如图 6-4 所示。

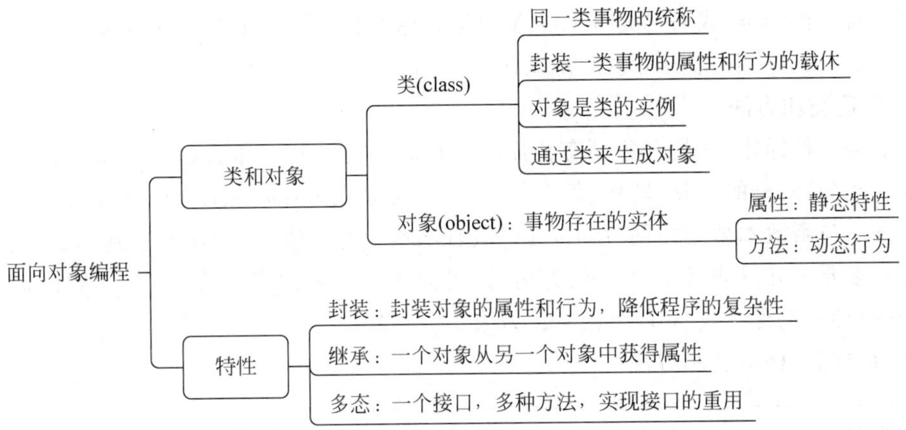


图 6-4　面向对象编程的基本概念

类(class)：有相同特征的一类事物，如动物类、file 类、操作类等。

对象(object)：某一个具体的事物，如孙悟空、x、my_data 等。对象是类的实例。对象包括属性(对象内的变量)和方法(对象内的函数)。

实例化：类转换为对象的过程，类的具体对象(形式上与赋值语句相同)。

属性：用来描述对象静态特征的一组数据。如 id、score 等对象的具体值。

方法：类中定义的函数，与函数相同，如 x. score()、math. sqrt()等。

继承：由父类派生的子类可以继承父类中的属性和方法。继承是模拟 is-a(是其中一个)关系，如在 class Dog(Animal)语句中，子类 Dog 是父类 Animal 中的一员。

封装：就是对外部隐藏对象的细节，不用关心对象如何构建，直接调用即可。

多态：可以对不同类的对象使用相同的接口操作。

## 6.3.2 类的构造

**1. 构造类的语法**

Python 中使用 class 关键字构造类，并在类中定义属性和方法。通常认为类是对象的模板，对象是类创建的产品，对象是类的实例。构造类语法的格式如下。

```
class 类名():
    属性定义
    方法定义
```

【例 6-58】 构造一个简单的类。

```
1  class Student(object):                   # 构造一个 Student(学生)类
2      name = 'Student'                     # 定义类的公有属性
```

程序第 1 行，class 后面紧接着是类名(Student)，类名通常是大写开头的单词，紧接着用一对圆括号来定义对象(object)，表示该类是从哪个类继承而来。

类构建中，(object)说明本类继承自哪个父类，不知道继承自那个类时写(object)。由于历史原因，Python 类定义的形式有 class A、class A()、class A(object)等写法，class A 和 class A()称为经典类(或旧式类)，class A(object)称为新式类。在 Python 3.x 中，虽然可以写成 class A、class A()旧式类形式，但是默认继承 object 类，所有类都是 object 的子类。

**2. 构造类和方法**

方法是一种操作，它是对象动态特征(行为)的描述。每一个方法确定对象的一种行为或功能。例如，汽车的行驶、转弯、停车等动作，可分别用 move()、rotate()、stop()等方法来描述。**方法与函数本质上相同**，Python 中既有函数也有方法，常常让人感到困惑，笔者个人觉得没有必要区分得非常清楚。在类内部，可以用 def 为类定义方法，与一般函数定义不同，类方法必须包含参数 self，而且 self 为第 1 个参数。

【例 6-59】 构造类和方法。

```
1   #E0659.py                                              #【类定义】
2   class Box1(object):                                    #【创建类】Box1 为类名
3       def __init__(self, length1, width1, height1):      #【定义类方法】创建对象时自动执行
4           self.length = length1                          # 将对象的属性与 self 绑定在一起
5           self.width = width1                            # 在实例里使用类定义的函数或变量时
6           self.height = height1                          # 必须通过 self 才能使用
7
8       def volume(self):                                  #【定义类方法】
9           return self.length * self.width * self.height  # 返回体积值
10
11  my_box1 = Box1(20,15,10)                               # 对象实例化(创建对象 my_box1)
12  print('立方体体积 = %d' % (my_box1.volume()))          # 通过实例调用类方法 volume(),并打印
    >>>立方体体积 = 3000                                    # 程序运行结果
```

程序第 3～6 行、8 和 9 行，定义类方法，类方法与函数的区别是第一个参数必须为 self，self 代表类的实例，调用时不必传入参数，Python 会将对象传给 self。

程序第 3 行，__init__()是类的初始化方法，当创建这个类的实例时(如程序 11 行)就会自动执行该方法。形参 length1，width1，height1 为此类共有的属性。

程序第 4 行，实例使用类定义的函数或变量时，必须与 self 绑定才能使用。

程序第 11 行，对象 my_box1 是通过 Box1 类建立的实例。

程序第 12 行，my_box1. volume()为对象属性的访问。

**3. 实例属性和类属性**

实例化类在其他编程语言中一般用关键字 new，但是 Python 并没有这个关键字，类的实例化与函数调用相同。由于 Python 是动态语言，可以根据类创建的实例添加任意属性。给实例添加属性的方法是通过实例变量，或者通过 self 变量，形式与变量赋值相同。

**【例 6-60】** 类的实例化和实例添加属性的方法。

```
class Student(object):              # 创建 Student 类，不知道继承哪个类时写 object
    def __init__(self, name):       # 定义方法(函数)，self 表示指定实例变量，name 表示实例变量
        self.name = name            # 定义类属性
s = Student('孙悟空')               # 对象实例化(创建实例)
s.score = 80                        # 对象实例化，给实例添加一个 score 属性
s.score = 88                        # 对象实例化，修改实例 score 属性
```

类对象支持两种操作：属性引用和实例化。

属性引用与 Python 中所有属性引用的标准语法一样：obj. name(对象. 名称)。

**【例 6-61】** 类的访问。

```
class MyClass:                              # 定义一个新类 MyClass
    k = 12345                               # 定义类的属性
    def f(self):                            # 定义类的方法
        return 'hello world!'
x = MyClass()                               # 实例化类，将对象赋值给局部变量 x
print('MyClass 类的属性 k 为:', x.k)        # x.k 为访问类的属性
print('MyClass 类的方法 f 为:', x.f())      # x.f()为访问类的方法
```

```
>>>                                         # 程序运行结果
MyClass 类的属性 k 为: 12345
MyClass 类的方法 f 为: hello world!
```

**4. 类的实例变量 self**

类中定义的函数有一点与普通函数不同，这就是第一个参数永远是实例变量 self，并且调用时，不用传递该参数。self 代表类的实例，而非类。除此之外，类的方法和普通函数没有什么区别，所以，仍然可以用默认参数、可变参数、关键字参数和命名关键字参数。

**【例 6-62】** 类实例变量 self 应用案例。

```
class Test:                                 # 构造一个 Test 类
    def prt(self):                          # 定义类方法
        print(self)
        print(self.__class__)
t = Test()                                  # 实例化对象
t.prt()                                     # 访问类方法
```

```
>>>                                         # 程序运行结果
<__main__.Test object at 0x000000D47E33A7B8>
<class '__main__.Test'>
```

从运行结果可以看出，self 代表的是类的实例，代表当前对象的地址，而 self. class 则指向类。由于 self 不是 Python 的关键字，我们把它换成 runoob 也可以正常运行。

### 6.3.3 公有属性和私有属性

私有属性（相当于函数中的私有变量）和私有方法都是类独自私有的，不能在类外部直接调用，但是可以使用特殊方法间接调用。

类属性定义时，以两个下画线“__”开头的表示是私有属性，没有下画线表示的是公有属性。类公有属性既可以在类内部访问，也可以在类外部访问。私有属性只能在类内部使用，如果希望在类外部使用私有属性，可以通过“对象名._类名__私有属性名”进行访问。

```
公有属性名 = 值或表达式                    # 公有属性定义的语法格式
对象名.公有属性名 = 值或表达式             # 公有属性调用(访问)的语法格式
__私有属性名 = 值或表达式                  # 私有属性定义的语法格式
对象名._类名__私有属性名 = 值或表达式      # 私有属性调用(访问)的语法格式
```

**注意**：不能通过“类名.__私有属性名”的语法格式引用类的私有属性。

**【例 6-63】** 公有属性和私有属性的访问。

```
#E0663.py                                              #【公有属性和私有属性】
class Car(object):                                     # 定义汽车类 Car
    salePrice = 150000                                 # 销售价(定义类公有属性)
    __discountPrice = 120000                           # 折扣价(定义类私有属性)
    def __init__(self, name1, name2):                  # 初始化属性
        self.name1 = name1                             # 定义方法公有对象属性
        self.__name2 = name2                           # 定义方法私有对象属性
print("访问类的公有属性 salePrice:", Car.salePrice)    # 类外部访问:类名.公有属性名
print("访问类的私有属性 discountPrice:",\
   Car._Car__discountPrice)                            # 格式:类名._类名__私有属性名
c = Car("大众", "高尔夫")                              # 实例化对象
print("访问对象 c 的公有属性 name1:", c.name1)         # 格式:对象名.公有属性名
print("访问对象 c 的私有属性__name2:",c._Car__name2)   # 格式:对象名._类名__私有属性名
>>>                                                    # 程序运行结果
访问类的公有属性 salePrice: 150000
访问类的私有属性 discountPrice: 120000
访问对象 c 的公有属性 name1: 大众
访问对象 c 的私有属性__name2: 高尔夫
```

类的公有属性和私有属性的语法格式如表 6-6 所示。

**表 6-6　类的公有属性和私有属性的语法格式**

| 类的操作方式 | 语法格式 | 应用案例 |
|---|---|---|
| 类公有属性定义的格式 | 公有属性名 | salePrice |
| 类公有属性引用的格式 | 类名.公有属性名 | Car. salePrice |
| 类私有属性定义的格式 | __私有属性名 | __discountPrice |
| 类私有属性引用的格式 | 类名._类名__私有属性名 | Car. _Car__discountPrice |
| 对象公有属性定义的格式 | 对象名＝类(值) | c = Car("大众", "高尔夫") |
| 对象公有属性引用的格式 | 对象名.私有属性名 | c. name1 |

续表

| 类的操作方式 | 语法格式 | 应用案例 |
|---|---|---|
| 对象私有属性定义的格式 | self.__私有属性名=值 | self.__name2 = name2 |
| 对象私有属性引用的格式 | 对象名._类名__私有属性名 | c._Car__name2 |

**说明**：以上格式中，类名前面是一个下画线，私有属性前是两个下画线。

### 6.3.4 对象方法的创建

**1. 方法的类型**

面向对象中的方法包括普通方法（也称为实例方法）、类方法和静态方法。这三种方法在内存中都归属于类，区别在于调用方式不同。

普通方法由对象调用，至少有一个 self 参数。执行普通方法时，自动将调用该方法的对象赋值给 self。类方法由类调用，至少有一个 cls 参数。执行类方法时，自动将调用该方法的类复制给 cls。

**2. 普通方法**

普通方法是对类的某个给定的实例进行操作，普通方法定义的语法格式如下。

```
def 方法名(self, 形参表):                    # 普通方法定义的语法格式
    方法体
```

普通方法调用的语法格式如下。

```
对象.方法名(实参表)                          # 普通方法调用语法格式
```

普通方法（实例方法）必须至少有一个名为 self 的参数，并且是普通方法的第一个形参。self 参数代表对象本身，普通方法访问对象属性时需要以 self 为前缀，但在类外部通过对象名调用对象方法时，并不需要传递这个参数，如果在外部通过类名调用对象方法则需要 self 参数传值。虽然普通方法的第一个参数为 self，但**调用时，用户不需要也不能给 self 参数传值**。事实上，Python 自动把对象实例传递给该参数。

**【例 6-64】** 用普通方法对同一个属性进行获取、修改、删除操作。

```
#E0664.py                                                    #【商品价格】
class Goods(object):                                         # 定义商品类 Goods
    def __init__(self):                                      # 定义类方法
        self.original_price = 100                            # 定义类属性，原价
        self.discount = 0.8                                  # 定义类属性，折扣
    def get_price(self):                                     # 定义获取方法
        new_price = self.original_price * self.discount      # 实际价格=原价*折扣
        return new_price
    def set_price(self, value):                              # 定义修改方法
        self.original_price = value
    def del_price(self, value):                              # 定义删除方法
        del self.original_price
    PRICE = property(get_price, set_price, del_price, '价格属性描述')   # 定义类属性
```

```
obj = Goods()                                   # 实例化对象
obj.PRICE                                       # 获取商品价格
obj.PRICE = 200                                 # 修改商品原价
#del obj.PRICE                                  # 删除商品原价
print(Goods.PRICE)                              # 输出类属性内存地址
print(obj.PRICE)                                # 输出商品价格
>>>                                             # 程序运行结果
<property object at 0x0000000C6FAD04F8>         # 类属性内存地址
160.0
```

### 3. 类方法

Python 允许定义属于类本身的方法,即类方法。类方法不对特定实例进行操作,在类方法中访问对象属性会导致错误。类方法通过装饰器@classmethod 来定义,第一个形式参数必须为类对象本身,通常为 cls。类方法定义的语法格式如下。

```
@classmethod                                    # 通过装饰器定义类方法
def 类方法名(cls, 形参)
    方法体
```

类方法调用的语法格式如下。

```
类名.类方法名(实参)                              # 类方法调用的语法格式 1
对象名.类方法名(实参)                            # 类方法调用的语法格式 2
```

值得注意的是,虽然类方法的第一个参数为 cls,但调用时,用户不需要也不能给该参数传值。事实上,Python 自动把类对象传递给该参数。在 Python 中,类本身也是对象。调用子类继承父类的类方法时,传入 cls 的是子类对象,而非父类对象。

**【例 6-65】** 类方法的定义和调用。

```
class A:                                        # 定义类 A
    @classmethod                                # 装饰器
    def speak(cls):                             # 定义类方法
        print("这是一个类方法:classmethod")
        return cls.public_var                   # 返回值
p = A()                                         # 实例化对象
print(A.speak)                                  # 类方法的调用格式:类名.类方法名
>>><bound method A.speak of <class '__main__.A'>>  # 程序运行结果
```

### 4. 公有方法和私有方法

```
def 公有方法名()                                 # 公有方法定义的语法格式
    方法体
```

公有方法访问(调用)的语法格式如下。

```
对象名.公有方法名                                # 公有方法访问(调用)的语法
```

私有方法的定义和调用与公有方法不同。所有方法不能通过对象名直接调用,只能通过 self 调用或者在类外部通过特殊方法调用。

定义私有方法的语法格式如下。

```
def __私有方法名()                                # 私有方法定义的语法格式
    方法体
```

私有方法访问(调用)的语法格式如下。

```
self._私有方法名                                  # 私有方法访问(调用)的语法格式
```

### 6.3.5 面向对象的特征

**1. 封装的基本概念**

程序设计中,封装是对具体对象的一种抽象,即将某些部分隐藏起来(简单地说,封装就是隐藏),在程序外部看不到,使其他程序无法调用。封装离不开“私有化”,私有化就是将类或者是函数中的某些属性限制在某个区域之内,使外部无法调用。

程序封装有数据封装和方法(函数)封装。数据封装的主要目的是保护隐私(把不想让别人知道的数据封装起来);方法(函数)封装的主要目的是隔离程序的复杂度(如把电视机的电器元件封装在黑匣子里,提供给用户的只是几个按钮接口,用户通过按钮就能实现对电视机的操作)。程序封装后要提供调用接口(如函数名、参数类型、参数意义等)。

在编程语言中,对外提供接口(API)的典型案例是函数。例如,在程序设计中需要调用print()函数时,不需要了解print()函数的内部结构和组成,但是需要知道print()函数的接口参数和形式,如:直接输出提示信息时,需要用单引号(' ')或双引号("")将提示信息括起来;有多个参数时,每个参数之间用逗号(,)分隔;如果需要按格式输出,则需要用百分号加字母(如%s)规定输出格式等。

**【例 6-66】** 在 ATM 器中,取款是功能要求,而这个功能由许多辅助功能组成,如插卡、密码认证、输入金额、打印账单、取钱等。对使用者来说,只需要知道取款这个功能即可,其余功能都可以隐藏起来,这样隔离了复杂度,同时也提升了安全性。

```
#E0666.py                                   #【封装属性】
class ATM(object):                          # 构造 ATM 类
    def __card(self):                       # 定义"插卡"方法
        print('插卡')
    def __auth(self):                       # 定义"用户认证"方法
        print('用户认证')
    def __input(self):                      # 定义"输入取款金额"方法
        print('输入取款金额')
    def __print_bill(self):                 # 定义"打印账单"方法
        print('打印账单')
    def __take_money(self):                 # 定义"取款"方法
        print('取款')
    def withdraw(self):                     # 定义 ATM 取款方法
        self.__card()                       # 调用"取款"方法
        self.__auth()                       # 调用"用户认证"方法
        self.__input()                      # 调用"输入取款金额"方法
        self.__print_bill()                 # 调用"打印账单"方法
        self.__take_money()                 # 调用"取款"方法
a = ATM()                                   # 实例化类,将对象赋值给变量 a
a.withdraw()                                # 调用 ATM 取款方法
```

```
>>>                                      # 程序运行结果
插卡
用户认证
输入取款金额
打印账单
取款
```

由此可见，封装的优点在于明确区分内外。修改类的代码不会影响外部调用者。外部调用者只要接口名(函数名)、参数格式不变，调用者的代码永远无须改变。这提供一个良好的程序模块化基础。或者说，只要接口(API)不变，则内部代码的改变不足为虑。

**2. 继承**

继承是一个对象从另一个对象中获得属性和方法的过程。例如，子类从父类继承方法，使得子类具有与父类相同的行为。继承实现了程序代码的重用。

在面向对象程序设计中，当定义一个类时，可以从某个现有的类继承，新的类称为子类，被继承的类称为基类、父类或超类。

**【例 6-67】** 编写一个名为 Animal 的类，有一个 run()方法可以输出。

```
class Animal(object):                    # 定义动物类 Animal
    def run(self):                       # 定义动物类方法 run()
        print('动物可以跑...')
```

**【例 6-68】** 编写 Dog 和 Cat 类时，可以直接从 Animal 类继承。

```
class Dog(Animal):                       # 定义类 Dog，从 Animal 类继承
    pass                                 # 空语句(一般用于程序预留结构语句)
class Cat(Animal):                       # 构造类 Cat，从 Animal 类继承
    pass                                 # 空语句
```

对于 Dog 来说，Animal 就是它的父类，对于 Animal 来说，Dog 就是它的子类。

继承最大的好处是子类获得了父类的全部功能。由于 Animimal 实现了 run()方法，因此，Dog 和 Cat 作为它的子类，就自动拥有了 run()方法。

**【例 6-69】** 继承应用的简单案例。

```
#E0669.py                                          #【类的单继承】
class people(object):                              # 定义父类(基类)
    name = ''                                      # 定义基本属性，姓名
    age = 0                                        # 定义基本属性，年龄
    weight = 0                                     # 定义私有属性，体重
    def __init__(self, n, a, w):                   # 定义构造方法
        self.name = n                              # n 表示姓名
        self.age = a                               # a 表示年龄
        self.weight = w                            # w 表示体重
    def speak(self):                               # 定义说话函数
        print("%s 说:我 %d 岁了。" %(self.name, self.age))

```

```
class student(people):                              # 定义子类,people 为父类名
    grade = ''                                      # 初始化变量,grade 表示年级
    def __init__(self, n, a, w, g):                 # 调用父类的构造函数
        people.__init__(self, n, a, w)              # 调用父类的方法
        self.grade = g
    def speak(self):                                # 覆盖父类的 speak()方法
        print("%s说:我%d岁了,我在读%d年级。"%\       # 行尾的\为换行符
            (self.name, self.age, self.grade))

s = student('葫芦娃', 10, 60, 3)                     # 实例化对象(对象赋值)
s.speak()                                           # 调用 s.speak()方法
>>>                                                 # 程序运行结果
葫芦娃说:我 10 岁了,我在读 3 年级。
```

父级类的__init__()方法可以被子类调用。子类如果包含和父类一样的变量或方法,会在调用的时候覆盖父类的变量或方法。

**3. 多态**

多态是指同一种事物具有多种形态。如某个属于"形状"基类的对象,在调用它的计算面积方法时,程序会自动判断出它的具体类型。如果是圆,则调用圆对应的计算面积方法;如果是正方形,则调用正方形对应的计算面积方法。

多态以封装和继承为基础。多态是在抽象的层面上去实施一个统一的行为,到个体层面时,这个统一的行为会因为个体的形态特征的不同,而实施自己的特征行为。通俗地说,**多态就是一种接口的多种实现**,多态的目的是使接口可以重复调用。

多态的优点是:只管调用,不管细节。当新增一种子类时,只要确保方法编写正确,不用管原来的代码是如何调用的。这就是著名的"**开闭"原则:对扩展开放(允许新增子类);对修改封闭(修改子类时不需要修改父类)**。

# 6.4 函数式编程

## 6.4.1 基本概念

**1. 函数式编程语言**

最古老的函数式编程语言是 LISP,较现代的函数式编程语言有 Haskell、Clean、Erlang、Miranda 等。现代主流程序设计语言都在引进函数式编程特性,不同语言可能引进的程度不同,Python 程序语言也同样引进了部分函数式编程功能。

**2. 函数的定义**

函数式编程中的"函数"是一个纯数学领域的概念。数学函数的定义为:给定一个数集 A,对 A 施加对应的法则 f,记作 f(A),这时会得到另一数集 B,也就是 B=f(A)。那么这个关系式就称为函数关系式(简称函数)。函数有三个要素:定义域 A、值域 C 和对应法则 f。其中,对应法则 f 是函数的本质特征。

函数式编程语言最重要的理论基础是 λ(Lambda,兰姆达)演算,而 λ 演算的函数可以接收函数作为输入(参数)和输出(返回值)。也就是说:函数既可以当作参数传来传去,函

数也可以作为返回值。函数式编程语言将数据、操作、返回值都集成在一起。

**3. 函数式编程的特征**

(1) 函数式编程语言中没有临时变量。函数只要输入是确定的,输出就是确定的,这种纯函数没有副作用。允许使用临时变量(如循环中保存中间值的变量)的编程语言,由于变量状态不确定,同样的输入可能得到不同的输出,这种函数有副作用。

(2) **函数式编程没有循环,而是使用递归实现循环的功能**。在递归函数中,函数将反复自己调用自己。由于没有循环,也就极大地减少了临时变量。

(3) **函数式编程要求只使用"表达式",而不使用"语句"**。表达式是一个单纯的运算过程,总是有返回值;语句是执行某种操作,没有返回值。函数式编程的主要思想就是把程序尽量写成一系列嵌套的函数调用。这样,数据、操作和返回值都放在一起,这使代码写得非常简洁,但也可能非常难懂。

(4) 函数式编程的主要概念有高阶函数、闭包、匿名函数、偏函数等。函数式编程提倡柯里化(Currying)编程,即让函数回归到原始状态:一个参数进去,一个值出来。

**4. Python对函数式编程的支持**

理论上,Python中的普通函数可以实现lambda表达式函数的任何功能;但是反过来却不行,lambda表达式函数无法实现Python中普通函数能做的所有事情。

由于Python允许使用临时变量,因此,Python不是纯函数式编程语言。因此,Python对函数式编程仅仅提供了部分支持。

## 6.4.2 高阶函数

**1. 高阶函数的特征**

一个函数可以接收另一个函数作为参数,这种函数就称为高阶函数。**高阶函数是可以把函数作为参数或者作为返回值的函数。**

**【例6-70】** 高阶函数可以让函数接收的参数也是一个函数。

```
>>> def add(x, y, f):                # 定义高阶函数add(),它可以接收函数f作为参数
        return f(x) + f(y)           # 返回值也是函数
>>> print(add(-5, 6, abs))           # abs()函数作为一个参数,传给高阶函数add()的形参f
11
```

**【例6-71】** 在函数式编程中,"函数即变量",函数名其实就是指向函数的变量。函数本身可以赋值给变量,变量可以指向函数。

```
>>> f = abs                  # 函数abs()本身也可以赋值给变量(变量f指向函数abs())
>>> f(-10)                   # 变量f指向abs()函数本身,完全和调用abs()函数相同
10
```

对abs()函数,可以把函数名abs看成变量,它指向一个可以计算绝对值的函数。

**2. 内置高阶函数map()**

```
map(函数, 序列)                  #高阶函数map()的语法格式
```

**函数 map()用于参数传递**。它有两个参数，它们是函数 f 和列表，并通过把函数 f 依次作用在列表的每个元素上，得到一个新的列表并返回。

**【例 6-72】** 简单 map()高阶函数应用案例。

```
1  >>> def f(x):                                    # 定义高阶函数
2          return x * x                             # 返回值
3  >>> r = map(f, [1, 2, 3, 4, 5, 6, 7, 8, 9])     # 传递参数(函数 + 列表)
4  >>> list(r)                                      # 查看返回值
   [1, 4, 9, 16, 25, 36, 49, 64, 81]
```

程序第 3 行，map()传入的第一个参数是 f，即函数本身。由于结果 r 是一个列表，因此可以通过 list()函数让它把整个序列都计算出来，并返回一个列表。

实际上 map()函数就是执行了一个 for 循环操作，处理序列中的每个元素，得到的结果是一个"可迭代对象"，该可迭代对象中元素的个数与位置与原来一样。

**3. 内置高阶函数 filter()**

**函数 filter()用于过滤序列**。与 map()函数类似，filter()也接收一个函数和一个列表；与 map()不同的是，filter()把传入的函数依次作用于每个元素，然后根据返回值是 True 还是 False，再决定保留还是丢弃该元素。

**【例 6-73】** 在一个列表中，删掉偶数，只保留奇数。

```
1  >>> def is_odd(n):                                   # 定义高阶函数
2          return n % 2 == 1                            # 返回值
3  >>> list(filter(is_odd, [1, 2, 4, 5, 6, 9, 10, 15]))  # 传递参数(函数 + 列表)
   [1, 5, 9, 15]
```

程序第 3 行，用 filter()函数可以实现筛选功能。filter()函数的功能是遍历序列中的每个函数，判断每个元素并得到布尔值，如果结果是 True，就保留下来。filter()函数返回的是一个可迭代序列，可以用 list()函数获得所有结果并返回列表。

**4. 高阶函数 reduce()**

reduce()函数通常用来对一个列表进行计算。语法格式如下。

```
reduce(函数, 列表)                                   # 高阶函数的语法格式
```

**函数 reduce()用于对一个序列进行计算**。它的功能是把一个函数作用在一个列表[x1, x2, x3, ...]上，然后 reduce()函数把结果继续和列表的下一个元素做累积计算。它的运算过程如下所示：reduce(f, [x1, x2, x3, x4]) = f(f(f(x1, x2), x3), x4)。

**【例 6-74】** 求一个列表的乘积为每个单独的数字相乘在一起的结果。

```
1  >>> from functools import reduce                        # 导入标准模块 - 高阶函数工具
2  >>> product = reduce((lambda x, y: x * y),[1, 2, 3, 4])  # 求列表乘积的结果(匿名函数)
3  >>> product
   24
```

程序第 1 行，functools 模块是高阶函数工具模块，常用函数有序列计算函数 reduce()、

偏函数 partial()(偏函数主要用于设置默认参数)等。

程序第 2 行,lambda x, y: x * y 为匿名函数,冒号前为输入值,冒号后为表达式。

### 6.4.3 闭包函数

闭包函数是一种特殊函数,它是外部函数对内部函数的引用。闭包把引用的东西都放在一个上下文中"包"了起来。闭包包含了要执行的代码块和变量的作用域。简单地说,闭包函数就是函数中的内部函数(函数嵌套)。

**【例 6-75】** 设计实现两个数相加的闭包函数。

```
1  #E0675.py                              #【闭包函数】
2  def plus(a):                           # 定义外部函数
3      def add(b):                        # 定义闭包函数(内部函数,匿名函数)
4          return a + b                   # 闭包函数返回值
5      return add                         # 返回闭包函数
6
7  add = plus(3)                          # 访问外部函数,获取内部函数的地址
8  s = add(2)                             # 访问闭包函数(实现闭包的外部访问)
9  print(s)
   >>> 5                                  # 程序运行结果
```

程序第 3 行,add()是闭包函数,它包含引用变量、代码块、作用域。

程序第 5 行,闭包可以将函数作为返回值。

程序第 7 行,闭包函数虽然有函数名(如 add),但是,从闭包外面不能直接访问它,它是一个匿名函数(内部函数)。这行代码通过访问外部函数,可以获取内部函数的地址,为下面访问闭包函数做准备工作。

程序第 8 行,调用闭包函数(实现闭包的外部访问)。

通过闭包可以将 n 个函数相互连接起来,函数相互之间的结果可以进行映射,闭包是函数式编程的核心。返回闭包时必须牢记:**返回函数不要引用任何循环变量**,或者后续会发生变化的变量。要确保引用的局部变量在函数返回后不会改变。

### 6.4.4 匿名函数

#### 1. 匿名函数的特点

匿名函数与普通函数的区别在于:一是匿名函数是没有名字的函数,而普通函数有函数名;二是匿名函数只是一个表达式,返回值就是表达式的结果,而普通函数是一个语句;三是匿名函数不需要用 def 定义,并且不用写 return,而普通函数需要 def 定义和 return 返回;四是匿名函数只有一行代码,看起来比较"优雅",而普通函数一般有多行代码。

匿名函数常用于函数式编程中的参数,或者用在生成表达式中,闭包中的函数都可以看成是匿名函数。匿名函数一般不会单独使用,而是配合其他方一起使用。

#### 2. 匿名函数的语法格式

```
变量名 = lambda 形参:表达式                      #匿名函数语法
```

lambda 是匿名函数保留字；冒号前面是形参，名称自定，但必须与冒号后面表达式中变量名一致；冒号后面是表达式，它作为返回值。有多个形参时以逗号分隔；表达式中不能包含循环、return，可以包含 if-else 语句；表达式的计算结果直接返回给变量名。

**【例 6-76】** 利用匿名函数求乘方值。

```
>>> pf = lambda x: x * x                    # 定义匿名函数
>>> pf(3)                                   # 调用高阶函数 pf，并传递实参
9
```

**【例 6-77】** 在匿名函数中嵌入三元条件表达式。

```
1  >>> calc = lambda x, y: x * y if x > y else x/y     # 冒号左边是形参，冒号右边是三元表达式
2  >>> print(calc(2, 5))                                # 调用高阶函数 calc( )，并传递实参值
   0.4
```

程序第 1 行，"x * y if x > y else x/y"为三元条件表达式(如图 6-5 所示)，语句的功能是如果 x>y 为真，则将 x * y 值返回给变量 calc；否则将 x/y 值返回给变量 calc。

程序第 2 行，利用变量名调用匿名函数，calc(2, 5)表示调用 calc()函数，并将实参(2,5)传递给匿名函数的形参 x,y；并且将 calc( )函数返回值直接打印出来。

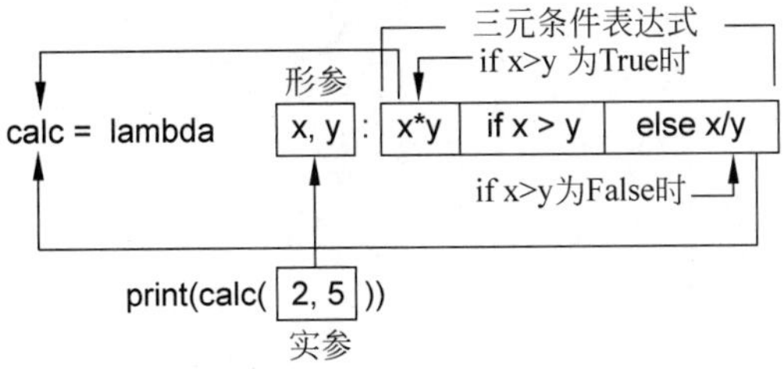


图 6-5 在匿名函数中嵌入三元条件表达式

# 习 题 6

6-1 简述什么是正则表达式。

6-2 简述正则表达式的匹配过程。

6-3 简述 Python 中错误与异常的区别。

6-4 程序运行失败主要有哪些原因？

6-5 简要说明面向对象的基本概念：类、对象、属性、方法。

6-6 函数式编程有哪些特征？

6-7 编程：文本如下所示，用正则表达式删除"＃注释"字符串。

```
1 + 1 = 2                # 这是客观真理
1 + 1 > 2                # 这是团结的力量
1 + 1 < 2                # 这是内斗结果
```

结果如下所示。

```
1 + 1 = 2
1 + 1 > 2
1 + 1 < 2
```

6-8 编程：利用 sys.exit()函数进行异常处理。

6-9 编程：打开一个文件，在该文件中写入内容，对文件异常处理进行编程。

6-10 编程：匿名函数 lambda()的意义就是对简单函数的简洁表示方法。用匿名函数编写 g＝x＋1 的代码。

# 第2部分　应用程序设计

# 第 7 章　图形用户界面程序设计

GUI(图形用户接口)是指用图形窗口方式显示和操作的用户界面。GUI 程序是一种基于事件驱动的程序,程序的执行依赖于与用户的交互,程序实时响应用户的操作。GUI 程序执行后不会主动退出,程序在循环等待接收消息或事件,然后根据事件执行相应的操作。Tkinter 是 Python 的 GUI 标准模块,它主要用来快速设计 GUI 程序。

## 7.1　GUI 设计概述

### 7.1.1　简单 GUI 程序

**1. GUI 编程方法**

使用 Tkinter 图形界面编程时,主要是将很多组件(窗口、按钮、标签等)拼装起来。可以将 Tkinter 中的组件看作一个个积木,积木与组件形状或许不同,但是本质相同。

图形界面编程时,首先要理解这些组件应当如何布置;其次理解这些组件的主要功能和参数意义(API);最后设计出解决应用问题的 GUI 程序。

**2. 一个简单的 GUI 程序案例**

**【例 7-1】** 简单 GUI 程序案例说明。

```
1  #E0701.py                                   #【简单 GUI 案例】
2  import tkinter as tk                        # 导入标准模块 - 图形用户接口
3  root = tk.Tk()                              # 创建主窗口 root(显示主窗口)
4  w = tk.Label(root, text = 'Hello World')    # 创建标签组件 Label
5  w.pack()                                    # 管理和显示组件
6  tk.mainloop()                               # 窗口消息主循环
   >>>                                         # 程序运行结果如图 7-1 所示
```

程序第 2 行,Tkinter 模块有绝对路径和相对路径两种导入方式。

图 7-1　简单 GUI 程序

```
import tkinter as tk        # 绝对路径导入
top = tk.Tk()
```

```
from tkinter import *       # 相对路径导入
root = Tk()
```

**注意:** 字母 tkinter、tk、Tk 的大小写不可出错。

程序第 3 行,创建主窗口。返回值 root 是主窗口对象。GUI 程序中,都会有一个顶层窗口(一般命名为 root 或 top),在顶层窗口中可以包括所有的对象,如标签、按钮、文本框、列表框、框架等。简单地说,顶层窗口就是第一个窗口,它可以放置其他组件。

程序第 4 行，创建组件对象。组件对象＝组件(root，组件参数)。本句中组件对象为标签，标签是窗口中的说明性文字或图片，可以将它们添加到窗口中。

程序第 5 行，组件管理器，组件对象. pack()。窗口中的组件位置如何摆放，窗口大小以及位置人为改变时，窗口如何管理等，这些工作都由组件管理器(也称为几何管理器)进行自动管理。组件管理器有 pack()、grid()、place()等，它们各有特点。

程序第 6 行，主窗口循环。所有组件放置完毕后，就进入到主循环。GUI 程序最后一行一般为 tk. mainloop()。tk. mainloop()就是让窗口不断循环刷新。如果没有 tk. mainloop()函数，它将是一个静态窗口，传递进去的值就不会循环赋值。tk. mainloop()函数相当于一个很大的 while 循环，有了这个循环，鼠标每单击一次(事件)，窗口就会更新一次(窗口刷新)。所有 GUI 程序都必须有类似 tk. mainloop()的函数。

## 7.1.2 常用核心组件

组件也称为控件或者部件，如窗口、按钮、标签、文本框、菜单等。每个组件都是一个类，创建某个组件就是将这个类实例化。实例化过程中，可以通过构造函数给组件设置属性(如大小、位置、颜色等)，同时还必须指定该组件的父窗口，即该组件放置在何处。最后，还需要设置组件管理器，组件管理器主要解决组件在窗口中的位置。

每个组件都有很多可选参数，改变这些参数可以改变组件的属性，如颜色、大小、位置、事件处理等。Tkinter 中常用的组件如表 7-1 所示。

**表 7-1　Tkinter 中常用的组件**

| 组件名称 | 说明 | 应用案例 |
|---|---|---|
| Label | 标签 | 显示文字或图片。例：top. title('绘图') |
| Button | 按钮 | 显示或触发事件。例：Button(self. frame, text='确认', width = 10) |
| Entry | 单行文本框 | 收集键盘输入文本。例：Entry(top, width = 50) |
| Text | 多行文本框 | 收集键盘输入文本。例：Text(root, width=30, height=4) |
| Checkbutton | 多选按钮 | 方框勾选按钮。例：Checkbutton(top,text='数学',command=myEvent2) |
| Radiobutton | 单选按钮 | 圆点单选按钮。例：Radiobutton(root,text='儒家',variable=v,value=1) |
| Listbox | 列表框 | 从列表中选择某一项。例：Listbox(root, selectmode=MULTIPLE) |
| Menu | 菜单 | 显示主菜单、下拉菜单、弹出菜单。例：tk. Menu(root) |
| Menubutton | 菜单按钮 | 显示菜单项。例：Menubutton(root, text='确定', relief=RAISED) |
| Message | 消息框 | 显示多行文本，与 Label 类似。例：Message(root, text = '错误') |
| messagebox | 消息框 | 显示弹窗。例：tk. messagebox. showwarning(title='Hi',message='警告') |
| Canvas | 画布 | 绘制图形或文本。例：Canvas(top,width=400,height=300,bg='orange') |
| Frame | 框架 | 规定显示区域，用作容器。例：Frame(root, width=200, height=200) |
| Scale | 滑块 | 通过滑块设置数值。例：Scale(root, from_=1, to=100, variable=v) |
| Scrollbar | 滚动条 | 内容超过区域时使用。例：Scrollbar(root, orient=HORIZONTAL) |
| Toplevel | 容器 | 提供一个单独的对话框，和 Frame 类似。例：Toplevel() |

Tkinter 中，常用组件及说明如图 7-2 所示。

图 7-2　Tkinter 中常用组件及说明

## 7.1.3　窗口颜色管理

可以通过 background(或 bg)和 foreground(或 fg)指定组件和文本的颜色。颜色可以使用颜色名,也可以使用 RGB 颜色代码。

**1. 颜色名**

Tkinter 可以使用 Python 的颜色数据库,它将颜色名映射到相应的 RGB 值。颜色数据库包括的名称有 Red、Green、Blue 等。**颜色名对大小写不敏感,许多颜色名的单词与单词之间有无空格都有效**。如 lightblue、light blue、Light Blue 都是同一种颜色。

**2. RGB 颜色代码**

可以使用如下格式的字符串指定颜色名:#RRGGBB(用十六进制数表示)。

**【例 7-2】**　将一个颜色三元组转换为 Tkinter 颜色格式。

```
>>> tk_rgb = '#%02x%02x%02x' % (128, 192, 200)      # 用模运算转换颜色格式
>>> tk_rgb
'#80c0c8'
```

Tkinter 支持用'颜色名'、'#RGB'、'rrrrggggbbbb'等格式指定颜色。

**3. 打印颜色数据库**

**【例 7-3】**　打印 Python 支持的颜色数据库(共 140 种颜色,本题输出 15 种)。

```
#E0703.py                                        #【显示颜色列表】
from tkinter import *                            # 导入标准模块 - 图形用户接口
colors = '''#FFC0CB Pink 粉红色                   # 定义颜色变量
#FFF0F5 LavenderBlush 淡紫红色
#87CEFA LightSkyBlue 亮天蓝色
#87CEEB SkyBlue 天蓝色
#ADD8E6 LightBlue 亮蓝色
```

```
8  #00FFFF Cyan 青色
9  #ADFF2F GreenYellow 绿黄色
10 #FAFAD2 LightGoldenrodYellow 亮橘黄色
11 #FFFFF0 Ivory 象牙色
12 #FFFFE0 LightYellow 浅黄色
13 #FFFF00 Yellow 纯黄色
14 #FFFAF0 FloralWhite 花白色
15 #FFEFD5 PapayaWhip 番木色
16 #FFDAB9 PeachPuff 桃肉色
17 #D3D3D3 LightGrey 浅灰色'''
18 root = Tk()                              # 创建组件窗口
19 i = 0                                    # 初始化
20 colcut = 5                               # 每行显示 5 种颜色
21 for color in colors.split('\n'):         # 循环输出颜色,以回车符进行切分
22     sp = color.split(' ')                # 以空格符进行切分
23     try:                                 # 定义标签
24         Label(text = color,bg = sp[1]).grid(row = int(i/colcut),column = i % colcut,sticky = W + E + N + S)
25     except :
26         print('错误', color)             # 如果颜色出错则提示
27         Label(text = 'ERR' + color).grid(row = int(i/colcut), column = i % colcut, sticky = W + E + N + S)
28     i += 1
29 root.mainloop()                          # 窗口消息主循环
   >>>                                      # 程序运行结果如图 7-3 所示
```

图 7-3　Tkinter 中常用颜色代码和名称

程序第 21 行,函数 split('\n')为通过回车符对字符串进行切分。

程序第 24 行,函数 Label()为显示标签。参数 text=color 表示将切分出的字符作为文本。参数 bg=sp[1]表示背景色为第 2 个字符串,如"#FFC0CB Pink 粉红色"中,背景色为 Pink。参数 grid()为用行和列进行组件布局,不指定参数时,默认从 0 开始,grid()的行号和列号只是代表上、下、左、右的关系。参数 row=int(i/colcut)为计算行号,参数 column=i%colcut 为用模运算计算列号;参数 sticky=W+E+N+S 表示标签左、右、上、下对齐。

程序扩展:打印全部 140 种颜色数据库程序见教材附件。

### 7.1.4 组件字体管理

**1. 字体属性参数**

Tkinter 模块可以根据以下方法指定字体类型和风格。

(1) 字体参数作为元组时,第一个元素是字体,其后是字体大小,紧随其后的字符串是字体风格修饰符,如粗体、斜体、下画线等。

(2) 导入字体管理模块,创建一个字体类构造函数 tkFont。语法格式如下。

```
import tkinter.font as tkFont                # 导入字体管理模块的语法格式
myfont = tkFont.Font(参数)                   # 创建字体构造函数的语法格式
```

创建字体对象中的参数说明如表 7-2 所示。

**表 7-2　创建字体对象中的参数说明**

| 参数 | 功能 | 应用案例 |
|---|---|---|
| family | 字体名称 | 例：family='楷体',family='黑体',family='Times New Roman' |
| size | 字体高度 | 例：size=20,单位：p(点),1p=0.3528mm |
| weight | 字体加粗 | 例：weight=tkFont.BOLD(加粗),默认正常 |
| slant | 字体倾斜 | 例：slant='italic'(字体倾斜),默认正常 |
| underline | 字体下画线 | 例：underline=1(添加下画线),默认正常 |
| overstrike | 字体删除线 | 例：overstrike=1(添加删除线),默认正常 |

**注意**：字体中包含有空格的字体名称,必须指定为 tuple(元组)类型。

**2. 字体大小**

由于字体高度和宽度不一致,如中文"一日游"(扁-窄-方),英文 Big(上高-窄-下长)等,因此**字体以行高为单位**。在排版印刷中,字体行高通常用 pt(point,点数)或 px(pixel,像素)作为单位。pt 是绝对长度单位,大小不会随分辨率的变化而改变;像素是屏幕显示的最小单位,px 是相对长度单位,大小会随着屏幕分辨率的不同而变化。

英美字体点制规定：1pt=0.014 803 1in=0.376mm(引自 PT_百度百科)。

微软公司的说法：1pt=1/72in=0.3528mm(引自知乎)。

排版软件会对一些常用点数以字号命名,如 Word 中换算如下：初号=42pt,一号=26pt,二号=22pt,三号=16pt,四号=14pt,小四号=12pt,五号=10.5pt,六号=7.5pt 等。

**3. 字体测试程序**

**【例 7-4】** 使用系统已有字体显示标签。

```
#E0704.py                                                        #【字体测试】
from tkinter import *                                            # 导入标准模块 - 图形接口
import tkinter.font as tkFont                                    # 导入标准模块 - 字体管理

root = Tk()                                                      # 创建主窗口
ft1 = tkFont.Font(family='楷体', size=20, weight=tkFont.BOLD)    # 字体属性 1(加粗)
Label(root, text='字体测试 1', font=ft1).grid()                  # 标签属性 1
ft2 = tkFont.Font(family='幼圆', size=20, underline=1,           # 字体属性 2
    slant='italic')                                              #(倾斜 + 下画线)
Label(root, text='字体测试 2', font=ft2).grid()                  # 标签属性 2
root.mainloop()                                                  # 窗口消息主循环
>>>                                                              # 程序运行结果如图 7-4 所示
```

**【例 7-5】** 在 GUI 环境下,测试 Windows 系统常用字体。

```
#E0705.py                                                    #【字体测试】
from tkinter import *                                        # 导入标准模块 - 图形用户接口
import tkinter.font as tkFont                                # 导入标准模块 - 字体管理

root = Tk()                                                  # 创建主窗口
myfont = ['ansi', '宋体', '黑体', '楷体', '隶书', '幼圆']    # 定义字体属性
for ft1 in myfont:
    Label(root, text = '字体测试', font = ft1).grid()        # 循环输出字体测试标签
root.mainloop()                                              # 窗口消息主循环
>>>                                                          # 程序运行结果如图 7-5 所示
```

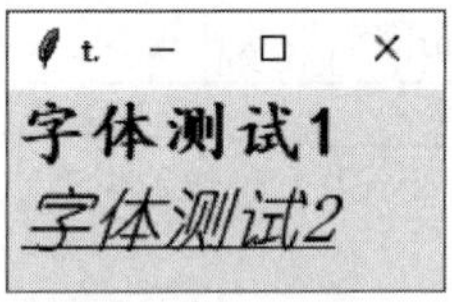


图 7-4　字体测试

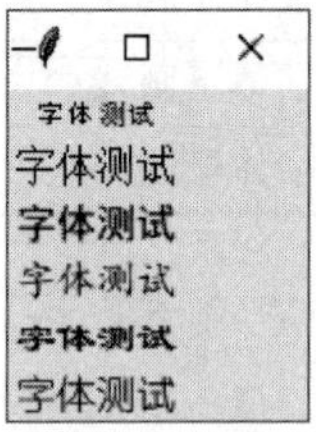


图 7-5　字体测试

# 7.2　窗口程序设计

## 7.2.1　简单窗口程序设计

### 1. 主窗口和组件

图形用户界面程序中，通常会设计一个主窗口(多命名为 root)。主窗口中包含了需要用到的组件对象，如菜单、标签、按钮、文本、图片、列表框、文本框等组件，也就是说主窗口是放置组件的地方。所有组件都需要附着在窗口上，如果程序没有指定组件附着的窗口，组件将默认附着在主窗口中。如果程序没有定义主窗口，系统将自动创建一个主窗口。在 Tkinter 中，窗口组件没有分级，所有组件类都是平等级别。

主窗口中的组件会有一些相应行为，如鼠标单击、键盘按下等，这些行为称为事件，程序会根据这些事件采取相应操作(也称为回调)，这个过程称为事件驱动。

主窗口常用函数如表 7-3 所示。

**表 7-3　Tkinter 中主窗口常用函数**

| 窗口函数应用案例 | 说　明 |
|---|---|
| root=tk.Tk() | 创建主窗口 root |
| root.geometry('300x200') | 设置主窗口大小(像素)，('宽度×高度+x 位置+y 位置') |
| root.title('标题名') | 设置主窗口标题名称 |
| root.resizable(0, 0) | 调整窗口大小，x，y 表示调整坐标 |
| root.quit() | 退出主窗口 |
| root.update() | 刷新主窗口 |

### 2. 主窗口程序案例

**【例 7-6】** 创建一个主窗口，并在主窗口放置标签、按钮等组件。

```
#E0706.py                                          #【GUI 基本结构】
import tkinter as tk                               # 导入标准模块 - 图形用户接口
root = tk.Tk()                                     # 创建主窗口 root
myLabel = tk.Label(root, text = '设计 GUI 程序')    # 创建 Label 标签组件
myLabel.pack()                                     # 为标签组件添加组件管理器
button1 = tk.Button(root, text = '确定')            # 创建按钮 button1
button1.pack(side = tk.LEFT)                       # 将 button1 添加到窗口左侧
button2 = tk.Button(root, text = '取消')            # 创建按钮 button2
button2.pack(side = tk.RIGHT)                      # 将 button2 添加到窗口右侧
root.mainloop()                                    # 窗口消息主循环
>>>                                                # 程序运行结果如图 7 - 6 所示
```

## 7.2.2 事件驱动程序设计

图 7-6 E0706 程序运行结果

事件驱动程序设计就是当某个事件发生时，程序立即调用与这个事件对应的处理函数进行相关操作。组件通常都会有一些行为，如鼠标单击、键盘输入、程序退出等操作，这些行为称为事件。**程序根据事件采取的操作称为回调**。

### 1. 事件触发 command

参数 command 是一个事件触发函数，如果设置为“command=自定义回调函数”，那么单击组件时将会触发回调函数(也称为钩子函数，它是程序员自定义的事件处理函数)。按钮、菜单等组件可以在创建时通过 command 参数绑定回调函数。也可以通过 bind()、bind_class()、bind_all()方法，将事件绑定到回调函数上。调用回调函数时，默认没有传入参数；如果要强制传入参数，则可以用 lambda(匿名函数)。

**【例 7-7】** 鼠标单击按钮事件，触发消息框事件程序。

```
1  #E0707.py                                                            #【事件处理】
2  import tkinter as tk                                                 # 导入标准模块
3  import tkinter.messagebox                                            # 导入标准模块 - 消息框
4  root = tk.Tk()                                                       #【创建主窗口 root】
5  root.title('主窗口')                                                  # 主窗口标题命名
6  root.geometry("300x250 + 200 + 200")                                 # 定义主窗口大小
7  def hit_me():                                                        #【定义回调函数】
8      tkinter.messagebox.showinfo(title = 'Hi', message = '你好!')      # 信息对话窗口
9      # tkinter.messagebox.showwarning(title = 'Hi',message = '警告!')  # 警告对话窗口
10     # tkinter.messagebox.showerror(title = 'Hi',message = '出错了!')  # 错误对话窗口
11 btn = tk.Button(root, text = "点我", bg = 'Pink',                    #【绑定事件】
12     font = ('楷体',15), command = hit_me)                            # 绑定回调函数
13 btn.place(relx = 0.3, rely = 0.7, relwidth = 0.4, relheight = 0.15)  # 绘制按钮
14 root.mainloop()                                                      # 窗口消息主循环
   >>>                                                                  # 程序运行如图 7 - 7 所示
```

程序第 8 行，调用了系统内置的信息对话框(如果取消第 9、10 行注释，可以调用系统提

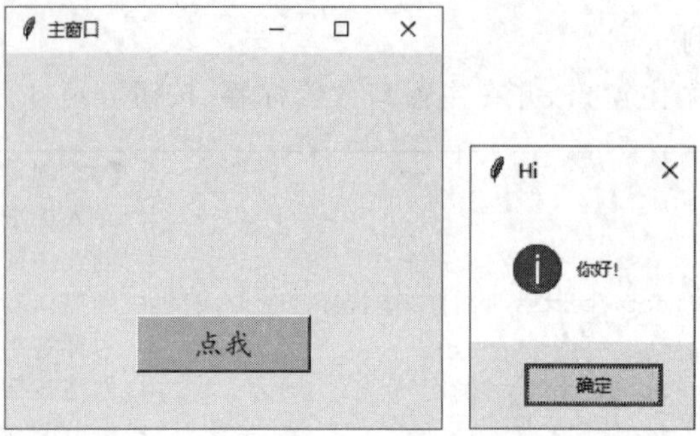


图 7-7　程序 E0707 运行结果

供的警告对话框、错误对话框)。

程序第 11 行,参数 bg='Pink'为设置按钮背景为粉红色;参数 command=hit_me 为单击“点我”按钮时,触发事件,调用 hit_me 回调函数进行事件处理。

程序第 13 行,函数 plac()管理组件位置,参数 relx 是相对于父组件(主窗口 root)的 x 坐标,0=左,0.5=中,1=右;参数 rely 是相对父组件的 y 坐标,0=上,0.5 中,1=下;参数 relwidth 和 relheight 为相对于父组件的宽度和高度,取值与 relx、rely 类似。

**2. 事件绑定 bind**

事件绑定的语法格式如下。

```
组件.bind(事件类型, 回调函数)                              # 事件绑定的语法格式
```

其中,事件类型是已经定义好的事件,回调函数是事件处理函数。如果有相关事件发生,回调函数就会被触发,事件类型会传递给回调函数(称为回调)。

常见事件类型有鼠标事件(单击、滚动、经过等),键盘事件(按下、组合键、键位映射等),退出事件,窗口大小或位置改变事件等。对每个组件来说,可以通过 bind()方法将函数或方法绑定到具体事件上。

**【例 7-8】** 将“打印”按钮与文本框进行绑定,单击“打印”按钮时,输出文本框内的内容;并且鼠标指针经过文本框时,输出鼠标坐标位置。

```
#E0708.py                                                   #【组件绑定】
from tkinter import *                                       # 导入标准模块-图形用户接口
root = Tk()                                                 # 创建主窗口
root.minsize(260, 150)                                      # 定义文本框大小
frame1 = Frame(root)                                        # 定义框架,用于存放文本框
def click(event):                                           # 定义鼠标触发回调函数
    print('自动触发\n鼠标位置:', event.x, event.y)          # 输出鼠标坐标
def message():                                              # 定义 message()回调函数
    print('输入信息:', entry1.get())                        # 输出文本框信息
entry1 = Entry(frame1, bg='#87CEEB')                        # 设置文本框,浅青背景色
entry1.pack()                                               # 文本框组件管理器
button1 = Button(frame1, text='打印', command=message)      # 鼠标单击时触发 message()函数
button1.bind('<Enter>', click)                              # 绑定鼠标触发回调函数
button1.pack(fill=X)                                        # 为按钮组件管理器填充颜色
frame1.pack()                                               # 框架组件管理器
root.mainloop()                                             # 窗口消息主循环
```

```
>>>                                                        # 程序运行结果如图 7-8 所示
自动触发
鼠标位置：63 29
输入信息：苔花如米小，也学牡丹开。
```

程序第 6 行，定义鼠标触发函数，打印输出鼠标指针当时所在位置。

程序第 8 行，单击“打印”按钮时，调用 message()函数，输出文本框输入的信息。

程序第 12 行，当鼠标指针经过“打印”按钮时，自动触发 click()函数。

程序第 14 行，pack(fill=X)表示沿水平方向填充。

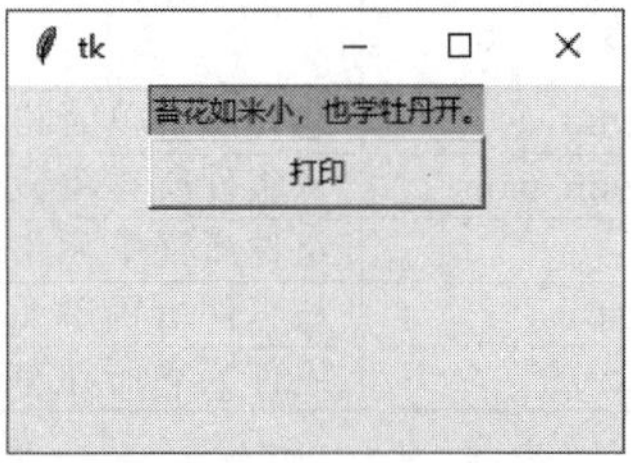

图 7-8　程序 E0708 运行结果

## 7.2.3　组件简易管理器 pack()

**1. Tkinter 组件管理器**

组件布置过程很烦琐，不仅要调整组件自身的位置和大小，还需要调整本组件与其他组件的大小与位置。Tkinter 提供了 pack()、grid()、place()三个组件管理器(也称为几何管理器)。其中，pack()是按添加顺序排列组件，grid()是按行/列形式排列组件，place()则允许程序员指定组件大小和精确位置。

**2. 组件在主窗口的定位 pack()**

pack()组件管理器采用块方式设置组件，它根据组件创建顺序将组件添加到父组件(如主窗口)中去。通过设置锚点，可以将组件紧挨一个地方放置，如果不指定任何选项参数，默认在父窗口中自顶向下添加组件。

pack()组件管理器使用简单，程序代码量少，因此使用最多。语法格式如下。

```
pack(参数)                                                # 组件窗口定位的语法格式
```

Pack()组件管理器参数说明如表 7-4 所示。

**表 7-4　pack()组件管理器参数说明**

| 参数 | 说　　明 |
|---|---|
| anchor | 锚点。组件对齐方式，N=上、S=下、W=左、E=右、CENTER=中间 |
| side | 组件停靠在父组件的哪一边，如 top、bottom、left、right。例：pack(side='left') |
| fill | 填充方式。side='top'或'bottom'时，填充 x 方向；side='left'或'right'时，填充 y 方向；当 expand='yes'时，填充父组件剩余空间。例：pack(fill=X)或 pack(fill='x') |
| ipadx，ipady | 组件内部元素在 x 或 y 方向上填充，例：ipadx=10(默认单位为像素) |
| padx，pady | 组件外部元素在 x 或 y 方向上填充，例：padx=10(默认单位为像素) |

注：Tkinter 模块提供了一系列大写值，它等价于字符型小写值，如 LEFT='left'，W='w'。

**3. 组件在主窗口的定位 grid()**

grid()组件管理器采用类似表格的结构管理组件，用来设计对话框和带有滚动条的窗口效果最好。grid()采用行列确定位置，行列交汇处为一个单元格。每一列中，列宽由这一列中最宽的单元格确定。每一行中,行高由这一行中最高的单元格决定。组件并不是充满整个单元格,程序员可以指定单元格中剩余空间的使用,也可以在水平或垂直方向上填满这些空间。grid()组件管理器参数说明如表 7-5 所示。

**表 7-5 grid()组件管理器参数说明**

| 参　数 | 说　明 |
|---|---|
| column | 组件所置单元格的列号,起始默认值为 0,而后累加。例:column=1 |
| columnspam | 从组件所置单元格算起在列方向上的跨度,起始默认值为 0 |
| row | 组件所置单元格的行号,起始默认值为 0,而后累加。例:row=1 |
| rowspam | 从组件所置单元格算起在行方向上的跨度,起始默认值为 0 |
| sticky | 组件紧靠所在单元格的某一边角。值为 N, S, W, E, NW, SW, SE, NE, CENTER |

### 7.2.4 组件精确管理器 place()

**1. place()组件管理器参数说明**

place()组件管理器需要更多程序代码,它可以直接使用坐标来放置组件,因此组件定位更加精确,更加美观。place()组件管理器参数说明如表 7-6 所示。

**表 7-6 place()组件管理器参数说明**

| 参数 | 说　明 |
|---|---|
| anchor | 锚点,控制组件位置,N、E、S、W、CENTER,例:anchor= CENTER(中间) |
| bordermode | 边框模式,bordermode='inside'(外边框);bordermode='outside'(内边框) |
| relx | 相对坐标,组件相对于父组件的 x 坐标,例:relx=0 左,relx=0.5 中间,relx=1 右 |
| rely | 相对坐标,组件相对于父组件的 y 坐标,例:relx=0 左,relx=0.5 中间,relx=1 右 |
| x | 绝对坐标,组件水平偏移位置(像素),例:x=10(注:优先实现 relx 选项) |
| y | 绝对坐标,组件垂直偏移位置(像素),例:y=10(注:优先实现 rely 选项) |
| relheight | 组件相对于父组件的高度,例:relheight=0.3(偏上),relheight=0.7(偏下) |
| relwidth | 组件相对于父组件的宽度,例:relwidth=0.2(偏左),relwidth =0.7(偏右) |
| height | 组件绝对高度(像素),例:height=50 |
| width | 组件绝对宽度(像素),例:width=150 |

**2. place()组件管理器应用案例**

**【例 7-9】** 在主窗口中放置背景图片,将按钮组件显示在窗口水平位置中间、垂直位置 75%处,并且用按钮组件覆盖背景图片标签组件。

```
#E0709.py                                                # 【组件位置管理】
import tkinter as tk                                     # 导入标准模块 - 图形用户接口
root = tk.Tk()                                           # 创建主窗口
photo = tk.PhotoImage(file = r'd:\test\07\鱼.png')       # 读入背景图片
tk.Label(root, image = photo).pack()                     # 在主窗口显示图片标签
def callback():                                          # 创建回调函数
    print('大鱼海棠')
tk.Button(root, text = '点我', command = callback).place(relx = 0.5, rely = 0.75, anchor = 'center')
root.mainloop()                                          # 窗口消息主循环
>>>大鱼海棠                                               # 程序运行结果如图 7-9 所示
```

图 7-9　程序 E0709 运行结果

程序第 8 行，参数 command＝callback 为事件触发设置，表示用户如果单击按钮，则调用 callback()回调函数。relx 和 rely 用于指定按钮在窗口中的位置，relx＝0.5 表示按钮在水平方向位于窗口中间位置；rely＝0.75 表示按钮在垂直位置位于窗口 75％处。

# 7.3　常用组件设计

## 7.3.1　文字标签组件 Label

Label 是最常见的组件，它主要是用于文本和图片显示。语法格式如下。

```
myLabel = tk.Label(参数)                                    # 标签组件的语法格式
```

Label 中的文本只能在一行显示；而 Message(消息框)中的文本可以自动换行，默认情况下，Message 会按宽高比 150％进行换行；Entry(单行文本框)可以在一行显示文本；Text(文本框)是多行多属性的文本框组件。标签的属性可以参考按钮，事实上按钮就是一个特殊的标签，只不过按钮多出了“单击响应”的功能。

**表 7-7　标签组件和按钮组件参数说明**

| 参　　数 | 说　　明 | 应 用 案 例 |
|---|---|---|
| anchor | 锚点，文本或图片布置位置 | 例：anchor＝tk.CENTER |
| background 或 bg | 背景色 | 例：bg＝'Pink'(背景为粉红) |
| foreground 或 fg | 前景色(文本颜色) | 例：fg＝'blue'(前景为蓝色) |
| borderwidth 或 bd | 边框宽度，默认为 2 像素 | 例：bd＝2 |
| width | 标签宽度，单位为字符长，图片为像素 | 例：width＝30(默认为一个字符) |
| height | 标签高度，单位为字符长，图片为像素 | 例：height＝2(默认为一个字符) |
| font | 字体('字体', 大小) | 例：font＝('黑体', 15) |
| image | 图片标签 | 例：Label(root, image＝花.png) |
| bitmap | 标签或按钮中的背景图片 | 例：image＝蓝天.gif |
| justify | 多行文本对齐：LEFT、RIGH、CENTER | 例：justify＝LEFT |
| text | 标签或按钮中的文本，用'\n'表示换行 | 例：text＝'你好' |
| padx | 文本左右留白大小，默认为 1 像素 | 例：padx＝10 |
| pady | 文本上下留白大小，默认为 1 像素 | 例：pady＝5 |
| command | 按钮复选框关联函数(单击响应) | 例：command＝自定义函数名 |

续表

| 参　数 | 说　明 | 应用案例 |
|---|---|---|
| value | 单选按钮被选中后的值，布尔值 | 例：value=True |
| variable | 多选按钮变量，1为选中，0为没有选中 | 例：variable=tkinter.IntVar() |
| wraplength | 多选按钮的折行显示，单位为像素 | 例：wraplength=35(按钮长度) |

**【例 7-10】** 创建主窗口及 Label 组件(标签)。

```
1  #E0710.py                                  #【显示文本标签】
2  import tkinter as tk                       # 导入标准模块 - 图形用户接口
3  root = tk.Tk()                             # 实例化对象,建立主窗口 root
4  root.title('窗口')                         # 窗口标题名称
5  root.geometry('200x150')                   # 设定窗口大小(长 x 宽),注意,x 为小写
6  myLabel = tk.Label(root, text = '满招损,谦受益', bg = 'Pink', font = ('黑体', 12), width = 30, height = 2)
7  myLabel.pack()                             # 标签管理器,自动调节尺寸
8  root.mainloop()                            # 窗口消息主循环
   >>>                                        # 程序运行结果如图 7-10 所示
```

程序第 6 行，函数 tk.Label()为设置标签，参数 root 是父窗口；参数 text='满招损，谦受益'为显示文本；参数 bg='Pink'为粉红色背景；参数 font=('黑体', 12)为黑体，大小为 12 点；参数 width 为标签长；参数 height 为标签高(长和高以字符为单位)。

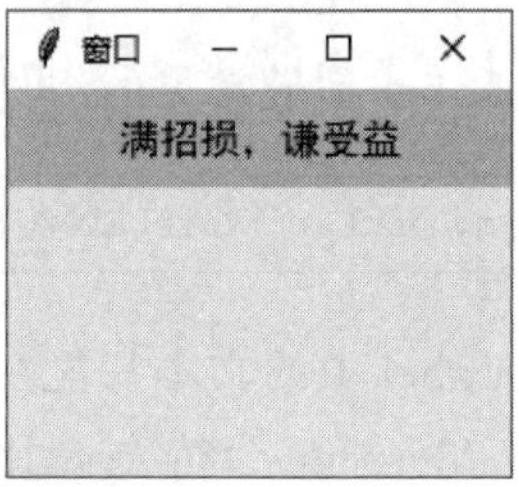


图 7-10　E0710 程序运行结果

## 7.3.2　图片标签组件 Label

### 1. 用图片标签做背景

Tkinter 中，可以利用图片做背景标签。设置方法如下。

```
photo = PhotoImage(file = 'd:\\test\\07\\图片名.png')     # 读入图片标签
myLabel = Label(root, image = photo)                     # 绘制图片标签
myLabel.pack()                                           # 标签管理器,图片标签设置
```

**说明**：Image 属性仅支持 gif、png、ppm 格式图片。如果需要显示其他格式图片，则需要用到第三方图像处理软件包(如 Pillow)。

**【例 7-11】** 在窗口中插入背景图片，并显示标签文字。

```
#E0711.py                                        #【显示图片标签】
from tkinter import *                            # 导入标准模块 - 图形用户接口

root = Tk()                                      # 创建主窗口
photo = PhotoImage(file = 'd:\\test\\07\\大海.png')  # 读入图片
myLabel = Label(root,                            # 标签赋值,在主窗口显示标签
    text = '面朝大海\n春暖花开\n——北岛',          # 文字换行,\n 为换行符
    justify = LEFT,                              # 左对齐
```

```
    image = photo,                                # 为图片赋值
    compound = CENTER,                            # 文字居中
    font = ('隶书', 50),                          # 字体设置,字体为隶书,50 点
    fg = 'red')                                   # 字体颜色,前景色为红色
myLabel.pack()                                    # 组件管理器,显示标签
mainloop()                                        # 窗口消息主循环
>>>                                               # 程序运行结果如图 7-11 所示
```

图 7-11　在窗口中插入背景图片

**2. 用内置图标制作标签**

Python 内置了 10 种图标(见图 7-12),它们可以在程序中直接使用。使用 bitmap 设置参数即可使用这些图标,bitmap 参数为 error(错误)、gray75(灰色 75%)、gray50(灰色 50%)、gray25(灰色 25%)、gray12(灰色 12%)、hourglass(运行中)、info(信息)、questhead(疑问)、question(问题)、warning(警告)。

**【例 7-12】** 调用内置图标制作图片标签。

```
#E0712.py                                         #【调用内置标签】
from tkinter import *                             # 导入标准模块 - 图形用户接口
root = Tk()                                       # 创建主窗口
myLabel1 = Label(root, text = '我是标签')          # 标签为文字
myLabel2 = Label(root, bitmap = 'warning')        # 标签为内置图标(警告)
myLabel1.pack()                                   # 用组件管理器显示标签 1
myLabel2.pack()                                   # 用组件管理器显示标签 2
root.mainloop()                                   # 窗口消息主循环
>>>                                               # 程序运行结果如图 7-13 所示
```

图 7-12　Python 内置图标

图 7-13　E0712 程序运行结果

### 7.3.3 单行文本框组件 Entry

文本框是获取用户输入数据的一种方式。在输入框中单击会出现插入点光标，用户可以直接在输入框中输入文字或文本信息。在文本框之外，一般有“确认”和“放弃”按钮，如果用户单击“确认”按钮，则返回真；如果用户单击“放弃”按钮，则返回假。

【例 7-13】 按钮和输入框交互。

```
1   #E0713.py                                                  #【交互输入框】
2   from tkinter import *                                      # 导入标准模块 - 图形用户接口
3
4   root = Tk()                                                # 创建主窗口
5   root.title('输入框')                                       # 窗口标题
6   Label(root, text = '作品:').grid(row = 0, column = 0)      # 定义标签
7   Label(root, text = '作者:').grid(row = 1, column = 0)
8   E1 = Entry(root)                                           # 接收用户输入的一行字符串
9   E2 = Entry(root)                                           # 输入多行文本时使用 Text 组件
10  E1.grid(row = 0, column = 1, padx = 10, pady = 5)          # 文本框
11  E2.grid(row = 1, column = 1, padx = 10, pady = 5)
12  def show():                                                # 定义回调函数
13      print('作品《%s》' % E1.get(),'已保存')                # 单击"保存"按钮时打印输出
14  Button(root, text = '保存', width = 10, command = show)\
15      .grid(row = 3, column = 0, sticky = W, padx = 10, pady = 5)   # 定义按钮
16  Button(root, text = '退出', width = 10, command = root.quit)\
17      .grid(row = 3, column = 1, sticky = E, padx = 10, pady = 5)   # 定义按钮
18  mainloop()                                                 # 窗口消息主循环
```

```
>>>                                                            # 程序运行结果如图 7-14 所示
面朝大海                                                       # 在对话框中输入作品名称
北岛                                                           # 在对话框中输入作者名称
作品《面朝大海》已保存                                         # 单击"保存"按钮时
```

**说明**：程序第 14 行，如图 7-14 所示，在程序运行界面中单击“保存”按钮后，打印保存信息。

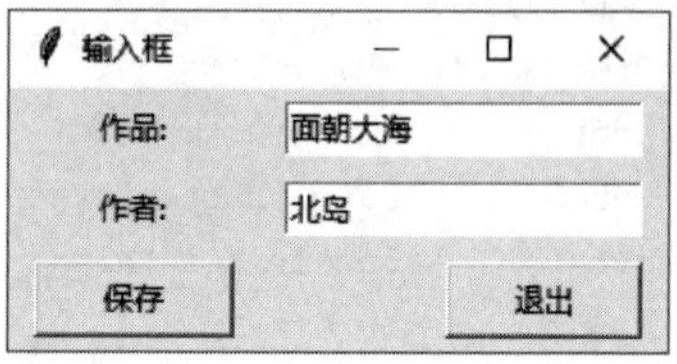


图 7-14 E0713 程序运行结果

### 7.3.4 多行文本框组件 Text

Text 组件主要用来显示多行文本。Text 组件功能很强大，很灵活，它可以实现很多功能。如 Text 组件可以用作简单的文本编辑器，甚至是网页浏览器。Text 组件与 Entry 组件的控制参数基本相同(参见表 7-1)。

【例 7-14】 设计一个多行文本输入框。

```
#E0714.py                                   #【文本输入框】
from tkinter import *                       # 导入标准模块 - 图形用户接口

root = Tk()                                 # 创建主窗口
T = Text(root, height = 10, width = 50)     # 文本框设置，高 10 个字符，宽 50 个字符
```

```
6   T.pack()                                            # 组件管理器
7   T.insert(END, '''\n 为什么我的眼里常含泪水?          # 在光标处插入行,\n 为换行符
8       \n 因为我对这土地爱得深沉……                      # 注意,换行符\n 容易引起出错
9       \n\n——《我爱这土地》艾青''')                     # 因此文本使用 3 个'''号,避免出错
10  mainloop()                                          # 窗口消息主循环
    >>>                                                 # 程序输出如图 7-15 所示
```

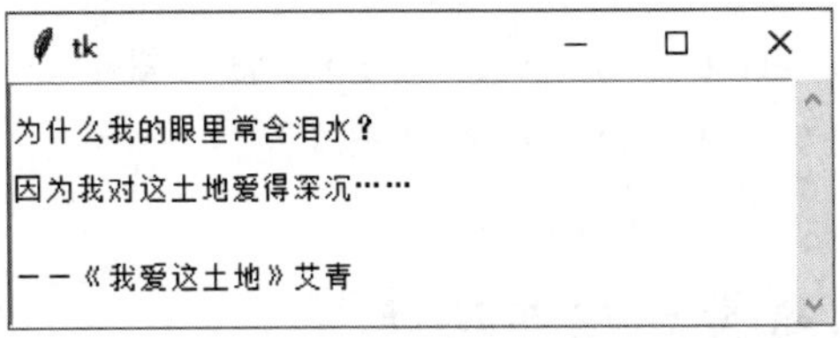


图 7-15　E0714 程序运行结果

程序第 7 行,文本行插入操作语法为 T.insert(标记, '字符串'),其中标记 END 为文本缓冲区的最后一个字符。

# 7.4　GUI 程序设计案例

## 7.4.1　案例:单选题窗口程序设计

Radiobutton()为单选按钮函数。单选按钮在同一组内只能有一个按钮被选中,每当选中组内一个按钮时,其他按钮自动改为非选中状态,单选按钮在单击事件触发后运行。单选按钮除了具有一些按钮的共有属性外,还有显示文本(text)、返回变量、返回值、响应函数名(command)等重要属性。该按钮使用 command 关联函数,单击时响应,语法为"command=函数名"(注意,函数名后面没有括号),它的用法与 Button 相同,返回值 variable 表示按钮是否被选中,可以通过"变量.get()"函数获取被选中的值。单选按钮的语法格式如下。

```
thinter.Radiobutton(存放按钮的父组件, 属性参数)                # 单选按钮的语法格式
```

存放按钮的父组件一般名称为 root;属性参数如表 7-7 所示。

【例 7-15】 设计一个多答案单选题的窗口程序。

```
#E0715.py                                            #【单选按钮】
from tkinter import *                                # 导入标准模块 - 图形用户接口

root = Tk()                                          # 创建主窗口
group = LabelFrame(root, text = '《沉默的大多数》作者是?', padx = 5, pady = 5)   # 创建框架组件
group.pack(padx = 10, pady = 10)                     # 组件布局
LANGS = [('鲁迅', 1), ('莫言', 2), ('王朔', 3), ('王小波', 4)]    # 单选项赋值
v = IntVar()                                         # 计数器初始化
v.set(1)
for lang, num in LANGS:                              # 对应列表中包含元组同时执行多个循环
    b = Radiobutton(group, text = lang, variable = v, value = num)
```

```
12      b.pack(anchor = W)                     # anchor = W 表示标签锚点靠西边(左边)
13  mainloop()                                 # 窗口消息主循环
    >>>                                        # 程序运行结果如图 7-16 所示
```

程序第 8 行，v＝IntVar()定义一个整型变量，它用来将 Radiobutton 值和 Label 值联系在一起。

程序第 11 行，variable 是组件所关联的变量，value 是组件被选中时关联变量的值。variable＝v，value＝num 表示鼠标选中了其中一个选项时，把 value 的值 num 放到变量 v 中，然后由 v 赋值给 variable。

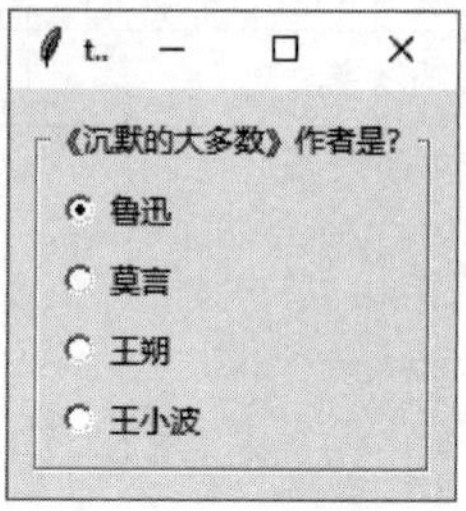

图 7-16　单选题程序

## 7.4.2　案例：多选题窗口程序设计

复选框组件可以返回多个选项值，它通常不直接触发函数的执行。该组件除一些共有属性外，还有显示文本(text)、返回变量(variable)、选中返回值(onvalue)和未选中默认返回值(offvalue)等属性。返回变量 variable＝var 通常可以预先逐项分别声明变量的类型，如 var＝IntVar()或 var＝StringVar()，在程序中可调用 var.get()函数获取被选中项目的 onvalue 或 offvalue 值。复选框还可以用 select()、deselect()、toggle()函数进行选中、清除选中、反选操作。复选框一般用于有多个选项组成的选项列表。

```
thinter.Checkbutton(存放按钮的父组件，属性参数)              # 复选框的语法格式
```

存放按钮的父组件一般名称为 root；属性参数如表 7-7 所示。

**【例 7-16】** 设计一个多答案多选题的窗口程序。

```
#E0716.py                                          #【多选按钮】
from tkinter import *                              # 导入标准模块 - 图形用户接口
import tkinter.font as tkFont                       # 导入标准模块 - 字体管理

class Application(Frame):                          # 创建类
    #【初始化】
    def __init__(self, master = None):             # 初始化,master = None 表示它是顶层窗口
        super().__init__(master)                   # 调用 super()方法初始化父类的构造函数
        self.master = master                       # 构造顶层窗口
        self.pack()                                # 初始化 pack()布局管理器
        self.createWidget()                        # 初始化小组件
    #【复选框设置】
    def createWidget(self):
        ft = tkFont.Font(family = '楷体', size = 15)     # 字体设置
        self.label = Label(self, text = "中国古代四大名著为:",
       bg = "lightyellow", fg = "red", font = ft, width = 40).grid(row = 0)    # 标签字符设置
        self.curriculum = {0:'西游记', 1:'红楼梦', 2:'三国演义', 3:'水浒传'}    # 显示字符
        self.var = {}
        for i in range(len(self.curriculum)):      # 循环检测按钮选择
            self.var[i] = BooleanVar()             # 为按钮赋布尔值
```

```
21                  Checkbutton(self, font = ft, text = self.curriculum[i],
22                      variable = self.var[i]).grid(row = i + 1, sticky = W)    # 复选框设置
23          self.button  =  Button(self, text = "确认提交", font = ft,
24              padx = 20, pady = 8, command = self.confirm).grid()    # "提交"按钮事件触发
25      #【获取选择项目】
26      def confirm(self):                                  # 定义回调函数
27          select  =  ''                                   # 选择变量初始化
28          for i in self.var:                              # 循环检测选择
29              if self.var[i].get()  ==  True:             # 获取选择值,勾选则传回来的值为 True
30                  select  =  select + self.curriculum[i] + '\n'   # 选择值计数
31          print(select)                                   # 触发事件处理
32  #【主程序】
33  if __name__  ==  '__main__':
34      root = Tk()                                         # 创建主窗口
35      root.geometry('500x220')                            # 主窗口大小
36      root.title('多选题')                                 # 主窗口标题
37      app  =  Application(master = root)                  # 创建主窗口
38      root.mainloop()                                     # 窗口消息主循环

    >>>三国演义 水浒传（注:输出为竖行）                      # 运行运行结果如图 7-17 所示
```

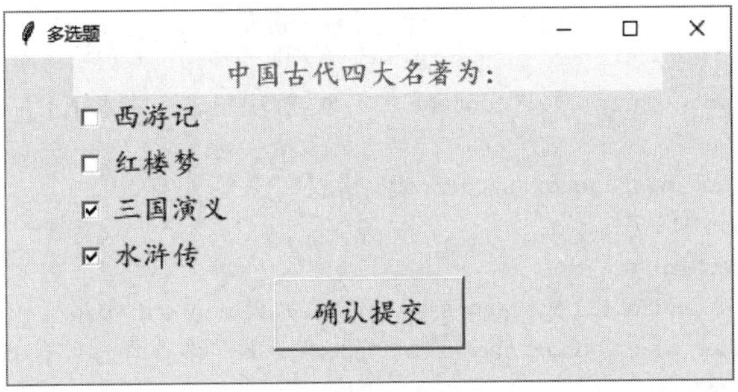


图 7-17　多选题程序

程序第 15、16 行,Label()为题目标签,参数 bg="lightyellow"表示背景为浅黄色；参数 fg="red"表示字符为红色；参数 font=ft 表示字体设置；参数 width=40 表示标签长度；参数 grid(row=0)表示标签在 0 行显示。

程序第 19 行,self. curriculum 为按钮提示字符；len()为计算字典元素数量；range()为顺序整数生成函数(生成整数等差数列)；本语句为循环检测按钮选择。

程序第 20 行,这里给字典的键一个 False 或 True 值,用于检测按钮是否被勾选。这里相当于{0:False, 1:False, 2:False, 3:False, 4:False}。

程序第 29 行,参数 self. var[i]. get()为获取按钮布尔值；如果按钮被勾选,传回来的值为 True；如果没有被勾选,传回来的值为 False。

### 7.4.3　案例:简单计算器程序设计

**【例 7-17】** 设计一个简单 GUI 的计算器程序。这个计算器功能很简单,只能进行一些简单的计算,程序主要是给读者带来一些 GUI 编程的启发。因为是 GUI 程序,所以调用了 Python 标准绘图模块 Tkinter。

```
#E0717.py                                          #【简单计算器】
import re                                          # 导入标准模块 - 正则表达式
import tkinter                                     # 导入标准模块 - 图形用户界面
import tkinter.messagebox                          # 导入标准模块 - 消息框

#【按钮操作】
def buttonClik(btn):
    content = contentVar.get()                     # 获取文本框中的内容
    if content.startswith('.'):                    # 如果内容以小数点开头
        content = '0' + content                    # 在前面增加 0
    if btn in '0123456789':                        # 根据不同按钮做出不同的反应
        content += btn                             # 判断 0~9 中哪个键按下了,就添加到 content 字符串中
    elif btn == '.':                               # 如果按钮为空
        lastPart = re.split(r'\+|-|\*|/', content)[-1]   # 用正则模板对字符串进行切割
        if '.'in lastPart:                         # 判断按钮字符
            tkinter.messagebox.showerror('错误','重复出现的小数点')    # 提示信息
            return
        else:
            content += btn                         # 四则运算按钮计数,用于后面的判断
    elif btn == '清除':
        content = ''                               # 清除文本框
    elif btn == '=':                               # 判断按键是否为 =
        try:
            content = str(eval(content))           # 对输入表达式求值,字符串转换为数字
        except:
            tkinter.messagebox.showerror('错误','表达式有误')
            return
    elif btn in operators:
        if content.endswith(operators):            # 如果 content 中最后出现的是 +、-、*、/
            tkinter.messagebox.showerror('错误','不允许存在连续运算符')
            return
        content += btn
    elif btn == 'Sqrt':
        n = content.split('.')                     # 从"."处分割,n 是一个列表
        if all(map(lambda x:x.isdigit(), n)):      # 如果列表中都是数字,则检查表达式是否正确
            content = eval(content) ** 0.5         # ** 0.5 为开平方运算
        else:
            tkinter.messagebox.showerror('错误','表达式错误')
            return
    contentVar.set(content)                        # 将结果显示到文本框中

root = tkinter.Tk()                                # 生成主窗口,用 root 表示
root.geometry('300x270+400+100')                   # 设置窗口大小和位置
root.resizable(False, False)                       # 框架大小是否可调,表示 xy 方向的可变性
root.title('简单计算器')                             # 设置窗口标题
contentVar = tkinter.StringVar(root,'')            # 刷新字符串变量,可用 set 和 get 传值和取值
contentEntry = tkinter.Entry(root, font=('Verdana', 14), textvariable=contentVar)   # 结果文本框
contentEntry['state'] = 'readonly'                 # 文本框属性:只能读不能写
contentEntry.place(x=10, y=10, width=280, height=30)     # 计算结果文本框位置
btnClear = tkinter.Button(root,text='清除',font=('Verdana', 14),
```

```
51        bg = 'Pink',command = lambda:buttonClik('清除'))          # "清除"按钮字体、颜色、单击处理
52  btnClear.place(x = 40, y = 45, width = 80, height = 30)       # "清除"按钮位置设置
53  btnCompute = tkinter.Button(root,text = ' = ',font = ('Verdana', 14),
54        bg = 'yellow',command = lambda :buttonClik(' = '))      # " = "按钮字体、颜色、单击处理
55  btnCompute.place(x = 170, y = 45, width = 80, height = 30)# " = "按钮位置设置
56  digits = list('0123456789.') + ['Sqrt']                       # 按钮中数字、小数点、平方根
57  index = 0                                                     # 索引号初始化
58  for row in range(4):                                          # 数字按钮分为 4 行 3 列,循环放置
59      for col in range(3):                                      # 循环放置数字按钮
60          d = digits[index]                                     # 按索引从列表中取值
61          index += 1                                            # 索引号递增
62          btnDigit = tkinter.Button(root,text = d,font = ('Verdana', 14),
63              command = lambda x = d:buttonClik(x))             # 数字按钮字体,单击处理
64          btnDigit.place(x = 20 + col * 70,y = 80 + row * 50,width = 50,height = 30)   # 按钮位置
65  operators = ('+','-','*','/','**','//')                       # 运算符按钮
66  for index,operator in enumerate(operators):                   # 按序列索引号循环
67      btnOperator = tkinter.Button(root,text = operator,bg = 'orange',
68          font = ('Verdana', 14), command = lambda x = operator:buttonClik(x))        # " = "按钮字体
69      btnOperator.place(x = 230, y = 80 + index * 30, width = 50, height = 30)    # " = "按钮位置
70  root.mainloop()                                               # 消息主循环(必需组件)
    >>>                                                           # 运行结果如图 7-18 所示
```

程序第 14 行,函数 re.split()为正则表达式字符切割,将 content 从+、-、*、/这些字符处分割开,[-1]表示获取最后一个字符。

程序第 47 行,函数 tkinter.Entry()为计算结果显示文本框设置;参数 root 为主窗口;参数 font=('Verdana', 14)为文本框内字体设置;参数 textvariable=contentVar 表示将文本框中的内容存放在 contentVar 变量中。

图 7-18　简单计算器界面

程序第 49 行,文本框在 root 窗口的 xy 坐标位置,以及文本框的宽和高;x 表示组件左上角的 x 坐标;y 表示组件右上角的 y 坐标。

程序第 50 行,函数 tkinter.Button()为"清除"按钮设置;root 表示主窗口;参数 text='清除'表示按钮中文字;参数 font=('Verdana', 14)表示按钮字体;参数 bg='Pink'表示按钮背景颜色;参数 command=lambda:buttonClik('清除')表示单击按钮后,进入 buttonClik 回调函数做处理。

程序第 66 行,函数 enumerate()用于将一个可遍历的序列组合为一个索引序列,同时列出数据和数据下标。

### 7.4.4　案例:文本编辑器框架设计

菜单是应用程序最常用的元素之一,用户应熟悉它的使用方法。

### 1. 菜单组件添加方法

Menu组件用于实现顶级菜单、下拉菜单和弹出菜单。菜单程序首先需要创建一个顶级的主菜单，然后用add()方法将子菜单和命令添加进去。创建下拉菜单的方法也一样，不同的是最后需要添加到主菜单上(不是窗口上)。添加菜单项的方法如表7-8所示。

表7-8　添加菜单项的方法

| 添加菜单项的方法 | 说　明 | 应用示例 |
| --- | --- | --- |
| add_cascade() | 添加一个父菜单 | menu.add_cascade(label='文件', menu=filemenu) |
| add_command() | 添加普通命令菜单 | menu.add_command(label='新建', command=callback) |
| add_separator() | 添加分隔线 | menu.add_separator() |
| add_checkbutton() | 添加多选菜单 | menu.add_checkbutton(label='保存', variable=var) |

### 2. MenuButton组件

MenuButton组件是一个与Menu组件相关联的按钮，它可以放在窗口中任意位置，并且在被按下时弹出下拉菜单。

### 3. 菜单应用程序设计

【例7-18】 设计一个文本编辑器菜单框架程序。

```
#E0718.py                              #【编辑器框架】
from tkinter import *                  # 导入标准模块-图形用户接口
import tkinter.messagebox              # 导入标准模块-消息框
root = Tk()                            # 创建主窗口
root.title('文本编辑器')               # 窗口标题

def callback():                        # 定义回调函数
    tkinter.messagebox.showinfo(title='Hi', message='功能建设中!')

menubar = Menu(root)                   # 创建主菜单
#【创建"文件"下拉菜单】
filemenu = Menu(menubar, tearoff=False)    # 来自主菜单,tearoff=False表示不显示分隔虚线
filemenu.add_command(label='新建', command=callback)    # 增加二级菜单,绑定回调函数
filemenu.add_command(label='打开...', command=callback)
filemenu.add_separator()               # 增加分隔线
filemenu.add_command(label='保存', command=callback)
filemenu.add_separator()
filemenu.add_command(label='退出', command=root.quit)
menubar.add_cascade(label='文件(F)', menu=filemenu)
#【创建"编辑"下拉菜单】
editmenu = Menu(menubar, tearoff=False)
editmenu.add_command(label='撤销', command=callback)
editmenu.add_command(label='重做', command=callback)
editmenu.add_separator()
editmenu.add_command(label='剪切', command=callback)
editmenu.add_command(label='复制', command=callback)
editmenu.add_command(label='粘贴', command=callback)
editmenu.add_separator()
editmenu.add_command(label='全选', command=callback)
```

```
30 editmenu.add_separator()
31 editmenu.add_command(label = '查找...', command = callback)
32 menubar.add_cascade(label = '编辑(E)', menu = editmenu)
33 #【创建"帮助"下拉菜单】
34 helpmenu = Menu(menubar, tearoff = False)
35 helpmenu.add_separator()
36 helpmenu.add_command(label = '关于...', command = callback)
37 helpmenu.add_separator()
38 menubar.add_cascade(label = '帮助(H)', menu = helpmenu)
39 #【创建文本编辑区】
40 T = Text(root, height = 20, width = 80, bg = '#FFFFE0')  # 编辑区高 20 个字符,宽 80 个字符,背景为浅黄色
41 T.pack()                                  # 组件管理器,显示编辑区
42 T.insert(END, '')                         # END 表示结束字符,插入文本行
43 root.config(menu = menubar)               # menu 参数会将菜单设置添加到主窗口
44 mainloop()                                # 窗口消息主循环
>>>                                          # 运行结果如图 7-19 所示
```

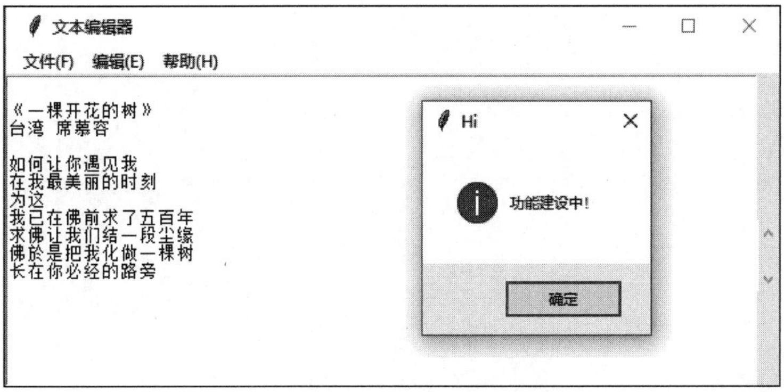


图 7-19 文本编辑器菜单框架程序

程序说明:

(1) 由于篇幅限制,菜单中仅实现了"退出"功能,其他功能尚待开发。

(2) 操作方法:一是用鼠标单击各个菜单项,或在编辑区输入文字;二是按 Alt 键调用菜单,按上、下、左、右方向键选择菜单,按 Esc 键取消,按 Enter 键执行菜单功能。

(3) 程序第 3～5 行为初始化;7、8 行为定义回调函数 callback();第 11～19 行为定义"文件"菜单;第 20～32 行为定义"编辑"菜单;第 33～38 行为定义"帮助"菜单;第 39～42 行为定义文本编辑区;第 43.44 行为菜单实现和消息主循环。

# 习　题　7

7-1 简述 Tkinter 图形界面编程的特征。

7-2 简述什么是事件驱动程序设计。

7-3 简述 pack()、grid()、place()三个组件管理器的不同功能。

7-4 实验:调试并运行 E0706.py 程序,掌握 GUI 程序基本结构。

7-5　实验：调试并运行 E0707.py 程序，了解事件驱动程序设计。

7-6　实验：调试并运行 E0709.py 程序，掌握在主窗口中放置背景图片。

7-7　实验：调试并运行 E0716.py 程序，掌握多选题按钮程序设计。

7-8　实验：调试并运行 E0718.py 程序，掌握文件编辑器框架程序设计。

7-9　编程：设计一个只能做加法运算的 GUI 程序，界面如图 7-20 所示。

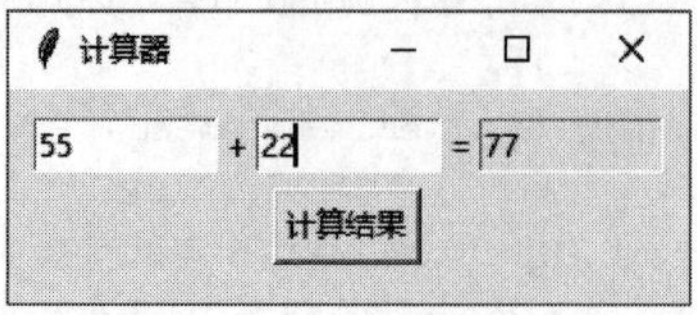


图 7-20　简单加法运算 GUI 程序界面

7-10　编程：设计一个可以进行多个标签选择的 GUI 程序。

# 第8章　文本分析程序设计

Seth Grimes 说："80%的商业信息来自非结构化数据，主要是文本数据。"这一说法可能夸大了文本数据在商业数据中的比例，但是文本数据蕴含的价值毋庸置疑。在信息爆炸的今天，文本数据量非常庞大，因此需要对文本进行数据挖掘，从而获取有价值的信息。

## 8.1　文本文件清洗

### 8.1.1　文本格式化

**1. 结构化数据和非结构化数据**

结构化数据也称为行数据，它有规定的数据类型、规定的存储长度、规范化的数据结构等要求，它可以用数据库进行存储和管理。结构化数据非常适合程序进行处理。

非结构化数据主要有各种办公文档（文档编码不一）、大型文本文件（数据结构不一）、网页（各种 HTML 标签和控制符）、各类图片、音频、视频等数据。非结构化数据不适宜于用关系数据库进行存储和管理，程序处理非结构化数据也很麻烦。

据 IDC 组织预测，2018—2025 年，全球产生的数据量将会从 33ZB 增长到 175ZB，年增长率达到 27%，其中超过 80%的数据都是处理难度较大的非结构化数据。

数据清洗工作的主要内容是将非结构化数据转换为结构化数据，以便于程序处理。

**2. 英语字母大小写转换**

**【例 8-1】** 将莎士比亚(Shakespeare)名言中的英语单词进行各种转换。

```
>>> char = 'The pyramid is built with stones pieces of.'    # 金字塔是用一块块石头堆砌而成
>>> print(char.upper())          # 将所有字符转换成大写字母
THE PYRAMID IS BUILT WITH STONES PIECES OF.
>>> print(char.lower())          # 将所有字符转换成小写字母
the pyramid is built with stones pieces of.
>>> print(char.capitalize())     # 将语句第一个字母转换为大写字母，其余部分小写
The pyramid is built with stones pieces of.
>>> print(char.title())          # 将每个单词的第一个字母转换为大写，其余为小写
The Pyramid Is Built With Stones Pieces Of.
```

**3. 文本格式对齐**

**【例 8-2】** 有些文本数据排列混乱（见图 8-1），需要进行对齐处理。可以利用 format()函数进行格式化对齐处理。

```
1  #E0802.py                                                  #【文本对齐】
2  with open(r'd:\test\08\成绩 1.txt', 'r') as f:              # 用绝对路径打开文件
3      for s in f:
4          L = s.split()                                      # 利用分隔符对字符串进行分割
5          t = '{0:<4}{1:<5}{2:4}'.format(L[0], L[1], L[2])   # 左对齐
6          print(str(t))
   >>>                                                        # 运行结果如图 8-2 所示
```

```
01    贾宝玉   85.5
  02     林黛玉      90
03     薛宝钗        88.5
   04       袭人       65
```

图 8-1 成绩 1.txt

```
01  贾宝玉   85.5
02  林黛玉   90
03  薛宝钗   88.5
04  袭人     65
```

图 8-2 对齐后的形式

程序第 4 行，函数语法为：s.split([sep][,count=s.count(sep)])。参数 sep 为指定分隔符(可选参数)，默认为空格、换行(\n)、制表符(\t)等；参数 count 为分隔次数(可选参数)，默认为分隔符在字符串中出现的总次数。函数从字符串最后面开始分割，返回列表。

程序第 5 行，参数{0:<4}为 format()函数的 0 号元素(L[0]即源文本第 1 行中的元素)中，占用 4 个字符空间(0～3)；参数{1:<5}为 format()函数的 1 号元素(L[1]，即源文本第 1 行中的姓名)中，占用 5 个字符空间(0～4)；参数{2:4}为 format()函数的 2 号元素(L[2]，即源文本第 1 行中的成绩，注意，成绩是字符串)中，占用 4 个字符空间。

**4. 文本过滤输出**

**【例 8-3】** 一些文本中，汉字、数字、英语字符往往混杂在一起，程序处理非常麻烦。这时可以利用正则表达式对文本进行过滤清洗输出。

```
1  #E0803.py                                   #【正则处理】
2  import re                                   # 导入标准模块 - 正则处理
3  char = '1LB 刘备 2ZGL 诸葛亮 3CZ 曹操 4XY 荀彧 5SQ 孙权 6LS 鲁肃'   # 定义字符串
4  reg = ['[a-z]', '[A-Z]', '\d', '[^\da-zA-Z]']   # 定义正则表达式(正则模板)
5  for s in reg:                               # 循环处理字符串
6      mb = re.compile(s)                      # 编译正则模板，如果正则表达式不合语法就会报错
7      s = re.findall(mb, char)                # 正则模块 re 根据 rega 表达式对字符串 char 进行匹配
8      print(''.join(s))                       # 对匹配后的字符 s 进行连接并打印输出
   >>>                                         # 程序运行结果
   LBZGLCZXYSQLS
   123456
   刘备 诸葛亮 曹操 荀彧 孙权 鲁肃
```

程序第 4 行，参数[a-z]表示匹配小写英文字符(没有可匹配字符)；参数[A-Z]表示匹配大写英文字符；参数\d 表示匹配数字；参数[^\da-zA-Z]表示匹配所有非数字和非英文字符(即汉字)。

程序第 7 行，函数 re.findall()表示在字符串(char)中，找到正则表达式(rega)所匹配的所有子串，并返回一个列表。如果没有找到匹配的，则返回空列表。

程序扩展：在 Unicode 编码中，汉字的编码范围为 4E00～9FD5。程序 E0803.py 中，如果只需要过滤出中文字符，则可以将程序第 4 行语句修改为 reg=['[\u4E00-\u9FD5]']。

## 8.1.2 文本文件合并

### 1. 文本文件合并成新文件

**【例 8-4】** 文本处理时，往往需要将多个文件合并在一起，再进行数据处理。如图 8-3～图 8-5 所示，将“琴诗 1.txt”“琴诗 2.txt”“琴诗 3.txt”文件合并成一个文件。

[宋] 苏轼 《琴诗》

图 8-3 琴诗 1.txt

若言琴上有琴声，
放在匣中何不鸣？

图 8-4 琴诗 2.txt

若言声在指头上，
何不于君指上听？

图 8-5 琴诗 3.txt

步骤 1：合并文件。

```
#E0804_1.py                                     #【合并文件】
flist = ['d:\\test\\08\\琴诗 1.txt',            # 文件列表赋值
        'd:\\test\\08\\琴诗 2.txt',
        'd:\\test\\08\\琴诗 3.txt']
f = open('d:\\test\\08\\琴诗 4.txt', 'w')        # 创建新的临时文件"琴诗 4.txt"
for fr in flist:                                # 循环遍历读取所有源文件中的字符串
    for txt in open(fr, 'r'):                   # 循环读取某个文件中的每一行
        f.write(txt + '\r\n')                   # 行内容写入文件,行尾加回车和换行符(\r\n)
f.close()                                       # 关闭文件
```

```
>>>                                             # 用记事本程序查看"琴诗 4.txt"的内容
[宋] 苏轼《琴诗》
若言琴上有琴声，
                                                # 文件中出现多余空行
放在匣中何不鸣？…(输出略)
```

步骤 2：删除文件“琴诗 4.txt”中的空行。

```
#E0804_2.py                                     #【删除空行】
f = open('d:\\test\\08\\琴诗 4.txt', 'r')        # 以读方式打开临时文件
s = list()                                      # list()函数将元组转换为列表
for line in f.readlines():                      # 循环读取文件中每一行
    line = line.strip()                         # 删除每行头尾的空白字符
    if not len(line) or line.startswith('#'):   # 判断是否为空行,或是以#开始的行
        continue                                # 空行跳过不处理,返回循环头部
    s.append(line)                              # 插入一个新行
open('琴诗 5.txt', 'w').write('%s' % '\n'.join(s))  # 创建新文件,并将行内容写入新文件
f.close()                                       # 关闭文件
```

```
>>>                                             # 用记事本软件查看"琴诗 5.txt"文件的内容
[宋] 苏轼《琴诗》
若言琴上有琴声，
放在匣中何不鸣？
若言声在指头上，
何不于君指上听？
```

程序第 5 行，函数 line. strip()用于删除指定字符，如果没有指定字符则删除空白字符(包括换行'\n'，回车符'\r'，制表符'\t'，空格' ')。函数从原字符尾部开始寻找，找到指定字符就将其删除，直到遇到一个不是指定字符就停止删除。

程序第 6 行，也可以用"if line. count('\n')==len(line):"语句判断读出的是否为空行。

程序第 9 行，函数 join()用于将序列中的元素以指定字符连接成一个新字符串。

程序扩展：也可以用以下正则表达式删除所有空行。

```
>>> import re                                                      # 导入标准模块-正则表达式
>>> s = re.sub(r"\n+", "\n", open('d:\\test\\08\\琴诗 4.txt').read())  # 正则匹配替换,\n 表示空行
>>> print(s)                                                       # 输出与例 8-4 相同
>>> k = re.sub(r"\s+", "\n", s)                                    # 将 s 中空格替换为回车符
```

## 2. 文本文件连接输出

**【例 8-5】** 外企面试题。"工资 xm. txt"文件记录了工号和姓名，如图 8-6 所示；"工资 gz. txt"文件记录了工号和工资，如图 8-7 所示。要求把两个文件合并，并按照姓名首字母进行排序输出。

```
100 Jason Smith (杰森·史密斯)
200 John Doe (约翰·多伊)
300 Sanjay Gupta (桑贾伊·古普塔)
400 Ashok Sharma (阿肖克·夏尔马)
```

图 8-6　工资 xm. txt 文件(工号，姓名)

```
100 $5000
200 $500
300 $3000
400 $1250
```

图 8-7　工资 gz. txt 文件(工号，工资)

```
#E0805.py                                              #【文件合并排序】
f1 = open('d:\\test\\08\\工资 gz.txt', 'r')             # 打开"工资 gz.txt"文件,读模式
a = []
for line1 in f1:                                       # 循环读取每一行
    a.append(line1)
f2 = open('d:\\test\\08\\工资 xm.txt', 'r')             # 打开"姓名 xm.txt"文件,读模式
fc2 = sorted(f2, key = lambda x:x.split()[1])          # 按姓名进行排序
for line2 in fc2:                                      # 按姓名读取行数据
    i = 0
    while line2.split()[0] != a[i].split()[0]:         # 循环处理一行内的数据
        i += 1
    print('%s %s %s %s' % (line2.split()[0],           # 按指定格式输出数据
        line2.split()[1], line2.split()[2], a[i].split()[1]))
f1.close()                                             # 关闭文件
f2.close()
>>>                                                    # 程序运行结果
400 Ashok Sharma(阿肖克·夏尔马) $1250
100 Jason Smith(杰森·史密斯) $5000
200 John Doe(约翰·多伊) $500
300 Sanjay Gupta(桑贾伊·古普塔) $3000
```

### 8.1.3 文本文件去重

从网络上下载的文件(如文本小说、密码字典等)有时会存在大量的重复行、空行、空格等。其次,多个文件合并时,合并后的文件中可能会含有相同的内容。因此需要对文本进行清洗,消除重复行(去重)、空行、空格等。

对两个内容疑似相同的文件,可以通过 md5()函数计算两个文件的哈希值,通过哈希值比较,判断文件内容是否相同,然后删除重复文件。

在一个文本文件内,内容去重的方法很多,一是利用 set()集合函数删除重复数据;二是利用正则表达式删除重复数据;三是利用程序语句,删除文件中指定行或指定内容;四是将文件 A 的内容读入列表变量中,然后读入文件 B 的一行内容,如果这行内容没有出现在列表变量中,则将这行内容写入新文件 C 中。

```
学号, 姓名,  班级,古文,  诗词,   平均
1,    宝玉,01,     70,  85,   0
      2,  黛玉, 01,    85,    90,   0


3,晴雯,02,      40,   65,     0
  2,   黛玉, 01,     85,    90,   0
```

图 8-8 源文件“成绩 2. txt”

**【例 8-6】** 如图 8-8 所示,对“成绩 2. txt”文件进行去重操作,要求:

(1) 删除空行;

(2) 删除重复行;

(3) 删除空格字符;

(4) 生成一个新文件,如图 8-9 所示。

```
#E0806.py                                                # 【多文件合并】
#【删除文本中的空行】
f = open('d:\\test\\08\\成绩 2.txt', 'r')                  # 打开源文件
f_new = open('d:\\test\\08\\成绩 tmp1.txt', 'w')           # 创建临时文件 1
for line in f.readlines():                               # 循环读入每一行
    data = line.strip()                                  # 删除本行字符头尾空格
    if len(data) != 0:                                   # 如果此行长度不等于 0
        f_new.write(data)                                # 则写入本行数据
        f_new.write('\n')                                # 则写入换行符
f.close()                                                # 关闭源文件
f_new.close()                                            # 关闭临时文件
#【删除文本中的重复行】
tmp_file = open('d:\\test\\08\\成绩 tmp2.txt', 'w')        # 创建临时文件 2
L1 = []                                                  # 建立空列表 L1
for line in open('d:\\test\\08\\成绩 tmp1.txt', 'r'):      # 循环读入临时文件 1 中的字符
    tmp = line.strip()                                   # 删除字符串首尾的空格
    if tmp not in L1:                                    # 判断是否为重复行
        L1.append(tmp)                                   # 在列表末尾添加新对象
        tmp_file.write(line)                             # 逐行写入临时文件
tmp_file.close()                                         # 关闭临时文件
#【删除文本中的空格】
L2 = []                                                  # 建立空列表 L2
with open('d:\\test\\08\\成绩 tmp2.txt', 'r') as f:        # 打开临时文件 2
```

```
24	    data = f.read()                              # 读临时文件 2
25	    s1 = data.split(' ')                         # 通过空格对字符串进行切片
26	lines = s1
27	for i in lines:                                  # 循环替换
28	    if i != '\r':                                # 是否不为回车符
29	        k = i.strip()                            # 不是回车符时删除头尾空格
30	    if i != '\n':                                # 是否不为换行符
31	        k = i.replace('\t', '')                  # 不是换行符时删除空格
32	        L2.append(k)                             # 在列表末尾添加新对象
33	#【数据写入新文件】                                # 创建新文件
34	with open('d:\\test\\08\\成绩 3.txt', 'w') as fp:  # 写入处理过的内容到成绩 3.txt
35	    for i in L2:
36	        fp.write(i)
	>>>                                              # 生成文件如图 8-9 所示
```

```
学号,姓名,班级,古文,诗词,平均
1,宝玉,01,70,85,0
2,黛玉,01,85,90,0
3,晴雯,02,40,65,0
```

图 8-9　去重后新文件"成绩 3.txt"

程序第 6 行,函数 line.strip()用于删除字符串头尾指定字符(默认为空格或换行符),返回一个新字符串。注意,该函数只能删除开头或结尾的字符,不能删除中间的字符。

程序第 25 行,函数 data.split(' ')为指定分隔符(如空格符)对字符串进行切片,如果不指定分隔符,则默认分隔符为换行符(\n)、回车符(\r)、制表符(\t)。

程序第 31 行,函数 i.replace('\t', '')表示把旧字符串(此处为\t,即空格)替换成新字符串(此处新字符为'',即删除空格)。

### 8.1.4　案例:用唐诗生成姓名

**1. 利用百家姓和唐诗生成姓名**

一些数据文件中往往含有人物姓名,由于这些姓名涉及个人隐私,因此这些数据的使用受到了一定限制。如果利用程序随机生成一些姓名,并对文本中的姓名进行替换,这既解决了隐私问题,又利用了实际数据。

**【例 8-7】** 可以利用百家姓文件来生成人物的"姓",利用诗词或常用名词生成人物的"名"。姓和名可以利用随机函数进行选择,以生成随机不重复姓名。

```
#E0807.py                                                   #【随机生成姓名】
import random as rd                                         # 导入标准模块
x1 = '赵钱孙李周吴郑王冯陈褚卫蒋沈韩杨朱秦尤许何吕施张孔曹严华'     # 定义百家姓 1
m2 = '银烛秋光冷画屏轻罗小扇扑流萤天阶夜色凉如水卧看牵牛织女星'     # 定义唐诗名 2
m3 = '故人西辞黄鹤楼烟花三月下扬州孤帆远影碧空尽唯见长江天际流'     # 定义唐诗名 3
for i in range(5):                                          # 随机生成 5 个姓名
    name = rd.choice(x1) + rd.choice(m2) + rd.choice(m3)    # 拼接形成姓名
    print(name)
>>>尤天长 卫凉空 沈罗际 周光尽 张扑碧(输出为竖行)                # 程序运行结果
```

程序第 7 行，函数 rd.choice(序列)表示在序列中随机选取一个值。序列可以是一个列表、元组或字符串。返回值是序列中一个随机项。

**2. 以时间格式批量修改文件名**

**【例 8-8】** 源文件如图 8-10 所示，批量修改后的文件名如图 8-11 所示。

```
d:\test\temp\三国演义.txt
d:\test\temp\哈姆雷特★.txt
d:\test\temp\地图 1.jpg
d:\test\temp\射雕英雄传.txt
d:\test\temp\张飞.jpg
d:\test\temp\树.jpg
```

图 8-10 源文件列表

```
d:\test\temp\文件_2020-04-28_3801.txt
d:\test\temp\文件_2020-04-28_4810.txt
d:\test\temp\文件_2020-04-28_7328.jpg
d:\test\temp\文件_2020-04-28_8740.txt
d:\test\temp\文件_2020-04-28_5406.jpg
d:\test\temp\文件_2020-04-28_9135.jpg
```

图 8-11 文件批量命名后

```python
#E0808.py                                                  #【批量修改文件名】
import os                                                  # 导入标准模块 - 系统
import time                                                # 导入标准模块 - 时间
import random                                              # 导入标准模块 - 随机数

def file_rename():                                         # 文件批量命名函数
    path = 'd:\\test\\temp'                                # 文件路径赋值
    filelist = os.listdir(path)                            # 定义文件名列表
    for files in filelist:                                 # 循环命名
        Olddir = os.path.join(path, files)                 # 获取源文件名和路径
        if os.path.isdir(Olddir):                          # 判断是否为子目录名
            continue                                       # 子目录名则回到循环头
        filename = os.path.splitext(files)[0]              # 获取源文件名
        filetype = os.path.splitext(files)[1]              # 获取文件扩展名
        t1 = time.strftime('%Y-%m-%d')                     # 生成时间变量
        d1 = str(random.randint(0, 9999))                  # 生成随机数
        Newdir = os.path.join(path,
            str('文件_' + t1 + '_' + d1) + filetype)        # 拼接新文件名
        os.rename(Olddir, Newdir)                          # 将源名替换为新名，注意，temp 目录
    return True                                            # 源文件将会全部改名

if __name__ == '__main__':                                 # 主程序入口
    file_rename()                                          # 调用文件名生成函数
>>>                                                        # 运行结果如图 8 - 11 所示
```

# 8.2 文本编码处理

## 8.2.1 字符集的编码

字符集是各种文字和符号的总称，它包括文字、符号、图形、数字等。字符集种类繁多，每个字符集包含的字符个数不同，编码方法不同。如 ASCII 字符集、GBK 字符集、Unicode 字符集等。计算机要处理各种字符集的文字，就需要对字符集中每个字符进行唯一性编码，

以便计算机能够识别和存储各种文字。

**1. 早期字符集编码标准**

(1) ASCII 编码(1967 年)。ASCII(美国标准信息交换码)是英文字符编码规范。ASCII 采用 7 位编码,可以表示 128 个字符,每个 ASCII 码用 1 个字节存储。ASCII 码是应用最广泛的编码。

(2) ANSI 编码。ANSI(美国国家标准学会标准码)与 ASCII 编码兼容,在 00～7F 的字符用 1 字节代表 1 个字符(编码与 ASCII 相同)。对于汉字,ANSI 使用 80～FFFF 范围的 2 个字节表示 1 个字符。在简体中文 Windows 系统下,ANSI 代表 GBK 编码;在日文 Windows 系统下,ANSI 代表 JIS 编码。可见,不同 ANSI 编码之间互不兼容。

(3) ISO 8859 编码(1998 年)。ISO 8859 是一系列欧洲字符集编码标准(不包含汉字),如 ISO 8859-1 标准收集了德、法等西欧常用字符;ISO 8859-2 标准收集了中欧、东欧字符,如克罗地亚语、捷克语、匈牙利语、波兰语、斯洛伐克语、斯洛文尼亚语等,英语也可用这个字符集显示。ISO 8859 标准采用 8 位编码,每个字符集最多可定义 95 个字符。ISO 8859 标准为了与 ASCII 码兼容,所有低位编码都与 ASCII 编码相同。

**2. Unicode 字符集和编码**

(1) Unicode 字符集(1994 年)。Unicode(统一码)是一项信息领域的国际字符集标准。Unicode 字符集目前大小是 $2^{21}$(2 097 152)个编码(理论值)。Unicode 为全球每种语言和符号中的每个字符都规定了一个唯一代码点和名称,如"汉"字的名称和码点是"U+6C49"(U 为名称,6C49 为码点)。一个 Unicode 编码平面有 $2^{16}$(65 536)个码点(理论值),Unicode 目前规定了 17 个语言符号平面(大约 110 万编码)。如 CJK(中、日、韩统一表意文字)平面收录了中文简体汉字、中文繁体汉字、日文假名、韩文谚文、越南喃字(编码范围为 4E00～9FFF,大约 2 万个编码;不常用古汉字另有扩展字符平面)。Unicode 字符集有多种编码形式(如 UTF-8、UTF-16、UTF-32 等),其他大多数字符集(如 GB 2312、ASCII 等)都只有一种编码形式。**Unicode 字符集中汉字码点按《康熙字典》的偏旁部首和笔画数排列**,所以编码排序与 GB(国家标准)字符集编码排序不同。

(2) UTF-8 编码。UTF-8 采用变长编码,128 个 ASCII 字符只需要 1 字节;带有变音符号的拉丁文、希腊文、西里尔字母、亚美尼亚语、希伯来文、阿拉伯文、叙利亚文等需要 2 字节;汉字为 3 字节;其他辅助平面符号为 4 字节。Python 3. x 程序采用 UTF-8 编码,因特网协议和浏览器等程序均采用 UTF-8 编码。

(3) UTF-16 编码。UTF-16 采用 2 字节或 4 字节编码。Windows 内核采用 UTF-16 编码,但支持 UTF-16 与 UTF-8 的自动转换。UTF-16 编码有 Big Endian(大端字节序)和 Little Endian(小端字节序)之分,UTF-8 编码没有字节序问题。

(4) UTF-32 编码。UTF-32 采用 4 字节编码,由于浪费存储空间,因而很少使用。

**3. 中文字符集标准**

(1) GB 2312 编码(1980 年)。GB 2312 是最早的国家标准中文字符集,它收录了 6763 个常用汉字和符号。GB 2312 采用定长 2 字节编码。

(2) GBK 编码(1995 年)。GBK 是 GB 2312 的扩展,加入了对繁体字的支持,兼容 GB 2312,也与 Unicode 编码兼容。GBK 使用 2 字节定长编码,共收录 21 003 个汉字。

(3) GB 18030 编码(2000 年)。GB 18030 与 GB 2312 和 GBK 兼容。GB 18030 共收录

70 244 个汉字，它采用变长多字节编码，每个汉字或符号由 1～4 字节组成。Windows 7/8/10 默认支持 GB 18030 编码。

（4）繁体中文 Big5 编码（2003 年）。Big5 是港、澳、台地区繁体汉字编码。它对汉字采用 2 字节定长编码，一共可表示 13 053 个中文繁体汉字。Big5 编码的汉字先按笔画再按部首进行排列。Big5 编码与 GB 类编码互不兼容。

**4. UTF-8 编码的优点**

（1）UTF-8 编码中，128 个英文符号与 ASCII 编码完全一致，ASCII 编码无须任何改动。除 ASCII 编码外，其他字符都采用多字节编码，由于 ASCII 编码最高位为 0，多字节编码最高位为 1，所以不会产生编码冲突。

（2）UTF-8 从字符的首字节编码就可以判断某个字符有几个字节。如果首字节以“0”开头，一定是单字节编码（即 ASCII 码）；如果首字节以“110”开头，一定是 2 字节编码（如欧洲文字）；如果首字节以“1110”开头，一定是 3 字节编码（如汉字），其他以此类推。除单字节编码外，多字节 UTF-8 编码的后续字节（第 1 个字节以后的字节）均以“10”开头。UTF-8 变长编码的优点是节省存储空间，减少了数据传输时间。

**【例 8-9】** UTF-8 汉字编码公式为 1110xxxx 10xxxxxx 10xxxxxx（x 表示 Unicode 码点中的 0 或 1）。如“中”字的 Unicode 码点为 01001110 00101101（4E2D），将它填入 UTF-8 汉字编码公式，得到 UTF-8 编码为 11100100 10111000 10101101（E4 B8 AD）。

（3）UTF-16 采用定长 2 字节或 4 字节编码，而 2 字节中哪个字节存高位？哪个字节存低位？这需要考虑字节序问题。UTF-8 多字节编码时，首字节高位与后续字节高位的编码不同，这本身就说明了字节序，所以不用再考虑字节序问题。

（4）UTF-8 具有编码错误快速恢复的优点，程序可以从文件的任意部分开始读取数据。如果程序读到了文件中一个受损的字节，这只会影响这个字符无法识别，并不会影响下一个字符的正确识别。因为 UTF-8 标准专门规定了字符首字节的编码格式，因此不会出现双字节编码（如 UTF-16、GBK 等）的字节错位问题，这有利于解决乱码问题。

## 8.2.2 文本编码转换

**1. 程序如何判断文件编码**

**【例 8-10】** 记事本程序如何确定文件编码呢？Windows 的处理方法是在文件最前面保存一个编码标签。记事本程序检查到文件头部标签是 FF FE 时，说明文件采用 UTF-16LEB 编码；如果文件头部标签是 FE FF，则文件采用 UTF-16BE 编码；如果头部标签是 EF BB BF，则是 UTF-8 编码（注意，这不是 UTF-8 标准规定）；没有以上 3 个头部标签的文件是 ANSI 编码，如果系统是简体中文 Windows 时，ANSI 就是 GBK 编码。

**2. 检查文本编码格式**

**【例 8-11】** 检查文本文件编码格式。

```
#E0811.py                                      #【检查文件编码】
import chardet                                 # 导入标准模块 - 字符编码
fr = open('d:\\test\\08\\春.txt', 'rb')        # 打开文件
data = fr.read()                               # 读入文件
print(chardet.detect(data))                    # 打印文件编码格式
fr.close()                                     # 关闭文件
```

```
>>>                                                              # 程序运行结果
{'encoding': 'GB2312', 'confidence': 0.99, 'language': 'Chinese'}  # 文本 99 % 是 GB 2312 编码
```

**3. 文本编码转换案例**

文本进行编码转换时，通常以 Unicode 作为中间编码。即先将其他编码的字符串解码(decode)成 Unicode 编码，再从 Unicode 编码(encode)成另一种编码。

**【例 8-12】** 字符串的编码转换。

```
#E0812.py                                          #【字符串编码转换】
s = '看杀卫玠'                                      # Python 程序中，字符串默认采用 Unicode 编码
print('Unicode 编码源字符串:', s)
s_to_gbk = s.encode('gbk')                          # 字符串 s 已经是 Unicode 编码，无须解码，直接编码
print('Unicode 转 GBK 编码:', s_to_gbk)
gbk_to_utf8 = s_to_gbk.decode('gbk').encode('utf - 8') # 先解码为 Unicode，再编码为 UTF - 8
print('GBK 转 UTF8 编码:', gbk_to_utf8)
utf8_decode = gbk_to_utf8.decode('utf - 8')# 解码成 Unicode 字符编码
print('打印 UTF8 编码字符串:', utf8_decode)
```

```
>>>                                                 # 程序运行结果
Unicode 编码源字符串: 看杀卫玠
Unicode 转 GBK 编码: b'\xbf\xb4\xc9\xb1\xce\xc0\xabd'
GBK 转 UTF8 编码: b'\xe7\x9c\x8b\xe6\x9d\x80\xe5\x8d\xab\xe7\x8e\xa0'
打印 UTF8 编码字符串: 看杀卫玠
```

**【例 8-13】** 将 d:\test\08\目录下的 GBK 编码文件“春.txt”转换为 UTF-8 编码，并存放到 d:\test\08\目录下，文件重命名为“春 utf8.txt”。

```
#E0813.py                                                        #【GBK 转 UTF8】
import codecs                                                    # 导入标准模块 - 编码
import chardet                                                   # 导入第三方包 - 字符编码

try:
    content = codecs.open('d:\\test\\08\\春.txt', 'rb').read()   # 读文件，返回 Unicode 编码
    source_encoding = chardet.detect(content)['encoding']        # 获取编码格式
    if None ! = source_encoding:                                 # 空文件时，返回 None
        content = content.decode('gbk').encode('utf - 8')        # GBK 转换为 UTF - 8
        codecs.open('d:\\test\\08\\春 utf8.txt', 'wb').write(content)  # 写入指定文件
except IOError as err:                                           # 出错处理
    print('I/O 错误:{0}'.format(err))
```

```
>>>                                                              # 程序运行结果
```

## 8.2.3 文本乱码处理

**1. 文本文件中的乱码**

乱码是用文本编辑器(如笔记本程序或 Word 程序)打开源文件时，文本中部分字符是无法阅读或无法理解的一系列杂乱符号。在数据处理过程中，乱码问题让人头疼。

**【例 8-14】** 文本文件中的乱码现象如图 8-12 所示。

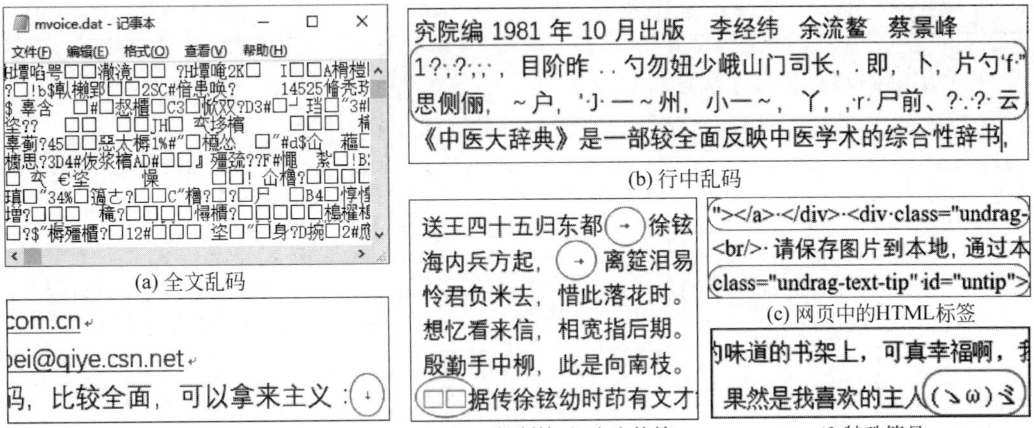
mvoice.dat - 记事本
文件(F) 编辑(E) 格式(O) 查看(V) 帮助(H)
究院编 1981 年 10 月出版 李经纬 余流鳌 蔡景峰
《中医大辞典》是一部较全面反映中医学术的综合性辞书,
送王四十五归东都 徐铉
海内兵方起, 离筵泪易
怜君负米去, 惜此落花时。
想忆看来信, 相宽指后期。
殷勤手中柳, 此是向南枝。
据传徐铉幼时茆有文才
"></a>·</div>·<div·class="undrag-
<br/>·请保存图片到本地, 通过本
class="undrag-text-tip"·id="untip">
com.cn
ei@qiye.csn.net
码, 比较全面, 可以拿来主义:
味道的书架上, 可真幸福啊,
果然是我喜欢的主人

(a) 全文乱码　(b) 行中乱码　(c) 网页中的HTML标签　(d) 软回车控制符　(e) Tab控制符+汉字空格符　(f) 特殊符号

图 8-12　文本中的乱码

如果文本内容全是乱码(如图 8-12(a)所示),说明它不是文本文件,需要专用软件打开。如果文本中只有某一行或几行出现乱码(如图 8-12(b)所示),说明文本出现了编码错误。Python 程序读这种文本时,非常容易出错,处理起来也非常麻烦。还有一些文本中含有不可见的控制符(如图 8-12(d)和图 8-12(e)所示),程序读取这些文本时也很容易出错。

**2. 文本文件乱码原因**

(1) 软件包原因。Python 程序经常会用到第三方软件包,一些国外软件包可能采用单字节编码(如 ISO 8859),这些软件包打开双字节语言(如 GBK)文件时,如果不能正确识别文件分隔符,就容易把一个汉字编码(2 字节)从中分隔为两段,这会导致紧接在后面的整个一行全部都是乱码(如图 8-12(b)所示)。

(2) 数据库原因。数据库字符集编码与 Python 程序字符集编码不一致。例如,数据库采用 GBK 编码,客户端程序采用 UTF-8 编码,数据导出时就容易出现乱码。

(3) 数据错误。例如,大部分网页都采用了 JavaScript 脚本程序,而 JavaScript 语言默认编码为 ISO 8859。网络爬虫在爬取 JSP 网页数据后,如果存储为 UTF-8 或 GBK 编码文件。以后 Python 程序读取这些文本时,就容易造成读写错误。

(4) 存储格式原因。例如,一些文本文件采用了字节保存模式,而 Python 程序采用文本读写操作时,就会出现读写错误。

**3. 文本读错误的处理方法**

(1) 开发环境设置。Python 3. x 默认使用 UTF-8 编码,因此程序开发和文本文件存储时应尽量选用 UTF-8 编码,而不是 GBK 编码(Windows 下为 ANSI 编码)。第一次使用 IDE(如 PyCharm)时,应将默认文本编辑器修改为 UTF-8 编码。

(2) 对输入文本采用字节读的模式。

**【例 8-15】** 某些文本中夹杂有二进制字节码,可对文本采用字节读(rb)模式。

```
f = open('d:\\test\\08\\三国演义.txt', 'rb')                # 采用字节读(rb)模式
```

(3) 指明文本编码。

**【例 8-16】** 如果文本中有中文,可以在打开文件时指明文本编码模式。

```
f = open('d:\\test\\08\\三国演义.txt', 'rb', encoding = 'gbk')    # 说明文本解码模式(gbk)
```

(4) 用解码函数忽略非法字符。

**【例 8-17】** 利用 decode()函数忽略文本中的非法字符。

```
#E0817.py                                                    #【忽略非法字符】
with open('d:\\test\\08\\春.txt', 'rb') as read_file:        # 打开文本文件(绝对路径)
    data = read_file.read()                                  # 读取文本文件
    txt = data.decode('GB2312', errors = 'ignore')           # errors = 'ignore'忽略非法字符
    print(txt)                                               # errors = 'replace'时,用? 号取代非法字符
```

(5) 设置常用编码。

**【例 8-18】** 对某些不明编码的文本,可以在程序中设置多种编码进行文本读,如设置UTF-8、GB 18030、GBK、GB 2312 编码,必有一款编码适合读出文本。

```
1  #E0818.py                                          #【多编码读取文件】
2  import jieba.analyse                               # 导入第三方包-结巴分词
3
4  def read_from_file(directions):                    # 定义文本解码函数
5      decode_set = ['utf-8', 'gb18030', 'gbk', 'gb2312', 'ISO-8859-2', 'Error']   # 设置编码
6      for k in decode_set:                           # 编码循环
7          try:
8              file = open(directions, 'r', encoding = k)
9              readfile = file.read()                 # 如果解码失败引发异常,就跳到 except
10             file.close()
11             break                                  # 如果文本打开成功,则跳出编码匹配
12         except:
13             if k == 'Error':                       # 如果出现异常就终止程序运行
14                 raise Exception('射雕英雄传.txt 文件无法解码!')   # 出错提示信息
15             continue
16     return readfile
17 file_data = str(read_from_file('d:\\test\\08\\射雕英雄传.txt'))   # 读取文本文件
18 tfidf = jieba.analyse.extract_tags(file_data, topK = 20, allowPOS = ('n','nr','ns'))   # 提取关键词
19 print('关键词:', set(tfidf))
```

```
>>>                                                   # 程序运行结果
关键词:{'功夫', '裘千仞', '黄蓉', '欧阳克', '完颜洪烈', '武功', '郭靖', '朱聪', '师父', '黄药师', '欧阳锋', '柯镇恶', '梅超风', '丘处机', '穆念慈', '洪七公', '周伯通', '杨康', '爹爹', '铁木真'}
```

程序第 5 行,采用多种编码读文本,最常用的编码放在前面,以减少程序试错时间。由于 GB 18030 字符集较大,汉字覆盖较好,不容易出错,所以放在 GBK 前面。

程序第 18 行,采用 TF-IDF 算法提取文本关键词。

### 8.2.4 文件内容打印

**1. Windows API 接口安装**

pywin32 是一个第三方软件包,它包装了几乎所有 Windows API,可以方便地从 Python 直接调用,该模块另一大主要功能是通过 Python 进行 COM 编程。pywin32 用户指

南存放在 D:\Python\Lib\site-packages\PyWin32.chm 文档中。pywin32 安装方法如下。

```
> pip install pywin32                # 软件包安装命令,通过官方网站安装 pywin32
> pip list                           # 查看软件包安装是否成功
```

pywin32 有几个非常重要的常用模块：win32api（常用 API，如 MessageBox 等）；win32gui（图形操作 API，如 FindWindow）；win32con（Windows API 内的宏，如 MessageBox 内的 MB_OK）；win32print（Windows 下的打印机连接）等。

【例 8-19】 调用 win32gui 模块函数,输出消息框。

```
>>> import win32gui, win32con                          # 导入第三方库 - 图形接口
>>> win32api.MessageBox(0, "你好 pywin32!", "测试",\
        win32con.MB_OK | win32con.MB_ICONWARNING)      # 输出消息框
```

**2. win32api 模块常用函数**

win32api 模块中的 ShellExecute()函数的语法格式如下。

```
ShellExecute(hwnd, op , file , params , dir , bShow ) # win32api 模块中的 ShellExecute()函数的语法格式
```

参数 hwnd 为父窗口的句柄,如果没有父窗口,则为 0,如 0。

参数 op 为要进行的操作,如"open"、"print"、空等。

参数 file 为要运行的程序,或者打开的文件脚本,如'notepad.exe'。

参数 params 为要向程序传递的参数,如果打开的为文件,则为空,如''。

参数 dir 为程序初始化的目录,如果不需要初始化,则为空,如''。

参数 bShow 为是否显示窗口,1=显示窗口,0=不显示窗口。

【例 8-20】 调用 win32api 模块中的 ShellExecute()函数,输出消息框。

```
>>> import win32api                                                          # 导入第三方包
>>> win32api.ShellExecute(0, 'open', 'notepad.exe', '', '', 1)              # 打开空记事本
>>> win32api.ShellExecute(0, 'open', 'notepad.exe', 'D:\\test\\08\\春.txt','',1) # 打开指定文本
>>> win32api.ShellExecute(0, 'open', 'http://www.python.org', '','',1)     # 打开网站
>>> win32api.ShellExecute(0, 'open', 'D:\\test\\08\\九儿.mp3', '','',1)     # 播放音乐
```

由以上案例可以看出,使用 ShellExecute()函数,就相当于在资源管理器中双击文件图标一样,系统会打开相应的程序,执行操作。

**3. 文件内容打印方法**

前面章节介绍的 print()函数是将信息“打印”到屏幕上,并不是输出到打印机。如何将文档内容向打印机输出呢？这需要根据不同需求,使用不同的程序模块。

(1) 如果只是简单地打印文档(如 Office 文档),可以使用 win32api.ShellExecute()函数,这个函数可以打印 Office、PDF、TXT 等文档。

(2) 如果希望输入一些数据或者文字信息,直接把这些信息发送给打印机打印,那么可以直接使用 win32print 标准模块功能。

(3) 如果需要打印一张图片,这就需要第三方软件包 PIL 等模块。

【例 8-21】 利用 Windows API 接口,打印 Word 文档内容。

```
1   #E0821.py                                          #【打印文件内容】
2   import win32api                                    # 导入第三方包-Windows API 接口
3   import win32print                                  # 导入第三方包-Windows 打印机连接
4   import tempfile                                    # 导入标准模块-生成临时文件和目录
5
6   def printer_loading(filename):                     # 打印函数,filename 为打印文档名
7     open(filename, "r")                              # 以读方式打开文档
8       win32api.ShellExecute(                         # 调用 Windows API 接口函数
9           0,                                         # 参数 0 为没有父窗口
10          "print",                                   # 参数"print"为打印操作
11          filename,                                  # 参数 filename 为要打印文档名
12          '/d:"%s"' % win32print.GetDefaultPrinter(), # 修改默认打印文件类型
13          ".",                                       # 参数"."为当前目录
14          0)                                         # 参数 0 为不显示打印窗口
15  printer_loading('d:\\test\\08\\打印机测试.docx')   # 调用函数,打印 Word 文档
    >>>                                                # 打印效果如图 8-13 所示
```

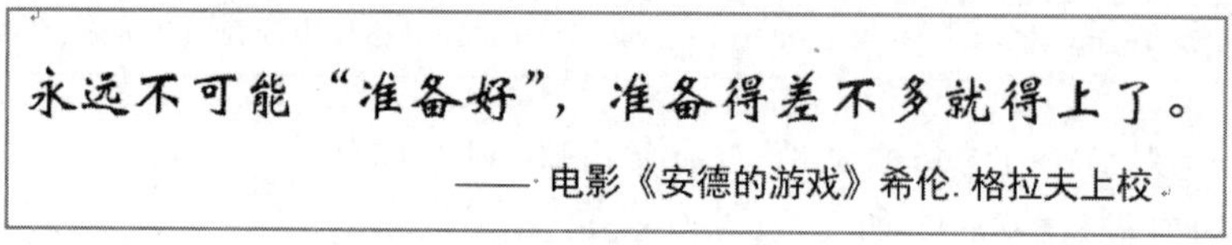

永远不可能“准备好”，准备得差不多就得上了。
——电影《安德的游戏》希伦. 格拉夫上校


图 8-13　Word 文档打印效果(局部)

程序第 7 行,调用 Windows API 接口,打印机驱动程序默认操作系统已安装好。

程序第 8 行,函数 ShellExecute()可以打印不同的文件类型,但是默认打印文件类型为 PDF。参数“'/d:"%s"' % win32print.GetDefaultPrinter()”为修改输出为 Windows 默认打印机,这样就可以打印 TXT、docx、Excel、PDF 等文件类型。

## 8.2.5　案例:按拼音和笔画排序

Python 比较字符串大小时,根据 ord()函数得到字符的 Unicode 编码值,然后根据编码值大小进行排数。排序函数 sort()很容易为数字和英文字母排序,因为它们在 Unicode 字符集中就是顺序排列的。

汉字排序非常麻烦,汉字通常有拼音和笔画两种排序方式,在中文标准字符集 GB 2312 中,3755 个一级汉字按照拼音序进行编码,而 3008 个二级汉字则按部首笔画排列。后来扩充的 GBK 和 GB 18030 编码为了向下兼容,没有更改之前的汉字排列顺序。在 Unicode 编码中,汉字按《康熙字典》的偏旁部首和笔画数排列,所以排序结果与 GB 2312 编码也不相同。因此,汉字在排序时需要借助拼音编码对照表和笔画编码对照表。

中文词典排序规则:先按拼音排列,区分四声;拼音相同的单词看笔画数多少;笔画数也相同时,再按笔画顺序区分(如《新华字典》的笔画顺序是一丨丿丶乙,俗称为“天上人间”)。所以中文排序不仅需要汉字拼音对照表,还需要有笔画和笔顺的数据对照表。作者在网络(https://blog.csdn.net/vola9527/article/details/74999083)中找到的 Unicode 汉字编码表,其中包括 20 902 个汉字的拼音和笔画对照表,将它们的拼音和笔画笔顺提取为两个文件,文件内容和形式大致如下所示。

拼音对照表：py.txt(部分)

| | |
|---|---|
| 吖 | a1 |
| 阿 | a1 |
| 啊 | a1 |
| …… | |
| 党 | dang3 |

笔画对照表：bh.txt(部分)

| | |
|---|---|
| 一 | 1 |
| 丨 | 2 |
| 亅 | 2 |
| …… | |
| 党 | 2434525135 |

汉字姓名排序的基本原理：汉字排序依据拼音对照表中的编码值和笔画对照表中的编码值。先按拼音比较，如果拼音编码值相等，则比较笔画编码。对于多个汉字的比较，先比较第 1 个单字，如果首字相同，再比较第 2 个单字，如下以此类推。

**【例 8-22】** 对《三国演义》中人物姓名进行拼音和笔画排序。

```
#E0822.py                                                   #【汉字排序】
#【建立拼音辞典函数】
py_dict = dict()                                            # 拼音辞典初始化
with open('d:\\test\\08\\py.txt', 'r', encoding='utf8') as f:   # 打开拼音编码对照表
    content_py = f.readlines()                              # 逐行读入 py.txt 文本
    for i in content_py:                                    # 循环读入行中拼音编码
        i = i.strip()                                       # 删除字符串头尾空格
        word_py, mean_py = i.split('\t')                    # 以制表符\t 分割字符
        py_dict[word_py] = mean_py                          # 拼音字符串转换为列表
#【建立笔画辞典函数】
bh_dict = dict()                                            # 笔画辞典初始化
with open('d:\\test\\08\\bh.txt', 'r', encoding='utf8') as f:   # 打开笔画编码对照表
    content_bh = f.readlines()                              # 逐行读入 bh.txt 文本
    for i in content_bh:                                    # 循环读入行中笔画编码
        i = i.strip()                                       # 删除字符串头尾空格
        word_bh, mean_bh = i.split('\t')                    # 以制表符\t 分割字符
        bh_dict[word_bh] = mean_bh                          # 笔画字符串转换为列表
#【辞典查找函数】
def searchdict(zd, zf):                                     # 辞典查找函数
    if '\u4e00'<= zf <= '\u9fa5':                           # 汉字编码范围，zf 表示字符
        value = zd.get(zf)                                  # 获取字典编码值
        if value == None:                                   # 编码值如果为空
            value = '*'
    else:
        value = zf                                          # 编码值存入变量
    return value                                            # 返回编码值
#【比较单个字符函数】
def comp_char_PY(A, B):
    if A == B:                                              # 比较 2 个字符
        return -1                                           # 字符拼音值相等时返回 -1
    pyA = searchdict(py_dict, A)                            # 搜索字符 A 的拼音编码
    pyB = searchdict(py_dict, B)                            # 搜索字符 B 的拼音编码
    if pyA > pyB:                                           # 比较 2 个字符拼音顺序
        return 1                                            # 字符拼音值 A>B 时返回 1
    elif pyA < pyB:                                         # 比较 2 个字符笔画顺序
```

```
        return 0                                    # 字符拼音值A<B时返回0
    else：                                          # 比较笔画顺序
        bhA = eval(searchdict(bh_dict，A))          # 搜索字符A的笔画编码
        bhB = eval(searchdict(bh_dict，B))          # 搜索字符B的笔画编码
        if bhA > bhB：                              # 比较2个字符笔画顺序
            return 1                                # 字符笔画值A>B时返回1
        elif bhA < bhB：                            # 比较2个字符笔画顺序
            return 0                                # 字符笔画值A<B时返回0
        else：
            return "拼音和笔画都相同"
#【比较字符串函数】
def comp_char(A，B)：
    n = min(len(A)，len(B))                         # 获取短字符串长度
    k = 0                                           # 字符串长度初始化
    while k < n：
        dd = comp_char_PY(A[k]，B[k])               # 比较2个字符编码值
        if dd == -1：                               # 2个字符编码值相等时
            k = k + 1                               # 计数器+1
            if k == n：                             # 如果2个字符串长度相等
                dd = len(A)> len(B)                 # 比较长度，dd为布尔值
        else：
            break                                   # 退出循环
    return dd                                       # 返回比较值(布尔值)
#【姓名排序函数】
def cnsort(nline)：
    n = len(nline)                                  # 计算字符串长度
    lines = "\n".join(nline)                        # 连接成一个新字符串
    for k in range(1，n)：                          # 循环取出姓名字符串
        tmp = nline[k]                              # 存入临时变量
        j = k
        while j > 0 and comp_char(nline[j-1]，tmp)： # 比较两个字符串编码值
            nline[j] = nline[j-1]                   # 姓名字符串索引号-1
            j -= 1                                  # 循环变量-1
        nline[j] = tmp                              # 交换变量
    return nline                                    # 返回排序后的姓名字符串
#【主程序】
char = ['张飞'，'孔明'，'关羽'，'赵云'，'刘备'，'马超'，'黄忠']  # 待排序字符串赋值
print('源字符串：'，char)                            # 打印源姓名字符串
char = sorted(char)                                 # 调用标准排序函数
print('函数排序：'，char)
char = cnsort(char)                                 # 调用拼音+笔画排序函数
print('拼音+笔画：'，char)
```

```
>>>                                                 # 程序运行结果
源字符串：['张飞'，'孔明'，'关羽'，'赵云'，'刘备'，'马超'，'黄忠']
函数排序：['关羽'，'刘备'，'孔明'，'张飞'，'赵云'，'马超'，'黄忠']
拼音+笔画：['关羽'，'黄忠'，'孔明'，'刘备'，'马超'，'张飞'，'赵云']
```

## 8.3 文本关键词提取

### 8.3.1 文本语料处理

**1. 文本处理基本概念**

(1) 语料。语料是一组原始文章的集合,每篇文章又是一些原始字符的集合。语料可大可小,小语料可以是一个字符串(如百家姓字符串、一本小说等),大语料库包含百万条以上记录(如电商网站用户评价记录),理论上语料越大越好。语料库并不等于语言知识,语料需要经过加工(分析和处理)才能成为有用的资源。

(2) 关键词。关键词提取是从语料里把与文本主题内容相关的一些词语提取出来。关键词最初是为进行文献标引工作,现在的报告和论文中依然有关键词一项。关键词在很多领域有重要的应用,如自动文摘、文本主题分析、社交网络、新闻热点分析、情感检测、文本分类、专利检索、垃圾电子邮件扫描、商业智能等。例如,从某天所有新闻中提取出这些新闻的关键词,就可以大致了解那天发生了什么事情;或者将某段时间内几个人的微博拼成一篇长文本(语料),然后提取关键词就可以知道他们主要在讨论什么话题。

(3) 字词的权重。一个词预测主题的能力越强,权重就会越大,反之权重越小。例如,一个网页标题是"李白诗歌的风格","李白"一词或多或少能反映这个网页的主题,而"风格"一词对网页主题反映不大,因此"李白"一词的权重比"风格"大。

**2. 文本处理应用案例**

**【例 8-23】** 情感分析。随着网站的兴起,对产品、事件、人物的评论成千上万,如何自动提取读者评论的态度也成为一项重要工作。通常人们希望知道某个评论意见的性质是正面的、中立的还是负面的。这项工作可以通过半自动(人工编辑)的方法来编制一个情感单词列表,列表中对一些常见单词人为地赋予一个情感分,如单词"赞"的情感分为 5,而单词"差评"的情感分为$-5$等。然后提取文本语料中的情感关键词,利用情感单词表对语料中所有关键词打分,从而得出一个情感总分,达到情感分析的目的。

**【例 8-24】** 推荐系统。文本数据挖掘的一个重要应用是进行个性化推荐,即将用户感兴趣的信息推送给用户,这可以更好地发挥该信息的价值。例如,新闻推送读者感兴趣的文章,电商网站推荐用户感兴趣的商品;网易云音乐每日推荐曲目也是根据用户的听歌记录进行推荐。这都是依靠文本挖掘技术实现的,个性化推荐就是提取文本数据中的关键词,然后计算文本关键词之间的相似度,推荐与用户浏览数据最相似的内容,这能够在最大程度上推荐用户感兴趣的内容。

### 8.3.2 结巴分词 Jieba

**1. 结巴分词的模式**

Jieba(结巴分词)是一款第三方软件包,它是一个简单实用的中文分词软件包,结巴分词官方网站(https://github.com/fxsjy/jieba)提供了详细说明文档。Jieba 分词默认采用隐马尔科夫模型(HMM)进行中文分词,它提供三种分词模式:精确模式、全模式和搜索引擎模式,并且支持中文简体和繁体分词,支持自定义词典,支持多种编程语言。Jieba 软件包使用 UTF-8 编码，如果语料文本不是 UTF-8 编码，则可能会出现乱码情况。

**【例 8-25】** 结巴分词精确模式。

```
>>> import jieba                                      # 导入第三方包 - 中文分词
>>> mylist1 = jieba.cut('已结婚的和尚未结婚的青年')   # 设为精确分词模式(默认)
>>> print('/ '.join(mylist1))
已/ 结婚/ 的/ 和/ 尚未/ 结婚/ 的/ 青年                # 难点:和/尚未;和尚/未
>>> mylist2 = jieba.cut('请上传一卡通图片')
>>> print('/ '.join(mylist2))
请/ 上传/ 一/ 卡通图片                                # 难点:一/卡通图片;一卡通/图片
>>> mylist3 = jieba.cut('请上传一卡通照片')
>>> print('/ '.join(mylist3))
请/ 上传/ 一卡通/ 照片                                # 难点:一卡通/照片;一/卡通照片
```

**【例 8-26】** 结巴分词全模式。

```
>>> import jieba                                      # 导入第三方包 - 中文分词
>>> s = '南京市长江大桥'
>>> cut = jieba.cut(s, cut_all = True)                # cut_all = True 表示设为全模式
>>> print(','.join(cut))
南京,南京市,京市,市长,长江,长江大桥,大桥            # 难点:南京/市长/江大桥
```

可见全模式就是把文本分成尽可能多的词。

**【例 8-27】** 结巴分词搜索引擎模式。

```
>>> import jieba.posseg as psg                                              # 导入搜索引擎模块
>>> s = '我想和女朋友一起去北京故宫博物院参观和闲逛。'
>>> print([(x.word, x.flag) for x in psg.cut(s)])
[('我', 'r'), ('想', 'v'), ('和', 'c'), ('女朋友', 'n'), ('一起', 'm'), ('去', 'v'),
('北京故宫博物院', 'ns'), ('参观', 'n'), ('和', 'c'), ('闲逛', 'v'), ('。', 'x')]
>>> print([(x.word, x.flag) for x in psg.cut(s) if x.flag.startswith('n')])  # 提取结果中的名词
[('女朋友', 'n'), ('北京故宫博物院', 'ns'), ('参观', 'n')]
```

每个词都有词性，如名词(n)、动词(v)、代词(r)、标点(x)等。每个字母分别表示什么词性，可以去 Jieba 网站查阅词性对照表。

**2. 结巴分词自定义词典**

Jieba 分词软件包含自定义词典、载入字典和调整词典等。语法格式如下。

```
jieba.load_userdict(词典路径和文件名)                 # 自定义词典的语法格式
```

词典文件名＝文件名包括文件相对路径(如字典.txt)或绝对路径(d:\test\字典.txt)；字典文件类型为文本文件(txt)，文件编码为 UTF-8 编码。

词典文件格式为：1 个词占 1 行；每 1 行分 3 部分，词语、词频(可省略)、词性(可省略)，用空格隔开，顺序不可颠倒。如创新办 3 i；又如哪吒 nz。

### 8.3.3 案例：《全宋词》关键词提取

**【例 8-28】** 中华书局 1999 年出版了唐圭璋编写的《全宋词》一书，全书共计收集宋代词

人 1330 余家，收录词作约 2 万多首，共 260 万字。如果对《全宋词》进行高频词汇统计，基本可以反映出宋代文人的诗词风格和生活情趣。

```
#E0828.py                                          #【高频词汇统计】
import jieba                                       # 导入第三方包-中文分词
from collections import Counter                    # 导入标准模块-计数

def get_words(txt):                                # 定义词频统计函数
    mylist = jieba.cut(txt)                        # 利用结巴分词进行词语切分
    c = Counter()                                  # 统计文件中每个单词出现的次数
    for x in mylist:                               # x为mylist中一个元素,遍历所有元素
        if len(x)>1 and x != '\r\n':               # x>1表示不取单字,取2个字以上的词
            c[x] += 1                              # 往下移动一个词
    print('《全宋词》高频词汇统计结果:')
    print(c.most_common(20))                       # 输出前20个高频词汇

if __name__ == '__main__':
    with open('d:\\test\\08\\全宋词.txt', 'r') as f:  # 读模式打开统计文本,并读入f变量
        txt = f.read()                             # 将统计文件读入变量txt
    get_words(txt)                                 # 调用词频统计函数
>>>                                                # 程序运行结果
《全宋词》高频词汇统计结果:
[('东风', 1371), ('何处', 1240), ('人间', 1159), ('风流', 897), ('梅花', 828), ('春风', 808), ('相思', 802), ('归来', 802), ('西风', 780), ('江南', 735), ('归去', 733), ('阑干', 663), ('如今', 656), ('回首', 648), ('千里', 632), ('多少', 631), ('明月', 599), ('万里', 574), ('黄昏', 561), ('当年', 537)]
```

由以上大数据统计结果可知，宋代诗词的基本风格是"江南流水，风花雪月"，宏大叙事极少。中国文学界流传"诗言志，词言情""诗之境阔，词之情长"的观点，这一观点是否适合对宋代诗歌的评价？可以看下面大数据统计结果。

**【例 8-29】** 以 1991 年北京大学出版社《全宋诗》(北京大学古文献研究所编)为统计样本，全书 72 册近 4000 万字，收录诗人 8900 余人，收录诗歌 18.4 万首，可以反映宋代诗歌的基本风格。用 E0828.py 程序进行分析，统计表明，境阔之词(平生、人间、万里、千里、天地)仅占 1/4 左右。

```
《全宋诗》统计结果如下(前 20 个高频词):
[('不知', 4937), ('春风', 4374), ('平生', 4035), ('梅花', 3830), ('不可', 3598), ('人间', 3568), ('万里', 3558), ('先生', 3164), ('千里', 3029), ('不见', 2940), ('何处', 2922), ('归来', 2902), ('方回', 2844), ('风雨', 2757), ('今日', 2743), ('无人', 2613), ('故人', 2401), ('秋风', 2372), ('白云', 2298), ('天地', 2225)]
```

**说明**：以上高频词汇中，删除了('二首', 11581)，('陆游', 9199)等停用词。

## 8.3.4 关键词提取算法 TF-IDF

**1. 用 TF-IDF 算法提取文本关键词**

(1) 词频(TF)指某一给定词语在当前文件中出现的频率。即

TF=词语在一个文件中出现的次数/文件总词数

(2) 逆向文件频率(IDF)。在文章中出现次数最多的词不一定就是关键词,例如,一些对文章并没有多大意义的停用词(如英语的 the、is、at、which、on 等;如汉字的在、也、的、它、为等)出现的频率很高,但是它们并不是关键词,所以需要一个调整系数来衡量一个词是不是常见词,而逆向文件频率是衡量一个词语普遍重要性的度量值。如果一个词语只在很少的文件中出现,表示它更能代表文件主题,它的权重也就越大;如果一个词语在大量文件中都出现,表示这个词语不清楚代表什么内容,它的权重就小。即 IDF 大小与一个词语的常见程度成反比。IDF 计算公式如下:

IDF=log(文件总数/(包含该词的文件数)+1)

**说明:** *为了避免公式分母为 0,因此分母需要+1。*

(3) TF-IDF 算法。TF-IDF 算法思想:**一个词语的重要性与它在文档中出现的次数成正比,与它在语料库中出现的频率成反比**。TF-IDF 计算公式如下:

TF-IDF=TF×IDF。

TF-IDF 算法的优点是简单快速,结果比较符合实际情况。但是这种算法无法体现词语的位置信息,词语出现位置靠前和靠后都视为同样重要,这是不合理的。

**2. Jieba 分词中的 TF-IDF 算法**

Jieba 分词可以实现基于 TF-IDF 算法的关键词提取,其语法格式如下。

```
jieba.analyse.extract_tags(sentence, topK, withWeight, allowPOS)    # 关键词提取的语法格式
```

参数 sentence 表示待提取文本语料或语料变量名。

参数 topK 表示返回权重最大的关键词个数,如 topK=10(默认值为 20)。

参数 withWeight 表示是否返回关键词权重值,如 withWeight=False(默认值)。

参数 allowPOS 表示指定关键词的词性,如 allowPOS=(['n', 'v'])(n=名词,v=动词)。

**【例 8-30】** 语料为莫言《檀香刑》中的片段,提取 top5 关键字,用空格隔开。

```
#E0830.py                                      #【TF-IDF 提取关键词】
import jieba.analyse                           # 导入第三方包-中文分词关键词提取模块
sentence = '世界上的事情,最忌讳的就是个十全十美,你看那天上的月亮,一旦圆满了,马上就要
亏厌;树上的果子,一旦熟透了,马上就要坠落。凡事总要稍留欠缺,才能持恒。'
keywords = (jieba.analyse.extract_tags(sentence, topK = 5, withWeight = True, allowPOS = (['n', 'v'])))
                                               # 提取 5 个关键字,并且选择名词(n)和动词(v)
print(keywords)
```

```
>>>                                            # 程序运行结果
[('亏厌', 0.9962306252416666), ('持恒', 0.9962306252416666), ('熟透', 0.8449564613583332), ('坠落',
0.7594321590991666), ('欠缺', 0.7465862691141667)]
```

## 8.3.5 关键词提取算法 TextRank

**1. TextRank 算法原理**

TextRank 算法由 PageRank 算法改进而来。PageRank 算法是早期谷歌公司用来计算网页的,它将整个 WWW 看作一张有向图,网页就是其中的节点。PageRank 算法认为,如果网页 A 存在到网页 B 的链接,那么就有一条从网页 A 指向网页 B 的有向边。

TextRank 算法的核心思想是把文本拆分成单词,将单词作为网络节点,组成单词网络图模型。可以将单词之间的相似关系看成是一条边,通过边的相互连接,不同节点会有不同的权重,权重高的节点可以作为关键词。TextRank 算法计算公式如下：

$$S(v_i)=(1-d)+d\sum_{(j,i)\in\varepsilon}\frac{w_{ji}}{\sum\limits_{vk\in out(v_j)}w_{jk}}S(v_j)$$

式中：$v_i$＝节点 $v_i$(单词)；$S(v_i)$ ＝节点 $v_i$ 的权重(单词 $v_i$ 的权重)；d 是阻尼系数(一般为 0.85)；$w_{ji}$＝边 j-i 的权重(单词 i 与单词 j 之间的关系)；$out(v_j)$是节点集合中元素个数(单词总数)；$w_{jk}$＝边 j-k 的权重；$S(v_j)$＝节点 $v_j$ 的权重(单词 $v_j$ 的权重)。

TextRank 算法计算公式的意思是：单词权重取决于与前面各个节点(单词)组成边(单词与单词的关系)的权重,以及这个节点(单词)到其他边(关系)的权重之和。

**2. TextRank 算法应用案例**

**【例 8-31】** Jieba 分词软件包内含 TextRank 和 TF-IDF 算法。可以在 Jieba 中调用 TextRank 和 TF-IDF 算法,提取语料中的关键词。

```
>>> import jieba.analyse                                        # 导入第三方包－中文分词
>>> corpus = '卞之琳《断章》。你站在桥上看风景,看风景人在楼
上看你。明月装饰了你的窗子,你装饰了别人的梦。'                   # 定义语料
>>> keywords_textrank = jieba.analyse.textrank(corpus)          # 用 TextRank 算法提取关键词
>>> print(keywords_textrank)
['装饰', '窗子', '风景']
>>> keywords_tfidf = jieba.analyse.extract_tags(corpus)         # 用 TF－IDF 算法提取关键词
>>> print(keywords_tfidf)
['风景', '装饰', '卞之琳', '断章', '窗子', '明月', '楼上', '别人']
```

大部分情况下,TF-IDF 与 TextRank 算法提取的结果都很相似。从例 8-31 看,TF-IDF 算法的速度比 TextRank 算法更快一些。

## 8.3.6 案例：《三国演义》关键词提取

**1. 分词不准确的处理**

**【例 8-32】** Jieba 分词在应用中,识别结果(尤其是人名识别)总是存在漏洞。如《三国演义》第四十三回"诸葛亮舌战群儒,鲁子敬力排众议"某段落文本分词如下。

```
#E0832.py                                  #【分词不准确】
import jieba                               # 导入第三方包－中文分词
print(' '.join(jieba.cut('''孔明笑曰:"亮自见机而变,决不有误。"肃乃引孔明至幕下。早见张
昭、顾雍等一班文武二十余人,峨冠博带,整衣端坐。孔明逐一相见,各问姓名。施礼已毕,坐于客
位。张昭等见孔明丰神飘洒,器宇轩昂,料到此人必来游说。张昭先以言挑之曰:昭乃江东微末之
士,久闻先生高卧隆中,自比管乐。此语果有之乎?''')))
```

```
>>>                                          # 程序运行结果
孔明笑 曰 : " 亮 自见 机而变 , 决不 有误 。" 肃乃引 孔明至 幕下 。早见 张昭 、顾雍 等 一班 文
武 二十余 人 , 峨冠博带 , 整衣 端坐 。孔明 逐一 相见 , 各问 姓名 。施礼 已毕 , 坐于 客位 。张
昭 等 见 孔明 丰神 飘洒 , 器宇轩昂 , 料到 此人 必来 游说 。张昭先 以言 挑 之 曰 : 昭 乃 江东
微末 之士 , 久闻 先生 高卧 隆中 , 自比 管乐 。此语果 有 之乎 ?
```

从以上 Jieba 分词结果看，分词出现了多处错误。如“孔明笑”“自见”“肃乃引”等，出现了分词不准确的现象。而且同一人物的名称也出现了前后不一致，如“孔明笑”“孔明至”“孔明”。错误原因是 Jieba 分词字典中没有相应的单词。解决办法一是可以在 Jieba 字典中增加相应名词，但是这会造成字典越来越大，程序运行效率降低；二是可以在程序中增加临时停用词，这种方法处理效率高，缺点是需要人工列出停用词。

**2. 人物别名处理**

《三国演义》语言接近古文，文本处理存在一些难题。例如，人物存在姓名、字号、别名等问题。如《三国演义》中，刘备的别名有刘玄德、玄德、刘皇叔、刘豫州、主公、先主、使君等。计算机怎么知道“玄德”是指“刘备”呢？这就需要建立一个知识库（如人物字典. txt 等），即告诉计算机“玄德”是“刘备”的一个别名。可以利用知识库或人物别名列表，对 Jieba 分词结果再进行一次处理，以矫正分词不准确的结果。

**3. 停用词处理**

结巴分词本身没有停用词表，可以在网络上查找已有的停用词表，也可以自己建立一个停用词表。程序设计时，在分词过程中，将分词后的语料与停用词表进行比较，如果语料中的单词不在停用词表中，就写入分词结果，否则就跳过停用词（不记录停用词）。

停用词表一般是 TXT 文件，文本中是希望删除的单词，一般是一个单词一行。也可以在程序中利用列表，将停用词赋值到列表变量中。

**4.《三国演义》文本关键词提取案例**

文本关键词提取过程为：读入语料文本→分词→去停用词（包含去无意义单词、空格、回车、标点符号等）→词频统计（包括别名归一化）→输出高频关键词。

**【例 8-33】** 统计《三国演义》中人物高频出现的次数。

```
#E0833.py                                          #【关键词提取】
import jieba                                       # 导入第三方包 - 中文分词

txt = open('d:\\test\\08\\三国演义 utf8.txt', 'r', encoding = 'utf - 8').read()   # 打开并读出语料
words = jieba.cut(txt)                             # 用 jieba 精确模式进行分词
stopwords = ['将军', '二人', '不可', '荆州', '如此', '商议', '如何', '军士', '左右', '引兵', '次日', '上马', '天下',
'于是', '今日', '人马', '不知', '此人', '众将', '只见', '东吴', '大军', '何不', '忽报', '先生', '先锋', '原来', '令
人', '都督', '正是', '大叫', '下马', '军马', '大败', '却说', '百姓', '大事', '蜀兵', '接应', '引军', '魏兵', '大怒',
'大惊', '可以', '心中', '以为', '不敢', '不得', '休走', '帐中', '可得', '一人', '不能', '大喜'] # 定义停用词
nums = {}                                          # 创建一个空字典
for word in words:
    if len(word) == 1 or word in stopwords:        # 单词如果为单字或停用词
        continue                                   # 则返回循环头部;否则进行以下统计
    elif word in ['丞相', '曹孟德', '孟德', '曹阿瞒', '曹贼']:
        nums['曹操'] = nums.get('曹操', 0) + 1
    elif word in ['孔明曰', '诸葛亮', '卧龙', '武乡侯', '忠武侯', '蜀相']:
        nums['孔明'] = nums.get('孔明', 0) + 1
    elif word in ['刘玄德', '玄德', '玄德曰', '刘皇叔', '刘豫州', '主公', '先主', '使君']:
        nums['刘备'] = nums.get('刘备', 0) + 1
    elif word in ['关公', '关云长', '云长', '寿亭侯', '美髯公']:
        nums['关羽'] = nums.get('关羽', 0) + 1
    else:
```

```
23         nums[word] = nums.get(word, 0) + 1               # 返回字典 nums 中 word 元素对应的值
24 numslist = list(nums.items())                            # 以列表形式返回可遍历的(键, 值)元组
25 numslist.sort(key = lambda x:x[1], reverse = True)       # 按人物出现次数排序(利用匿名函数)
26 for i in range(20):                                      # 输出 20 个高频词
27     word, count = numslist[i]
28     print("{} {}".format(word, count))
```

```
>>>                                                          # 程序运行结果
刘备 1909   曹操 1467   孔明 1423   关羽 820   张飞 349   吕布 299 …(输出略)
```

程序第 4 行,程序执行过程中,经常会遇到 GBK 编码错误信息。例如,三国演义.txt 文件是 ANSI 编码(即 GBK 编码),要正常运行就必须把 TXT 文本编码转换为 UTF-8 编码。转换步骤是:用记事本打开 TXT 文件→文件→另存为→编码→UTF-8→确定。

程序第 6 行,创建停用词列表,这些单词在分词时高频出现,但是没有意义。

程序第 12 行,判断分词后单词是否长度为 1(单字),或者是否为停用词。

程序第 14～21 行,对语料中的人物别名按同一人物进行累加统计。

程序第 25 行,sort()表示对列表进行排序;reverse=True 表示结果为降序排列。key=lambda x:x[1]参数比较复杂,其中 key 是参与排序的关键词;lambda 是匿名函数;语法格式为:lambda 变量:变量[索引号]。表达式 key=lambda x:x[1]的含义是:冒号右边列表中元素索引号为 1(即 x[1])的值返回给冒号左边的 x;最后,lambda()函数的值赋值给变量 key。

# 习　题　8

8-1　简要说明结构化数据和非结构化数据。

8-2　简要说明 UTF-8 编码的特征。

8-3　简要说明文本读错误有哪些处理方法。

8-4　实验:调试 E0802.py 程序,掌握文件格式化处理。

8-5　实验:调试 E0804.py 程序,掌握文件合并的方法。

8-6　实验:调试 E0805.py 程序,掌握两个文件连接的方法。

8-7　编程:参考 E0807.py 姓名随机生成程序,编程生成随机不重复姓名。

8-8　编程:参考 E0828.py《全宋词》高频词统计程序,编程统计《唐诗三百首》高频词。

8-9　编程:参考 E0833.py《三国演义》关键词统计程序,编程获取《红楼梦》关键词。

8-10　编程:对中文姓名、英文姓名、其他语言人物姓名,用标准函数 sort()编程,对随机排列的人物姓名进行排序。

# 第 9 章　可视化程序设计

可视化包括科学可视化和信息可视化两个方面。科学可视化是对科学技术数据和模型的解释、操作与处理；信息可视化包含数据可视化、知识可视化、视觉设计等技术。可视化致力于以直观方式表达抽象信息，使用户能够立即理解大量信息。

## 9.1　二维图可视化 Matplotlib

### 9.1.1　Matplotlib 常用绘图函数

**1. Matplotlib 概述**

Matplotlib 是 Python 中应用广泛的开源第三方绘图软件包，它可以生成出版质量级别的图形，它提供了与商业软件 MATLAB 相似的命令和 API，非常适合交互式绘图。通过 Matplotlib，开发者仅需简单的代码就可以生成折线图、曲线图、散点图、直方图、等高线图、简单 2D 动画图等，如图 9-1 所示。

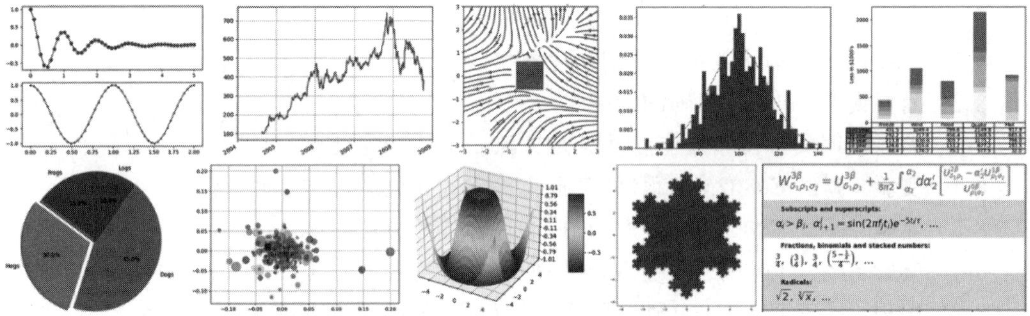

图 9-1　使用 Matplotlib 绘制的图形

可以通过官方英文网站（https: www. //matplotlib. org/）或中文网站（https://www. matplotlib. org. cn/）查看 Matplotlib 使用指南。使用 Matplotlib 绘制图形过程中，一般还会用到的第三方软件包有 NumPy（科学计算包）、Pandas（数据分析包）等。

**【例 9-1】** 从国外官方网站安装 Matplotlib 软件包时容易导致失败，可以改为国内清华大学镜像网站安装。进入 Windows“命令提示符”后，安装命令如下。

```
> pip install matplotlib-3.1.1-cp37-cp37m-win32.whl  -i https://pypi.tuna.tsinghua.edu.cn/simple
```

**2. plot()函数使用说明**

在 Matplotlib 中，频繁使用 plt. plot()函数进行图形绘制，它的语法格式如下。

```
plt.plot(x, y, 格式符代码, ** kwargs)                    # 图形绘制的语法格式
```

函数 plt. plot()中,前缀 plt 是别名(不是函数名),也可以是其他名称。

参数 x、y 为对象(如数据点、文字、曲线等)坐标值。

参数"格式符代码"为控制图形曲线的格式字符串,它由颜色代码、线条风格代码和数据点标记代码组成,具体代码如表 9-1～表 9-5 所示。

**表 9-1 plt. plot()函数中颜色代码**

| 字符 | 颜色 | 字符 | 颜色 | 字符 | 颜色 |
|---|---|---|---|---|---|
| 'r' | red(红色) | 'k' | black(黑色) | 'c' | cyan(青色) |
| 'g' | green(绿色) | 'w' | white(白色) | 'm' | magenta(品红) |
| 'b' | blue(蓝色) | 'y' | yellow 黄色 | '#00ff00' | RGB 模型的绿色 |

**表 9-2 plt. plot()函数中线条形状代码**

| 符号 | 说明 | 符号 | 说明 | 符号 | 说明 |
|---|---|---|---|---|---|
| '-' | 实线 | '-.' | 点画线 | '\|' | 垂直线 |
| '--' | 虚线 | ':' | 细小虚线 | '_' | 水平线 |

**表 9-3 plt. plot()函数中数据点标记代码**

| 符号 | 标记显示 | 符号 | 标记显示 | 符号 | 标记显示 |
|---|---|---|---|---|---|
| 'o' | ●(圆点) | 's' | ■(正方形) | 'h' | ⬢(六边形) |
| '*' | ★(星形) | 'p' | ⬟(五边形) | 'H' | ⬢(六边形) |
| 'v' | ▼(倒三角形) | '+' | ＋(十字形) | 'D' | ◆(钻石形) |
| '^' | ▲(正三角形) | 'x' | ╳(叉号) | 'd' | ⧫(小钻石形) |

**表 9-4 plt. plot()基本绘图函数**

| 命令 | 说明 |
|---|---|
| plt. figure(figsiz) | 定义画布大小,figsize 为画布长和高(单位英寸) |
| plt. xlabel('字符串') | 绘制 x 轴的标签文字,例: plt. xlabel('时间') |
| plt. ylabel('字符串') | 绘制 y 轴的标签文字,例: plt. ylabel('产值') |
| plt. xticks(x, 列表) | x 轴刻度,例: plt. xticks(x, ['高数', '英语', '计算机', '物理']) |
| plt. title('字符串') | 绘制标题,例: plt. title('文字', fontproperties='simhei', fontsize=20) |
| plt. text(x, y, '注释') | 绘制注释,例: plt. text(x, y, '注释', fontproperties='KaiTi', fontsize=14) |
| plt. grid() | 绘制网格,例: plt. grid() |
| plt. savefig('文件名. png') | 保存绘制图形,例: plt. savefig('d:\\test\\09\\程序截图. png') |
| plt. legend() | 显示图例标签,例: plt. legend() |
| plt. show() | 显示所有绘图对象,例: plt. show() |
| plt. close() | 关闭绘图对象,例: plt. close() |

**注意**: 必须在 import matplotlib. pyplot as plt 语句中说明 plt 为 matplotlib. pyplot 的别名。

表 9-5　plt. plot()绘制各种图形函数

| 命　　令 | 说　　明 |
|---|---|
| plt. plot(x,y , fmt) | 绘制坐标图,x,y 为数据点坐标(x 可选); fmt 为数据点形式 |
| plt. hist(x, bins, color) | 绘制直方图,x 为 x 轴数据; bins 为直条数; color 为直条颜色 |
| plt. bar(left, height, width, bottom) | 绘制竖直条形图,left 为左边起始坐标; height 为条形高度 |
| plt. barh(width, bottom, left, height) | 绘制横向条形图,bottom 为 y 轴起始坐标; width 为条形宽度 |
| plt. scatter(x, y) | 绘制散点图,x,y 为数据点坐标 |
| plt. pie(data, explode) | 绘制饼图,data 为各部分比例; explode 为分离开的饼图 |
| plt. polar(theta, r) | 绘制极坐标图,theta 为极径夹角; r 为标记到原点的距离 |
| plt. boxplot(data, notch, position) | 绘制箱形图,data 为数据; notch 为图形形式; position 为图形位置 |

## 9.1.2　案例:企业产值单折线图

折线图可以显示随时间而变化的连续数据,因此非常适用于显示在相等时间间隔下数据的趋势。在折线图中,类别数据沿水平轴均匀分布,所有数据沿垂直轴均匀分布。有多个数据系列时,尤其适合使用折线图,一个系列对应一个折线图。如果拥有的数值标签多于10 个,改用散点图比较合适。

**【例 9-2】** 表 9-6 是某企业近年的产值,根据表 9-6 提供的数据绘制折线图。

表 9-6　某企业 2014—2020 年的产值

| 时间/年 | 2014 | 2015 | 2016 | 2017 | 2018 | 2019 | 2020 |
|---|---|---|---|---|---|---|---|
| 产值/万元 | 300 | 350 | 500 | 800 | 650 | 750 | 660 |

从表 9-6 中看出,可以将横坐标(x)设为年份,纵坐标(y)设为产值。由于数据不多,可以将坐标值用列表表示,用 plot()函数进行折线图绘制。

(1) Matplotlib 对中文的兼容性不是很好,绘图时需要解决中文乱码问题。

(2) 保存 Matplotlib 绘制的图形时,会出现保存的图片无效或图片空白问题。

```
#E0902.py                                                          #【画单折线图】
import numpy as np                                                 # 导入第三方包-科学计算
import matplotlib.pyplot as plt                                    # 导入第三方包-绘图

x = [2014, 2015, 2016, 2017, 2018, 2019, 2020]                     # x 轴坐标数据列表
y = [300, 350, 500, 800, 650, 750, 660]                            # y 轴坐标数据列表
plt.figure(figsize=(8, 5))                                         # 图形长和高,单位为英寸
plt.plot(x, y, 'bo--', linewidth=1)                                # bo--表示蓝色,圆点,虚线
plt.xlabel('时间(年)', fontproperties='simhei', fontsize=14)        # x 轴标签,simhei 表示黑体
plt.ylabel('产值(万元)', fontproperties='simhei', fontsize=14)      # y 轴标签,14 表示字体大小
plt.title('xxx 企业年产值', fontproperties='simhei', fontsize=24)   # 绘制图片标题
plt.text(2018.6, 760, '近年均值', fontproperties='simhei', fontsize=14) # 绘制注释文字
plt.savefig('d:\\test\\09\\E0902 折线图.png')                       # 保存图片(绝对路径)
plt.show()                                                         # 显示全部图形
>>>                                                                # 程序运行结果如图 9-2 所示
```

（1）中文显示方法1。在程序第9～12行中，采用“fontproperties＝中文字体名称，fontsize＝字体大小”的方法指明中文字体，这是最简单的解决方法。

（2）图片不能保存问题。原因有两个：一是应当先保存图形文件，再显示图形（如程序13行在前，14行在后）；二是保存的图片文件扩展名必须是.png。

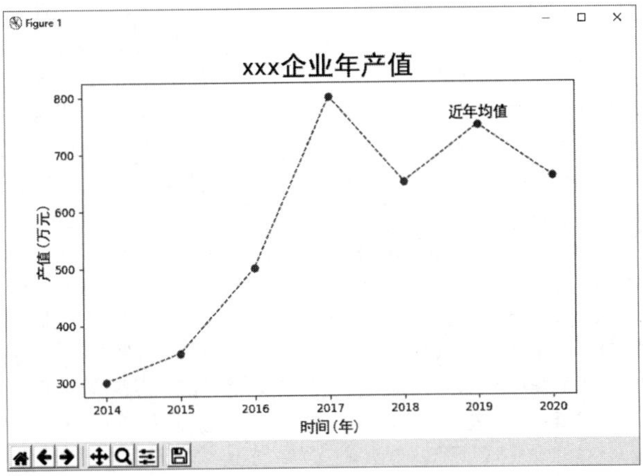


图 9-2　企业产值折线图

### 9.1.3　案例：气温变化多折线图

**【例 9-3】** 图9-3是某地区2020年10月1日到31日的“气温.csv”数据文件（GBK编码）。对最高气温和最低气温数据用折线图进行可视化表示，如图9-3所示。

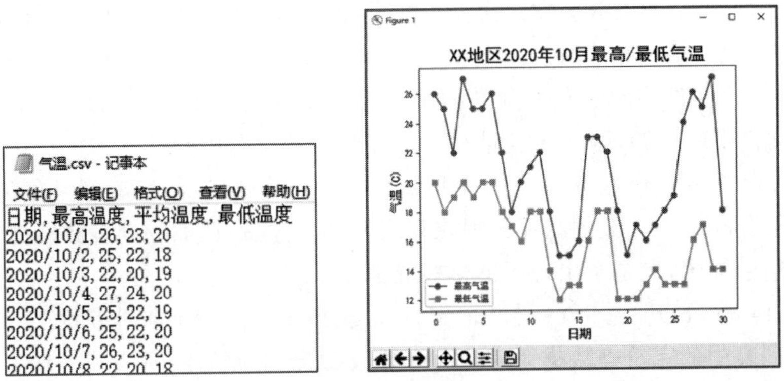
气温.csv - 记事本

文件(F) 编辑(E) 格式(O) 查看(V) 帮助(H)

日期,最高温度,平均温度,最低温度
2020/10/1,26,23,20
2020/10/2,25,22,18
2020/10/3,22,20,19
2020/10/4,27,24,20
2020/10/5,25,22,19
2020/10/6,25,22,20
2020/10/7,26,23,20


图 9-3　“气温.csv”数据文件（部分）和绘制的气温变化折线图

（1）程序分为三部分：第一部分导入相关模块和软件包；第二部分读取数据文件；第三部分绘制折线图。

（2）绘制图形时，用横坐标轴表示日期，纵坐标轴为最高气温和最低气温。

```
#E0903.py                                                  #【绘图 - 气温折线图】
import csv                                                  # 导入标准模块 - CSV文件读写
import matplotlib.pyplot as plt                             # 导入第三方包 - 绘图
plt.rcParams['font.sans - serif'] = ['simhei']              # 解决中文显示乱码问题
```

```
5   #【读取数据文件】
6   with open('d:\\test\\09\\气温.csv') as Temps:        # 打开 CSV 数据文件(文件 GBK 编码)
7       data = csv.reader(Temps)                          # 读取"气温.csv"文件数据
8       header = next(data)                               # 读文件下一行(跳过表头)
9       highTemps = []                                    # 最高气温列表初始化
10      lowTemps = []                                     # 最低气温列表初始化
11      for row in data:                                  # 循环读取数据
12          highTemps.append(row[1])                      # 读取第 2 列,添加在 highTemps 列表尾
13          lowTemps.append(row[3])                       # 读取第 4 列,添加在 lowTemps 列表尾
14  high = [int(x) for x in highTemps]                    # 将读取的字符数字转换为整数
15  low = [int(x) for x in lowTemps]                      # 将读取的字符数字转换为整数
16  #【绘制折线图】
17  plt.title('XX 地区 2020 年 10 月最高/最低气温',
18      fontsize = 20)                                    # 绘制图形标题
19  plt.xlabel('日期', fontsize = 14)                     # 绘制图形水平说明标签
20  plt.ylabel('气温(C)', fontsize = 14)                  # 绘制图像垂直说明标签
21  plt.plot(high, 'o - ', label = '最高气温')            # 绘制最高气温折线(圆点 + 实线)和图例
22  plt.plot(low, 's - ', label = '最低气温')             # 绘制最低气温折线(方点 + 实线)和图例
23  plt.legend()                                          # 显示图例标签内容
24  plt.show()                                            # 显示全部图形
    >>>                                                   # 运行结果如图 9 - 3 所示
```

程序第 4 行,本语句主要为了解决 Matplotlib 中显示中文时出现文乱码的问题。参数 rcParams['font.sans－serif']为设置全局字体,'simhei'为中文黑体。

程序第 6～15 行,这部分语句的主要功能为读取数据文件,并且将数据转换为整数。

程序第 8 行,next()函数会在每次循环中调用,该函数返回文件的下一行,如果到达文件结尾(EOF),则会触发一个异常 StopIteration 信息。with open()语句接收到这个异常信息时,会自动关闭文件,释放资源,结束循环。在本语句中,next(data)函数的功能是跳过"气温.csv"文件中的标题,header 变量在后面程序中并没有用到。

程序第 11～13 行,函数(row[1])读取数据文件第 2 列(最高气温),保存到 highTemps 变量中;函数 append()将数据顺序添加在列表尾部。注意,读取的列表数据为字符串,虽然数据也可以用于画图,但是会出现图形坐标混乱。

程序第 14 行,high＝[int(x) for x in highTemps]语句为列表推导式,功能是将 highTemps 列表中的字符串数据循环转换为整数,方便下面的绘图。

程序第 16～24 行,这部分语句的主要功能是绘制图形,并且将数据转换为坐标值。

程序第 21 行,语句 plt.plot(high, 'o-', label＝'最高气温')中,参数 high 为 y 轴坐标;x 轴坐标默认为日期;参数'o-'中,数据线型为"圆点＋实线"(参见表 9-3);参数 label＝'xxx'为图例说明,位置由软件自动安排;线型的颜色由软件随机分配。

### 9.1.4 案例:乘客年龄直方图

**1. 直方图绘制主要函数**

直方图用来反映分类项目之间的比较,也可以用来反映时间趋势。可以用直方图来展现数据的分布,通过图形可以快速判断数据是否近似服从正态分布。在统计学中,很多假设

条件都会包括正态分布，用直方图来判断数据的分布情况尤为常见。

Matplotlib 软件包绘制直方图主要采用 plt. hist()函数，它的语法格式如下。

```
plt.hist(x, bins, range, bottom, color, edgecolor, normed, weights, align, histtype, orientation)
```

plt. hist()函数的主要参数如表 9-7 所示。

**表 9-7 plt. hist()函数的主要参数**

| 属　性 | 说　明 |
|---|---|
| x | 数据，数值类型，如：x=Titanic. Age |
| bins | 直条数，如：bins=20 |
| range | x 轴起止范围，元组类型，如：range=(0, 10) |
| bottom | y 轴起始位置，数值，如：bottom=0(默认值) |
| color | 直条内部颜色，如：color 为'r'表示红色，color 为'g'表示绿色，color 为'y'表示黄色，color 为'c'表示青色 |
| edgecolor | 直条边框色，如：edgecolor 为'r'表示红色，edgecolor 为'g'表示绿色，edgecolor 为'y'表示黄色，edgecolor 为'k'表示黑色 |
| normed | 规一化，如：normed 为 1 为直条 y 轴概率总和为 1；不注释时 y 轴为样本数 |
| weights | 数据点权重，如：weights 为 2 |
| align | 对齐方式，如：align 为'left'表示左对齐，align 为'mid'表示中间对齐，align 为'right'表示右对齐 |
| histtype | 直条类型，如：histtype 为 'bar'，默认为方形，histtype 为 'step'为内部无线，histtype 为'stepfilled'为内部填充 |
| orientation | 直条方向，如：orientation 为'vertical'，默认为垂直方向，orientation 为'horizontal'表示水平方向 |

### 2. 直方图绘制程序设计

**【例 9-4】** 以泰坦尼克数据集(Titanic. csv)为例，绘制直方图。

泰坦尼克数据. csv 文件格式如图 9-4 所示，存放在 D:\test\09 目录下。

| | 乘客ID | 获救 | 乘客舱位 | 姓名 | 性别 | 年龄 | 兄妹数 | 父母/孩子 | 船票 | 票价 | 客舱 | 登船港口 |
|---|---|---|---|---|---|---|---|---|---|---|---|---|
| | A | B | C | D | E | F | G | H | I | J | K | L |
| 1 | PassengerI | Survived | Pclass | Name | Sex | Age | SibSp | Parch | Ticket | Fare | Cabin | Embarked |
| 2 | 1 | 0 | 3 | Braund, Mr | male | 22 | 1 | 0 | A/5 21171 | 7.25 | | S |
| 3 | 2 | 1 | 1 | Cumings, M | female | 38 | 1 | 0 | PC 17599 | 71.2833 | C85 | C |
| 4 | 3 | 1 | 3 | Heikkinen, | female | 26 | 0 | 0 | STON/O2. | 7.925 | | S |
| 5 | 4 | 1 | 1 | Futrelle, M | female | 35 | 1 | 0 | 113803 | 53.1 | C123 | S |

图 9-4 泰坦尼克号数据. csv 文件格式

(1) 坦尼克数据集共有 892 行 12 列(1 条表头，891 条数据，每条数据有 12 类信息)。其中数值类型数据有 PassengerId(乘客编号)、Age(年龄)、Fare(船票价格)、SibSp(同代直系亲属人数)和 Parch(不同代直系亲属人数)；字符串类型数据有 Name(乘客姓名)、Cabin(客舱号)和 Ticket(船票编号)；时间序列类型数据为无；分类数据有 Sex(乘客性别，male=男性，female=女性)、Embarked(登船港口，出发地点 S=Southampton，英国南安普敦，出发地点 Q=Queenstown，爱尔兰昆士敦，途经地点 C=Cherbourg，法国瑟堡市)；Pclass(客舱等级，1 表示一等舱，2 表示二等舱，3 表示三等舱)。数据集缺失数据较多，数据值＝nan 时,表示该条数据该类信息缺失,这需要进行数据清洗处理。

(2) 程序需要读取数据集的 Age(年龄)列,因此需要用到 pandas 软件包。

```
1   #E0904.py                                                      #【画直方图】
2   import matplotlib.pyplot as plt                                # 导入第三方包 - 绘图
3   import pandas as pd                                            # 导入第三方包 - 数据分析
4   
5   Titanic = pd.read_csv('d:\\test\\09\\泰坦尼克号数据.csv')          # 读入 CSV 文件数据
6   any(Titanic.Age.isnull())                                      # 检查年龄数据是否有缺失
7   Titanic.dropna(subset = ['Age'], inplace = True)               # 删除缺失年龄的数据
8   plt.hist(x = Titanic.Age, bins = 20, color = 'c', edgecolor = 'k')  # 绘制直方图
9   plt.xlabel('年龄', fontproperties = 'simhei', fontsize = 14)     # 绘制 x 轴标题文字
10  plt.ylabel('人数', fontproperties = 'simhei', fontsize = 14)     # 绘制 y 轴标题文字
11  plt.title('乘客年龄分布', fontproperties = 'simhei', fontsize = 14)  # 绘制图片标题文字
12  plt.show()                                                     # 显示全部图形
    >>>                                                            # 程序运行结果如图 9-5 所示
```

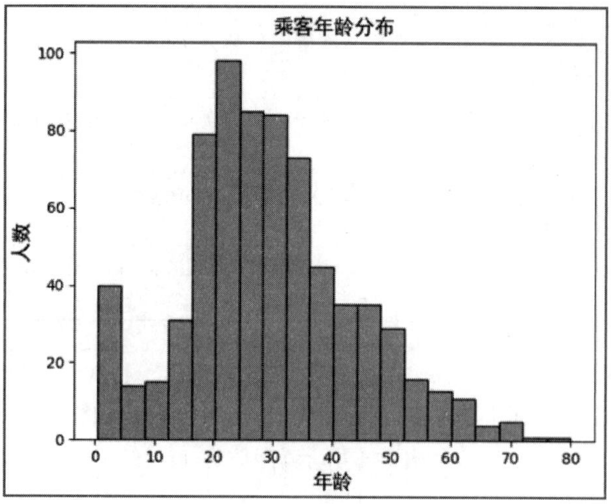


图 9-5 泰坦尼克号乘客年龄分布直方图

程序第 8 行,函数 plt.hist()中,参数 x 表示年龄数据;参数 bins＝20 表示直方条块的个数为 20;参数 color＝'c'表示直方图内部填充色为青色;参数 edgecolor＝'k'表示直方图边框为黑色。注意,本语句如果标注"normed＝1"参数,则 y 轴显示的数据为概率密度(标准差),即所有直条的 y 轴高度值(概率值)相加后,概率值应当等于 1,这称为归一化。归一化的目的是便于数据评价和计算。

### 9.1.5 案例:全球地震散点图

散点图是数据点在坐标系上的分布图,散点图用于表示因变量随自变量而变化的大致趋势,可以选择合适的函数对数据点进行拟合。散点图用来反映相关性或分布关系,散点图通常用于比较跨类别的聚合数据。

### 1. 散点图绘制程序设计

**【例 9-5】** 绘制“全球 2012 年地震. csv”数据散点图，数据格式如图 9-6 所示。

| 日期 | 纬度 | 经度 | 深度 | 震级 |
|---|---|---|---|---|
| DateTime | Latitude | Longitude | Depth | Magnitude |
| 2012-01-01T00: | 12.008 | 143.487 | 35 | 5.1 |
| 2012-01-01T00: | 12.014 | 143.536 | 35 | 4.4 |
| 2012-01-01T00: | -11.366 | 166.218 | 67.5 | 5.3 |

图 9-6　全球 2012 年地震数据格式

“全球 2012 年地震. csv”数据集共有 12 666 行 13 列，大约 16 万个数据。有时我们需要读取数据文件的指定列，以及指定行，本程序提供了一个范例。

```
#E0905.py                                                          #【画散点图】
import numpy as np                                                 # 导入第三方包 - 计算
import matplotlib.pyplot as plt                                    # 导入第三方包 - 绘图
from matplotlib.font_manager import FontProperties                 # 导入第三方包 - 字体
import pandas as pd                                                # 导入第三方包 - 分析

font = FontProperties(fname='C:\\Windows\\Fonts\\simhei.ttf', size=14)  # 设置中文字体路径
df = pd.read_csv('d:\\test\\09\\全球 2012 年地震.csv')              # 读入 CSV 数据文件
x = df['Depth'][10:12600]                                          # 读入 Depth 列数据
y = df['Magnitude'][10:12600]                                      # 读入 Magnitude 列数据
plt.title('2012 年全球地震散点图', FontProperties = font)           # 绘制标题文字
plt.xlabel('震源深度(km)', FontProperties = font)                   # 绘制 x 坐标说明文字
plt.ylabel('地震级别', FontProperties = font)                       # 绘制 y 坐标说明文字
plt.scatter(x, y, s=20, c='#ff1212', marker='o')                   # 绘制散点图
plt.show()                                                         # 显示全部图形
>>>                                                                # 程序运行结果如图 9-7 所示
```

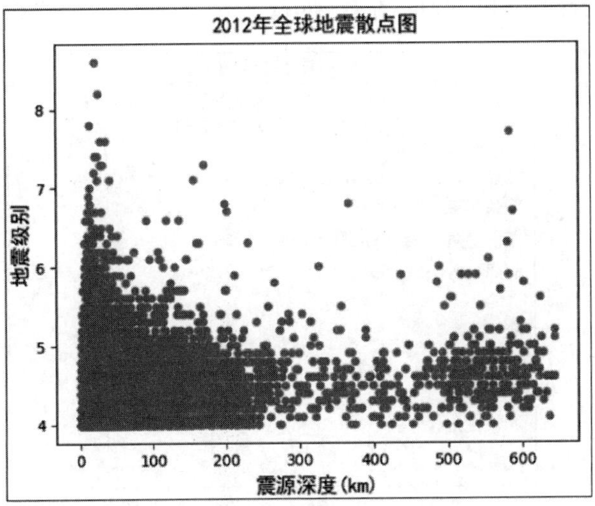


图 9-7　全球 2012 年地震散点图

(1) 中文显示方法 3。程序第 4 行为导入 Matplotlib 字体管理模块,第 7 行设置了中文字体的 Windows 路径和文件名(simhei. ttf 为黑体,MSYH. TTC 为微软雅黑体,其他中文字体容易出错)。另外第 9~11 行语句中,也需要进行字体参数设置。

(2) 程序第 8~10 行为读取 CSV 格式数据文件,它们需要 pandas 软件包支持。第 9 行中,["Depth"]为读取数据文件中 Depth(震源深度)列数据;[10:12600]表示数据读从第 10 行开始,到 12600 行止。第 10 行为读取 Magnitude(地震级别)列数据。

**2. 在图形中绘制注释文字和箭头**

**【例 9-6】** 绘制散点图,并在图中标注注释文字和指向箭头。

```
1  #E0906.py                                                           #【画散点图】
2  import numpy as np                                                  # 导入第三方包 - 计算
3  import matplotlib.pyplot as plt                                     # 导入第三方包 - 绘图
4  from matplotlib.font_manager import FontProperties                  # 导入字体管理模块
5
6  font = FontProperties(fname = 'C:\\Windows\\Fonts\\simhei.ttf', size = 14) # 设置中文字体路径
7  xValue = list(range(0, 101))                                        # 生成 100 个 x 随机值
8  yValue = [x * np.random.rand() for x in xValue]                     # 生成 100 个 y 随机值
9  plt.title('散点图示例', FontProperties = font)                       # 绘制标题文字
10 plt.xlabel('x 值', FontProperties = font)                            # 绘制 x 坐标说明文字
11 plt.ylabel('y 值', FontProperties = font)                            # 绘制 y 坐标说明文字
12 plt.scatter(xValue, yValue, s = 20, c = '#ff1212', marker = 'o')   # 绘制散点图
13 plt.annotate('说明文字', xy = (40, 38), xytext = (10, 60),           # 注释文字的起始和终止位置
14     FontProperties = font, color = 'b', size = 15,                  # 注释文字的颜色和大小
15     arrowprops = dict(facecolor = 'r', headwidth = 10, width = 1)) # r 表示红色,10 表示箭头宽度
16 plt.show()                                                          # 显示全部图形
   >>>                                                                 # 运行结果如图 9 - 8 所示
```

程序第 13 行,函数 plt. annotate()是在图中标记箭头和注释文字。如图 9-8 所示,参数 xy=(40, 38)为箭头尖的 xy 坐标值;参数 xytext=(10, 60)为注释文字的起始位置(xy 和

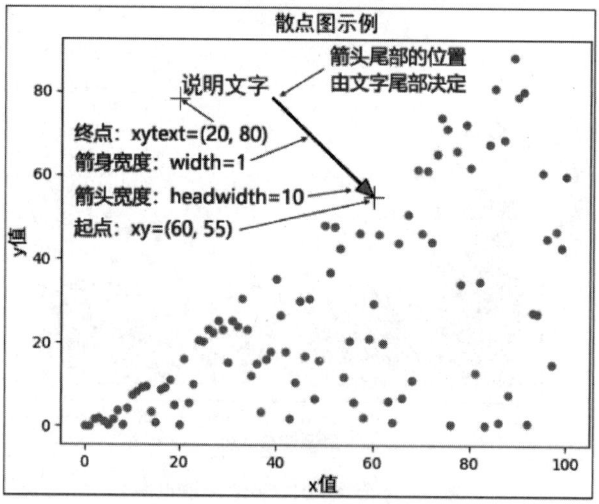


图 9-8 在散点图中标注注释文字

xytext 的坐标值自动定位了箭身倾斜程度)；参数 FontProperties=font 表示中文字体说明；参数 color='b'表示注释文字为蓝色；参数 size=15 为字体大小；参数 arrowprops=dict()表示显示箭头(省略这个参数时,则只有文字注释,没有箭头)；参数 facecolor='r'表示箭头为红色；参数 headwidth=10 表示箭头的宽度为 10 像素；参数 width=1 表示箭身宽度为 1 像素。

### 9.1.6 案例：农产品比例饼图

**1. 饼图绘制主要函数**

饼图比较适合显示一个数据系列(表一列或一行的数据)。饼图用来反映各个部分的构成,即部分占总体的比例。饼图的使用有以下限制：一是仅有一个要绘制的数据系列；二是绘制的数据没有负值；三是绘制的数据没有零值。

Matplotlib 中,饼图绘制采用 plt.pie()函数,它的语法格式如下。

```
plt.pie(data, explode, labels, colors, autopct, pctdistance, shadow, labeldistance, startangle,
    radius, counterclock, wedgeprops, textprops, center, frame, rotatelabels, hold)    # 语法格式
```

其中,参数说明如表 9-8 所示。

**表 9-8 plt.pie()函数参数说明**

| 参　　数 | 说　　明 |
|---|---|
| data | 每一个扇区块的比例,如：[15, 20, 45, 20](注意,数字和为 100) |
| explode | 每一个扇区块离饼图圆心的距离,如：explode=[0, 0.2, 0, 0] |
| labels | 每一个扇区块外侧的说明文字,如：labels=['猪肉', '水产', '蔬菜', '其他'] |
| colors | 饼图颜色,如：colors=['yellowgreen', 'gold', 'lightskyblue', 'lightcoral'] |
| autopct | 百分比数字格式设置,如：autopct='%2.1f'(2 表示 2 位整数,1f 表示 1 位小数) |
| pctdistance | 指定 autopct 位置的刻度,如：pctdistance=0.6(默认值) |
| shadow | 在饼图下面画一个阴影,如：shadow=False(不画阴影) |
| labeldistance | label 标记绘制位置,如：labeldistance=1.1,labeldistance<1 则绘制 label 标记在饼图内侧 |
| startangle | 扇区起始绘制角度,如：startangle=50,默认从 x 轴逆时针画起 |
| radius | 控制饼图半径,如：radius=1(默认值) |
| counterclock | 指定方向(可选),如：counterclock=True(默认值,逆时针),counterclock=False 表示顺时针 |

**2. 饼图程序设计**

**【例 9-7】** 用 Python 程序绘制饼图。

```
#E0907.py                                                    #【画饼图】
import matplotlib.pyplot as plt                              # 导入第三方包-绘图

plt.rcParams['font.sans-serif'] = ['simhei']                 # 显示中文字体,simhei 表示黑体
mylabels = '猪肉', '水产', '蔬菜', '其他'                      # labels 表示饼图说明文字
mydata = 15, 20, 45, 20                                      # 比例数据,猪肉占 15%等
mycolors = 'yellowgreen', 'gold', 'lightskyblue', 'lightcoral'  # 颜色为黄绿,金黄,天蓝,品红
myexplode = 0, 0.2, 0, 0                                     # explode 为扇区离中心点的距离
```

```
9  plt.figure(figsize = (5, 5))                        # 设置图片大小:长×高
10 plt.title('xx 市农贸市场食品供应比例')                # 绘制标题文字
11 plt.pie(mydata, explode = myexplode, labels = mylabels,   # 绘制饼图,读入设置参数
12     colors = mycolors, autopct = '%2.1f%%',           # %2.1f 表示小数点位数
13     shadow = True, startangle = 50)                   # True 表示阴影,50 表示起始角度
14 plt.axis('equal')                                   # 使饼图长宽相等
15 plt.show()                                          # 显示全部图形
   >>>                                                 # 程序运行结果如图 9-9 所示
```

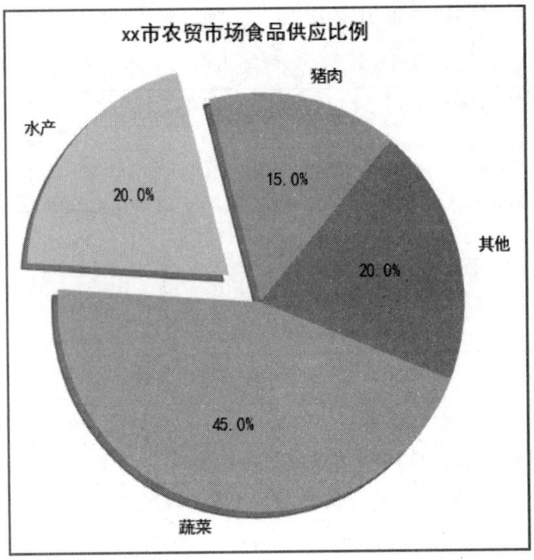


图 9-9　输出饼图

程序第 11 行,函数 plt.pie()中,参数 data 表示饼图比例数据(如 20%等);参数 explode=explode 为饼图中扇区离开中心的距离(如水产扇区部分突出);参数 labels=labels 为饼图外部文字(如"水产");参数 colors=colors 为饼图颜色;参数 autopct='%2.1f%%'表示饼图数字保留 2 位整数 1 位小数;参数 shadow=True 表示饼图阴影;参数 startangle=50 表示饼图开始角度。

### 9.1.7　案例:气温变化曲线图

曲线图一般用于记录数据随时间变化的曲线。曲线图横坐标一般为时间单位,纵坐标是数据变动幅度单位。曲线图适合表示变量之间的发展趋向。

**【例 9-8】** 绘制最低气温时间序列曲线变化图。

daily_min_temperatures.csv(每日最低温度)数据集描述了澳大利亚墨尔本市十年(1981—1990 年)的最低日温(单位为摄氏度),一共 3650 个观测值,数据来源于澳大利亚气象局。数据集存放在 d:\test\09 目录中。注意,数据集中有些数据只有日期,没有气温数据(数据缺失),使用数据集之前必须将这些行删除或处理。

```
1  #E0908.py                                                    #【画最低气温图】
2  import pandas as pd                                          # 导入第三方包 - 数据分析
3  import matplotlib.pyplot as plt                              # 导入第三方包 - 绘图
4
5  series = pd.read_table('d:\\test\\09\\墨尔本最低气温.csv', sep=',')  # 读数据,sep=','为分隔符
6  print(series.head(3))                                        # 输出数据集前 3 行
7  series.plot()                                                # 绘制时间序列图
8  plt.show()                                                   # 显示全部图形
>>>                                                             # 程序运行结果如图 9-10 所示
      Date Temperatures
0  1981/1/1          20.7
1  1981/1/2          17.9
2  1981/1/3          18.8
```

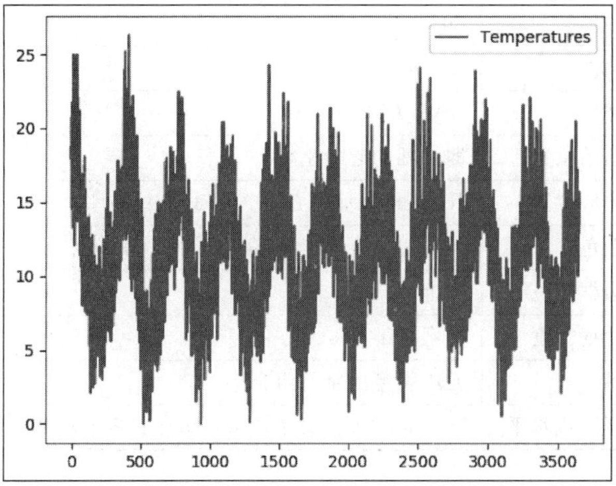


图 9-10　最低气温变化曲线图

**【例 9-9】** 如果希望将图 9-10 改为用散点图表示,只需要将 E0908.py 源程序第 7 行增加一个参数 series.plot(style='k.')即可。程序运行结果如图 9-11 所示。

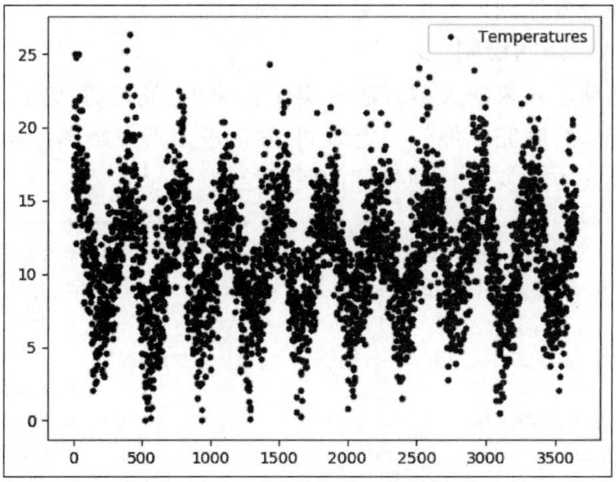


图 9-11　最低气温变化散点图

```
series.plot(style = 'k.')                    # 新增加参数,k表示黑色,.表示散点图
```



## 9.1.8 案例：冒泡排序动态图

### 1. 条状图绘制函数

Matplotlib 中，条状图采用 plt. bar()函数绘制，它的语法格式如下。

```
plt.bar(x, height, width = 0.8, bottom = None, align = 'center', data = None, ** kwargs)
```

其函数说明如表 9-9 所示。

**表 9-9　plt. bar()函数参数说明**

| 参数 | 说　明 | 数据类型 | 案　例 |
|---|---|---|---|
| x | x 坐标 | int,float | |
| height | 柱状条高度 | int,float | height＝n |
| width | 柱状条宽度 | 0～1,默认为 0.8 | width＝m |
| botton | 柱状条起始位置 | 即 y 轴的起始坐标 | |
| align | 柱状条中心位置 | "center"表示中心,"lege"表示边缘 | align＝'center' |
| color | 柱状条颜色 | "r","b","g","#123465",默认为"b" | color＝"r" |
| edgecolor | 柱状条边框颜色 | 同上 | edgecolor＝"b" |
| linewidth | 柱状条边框宽度 | 像素,int | linewidth＝2 |
| tick_label | 下标标签 | 元组类型的字符组合 | |
| orientation | 柱状条竖直或水平 | "vertical"表示竖条；"horizontal"表示水平条 | orientation＝"vertical" |

### 2. 冒泡排序算法

冒泡排序算法是一种简单的排序算法，它重复地遍历要排序的元素，一次比较两个元素，如果第一个比第二个大，就交换两个元素的位置。遍历元素的工作重复进行，直到没有再需要交换的元素，就说明该序列已经排序完成。冒泡排序算法的意思就是大的(或小的)元素会通过位置交换慢慢浮到序列的顶端(或序列右侧)。

### 3. 冒泡排序算法动态图绘制

使排序算法达到动态效果的关键方法其实比较简单，就是每次将原来绘制的图形结果擦除掉，重新绘制图形，绘制完了停顿一定时间，然后进入下一次图形绘制。

**【例 9-10】** 以动态方式实现冒泡排序的图形绘制。

```
#E0910.py                                      #【动态图 - 冒泡算法】
from matplotlib import pyplot as plt           # 导入第三方包 - 绘图
import random                                  # 导入第三方包 - 数据分析

LIST_SIZE = 20                                 # 柱状条为 20(排序元素)
PAUSE_TIME = 4/LIST_SIZE                       # 暂停时间赋值为 4/20s
def bubble_sort(nums):                         #【定义冒泡排序函数】
    for i in range(len(nums) - 1):             # 外循环控制遍历的次数
```

```
9           for j in range(len(nums) - i - 1):                       # 内循环控制遍历到哪一位
10              if nums[j] > nums[j+1]:                              # 如果前元素大于后元素
11                  nums[j], nums[j+1] = nums[j+1], nums[j]          # 交换两个元素位置
12              plt.cla()                                            # 清除内容(交互模式)
13              plt.bar(range(len(nums)), nums, align='center')      # 绘制排序条
14              plt.bar(j, nums[j], color="r", align="center")       # 绘制红色柱状条 A
15              plt.bar(j+1, nums[j+1], color="r", align="center")   # 绘制红色柱状条 B
16              plt.pause(PAUSE_TIME)                                # 暂停时间(4/20s)
17      plt.show()                                                   # 显示图形
18  nums = []                                                        # 排序列表初始化
19  for i in range(LIST_SIZE):                                       # 循环生成排序条随机数
20      nums.append(random.randint(0, 500))                          # 生成 0～500 的随机整数
21  bubble_sort(nums)                                                # 调用冒泡排序函数
22  print('排序结果:', nums)                                          # 输出冒泡排序结果

    >>>…(输出略)                                                     # 程序运行结果如图 9-12 所示
```

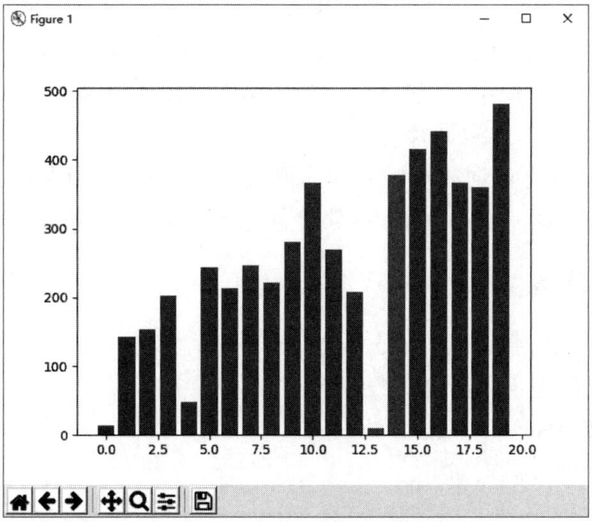


图 9-12　动态冒泡排序

程序第 8 行,外循环控制从头走到尾的次数,同时控制待排序元素的上边界;走完一次后,一个最大元素已经排到最前面(冒泡),因此,剩下排序的元素需要−1;len(nums)计算列表元素长度;range()函数生成从 0 开始的顺序整数列表。

程序第 9 行,内循环扫描排序列表,逐个比较相邻两个元素,并通过交换元素值的方式将最大值元素推到最上方。

程序第 10、11 行,比较相邻的两个元素,如果后一个数比前一个数大,在程序第 11 行交换两个元素的位置;否则继续比较下一个元素。

程序第 12～16 行,绘制排序元素的矩形条,进行比较的两个元素用红色条表示。

程序第 19、20 行,生成 LIST_SIZE 个排序元素的随机整数值。

# 9.2 词云图可视化 WordCloud

## 9.2.1 词云图绘制软件

**1. 词云的概念**

词云是文本数据的可视化表示，词云对文本中出现频率较高的“关键词”用图形方式予以突出表示，从而过滤掉大量低频文本信息，读者只要看一眼词云就可以领略文本的主旨。在小说阅读中，词云会提示关键词和主题索引，方便用户快速阅读；在娱乐中，变幻莫测的词云给用户提供了充分的想象空间和娱乐趣味。

当数据区分度不大时，词云起不到突出显示的效果；数据太少也很难做出好看的词云。或者说词云适合展示具有大量文本的数据，而柱状图则适合展示少量数值型数据。

**2. 绘制词云需要的软件包**

WordCloud是一个优秀的第三方词云生成软件包。在线安装WordCloud的过程中，可能会遇到安装错误。解决方法是在网络下载Pillow.whl软件包后，进行离线安装。

可以通过官方网站（https://wordart.com/）查看WordCloud使用指南。使用WordCloud绘制词云的过程中，一般还会用到的第三方软件包有Matplotlib（绘图包）、Jieba（中文分词）和Pillow（PIL，遮罩图片处理）等。

虽然WordCloud具有单词或短语分词功能，但这些功能只对英语文本有效，无法处理中文分词。对于中文分词一般采用Jieba软件包进行处理。

## 9.2.2 词云图绘制函数

WordCloud软件包主要提供了词云绘制、英语分词、文件读出、文件存储等功能。其中最重要和应用最广泛的是词云绘制函数WordCloud()。

**1. 词云绘制函数 WordCloud()介绍**

词云绘制函数的语法格式如下。

```
WordCloud(font_path, background_color, mask, colormap, width, height, min_font_size,
    max_font_size, font_step, prefer_horizontal, scale, mode, relative_scaling) # 词云绘制函数的语法格式
```

WordCloud()函数的主要参数如表9-10所示。

**表9-10 WordCloud()函数的主要参数**

| 参数 | 说明 |
|---|---|
| font_path | 字体路径，如：font_path='C:/Windows/Fonts/simhei.ttf'，缺少时不能显示中文 |
| background_color | 背景颜色，如：background_color='black'（默认为黑色，white表示为白色，pink表示为粉红色） |
| mask | 遮罩，如：mask=img（img为遮罩图片文件二进制数据） |
| colormap | 单词颜色，如：colormap='viridis'（默认值，翠绿色） |
| width | 画布宽度，如：width=400（像素，默认值） |

续表

| 参数 | 说明 |
|---|---|
| height | 画布高度，如：width=200(像素，默认值) |
| min_font_size | 显示的最小字体大小，如：min_font_size=4(默认值) |
| max_font_size | 显示的最大字体大小，如：max_font_size=100(默认值) |
| max_words | 显示单词的最大个数，如：max_words=200(默认值) |
| font_step | 字体步长，如：font_step=1(默认值)，大于 1 时会加快运算，但图形会模糊 |
| prefer_horizontal | 文字平方向排版的频率，如：prefer_horizontal=0.9(默认值) |
| scale | 图片放大，如：scale=1.5(默认值为 1)表示长和宽是原来画布的 1.5 倍 |
| mode | 背景色彩模式，如：mode='RGBA'，background_color=None 表示背景透明 |
| relative_scaling | 词频与字体大小的关联性，如：relative_scaling=0.5(默认值)<br>当 relative_scaling=0 时，表示只考虑单词排序，不考虑词频数<br>当 relative_scaling=1 时，表示 2 倍词频的词会用 2 倍字号显示 |

**2. 词云遮罩**

遮罩(mask)是利用一张白色背景图片，让词云外观形状与遮罩图片中图形的形状相似。如利用一张地图图片做遮罩时，生成的词云外观与地图形状相似。

遮罩图片可以从网络下载，如果图片有少量背景，则可以利用 Photoshop 等软件进行图片处理。WordCloud 支持的图片文件格式有.gif、.png、.jpg 等。

遮罩图片必须通过 img=imread('图片名.jpg')语句读取图片二进制数据。遮罩图片背景必须为纯白色(#FFFFFF)，词云在非纯白位置绘制，背景全白部分将不会绘制词云。单词的大小、布局、颜色都会依据遮罩图自动生成。

### 9.2.3 案例：普通词云图

**【例 9-11】** 生成陈忠实小说《白鹿原》的词云。

```
#E0911.py                                                  #【画小说词云】
import jieba                                               # 导入第三方包 - 中文分词
from wordcloud import WordCloud                            # 导入第三方包 - 词云制作
import matplotlib.pyplot as plt                            # 导入第三方包 - 绘图

book = open('d:\\test\\09\\白鹿原.txt', 'r')                # 以读方式打开文本文件
mylist = book.read()                                       # 将文本内容读到列表
book.close()                                               # 关闭文本文件
word_list = jieba.cut(mylist)                              # 用 jieba 进行中文分词
new_text = ' '.join(word_list)                             # 对分词结果以空格隔开
word_cloud = WordCloud(font_path =
    'C:/Windows/Fonts/simhei.ttf',                         # 文本放入词云容器分析
    background_color = 'white').generate(new_text)         # white 表示背景为白色
plt.imshow(word_cloud)                                     # 绘制词云图
plt.axis('off')                                            # 关闭坐标轴
plt.show()                                                 # 显示全部图形
>>>                                                        # 运行结果如图 9-13 所示
```

程序第 11 行，将分词处理后的文本放入 WordCoud 容器中进行分析。参数 font_path='C:/Windows/Fonts/simhei.ttf'为设置中文字体路径，因为 WordCoud()函数显示中文会出现乱码，因此用强制定义中文字体路径来解决这个问题。即使设置了字体路径参数，并不是所有中文字体都能够正常显示，可显示的中文字体有 simhei.ttf(黑体)、simfang.ttf(仿宋)、simkai.ttf(楷体)和 simsun.ttc(宋体)等。

图 9-13 陈忠实小说《白鹿原》词云

## 9.2.4 案例：遮罩词云图

**【例 9-12】** WordCoud()函数中，词云形状为长方形，高频词的颜色为自动生成，图形默认主色调为翠绿色。本例说明如何利用遮罩图片进行词云形状控制，如何自定义高频词的颜色。文本文件为朱自清散文《春》，遮罩图片为"树.jpg"，如图 9-14 所示。

```
#E0912.py                                                    #【画遮罩词云】
import matplotlib.pyplot as plt                              # 导入第三方包 - 绘图
from PIL import Image                                        # 导入第三方包 - 图像处理
import wordcloud                                             # 导入第三方包 - 词云绘制
import jieba                                                 # 导入第三方包 - 结巴分词
from matplotlib import colors                                # 导入第三方包 - Matplotlib 颜色模块

txt = open('d:\\test\\09\\春.txt', 'r').read()                # 以读方式打开文本文件
img = plt.imread('d:\\test\\09\\树.jpg')                      # 读入做遮罩的图片文件
words_ls = jieba.cut(txt, cut_all = True)                    # 用 jieba 进行中文分词
words_split = ' '.join(words_ls)                             # 分词结果以空格隔开
color_list = ['#ff0000', '#00ff00', '#0000ff', '#320000']    # 定义单词颜色列表(红 - 绿 - 蓝 - 棕)
mycolor = colors.ListedColormap(color_list)                  # 调用颜色列表
wc = wordcloud.WordCloud(font_path = 'simhei.ttf',           # 设置词云参数，simhei.ttf 表示黑体
    width = 1000, height = 500,                              # 画布设置，1000 为宽度，500 为高度
    background_color = 'white', mask = img,                  # white 表示背景为白色，img 为遮罩图片
    colormap = mycolor)                                      # mycolor 为自定义颜色
my_wordcloud = wc.generate(words_split)                      # 根据文本词频生成词云
plt.imshow(my_wordcloud)                                     # 绘制词云图
plt.axis('off')                                              # 关闭坐标轴
plt.show()                                                   # 显示全部图形
>>>                                                          # 程序运行结果如图 9 - 15 所示
```

图 9-14　遮罩图片

图 9-15　带遮罩的词云

程序第 6、12、13、17 这 4 行语句主要控制词云中单词显示颜色的种类。但是，具体哪个单词是什么颜色每次都随机生成。

程序第 12 行，#ff0000 表示红色，#00ff00 表示绿色，#0000ff 表示蓝色，#320000 表示深棕色。十六进制颜色代码可在网络中查看，列表中可以根据需要设置更多的颜色。

## 9.3　地图可视化 PyEcharts

### 9.3.1　地图绘制软件包

**1. PyEcharts 地图软件包功能**

常用地图软件包有 PyEcharts（百度项目）、Basemap、GeoPandas（开源项目）等。PyEcharts 是百度开源的一个数据可视化 JS(JavaScript)库，它可以用于生成与地图相关的图表类库（官方文档为 https://pyecharts.org/#/zh-cn/intro）。

PyEcharts 提供直观、可交互、可定制的数据可视化图表。它支持折线图、柱状图、散点图、K 线图、饼图、雷达图、和弦图、力导向布局图、地图、仪表盘、漏斗图、事件河流图共 12 类图表，同时提供标题、详情气泡、图例、值域、数据区域、时间轴、工具箱 7 个可交互组件，支持多图表、组件的联动和混搭展现。

**2. PyEcharts 软件包的安装**

PyEcharts 分为 v0.5.x 和 v1.x 两个系列的版本，它们之间互不兼容。v1.x 是一个全新的软件版本，目前(2020.9)最新的版本号为 1.8.x。v1.x 版本安装方法如下。

```
>pip install pyecharts                    # 安装 Pyecharts v1.x 版本软件包
>pip install echarts-countries-pypkg      # 或者从清华大学镜像网站安装 Pyecharts v1.x 版本
```

PyEcharts 两个软件版本互不兼容。v1.x 正常安装后，使用时很容易出错。这时可以卸载 v1.x 版本软件包，在 Python 官方网站（https://pypi.org/project/pyecharts/0.1.9.4/#files）下载离线安装文件 pyecharts-0.1.9.4-py2.py3-none-any.whl（v0.5x 版本最新版），然后将离线安装文件复制到本机 d:\pytrhon37\目录下，v0.5x 版本软件包安装方法如下。

```
> pip list                                                # 查看当前安装软件包版本
> pip uninstall pyecharts --ye                            # 卸载 Pyecharts，--ye 表示确认卸载
> pip install pyecharts-0.1.9.4-py2.py3-none-any.whl      # 离线安装 Pyecharts v0.5.x 版本
```

安装 PyEcharts 软件包后，还要按需求安装以下地图文件。

```
> pip install echarts-countries-pypkg                     # 安装全球 213 个国家地图(含中国)
> pip install echarts-china-provinces-pypkg               # 安装中国 23 个省 5 个自治区地图
> pip install echarts-china-cities-pypkg                  # 安装中国 370 个城市地图
> pip install echarts-china-counties-pypkg                # 安装中国 2882 个县区地图
```

### 3. PyEcharts 基本绘图函数

本章案例均在 PyEachrts v0.1.9.4 版本下调试通过。PyEachrts 对地图可视化的基本函数有 Map()和 Geo()，Map()实现地图区域可视化；Geo()实现地图散点图可视化，散点可以根据数值大小而变化，这就变成地图气泡图。Geo()函数语法案例如下。

```
geo.add(name, attr, value, type="scatter", maptype='china', coordinate_region='中国',
    symbol_size=12, border_color="#111", geo_normal_color="#323c48",
    geo_emphasis_color="#2a333d", geo_cities_coords=None, is_roam=True, **kwargs) #语法格式
```

Map()和 Geo()函数常用参数说明如表 9-11 所示。

**表 9-11　Map()和 Geo()函数常用参数说明**

| 参　　数 | 接收值 | 说　　明 |
|---|---|---|
| name | 字符串 | 动态显示信息，如："空气质量" |
| attr | 列表 | 属性名称，如：[("北京",49)，("天津",45)] |
| value | 列表 | 属性所对应的值，如：[120.60,31.30] |
| type | 字符串 | 图例类型，如：type="scatter"(圆点)；type="effectScatter"(涟漪) |
| effect_scale | 整数 | 涟漪的多少，如：effect_scale=5 |
| maptype | 字符串 | 地图类型，如：maptype='china'(中国地图) |
| coordinate_region | 字符串 | 坐标所属城市，如：coordinate_region='上海' |
| symbol_size | 整数 | 标记大小，如：symbol_size=12(默认) |
| symbol | 字符串 | 标记形状，如：circle,pin,rect,diamon,roundRect,arrow,triangle |
| symbol_color | 字符串 | 标记颜色，如：symbol_color="FF0000" |
| background_color | 字符串 | 网页背景颜色，如：background_color='#404a59' |
| border_color | 字符串 | 地图边界颜色，如：border_color="#111"(默认) |
| geo_normal_color | 字符串 | 地图区域颜色，如：geo_normal_color="#323c48"(默认) |
| border_color | 字符串 | 地图线条颜色，如：border_color="#ffffff" |
| geo_emphasis_color | 字符串 | 鼠标指针经过地图区域的颜色，如：geo_emphasis_color="#2a333d" |
| geo_cities_coords | 字典 | 用户自定义地区经纬度，如：{'苏州大学':[120.60,31.30],} |
| title_pos | 字符串 | 标题位置，如：title_pos="center"(标题居中) |
| title_color | 字符串 | 标题颜色，如：title_color="#fff" |
| label_text_color | 字符串 | 标签文字颜色，如：label_text_color="#00FF00" |
| visual_range | 列表 | 图例条范围，如：visual_range=[0, 300] |
| visual_text_color | 字符串 | 图例条颜色，如：visual_text_color='#fff' |
| is_roam | 布尔值 | 开启/关闭鼠标缩放和漫游，如：is_roam=True(默认) |

## 9.3.2 案例：绘制其他可视化图

**【例 9-13】** 动态显示商品销售数据和柱状图。

```
#E0913.py                                                    #【画动态柱形图】
from pyecharts import Bar                                    # 导入第三方包 - 柱状条模块
attr = ["衬衫", "羊毛衫", "雪纺衫", "裤子", "高跟鞋", "袜子"]
v1 = [5, 20, 36, 10, 75, 90]
v2 = [10, 25, 8, 60, 20, 80]
bar = Bar("商品销售数据柱状图示例")
bar.add("商家 A", attr, v1, is_stack = True)                 # 绘制动态柱形图
bar.add("商家 B", attr, v2, is_stack = True)                 # 绘制动态柱形图
bar.render("d:\\test\\09\\商品销售数据.html")                # 存储为网页文件
>>>                                                          # 生成图形如图 9-16 所示
```

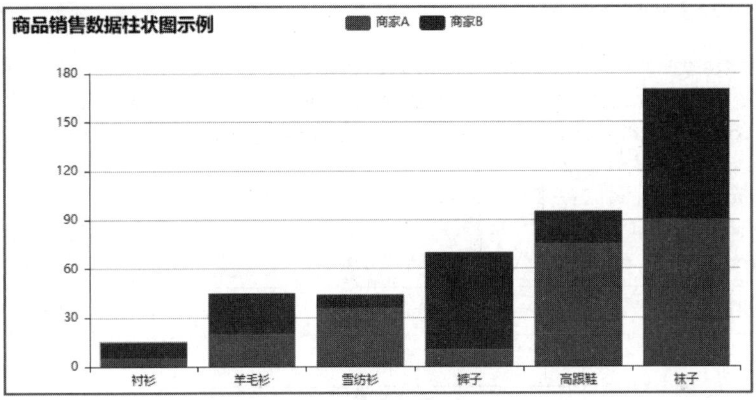


图 9-16 商品销售数据动态显示网页

**【例 9-14】** 绘制动态折线图。

```
#E0914.py                                                    #【画折线图】
from pyecharts import Line                                   # 导入第三方包 - 折线图模块

x_attr = ["1 月", "2 月", "3 月", "4 月", "5 月", "6 月"]
data1 = [5, 20, 36, 10, 75, 90]
data2 = [10, 25, 8, 60, 20, 80]
line = Line("折线示例图")
line.add('商家 1', x_attr, data1, mark_point = ['average']) # 绘制折线图
line.add('商家 2', x_attr, data2, is_smooth = True, mark_line = ['max', 'average'])   # 绘制折线图
line.render('d:\\test\\09\\折线图.html')                     # 存储为网页文件
>>>                                                          # 生成图形如图 9-17 所示
```

**【例 9-15】** 散点图绘制。

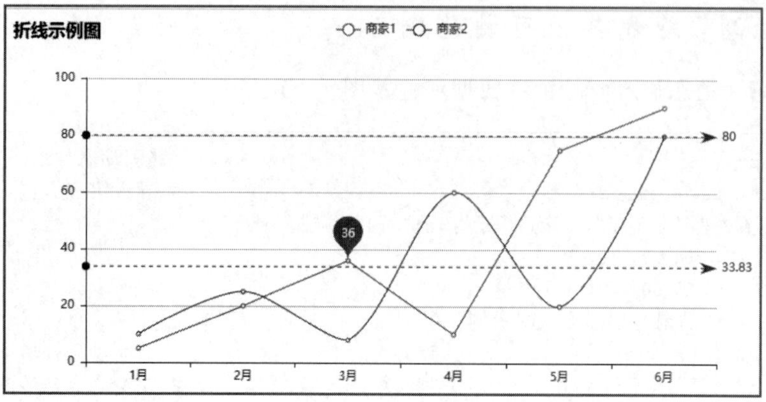


图 9-17　折线图网页

```
#E0915.py                                                                  #【画散点图】
from pyecharts import Scatter                                              # 导入第三方包 - 散点图模块

v1 =[25.02, 18.73, 7.85, 7.68, 7.35, 5.35, 3.29, 2.23, 1.98, 1.78, 1.65, 1.64, 1.06, 1.06, 0.69]
v2 =[5.35, 4.42, 4.31, 3.92, 3.29, 2.23, 4.42, 4.31, 3.92, 3.29, 2.23, 1.98, 1.78, 1.65, 0.8]
scatter = Scatter("电影类型评分", title_pos='center', background_color='white', title_top='90%')
scatter.add("爱情", v1, v2)                                                # 绘制散点图
scatter.add("动作", v1[::-1], v2)                                          # 绘制散点图
scatter.show_config()                                                      # 绘制类型选择散点图
scatter.render("d:\\test\\09\\散点图.html")                                # 存储为网页文件
>>>…(输出略)                                                               # 生成图形如图 9-18 所示
```

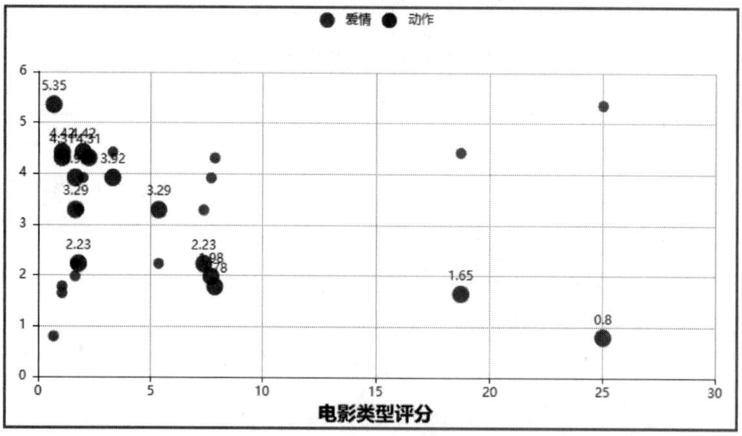


图 9-18　散点图网页

**【例 9-16】** 词云图绘制。

```
#E0916.py                                         #【画词云图】
from pyecharts import WordCloud                   # 导入第三方包 - 词云模块

```

```
name = ['花影', '苏轼', '重重', '叠叠', '上瑶台', '几度', '呼童',
         '扫不开', '刚被', '太阳', '收拾去', '却教','明月','送将来']
value = [1500, 500, 1200, 1000, 800, 500, 1000, 1200,
         900, 2200, 1500, 400, 1200, 800]                    # 定义单词大小
worldcloud = WordCloud(width = 1300, height = 650)           # 定义词云图大小
worldcloud.add('词云', name, value, word_size_range = [20, 100]) # 绘制词云图
worldcloud.render('d:\\test\\09\\词云图.html')               # 存储为网页文件
>>>                                                          # 生成图形如图 9-19 所示
```

图 9-19 词云图网页

# 9.4 网络图可视化 NetworkX

## 9.4.1 网络绘图软件包

**1. 社交网络的概念**

网络图表示了一组实体之间的相互关联。网络图由节点(实体)和边(关系)组成,每个实体由一个或多个节点表示,节点之间通过边进行连接。节点的属性有名称、大小、颜色等;边的属性有方向(有向图、无向图)、权重(距离)等。网络图广泛应用于计算机网络、通信网络、社交网络、人工神经网络、交通网络、工程管理等领域。

社交网络(social network)是由许多节点构成的一种社会结构,节点通常指个人或组织,边是各个节点之间的联系。社交网络产生的图形结构往往非常复杂。例如,在小说《三国演义》中,至少存在"魏-蜀-吴"三个社交网络,可以将小说的主要人物作为"节点",不同人物之间的联系用"边"连接,可以根据人物之间联系的密切程度(如两个人在同一章节出现的频率)或重要程度(如人物在全书出现的频率)等设置边的"权重"。分析这些社交网络可以让我们深入了解小说中的人物,如谁是重要影响者、谁与谁关系密切、哪些人物在网络中心、哪些人物在网络边缘等。

**2. NetworkX 软件包**

NetworkX、Gephi、iGraph 是目前最流行的 Python 网络建模分析软件包。初学者和小规模网络(节点数在 1 万以下)下,使用 NetworkX 较好,大规模网络情况(可处理 10 万个以上节点的网络)则使用 iGraph 运算效率更高。

NetworkX是用Python语言开发的图论与复杂网络建模工具，它内置了常用的图与复杂网络分析算法（如最短路径搜索、广度优先搜索、深度优先搜索、生成树、聚类等），它可以进行复杂网络数据分析、仿真建模等工作。它支持创建无向图、有向图和多重图；它内置了许多标准图论算法，节点可为任意数据；支持任意的边值维度等功能。

NetworkX可以用于研究社会、生物、基础设施等结构，还可以用来建立网络模型、设计新的算法等。它能够处理大型非标准数据集。可以通过官方网站（https://networkx.github.io/）或中文网站（https://www.osgeo.cn/networkx/）查看使用指南。可以通过清华大学镜像网站下载和安装NetworkX软件包。

```
> pip install networkx - i https://pypi.tuna.tsinghua.edu.cn/simple          # 软件包安装命令
```

## 9.4.2 网络图绘制函数

**1. 网络图增加节点和边**

图主要包括点和边，NetworkX创建点和边的案例如下。

**【例9-17】** 增加点（用字符串序列增加5个点）。

```
G.add_nodes_from(['A', 'B', 'C', 'D', 'E'])
```

可以一次插入一个点，如G.add_node(1)；也可以从列表中插入一系列点，如G.add_nodes_from([1,2,3])；也可以把图H当作一个点插入到G中，如G.add_node(H)。

删除点用G.remove_node(1)或DG.remove_nodes_from([1, 2, 3])实现。

**【例9-18】** 增加边（用字符串序列增加多条边）。

```
G. add_edges_from([('A', 'B'), ('A', 'C'), ('A', 'D'), ('D','A')])
```

可以一次插入一条边，如G.add_edge(1, 2)（在1和2之间增加一个点，从1指向2）；也可以从列表中插入一系列边，如G.add_edges_from([(1, 2), (1, 3)])。

删除边用remove_edge(1, 2)函数或remove_edges_from(列表)实现。

**【例9-19】** 访问点和边。

G. nodes()函数为访问点，返回结果：['A', 'C', 'B', 'E', 'D']。

G. edges()函数为访问边，返回结果：[('A', 'C'), ('A', 'B'), ..., ('D', 'A')]。

G. node['A']函数为返回包含点和边的列表。

G. edge['A']['B']函数为返回包含两个键之间的边。

**【例9-20】** 查看点和边的数量。

G. number_of_nodes()函数为查看点的数量，返回结果。

G. number_of_edges()函数为查看边的数量，返回结果。

G. neighbors('A')函数为查看所有与A连通的点，并且返回结果。

G['A']为查看所有与A相连边的信息，并返回属性结果。

**【例9-21】** 设置属性。可以给图、点、边赋予各种属性，如权重、频率等。

```
G.add_node('A', time = '5s')                                    # 增加一个节点和属性
G.add_nodes_from([1,2,3], time = '5s')                          # 增加多个节点和属性
G.add_nodes_from([(1,{'time':'5s'}), (2,{'time':'4s'})])  # 增加节点,元组 + 列表 + 字典
G.node['A']   # 访问节点 A
G.add_edges_from([(1,2), (3,4)], color = 'red')                 # 增加多条边,设置边色彩
```

**2. NetworkX 网络图基类**

NetworkX 创建的网络图有四个基类。

(1) Graph 是无向图基类。无向图有自己的属性或参数,不包含重边,允许有回路,节点可以是任何程序中的对象,节点和边可以保存 key-value(键值对)属性。该类的构造函数为 Graph(data=None, ** attr),其中 data 可以是边的列表,或任意一个 NetworkX 的图对象,默认为 None; ** attr 是关键字参数,如 key-value 形式的属性。

(2) MultiGraph 是有重边无向图基类。它与 Graph 类似。构造函数为 MultiGraph(data=None, ** attr)。

(3) DiGraph 是有向图基类。有向图有自己的属性或参数,不包含重边,允许有回路;节点可以是任何程序中的对象,边和节点可含 key-value 属性。该类的构造函数为 DiGraph(data=None, ** attr),其中 data 是边列表,或任意一个 NetworkX 的图对象,默认为 None; ** attr 是关键字参数,如 key-value 形式的属性。

(4) MultiDiGraph 是有重边的有向图基类。它与 DiGraph 类似。构造函数为 MultiDiGraph(data=None, ** attr)。

**3. NetworkX 绘图函数**

draw_networkx_nodes()和 draw_networkx_edges()是 NetworkX 中绘制节点和边的函数,其语法格式如下。

```
draw_networkx_nodes(G, pos, nodelist, node_size, node_color, node_shape, alpha, cmap,
    vmin, vmax, ax, linewidths, label, ** kwds)                # 语法格式
draw_networkx_edges(G, pos, edgelist, width, edge_color, style, alpha, edge_cmap,
    edge_vmin, edge_vmax, ax, arrows, label, ** kwds)          # 语法格式
```

draw_networkx_nodes()和 draw_networkx_edges()函数的主要参数如表 9-12 所示。

**表 9-12 绘制节点和边的函数主要参数说明**

| 参 数 | 说 明 |
|---|---|
| G | 预定义的 NetworkX 图,如: G=nx.random_graphs.barabasi_albert_graph(50, 1) |
| pos | 网络图布局,如:<br>pos=nx.spring_layout(默认值,节点放射分布)<br>pos=random_layout(节点随机分布)<br>pos=circular_layout(节点在圆环上均匀分布)<br>pos=shell_layout(节点在同心圆上分布)<br>pos=spectral_layout(根据图的拉普拉斯特征向量排列节点)。<br>布局时,节点数据类型必须为字典,键为节点编号,值为社区或位置编号 |
| node_color | 节点颜色,如: node_color='r'(红色,默认值) |
| node_size | 节点大小,如: node_size=300(像素,默认值) |

续表

| 参　数 | 说　明 |
|---|---|
| node_shape | 节点形状,如：node_shape='o'(圆点,默认值),'s'表示正方形,'^'表示三角形,'v'表示倒三角形,'＜'表示左三角形,'＞'表示右三角形,'8'表示 8 边形','p'表示五边形,'*'表示星形,'h'表示六边形 1','H'表示六边形 2,'+'表示加号,'x'表示 x 号,'D'表示钻石,'d'表示小钻石 |
| with_labels | 节点是否带文字内容,如：with_labels=True(默认值,节点带文字) |
| font_color | 节点标签字体颜色,如：font_color='k'(默认值,黑色) |
| font_size | 节点标签字体大小,如：font_size=12(默认值) |
| edgelist | 边的集合,数据类型为元组,绘制指定边,如：edgelist= G.edges()(默认值) |
| edge_color | 边的颜色,如：edge_color='k'(黑色,默认值) |
| width | 边的宽度,如：width=1.0(默认值) |
| style | 边的样式,如：style='solid'(solid 表示实线,dashed 表示虚线,dotted 表示点线,dashdot 表示点虚线) |
| arrows | 边箭头,如：arrows=True(默认值,对有向图如果为真则绘制箭头) |
| alpha | 节点和边的透明度,如：alpha=1.0(默认值,1 表示不透明,0 表示完全透明) |
| label | 节点标签,如：label=None(默认值,无标签),或 label='张飞' |
| ** kwds | 关键字参数,数据类型为字典 |

**4. 网络图绘制程序设计**

**【例 9-22】** 画出网络图的节点和边,而且节点需要有标签(label)。

```
1  #E0922.py                                                  #【画有权网络图】
2  import networkx as nx                                      # 导入第三方包 - 网络
3  import matplotlib.pyplot as plt                            # 导入第三方包 - 绘图
4
5  G = nx.Graph([(1,2),(1,3),(2,3),(3,4),(4,5),(4,6),(4,7),(5,6),(5,7),(6,7),(7,8)]) # 定义节点和边
6  nx.draw_networkx(G, node_size = 1000, font_size = 20)      # 绘制网络图
7  plt.show()                                                 # 显示全部图形
   >>>                                                        # 程序运行结果如图 9 - 20 所示
```

程序扩展：程序第 5 行改为"G=nx.DiGraph(原参数)"时,运行结果如图 9-21 所示。

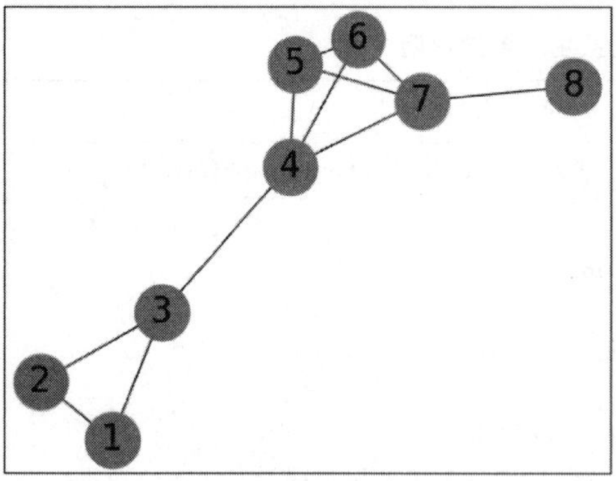


图 9-20　无向网络图

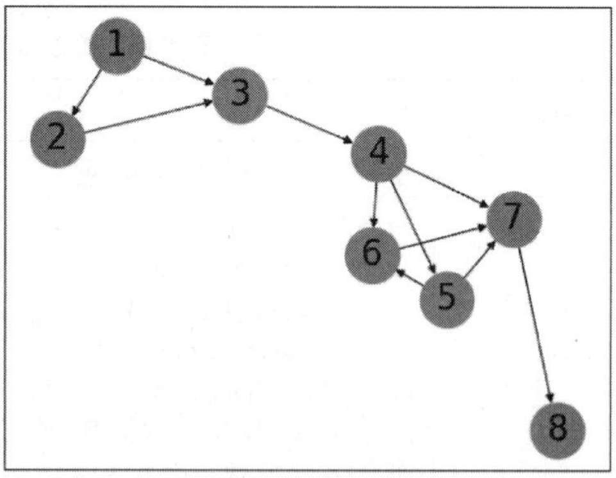


图 9-21　有向网络图

## 9.4.3 案例：《三国演义》社交网络图

**【例 9-23】** 绘制《三国演义》人物关系简单社交网络图(有权无向图)。

```
1  #E0923.py                                                    #【画三国演义人物网图】
2  import networkx as nx                                        # 导入第三方包 - 网络
3  import matplotlib.pyplot as plt                              # 导入第三方包 - 绘图
4  from pylab import *                                          # 导入第三方包 - 变量导入
5
6  mpl.rcParams['font.sans - serif'] = ['SimHei']               # 设置中文字体
7  G = nx.Graph()                                               # 生成空网络 G
8  G.add_weighted_edges_from([('0','1',2), ('0','2',7), ('1','2',3), ('1','3',8), ('1','4',5), ('2','3',1), ('3','4',4)])
9  edge_labels = nx.get_edge_attributes(G, 'weight')            # 设置边的权重
10 labels = {'0':'孔明', '1':'刘备', '2':'关羽', '3':'张飞', '4':'赵云'}   # 设置节点标签
11 pos = nx.spring_layout(G)                                    # 设置节点放射分布的随机网络
12 nx.draw_networkx_nodes(G, pos, node_color = 'skyblue', node_size = 1500, node_shape = 's',) #画节点
13 nx.draw_networkx_edges(G, pos, width = 1.0, alpha = 0.5, edge_color = ['b','r','b','r','r','b','r']) #画边
14 nx.draw_networkx_labels(G, pos, labels, font_size = 16)      # 绘制节点标签
15 nx.draw_networkx_edge_labels(G, pos, edge_labels)            # 绘制边权重
16 plt.title('《三国演义》人物关系图', fontproperties = 'simhei', fontsize = 14)   # 绘制标题
17 plt.show()                                                   # 显示全部图形
   >>>                                                          # 程序运行结果如图 9 - 22 所示
```

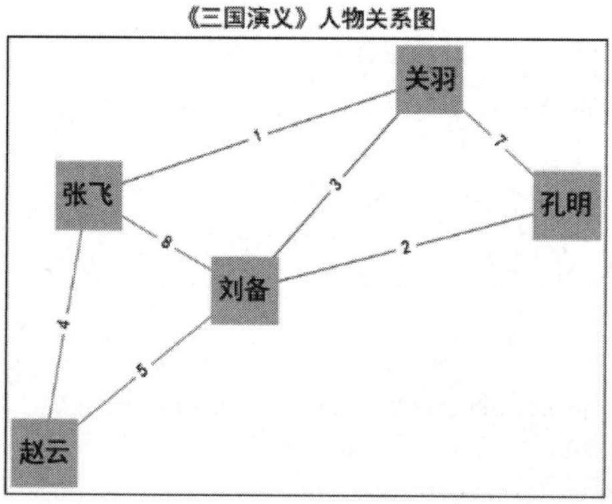


图 9-22 《三国演义》人物关系网络图

(1) 程序第 8 行是为网络 G 添加节点和边，数据类型为列表。如('0','1',2)参数中，0 表示 0 号节点(孔明)，1 表示 1 号节点(刘备)，2 表示 0 号与 1 号节点之间边的权重为 2。注意，在放射形状(程序 11 行：pos = nx.spring_layout(G))网络图中，1 号节点位于图中心。

(2) 程序第 9 行为设置网络中边的权重。

(3) 程序第 10 行 labels={ }语句中，数据类型为字典，键为节点编号，值为节点属性。如'0'：'孔明'表示 0 号节点(键)的属性是'孔明'(值)。

(4) 程序第 12 行绘制网络节点，其中 G 表示网络，pos 表示网络形状，node_color 表示'skyblue'节点颜色为天蓝色，node_size=1500 表示节点大小为 1500 像素，node_shape='s'表示节点形状为正方形。

### 9.4.4 案例：爵士音乐人社交网络图

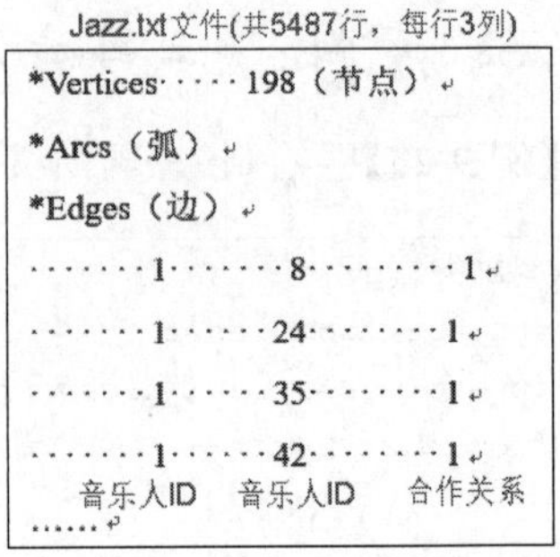
Jazz.txt文件(共5487行，每行3列)

*Vertices····198（节点）↵
*Arcs（弧）↵
*Edges（边）↵
·······1·······8·········1↵
·······1······24········1↵
·······1······35········1↵
·······1······42········1↵
音乐人ID 音乐人ID 合作关系
······↵

图 9-23 Jazz.txt 文件格式

#### 1. 社交网络程序设计

**【例 9-24】** 根据 Jazz.txt 文件，绘制音乐人社交网络图。

(1) 该网络为爵士音乐人合作网络，网络中的节点代表音乐人，节点之间的链接代表音乐人之间的合作关系，Jazz.txt 文件格式如图 9-23 所示。

(2) 如图 9-23 所示，Jazz.txt 共 5487 行，每行 3 列。1～3 行为说明，第 4 行开始为数据。第 4 行表示第 1 个音乐人与第 8 个音乐人之间有 1 个合作关系，其他行类推。

(3) 如图 9-23 所示，每个数据之间有多个空格，而且每个数据的长度也不一样，每行有一个回车符，这些都需要进行数据清理工作。

```
1  #E0924.py                                                      #【画社交网络图】
2  import networkx as nx                                          # 导入第三方包 - 网络
3  import matplotlib.pyplot as plt                                # 导入第三方包 - 绘图
4  import numpy as np                                             # 导入第三方包 - 计算
5  import re                                                      # 导入标准模块 - 正则
6
7  G = nx.Graph()                                                 # 生成空网络 G
8  node_list = []                                                 # 设置节点列表
9  lnum = 0                                                       # 行计数变量初始化
10 with open(r'd:\test\09\Jazz.txt', 'r') as file_to_read:        # 读入 Jazz.txt 文件
11     while True:                                                # 循环读行
12         lines = file_to_read.readline()                        # 读取整行数据
13         if not lines:                                          # 如果不是行尾
14             break                                              # 则返回循环头
15         lnum += 1                                              # 行数计数
16         if lnum >= 4:                                          # 第 4 行开始处理数据
17             temp = ''.join(re.split(' +|\n+', lines)).strip()  # 删除空格和换行符
18             line = re.split('', temp.strip())                  # 用正则模板处理数据
19             first_node = line[0]                               # 获得第 1 个节点
20             second_node = line[1]                              # 获得第 2 个节点
21             node_list.append(np.append(first_node, second_node))
22 for i in range(len(node_list)):                                # 循环读取节点和边
23     G.add_edge(node_list[i][0], node_list[i][1])               # 添加节点和边
24 nx.draw(G, node_color = 'r', node_size = 50)                   # 绘制社交网络 G
25 plt.show()                                                     # 显示全部图形
   >>>                                                            # 运行结果如图 9 - 24 所示
```

(1) 程序分为三部分：一是导入软件包（程序第 1～5 行）；二是进行数据清洗（程序第 10～21 行）；三绘制社交网络图（程序第 22～25 行）。

(2) 程序第 10～21 行的循环语句为读取数据集 Jazz.txt，并进行数据清洗。

(3) 程序第 22、23 行的循环语句为添加网络节点和边。

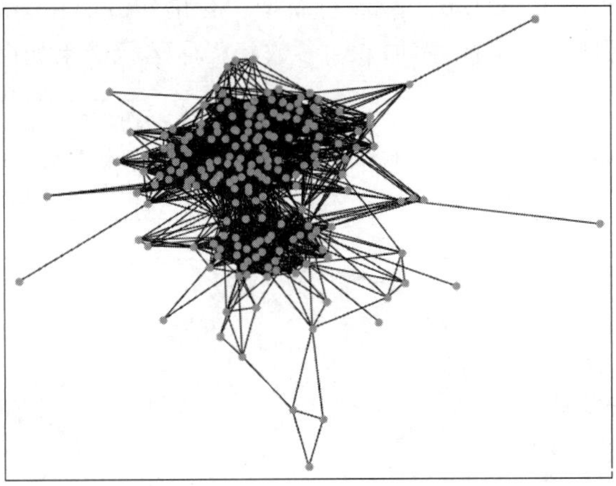

图 9-24　爵士音乐人社交网络图

(4) 程序第 17 行的 re.split(' +|\n+', lines)正则处理函数中，第 1 个参数' +|\n+'为正则表达式(注意第 1 个+号前面有 1 个空格)；第 2 个参数 lines 表示正则表达式匹配的字符串送入 lines 列表中。在正则表达式中，"|"表示或者，"\n"表示换行符，"+"表示匹配一个或多个字符；这个正则表达式整体的意思是匹配一个或多个空格，或者匹配一个或多个换行符，然后将匹配结果送入 lines 列表。

(5) 程序第 17 行的 strip()函数用于删除字符串首尾的空格字符。

(6) 程序第 17 行的''.join()函数用于将指定字符连接成一个带有一个空格的新字符串。在正则表达式和 strip()函数中，删除了数据中的空格，为什么又要用 join()函数增加空格呢？这是因为在数据集中，每个数据之间的空格个数不确定，而且每个数据的长度也不确定，因此必须删除原有的空格和换行符，然后统一保持每个数据之间为一个空格。由此可见，数据清理是一项非常麻烦而又无法回避的工作。

**2. 网络图程序设计扩展**

**【例 9-25】** 程序 E0924.py 中，由于数据集太大(5487 行)，图形拥挤不堪，社交网络图形重叠。我们将源数据文件(Jazz.txt)随机删除到 100 行左右，并且改名为 Jazz_test.txt，修改程序 E0924.py 第 10 行文件名称。在源程序 E0924.py 第 24 行新增一行语句 pos=nx.random_layout(G)(图形节点随机分布)；在新程序第 25 行(源程序第 24 行)添加 pos 参数。程序运行结果如图 9-25 所示。

```
24  pos = nx.random_layout(G)                         # 新增程序行,设置节点为随机分布
25  nx.draw(G, pos, node_color = 'r', node_size = 50)  # 添加新参数 pos
26  plt.show()                                        # 显示全部图形
```

**【例 9-26】** 在源程序 E0924.py 第 24 行新增一行语句 pos = nx.random_layout(G)；在新程序第 25 行(源程序第 25 行)添加 pos 参数。程序运行结果如图 9-26 所示。

```
24  pos = nx.shell_layout(G)                          # 新增程序行,设置节点为同心圆分布
25  nx.draw(G, pos, node_color = 'r', node_size = 50)  # 添加新参数 pos
26  plt.show()                                        # 显示全部图形
```

【例 9-27】 在源程序 E0924.py 第 24 行新增一行语句 pos = nx.random_layout(G)；在新程序第 25 行(源程序第 24 行)添加 pos 参数。程序运行结果如图 9-27 所示。

```
24  pos = nx.spring_layout(G)                           # 新增程序行,设置节点为放射分布
25  nx.draw(G, pos, node_color = 'r', node_size = 50)   # 添加新参数 pos
26  plt.show()                                          # 显示全部图形
```

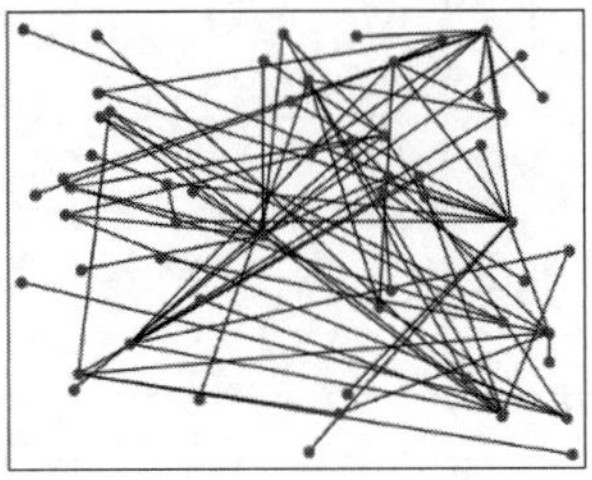

图 9-25  节点随机分布

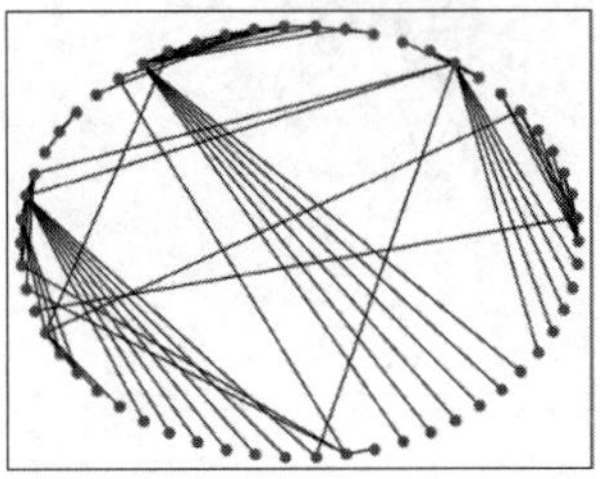

图 9-26  节点同心圆分布

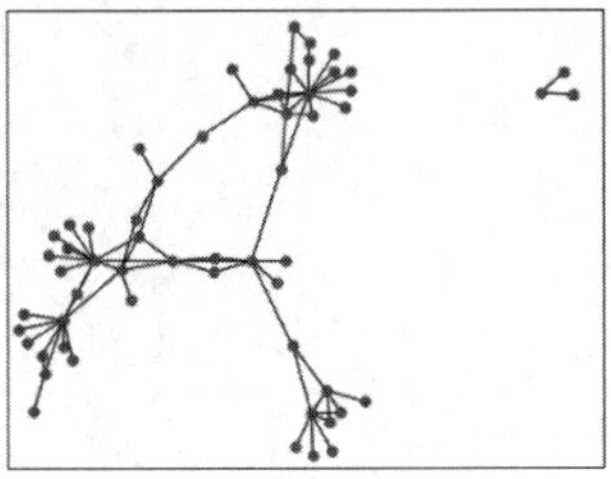

图 9-27  节点放射分布

# 习 题 9

9-1 实验：参照程序 E0903.py,编写××城市气温变化折线图。

9-2 实验：调试程序 E0904.py,掌握用 pandas 软件读取以泰坦尼克数据.csv 文件列数据的方法。

9-3 实验：调试程序 E0906.py,掌握在图形中标注说明文字的方法。

9-4 编程：参考程序 E0911.py,生成小说《三国演义》的词云。

9-5 实验：参考程序 E0913.py,绘制动态显示商品销售数据和柱状图。

9-6 实验：参考程序 E0916.py,绘制词云图。

9-7 编程：参考程序 E0923.py,绘制《红楼梦》人物关系简单社交网络图。

9-8 编程：笛卡儿心形线数学公式为：$r=\alpha(1=\cos(\theta))$。利用 NumPy、Matplotlib 绘制笛卡儿心形图,如图 9-28 所示。

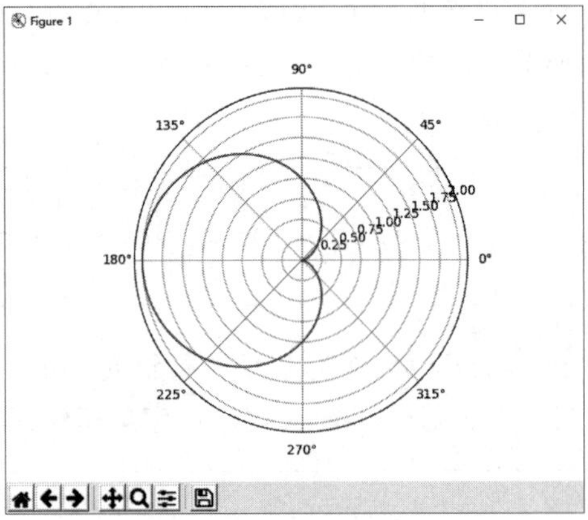


图 9-28  习题 9-8 参考图

# 第 10 章　数据库程序设计

数据库是数据存储仓库，用户可以对数据库中的数据进行增加、查询、修改、统计、删除等操作。Python 支持流行的关系数据库(RDBM)和非关系数据库(NoSQL)，Python 还自带了一个轻量级的关系数据库 SQLite。本章主要介绍 SQLite 和 MySQL 数据库的基本操作。

## 10.1　数据库技术概述

### 10.1.1　数据库的组成

**1. 数据库的基本概念**

数据库是计算机应用最广泛的技术之一。例如，企业人事部门常常要把本单位职工的基本情况(职工编号、姓名、工资、简历等)存放在表中，这张表就是一个数据库。有了数据仓库，就可以根据需要随时查询某职工的基本情况，或者计算和统计职工工资等数据。例如，阿里巴巴在 11 月 11 日的网络商品促销中，核心数据库集群处理了 41 亿个事务，执行 285 亿次 SQL 查询，访问了 1931 亿次内存块，生成了 15TB 日志。

如图 10-1 所示，数据库系统(DBS)主要由数据库(DB)、数据库管理系统(DBMS)和应用程序组成。**数据库是按照数据结构来组织、存储和管理数据的仓库**。数据库中的数据为众多用户所共享，它摆脱了具体程序的限制和制约，不同用户可以按不同方法使用数据库中的数据，多个用户可以同时共享数据库中的数据资源。数据库管理系统是对数据库进行有效管理和操作的软件，是用户与数据库之间的接口。

图 10-1　数据库系统示意图

**2. 数据库的类型**

如图 10-2 所示，**数据库分为层次数据库、网状数据库和关系数据库**。这三种类型的数据库中，层次数据库查询速度最快；网状数据库建库最灵活；关系数据库最简单，也是使用最广泛的数据库类型。层次数据库和网状数据库很容易与实际问题建立关联，可以很好地解决数据的集中和共享问题，但是用户对这两种数据库进行数据存取时，需要指出数据存储结构和存取路径，而关系数据库则较好地解决了这些问题。

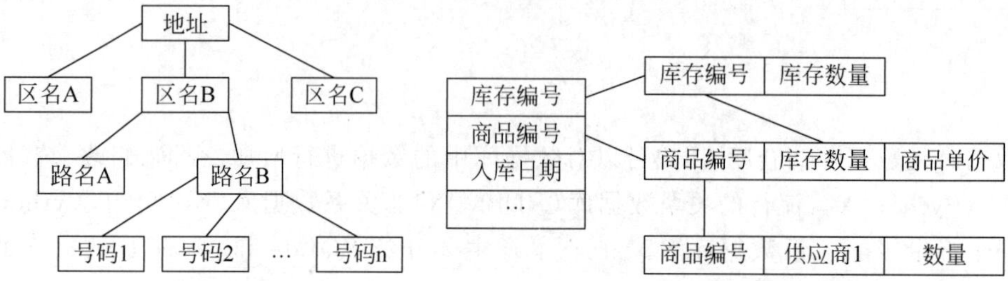

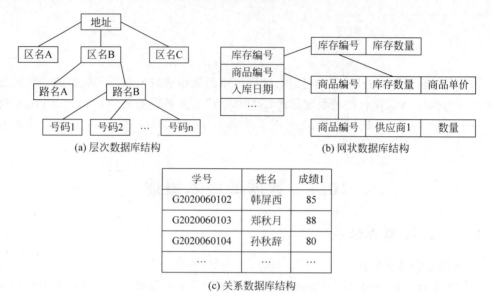

(a) 层次数据库结构　　(b) 网状数据库结构

| 学号 | 姓名 | 成绩1 |
|---|---|---|
| G2020060102 | 韩屏西 | 85 |
| G2020060103 | 郑秋月 | 88 |
| G2020060104 | 孙秋辞 | 80 |
| … | … | … |

(c) 关系数据库结构

图 10-2　三种典型的数据库结构示意图

常用商业关系数据库系统有 Oracle（甲骨文公司）、MS-SQL Server（微软公司）、DB2（IBM 公司）等；开源关系数据库有 MySQL、PostgreSQL、SQLite 等。

**3. 关系数据库的组成**

关系数据库建立在数学关系模型基础之上，它借助集合代数的概念和方法处理数据。在数学中，D1，D2，…，Dn 的集合记作 R(D1，D2，…，Dn)，其中 R 为关系名。现实世界中各种实体以及实体之间的各种联系均可以用关系模型来表示。在关系数据库中，用二维表（横向维和纵向维）来描述实体以及实体之间的联系。如图 10-3 所示，关系数据库主要由二维表、记录（行）、字段（列）、值域等部分组成。

学生成绩表（表名，关系名）

（列名）字段名；（指针）游标 →（指向第1行）；（元组/行）记录

| id | 学号 | 姓名 | 专业 | 成绩 1 | 成绩 2 |
|---|---|---|---|---|---|
| 1 | G2020060102 | 韩屏西 | 公路 1 | 85 | 88 |
| 2 | G2020060103 | 郑秋月 | 公路 1 | 88 | 75 |
| 3 | G2020060104 | 孙秋辞 | 公路 1 | 80 | 75 |
| 4 | G2020060105 | 赵如影 | 公路 1 | 90 | 88 |
| 5 | T2020060106 | 王星帆 | 土木 2 | 86 | 80 |
| 6 | T2020060107 | 孙小天 | 土木 2 | 88 | 90 |
| 7 | T2020060110 | 朱星长 | 土木 2 | 82 | 78 |

关键字/主键（key）　字段（列/属性/Value）　值域

图 10-3　二维表与关系数据库的关系

在关系数据库中，一张二维表对应一个关系，表的名称即关系名；**二维表中的一行称为一条记录(元组)；一列称为一个字段(属性)**，字段取值范围称为值域，将某一个字段名作为操作对象时，这个字段名称为关键字(key)。一般来说，关系中一条记录描述了现实世界中一个具体对象，字段值描述了这个对象的属性。一个数据库可以由一个或多个表构成，一个表由多条记录(行)构成，一条记录有多个字段(列)。

## 10.1.2 数据库的运算

关系数据库的运算类型分为基本运算、关系运算和控制运算。基本运算有增加、查询、修改、删除、更新等；关系运算有选择、投影、连接等；控制运算有权限授予、权限收回、回滚(撤销)、重做等。

**1. 选择运算**

**选择运算是从二维表中选出符合条件的记录，它从水平方向(行)对二维表进行运算。**选择条件可用逻辑表达式给出，逻辑表达式值为真的记录被选择。

**【例 10-1】** 在“学生成绩表”(见表 10-1)中，选择成绩在 85 分以上，学号＝"T2020"的同学。

条件为：学号＝"T2020"and 成绩 1＞85，运算结果如表 10-2 所示。

**表 10-1 学生成绩表**

| 学号 | 姓名 | 成绩 1 |
|---|---|---|
| G2020060104 | 孙秋辞 | 80 |
| G2020060105 | 赵如影 | 90 |
| T2020060106 | 王星帆 | 86 |
| T2020060107 | 孙小天 | 88 |
| T2020060110 | 朱星长 | 82 |

→

**表 10-2 选择运算结果**

| 学号 | 姓名 | 成绩 1 |
|---|---|---|
| T2020060106 | 王星帆 | 86 |
| T2020060107 | 孙小天 | 88 |

**2. 投影运算**

**投影运算是从二维表中指定若干字段(列)组成一个新的二维表(关系)。**投影后如果有重复记录，则自动保留第一条重复记录，投影是从列方向对二维表进行运算。

**【例 10-2】** 在“学生基本情况”(见表 10-3)二维表中，在“姓名”和“成绩”两个属性上投影，得到的新关系命名为“成绩单”，如表 10-4 所示。

**表 10-3 学生基本情况表**

| 学号 | 姓名 | 成绩 1 |
|---|---|---|
| G2020060102 | 韩屏西 | 85 |
| G2020060103 | 郑秋月 | 88 |
| T2020060107 | 孙小天 | 88 |
| T2020060110 | 朱星长 | 82 |

→

**表 10-4 成绩单**

| 姓名 | 成绩 1 |
|---|---|
| 韩屏西 | 85 |
| 郑秋月 | 88 |
| 孙小天 | 88 |
| 朱星长 | 82 |

**3. 连接运算**

**连接是从两个关系中，选择属性值满足一定条件的记录(元组)，连接成一个新关系。**

**【例 10-3】** 将表 10-5 与表 10-6 进行连接，生成一个新表，如表 10-7 所示。

表 10-5 成绩 1

| 姓名 | 成绩 1 |
|---|---|
| 韩屏西 | 85 |
| 郑秋月 | 88 |
| 孙小天 | 88 |
| 朱星长 | 82 |

\+

表 10-6 成绩 2

| 姓名 | 成绩 2 |
|---|---|
| 韩屏西 | 88 |
| 郑秋月 | 75 |
| 孙小天 | 90 |
| 朱星长 | 78 |

→

表 10-7 成绩汇总

| 姓名 | 成绩 1 | 成绩 2 |
|---|---|---|
| 韩屏西 | 85 | 88 |
| 郑秋月 | 88 | 75 |
| 孙小天 | 88 | 90 |
| 朱星长 | 82 | 78 |

### 10.1.3 NoSQL 数据库

NoSQL 数据库与关系数据库有很大不同。如 NoSQL 数据库大多采用 key-value 存储，没有表结构。与关系数据库相比，NoSQL 数据库特别适合大数据处理，这些应用需要极高速的并发读写操作，但是对数据一致性要求不高。

关系数据库最大的优点是事务的一致性。但是在某些应用中，一致性却不显得那么重要。例如，在同一时刻内，用户 A 与用户 B 看到的网页内容可能不一致，这种更新时间不一致是可以容忍的。因此，关系数据库的一致性特点在这里变得不太重要了。相反，关系数据库为了维护一致性所付出的巨大代价是读写性能较差。而微博、社交网站、电子商务等应用，对并发读写能力要求极高。例如，淘宝"双 11 购物狂欢节"第 1 分钟内，就有上亿级别的用户访问量涌入，而关系数据库无法应付这种高并发的读写操作。

关系数据库的另一个特点是具有固定表结构(列变化易出问题)，因此**关系数据库扩展性较差**。而在社交网站中，系统经常性升级，功能不断增加，往往意味着数据结构的巨大改动，这一特点使得关系数据库难以应付。而 **NoSQL 数据库通常没有固定的表结构**，并且避免使用数据库连接操作，NoSQL 数据库由于数据之间无关系，因此数据库非常容易扩展。

如表 10-8 所示，由于 NoSQL 数据库的多样性，以及出现时间较短，因此 NoSQL 数据库非常多，而且大部分为开源软件。这些数据库除了一些共性外，很大一部分都是针对某些特定应用而开发的，因此，对该类应用具有极高性能。NoSQL 数据库目前没有形成统一的标准，各种产品层出不穷，因此 NoSQL 数据库技术还需要时间来检验。

表 10-8 NoSQL 数据库产品类型

| 存储类型 | 主要特征 | 典型应用 | NoSQL 数据库产品 |
|---|---|---|---|
| 列存储 | 按列存储数据，方便数据压缩，查询速度更快 | 网络爬虫、大数据、商务网站、大型稀疏表 | Hbase、Cassandra、MonetDB、SybaseIQ、Hypertable |
| 键值存储 | 数据存储简单，可通过键快速查询到值 | 字典、图片、音频、视频、文件、可扩展系统 | Redis、BerkeleyDB、Memcache、DynamoDB |
| 图存储 | A 与 B 节点之间的关系图，适用高关联问题 | 社交网络查询、模式识别、欺诈检测、强关联数据 | Neo4J、AllegroGraph、Bigdata、FlockDB |
| 文档存储 | 将层次化数据结构，存储为树结构方式 | 文档、发票、表格、网页、出版物、高度变化数据 | MongoDB、CouchDB、MarkLogic、BerkeleyDB XML |

**说明**："图存储"不是指图像或图形文件(如 jpg、gif、dwg 等文件)的存储，而是社交网络、人工神经网络等图形中，节点、边、路径、权重、特征值、矩阵等参数的存储。

### 10.1.4 SQL 基本语法

SQL(读[sequel],结构化查询语言)是一种通用数据库查询语言,SQL 的语法由 ISO/IEC SC 32 定义和维护。SQL 具有数据定义、数据操作和数据控制功能,可以完成数据库的全部工作。SQL 使用时只要告诉计算机“做什么”,不需要告诉它“怎么做”。**SQL 不是独立的编程语言**,它没有 FOR 等循环语句。SQL 有两种使用方式:一是直接以命令方式交互使用;二是嵌入到 Python、C/C++、Java 等语言中使用。由于 SQL 语句与数据内容和应用环境密切相关,因此 SQL 代码在数据库系统之间移植很困难。

**1. SQL 的基本概念**

(1) 视图。SQL 中,**视图是从一个或几个基本表中导出的虚表**,即数据库中只存放视图的定义,而数据仍存放在基本表中。创建视图依赖于 SELECT 语句,所以视图就是 SELECT 语句操作结果形成的表;视图支持对记录的增、删、查、改,但是不允许对字段做修改;视图不仅可以创建,也可以更新和删除。

(2) 事务。一些业务通常需要多条 SQL 语句参与,这些 SQL 语句就形成了一个执行整体,这个整体就称为事务,或者说**事务就是多条执行的 SQL 语句**。事务是数据库并发控制和数据恢复的基本单位。**事务要么全部执行,要么全部不执行**。事务必须满足 ACID 特性[atomicity(原子性)、consistency(一致性)、isolation(隔离性)、durability(持久性)]。

(3) 主键。数据库中一条记录有若干属性(字段),如果其中某个属性组(注意是组)能唯一标识一条记录,该属性组就可以成为一个主键。例如,学生表(学号,姓名,性别,班级)中,学号是唯一的,因此学号就是一个主键。在成绩表(学号,课程号,成绩)中,单一的属性无法唯一标识一条记录,只有学号和课程号的组合才可以唯一标识一条记录,所以学号和课程号的属性组是一个主键。并不是每个表都需要主键,一般情况下,多个表之间进行连接操作时,需要用到主键。因此并不需要为每个表建立主键。主键不允许有空值,如果主键使用单个列,则它的值必须唯一;如果使用多列,则组合必须唯一。

(4) 索引。索引是对数据库表中一列或多列进行排序的一种结构,使用索引可以快速访问表中特定记录。索引也是一种文件类型。

(5) 存储过程。存储过程是将 SQL 语句保存到数据库中,并命名,以后在代码调用时,直接调用存储过程的名称即可。存储过程与函数本质上没有区别,只是函数只能返回一个变量,而存储过程可以返回多个变量;函数可以嵌入在 SQL 语句中使用,而存储过程需要执行 CALL 语句来调用。

(6) 快照。数据库快照是数据库在某一时间点的视图。快照的目的是实现报表服务。例如,需要打印 2020 年的企业资产负债表,这就需要数据保持在 2020 年 12 月 31 日零点时的状态,利用快照可以实现这个要求。

**2. SQL 的核心命令**

SQL 对数据库的基本操作包括创建、插入、查询、删除、更新、回滚(撤销)、索引、排序、统计、生成报表、备份、恢复等。SQL 核心命令如表 10-9 所示。

表 10-9　SQL 核心命令

| 操作类型 | 命令 | 说明 | SQL 命令语法格式 |
|---|---|---|---|
| 数据定义 | CREATE | 创建库 | CREATE DATABASE IF NOT EXISTS 库名 |
| | CREATE | 创建表 | CREATE TABLE 表名（字段 1,…,字段 n） |
| | CREATE | 创建索引 | CREATE INDEX 索引名 ON 表名（列名） |
| | DROP | 删除表 | DROP TABLE 表名 |
| | ALTER | 修改列 | ALTER TABLE 表名 MODIFY 列名 类型 |
| 数据操作 | SELECT | 查询数据 | SELECT 目标列 FROM 表［WHERE 条件表达式］ |
| | INSERT | 插入数据 | INSERT INTO 表名［字段名］VALUES［常量］ |
| | DELETE | 删除数据 | DELETE FROM 表名［WHERE 条件］ |
| | UPDATE | 更新数据 | UPDATE 表名 SET 列名＝表达式…［WHERE 条件］ |
| 数据控制 | GRANT | 授予权限 | GRANT 权限［ON 对象类型 对象名］TO 用户名… |
| | REVOKE | 收回权限 | REVOKE 权限［ON 对象类型 对象名］FROM 用户名 |

**3. SQL 的语法格式**

(1) 语句。SQL 语句的主要构成元素包括命令（关键字）、子句、表达式、谓词等。一条典型的 SQL 语句如图 10-4 所示。

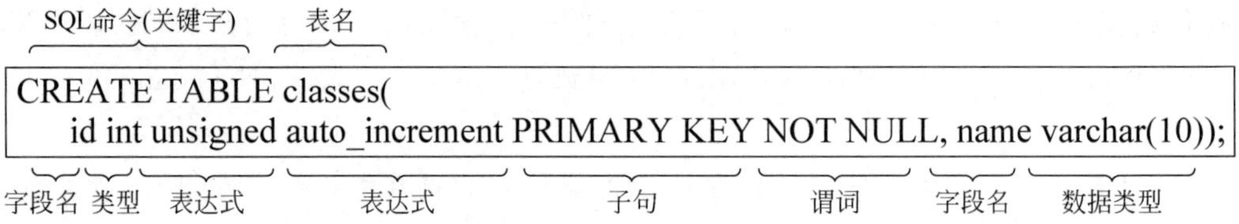


图 10-4　SQL 语句的基本结构

(2) 子句。SQL 最常见的操作是使用 SELECT 查询语句，它从一个或多个表中检索数据。SELECT 中子句具有特定的执行顺序，它们是：FROM 表名（指定查询的表）；WHERE 谓词（指定查询条件）；GROUP BY 列名（指定分组的条件）；HAVING 谓词（选择组中满足条件的组）；ORDER BY 列名（对指定列进行排序）。

(3) 表达式。SQL 中的表达式是一种条件限定。

(4) 谓词。谓词是计算结果为逻辑值的逻辑表达式。SQL 中的谓词主要有 ALL（所有）、AND（逻辑与）、OR（逻辑或）、ANY（任一）、BETWEEN（范围）、EXISTS（存在）、IN（包含）、LIKE（匹配）、BETWEEN（范围）、IS NULL（空）、IS NOT NULL（非空）等。谓词的值可以为布尔值（True/False）或三值逻辑（True/False/Unknown）。

(5) 关键字大小写。SQL 对关键字大小写不敏感，大小写均可，如 SELECT 与 select 功能相同。为了区别 SQL 语句与 Python 语句，本教材中 SQL 关键字采用大写形式。

(6) 分号。标准 SQL 语句使用分号（;）作为语句终止符。但是在 SQLite 3、MySQL、MS Access、SQL Server 等数据库系统中，SQL 语句结尾可以使用或不使用分号。

(7) 注释。标准 SQL 语句采用双减号（——）进行单行注释，注意--与注释内容要用空格隔开才会生效；多行注释采用/ * … * /符号。此外，不同数据库还有自己的注释方式，如 MySQL、SQLite 数据库可以使用井号（#）进行单行注释。

(8) 空格。在 SQL 语句和查询中，通常会忽略无关紧要的空格，从而可以更轻松地格式化 SQL 代码，提高程序可读性。

**4. SQL 语句中的约束条件**

约束是对表中数据列强制执行规则，它确保了数据的准确性和可靠性。约束可以是列或表。列约束仅适用于列，表约束被应用到整个表。SQLite 常用约束如下。

(1) NOT NULL(非空约束)：确保某列不能有 NULL 值(如姓名)。

(2) DEFAULT(默认约束)：为没有指定值的列提供默认值(如平均=0)。

(3) UNIQUE(唯一性约束)：确保某列中的所有值不同(如学号)。

(4) PRIMARY KEY(主键约束)：唯一标识数据库表中的各行(记录)。

(5) CHECK(检查约束)：确保某列中所有值满足一定的条件。

## 10.1.5 SQL 数据类型

SQL 支持的数据类型大致可以分为三类：数值、字符串及日期和时间类型。

**1. 数值类型**

SQL 支持的数据类型如表 10-10 所示。

**表 10-10　SQL 支持的数据类型**

| 数据类型 | 说　明 | 大小/字节 | 数值范围 |
|---|---|---|---|
| bit | 整数 | 1 | 值只能是 0、1 或空值，如 True、False |
| tinyint(m) | 小整数 | 1 | －128～127 |
| smallint(m) | 中整数 | 2 | －32 768～32 767 |
| int(m) | 大整数 | 4 | －2 147 483 648～2 147 483 647 |
| bigint(m) | 超大整数 | 8 | $\pm 9.22\times 10^{18}$ |
| float(m, d) | 单精度浮点数 | 4 | m 为总位数，d 为小数位 |
| double(m, d) | 双精度浮点数 | 8 | m 为总位数，d 为小数位 |

**说明 1**：int(m)中 m 表示 SELECT 查询结果集的显示宽度，它并不影响实际数据的取值范围。

**说明 2**：数值取值如果加了 unsigned，则最大值翻倍，如 tinyint unsigned 的取值为－256～255。

**【例 10-4】** 字段定义为 float(6, 3)时，表示总计 6 位数(不包含小数点)，其中小数 3 位，如果插入一个数 123.45678 时，实际数据库中保存的是 123.457。

**2. 字符串数据类型**

SQL 支持的字符串数据类型如表 10-11 所示。

**表 10-11　SQL 支持的字符串数据类型**

| 数据类型 | 数值范围或大小/字节 | 说　明 |
|---|---|---|
| char(n) | 0～255 | 定长字符串 |
| varchar(n) | 0～65 535 | 变长字符串 |
| tinytext | 0～255 | 短长度文本字符串 |
| text | 0～65 535 | 标准长度文本字符串 |
| mediumtext | 0～16 777 215(16MB－1B) | 中等长度文本字符串 |

续表

| 数据类型 | 数值范围或大小/字节 | 说　明 |
|---|---|---|
| longtext | 0～4 294 967 295(4GB－1B) | 超大长度文本字符串 |
| blob | 0～65 535 | 标准长度二进制形式数据 |
| mediumblob | 0～16 777 215(16MB－1B) | 中等长度二进制形式数据(如音频、图像等) |
| longblob | 0～4 294 967 295(4GB－1B) | 超大长度二进制形式数据 |

**说明 1**：char(n)中，如果存入字符数小于 n，则以空格补于其后，查询时再将空格去掉，所以 char 数据类型的字符串末尾不能有空格。

**说明 2**：varchar(n)可指定存储长度 n，变量 n 表示 n 个字符，无论汉字和英文都能存入 n 个字符(一个汉字计一个字符)。注意，它们与实际字节的存储长度有所区别。

**说明 3**：text 没有默认值，不能指定存储长度。

**说明 4**：blob 以二进制数方式存储，不区分大小写，blob 存储的数据只能整体读出。

**说明 5**：一个汉字占多少存储空间与字符集编码有关，在 UTF-8 编码中，一个汉字占 3 个存储字节；在 GBK 编码中，一个汉字占 2 个存储字节。

**3. 日期和时间数据类型**

日期和时间数据类型如表 10-12 所示。每个时间数据类型都有一个有效值范围和一个"0"值，当发生语法错误，导致 SQL 不能表示时，使用"0"值。

**表 10-12　SQL 支持的日期和时间数据类型**

| 数据类型 | 大小/字节 | 数值范围 | 日期或时间格式 |
|---|---|---|---|
| date | 3 | 1000-01-01～9999-12-31 | YYYY-MM-DD(年-月-日) |
| time | 3 | －838:59:59～838:59:59 | HH:MM:SS(时:分:秒) |
| year | 1 | 1901～2155 | YYYY(年份值) |
| datetime | 8 | 1000-01-01 00:00:00～<br>9999-12-31 23:59:59 | YYYY-MM-DD HH:MM:SS<br>(年-月-日　时:分:秒) |
| timestamp | 4 | 1970-01-01 00:00:00～<br>2038-1-19 11:14:07 | YYYYMMDD HHMMSS<br>(年月日　时分秒) |

**说明**：字段 timestamp(时间戳)的数据会随其他字段修改时间自动刷新，所以这个数据类型可以存放这条记录最后被修改的时间。

## 10.1.6　SQL 程序设计

**1. 查询数据**

查询是数据库的核心操作。SQL 仅提供了唯一的查询命令 SELECT，它的使用方式灵活，功能非常丰富。如果查询涉及两个以上的表，则称为连接查询。SQL 中没有专门的连接命令，而是依靠 SELECT 语句中 WHERE 子句来达到连接运算的目的。

(1) 通过 SELECT-FROM-WHERE 语句实现查询功能，其中 SELECT 命令指出查询需要输出的列；FROM 子句指出数据表名；WHERE 子句指定查询条件。

**【例 10-5】**　查询学生成绩表中学生的学号、姓名和成绩，程序片段如下。

```
SELECT 学号, 姓名, 成绩 FROM 学生成绩表 WHERE 专业 = "计算机"
```

（2）通过 CASE WHEN 语句进行判断。

**【例 10-6】** 根据积分对用户分级，8500 分及以上是钻石级，大于或等于 6000 分小于 8500 分是黄金级，大于或等于 5000 分小于 6000 分是青铜级，大于或等于 4000 分小于 5000 分是玄铁级，4000 分以下是游侠级。程序片段如下。

```
SELECT *，（
    CASE WHEN total_score >= 8500 THEN '钻石级'
    WHEN total_score >= 6000 AND total_score < 8500 THEN '黄金级'
    WHEN total_score >= 5000 AND total_score < 6000 THEN '青铜级'
    WHEN total_score >= 4000 AND total_score < 5000 THEN '玄铁级'
    ELSE '游侠级' END）AS 用户表
    FROM score;
```

（3）写入查询结果。如果查询结果集需要写入到表中，可以结合 INSERT 和 SELECT，将 SELECT 语句的结果集直接插入到指定表中。

**【例 10-7】** 创建一个统计“成绩表”，记录各班的平均成绩。程序片段如下。

```
CREATE TABLE 成绩表（
    id BIGINT NOT NULL AUTO_INCREMENT,
    class_id BIGINT NOT NULL,
    平均成绩 DOUBLE NOT NULL,
    PRIMARY KEY（id））;                              # SQL 语句以分号结束
INSERT INTO 成绩表（class_id，平均成绩）SELECT class_id，
    avg(成绩）FROM 学生表 GROUP BY class_id;
```

（4）数据快照。对一个表进行快照使用 CREATE TABLE 和 SELECT 语句。

**【例 10-8】** 对 class_id=1 的记录进行快照，并存储为新表。程序片段如下。

```
CREATE TABLE students_class1 SELECT * FROM student WHERE class_id = 1;
```

**2. 插入数据**

（1）插入忽略。在数据表中插入一条记录（INSERT），但如果记录已经存在，则直接忽略，这时可以使用 INSERT IGNORE INTO 语句。程序片段如下。

```
INSERT IGNORE INTO 用户信息表（id，用户名，性别，年龄，购物金额，创建时间）
    VALUES（null，'史湘云'，'女'，18，0，'2020-06-18 28:00:24'）;
```

**说明 1：** 如果用户名='史湘云'的记录不存在，就插入新记录，否则不执行任何操作。

**说明 2：** INSERT IGNORE INTO 语句基于唯一索引或主键来判断唯一。

（2）插入累加。如果表是第一次交易就新增一条记录，如果再次交易，就累加历史金额，需要保证单个用户数据不重复录入。程序片段如下。

```
INSERT INTO 统计表（id，用户名，购物金额统计，交易时间，说明）
    VALUES（null，'宝玉'，100，'2020-06-11 25:00:20'，'购买冰淇淋'）
    ON DUPLICATE KEY UPDATE 购物金额统计 = 购物金额统计 + 100,
    交易时间 = '2020-06-18 25:00:20'，说明 = '购买冰淇淋';
```

**说明 1**：如果用户名='宝玉'的记录不存在，INSERT 语句将插入新记录；否则当前用户名='宝玉'的记录将被更新，更新的字段由 UPDATE 指定。

**说明 2**：INSERT INTO ON DUPLICATE KEY UPDATE 语句基于索引或主键来判断记录是否存在或唯一。本例中，需要在用户名字段建立唯一索引(UNIQUE)，id 字段设置自增即可。

(3) 数据替换。REPLACE 表示在数据表中插入一条新记录，如果这个记录已经存在，就需要先删除原记录，再插入新记录。例如，一个数据表保存了客户最近的交易订单信息，要求保证每个用户数据都不能重复录入时，可以使用 REPLACE INTO(替换)语句，这样就不必先查询数据表，再决定是否先删除再插入。

**【例 10-9】** 在交易表中增加一笔用户"宝玉"的交易记录。程序片段如下。

```
REPLACE INTO 交易表(id, 用户名, 购物金额, 交易时间, 说明)
    VALUES (null, '宝玉', 88, '2020-06-18 20:00:20', '购书');
```

**说明 1**：id 一般不需要给出具体值(如 id=null)，不然会影响 SQL 语句的执行，有特殊需求除外。

**说明 2**：REPLACE(替换)语句与 INSERT(插入)语句功能相似。不同的是使用 REPLACE 语句时，数据表需要一个用 PRIMARY KEY(主键)或 UNIQUE(唯一性)的索引，如果新记录与表中记录有相同值，则新记录被插入之前，旧记录将被删除。

**3. 删除数据**

数据表进行删除操作时，将会把表中的数据一起删除，并且 SQL 在执行删除操作时，不会有任何确认提示，因此执行删除操作应当慎重。在删除表前，最好对表中的数据进行备份，这样当操作失误时，可以对数据进行恢复，以免造成无法挽回的后果。

同样，使用 ALTER TABLE 进行表基本结构修改时，在执行操作之前，应该确保对数据进行备份。因为数据库的改变无法撤销，如果添加了一个不需要的字段，可以将其删除；同样，如果删除了一列，该列下的所有数据都会丢失。

# 10.2 SQLite 程序设计

## 10.2.1 SQLite 数据库的特征

SQLite 是一个 Python 自带的开源嵌入式数据库，它具备关系数据库的基本特征，如标准 SQL 语法、ACID 特性、事务处理、数据表、索引、撤销回滚和共享锁等。SQLite 使用指南网址为 https://docs.python.org/2/library/sqlite3.html。

**1. SQLite 数据库的优点**

(1) 操作简单。SQLite 不需要任何初始化配置文件，也没有安装和卸载过程，这减少了大量系统部署时间。SQLite 的数据库就是一个文件，只要权限允许便可随意访问和复制，这样带来的好处是便于备份、携带和共享。SQLite 不存在服务器的启动和停止，在使用过程中，无须创建用户和划分权限。但是在系统出现宕机时，SQLite 并没有任何保护性操作。

(2) 运行效率高。SQLite 运行时占用资源很少(只需要数十万字节内存)，而且无须任何管理开销，因此对平板电脑、智能手机等移动设备来说，SQLite 的优势毋庸置疑。SQLite 为了达到快速和高可靠性这一目标，SQLite 取消了一些数据库的功能，如高并发、记录行级锁、丰富的内置函数、复杂的 SQL 语句等。正是因为牺牲了这些功能，才换来了 SQLite 的简单性，而简单又带来了高效性和高可靠性。

(3) 支持跨平台。SQLite 支持 Windows、Linux 等操作系统，它能与很多程序语言结合，如 Python、C#、PHP、Java 等，它有 ODBC(开放式数据库互连)接口。由于 SQLite 很小，所以经常被集成到各种应用程序中。如 Python 就内置了 SQLite 3 模块，这省去了数据库的安装和配置过程。在智能手机的 Android 系统中，也内置了 SQLite 数据库。

**2. SQLite 数据库的缺点**

如果有多个客户端需要同时访问数据库中的数据，特别是它们之间的数据操作需要通过网络传输来完成时，就不应该选择 SQLite。因为 SQLite 的数据管理机制依赖于操作系统的文件系统，因此在 C/S(客户-服务器)应用中操作效率很低。

受限于操作系统中的文件系统，在处理大数据量时，SQLite 效率较低。对于超大数据量存储(如大于 2TB)不提供支持。

由于 SQLite 仅仅提供了粒度很粗的数据锁(如读写锁)，因此在每次加锁操作中都会有大量数据被锁住。简单地说，SQLite 只是提供了表级锁，没有提供记录行级锁。这种机制使得 SQLite 的并发性能很难提高。

## 10.2.2 SQLite 数据库的创建

创建数据库的操作步骤为连接数据库、创建数据表、创建游标、数据库操作、关闭游标、关闭连接。

**1. 连接数据库 Connect**

对数据库进行操作时，首先需要通过 Connect 对象创建和连接数据库。通俗地说，就是需要首先建立或打开需要操作的数据库。

**【例 10-10】** 创建和连接 mytest.db 数据库。

```
1  >>> import sqlite3 as db                          # 导入标准模块 - 数据库引擎
2  >>> conn = db.connect('d:\\test\\10\\mytest.db')  # 创建连接对象(即建立数据库)
3  >>> conn.close()                                  # 关闭连接(释放资源)
```

程序第 2 行，mytest.db 为要创建或打开的数据库文件名，如果 mytest.db 文件已存在，则打开数据库；否则创建一个空的 mytest.db 数据库文件，这个操作称为连接。

**说明 1：** 数据库扩展名.db 不是必需的，SQLite 数据库可使用任何扩展名。

**说明 2：** 如果 mytest.db 文件已存在，但并不是 SQLite 数据库，则打开失败。

**说明 3：** 当数据库操作完后，必须使用 conn.close()关闭数据库，释放资源。

**说明 4：** 文件名为 memory 时，表示在内存中建立数据库(运行速度快)。

**【例 10-11】** 在内存中创建一个数据库。

```
>>> import sqlite3 as db                # 导入标准模块 - 数据库引擎
>>> conn = db.connect(':memory:')       # 在内存中创建一个名为 memory 的数据库
```

**2. 创建数据表 CREATE**

表是数据库中存放关系数据的集合,一个数据库中通常包含多个表,如学生表、成绩表、教师表等,表和表之间通过外键关联。如果数据库中没有任何表,这个数据库等于没有建立,不会在硬盘中产生任何文件。

**【例 10-12】** 在 Python 中建立 SQLite 数据表。

```
1  >>> import sqlite3 as db                                     # 导入标准模块-数据库引擎
2  >>> conn = db.connect('d:\\test\\10\\mytest.db')             # 创建连接,打开 mytest.db 数据库
3  >>> sql_create = 'CREATE TABLE IF NOT EXISTS mytb(姓名 char, 成绩 real, 课程 text)'
                                                                # 定义 SQL 语句
4  >>> conn.execute(sql_create)                                 # 执行 SQL 语句,创建数据表
```

程序第 3 行,CREATE TABLE 为创建 mytb 数据表;IF NOT EXISTS 子句表示如果数据库中不存在 mytb 表,就创建该表;如果该表已经存在,则什么也不做。

SQLite 3 支持的数据类型有 null(空)、integer(整数)、real(浮点数)、text(字符串文本)、blob(二进制数据块)。实际上 SQLite 3 也接收 char()字符型、varchar()可变长字符串等数据类型,只不过在运算或保存时会转换成对应的以上五种基本数据类型。

**注意**:SQLite 3、MySQL 的空值是 null,而 Python 的空值是 None。

**3. 创建游标**

(1) 创建游标。SQLite 必须借助游标(cursor)进行单条记录处理,可见游标具有指针定位功能。游标允许应用程序对查询语句 SELECT 返回的行(记录)进行操作,而不是对整个结果集进行操作。游标还提供了对指定位置数据进行删除或更新的功能。所有 SQL 语句的执行都可以在游标对象下进行。

**【例 10-13】** 在 SQLite 中创建一个游标对象。

```
>>> import sqlite3 as db                                  # 导入标准模块-数据库引擎
>>> conn = db.connect('d:\\test\\10\\mytest.db')          # 创建精灵,打开数据库 mytest.db
>>> cur = conn.cursor()                                   # 创建游标对象 cur
```

(2) 游标遍历。游标只能遍历结果集一次,不能在结果集中返回移动,遍历结束返回空值。使用 featchall()函数可以一次性返回全部结果;使用 fetchone()函数则依顺序每次返回一条结果。游标对结果集遍历后,结果集将被清空。有些程序可能并不需要游标,可以直接使用连接对象。如 execute 等操作,都可以直接在连接对象上执行。游标操作函数见表 10-13。

**表 10-13 游标操作函数**

| 函　数 | 说　明 | 案　例 |
|---|---|---|
| cur.execute() | 执行单条 SQL 语句 | cur.execute('SQL 语句') |
| cur.executemany() | 执行多条 SQL 语句 | cur.executemany('SQL 语句') |
| cur.fetchone() | 从结果取出一条记录,游标移向下一条记录 | rows = cur.fetchone() |
| cur.fetchmany() | 从结果中取出多条记录 | res = cur.fetchmany() |
| cur.fetchall() | 从结果中取出所有记录 | res = cur.fetchall() |
| cur.scroll() | 游标滚动 | cur.scroll() |
| cur.close() | 关闭游标 | cur.close() |

**说明**:"cur."为创建游标对象。

### 10.2.3 SQLite 的增、删、查、改

**1. 插入记录 INSERT**

**【例 10-14】** 在 SQLite 中创建数据库 mybook.db；在数据库中创建数据表 mytb；在表中定义 isbn(text)、书名(text)、价格(real)等字段，并插入记录。

```
1   #E1014.py                                                          #【表中插入记录】
2   import sqlite3 as db                                               # 导入标准模块
3
4   conn = db.connect('d:\\test\\10\\mybook.db')                       # 创建数据库
5   cur = conn.cursor()                                                # 创建游标
6   cur.execute('CREATE TABLE IF NOT EXISTS \                          # 注意"\"前面有空格
7       mytb (isbn text, 书名 text, 价格 real)')                        # 创建表
8   cur.execute('''INSERT INTO mytb (isbn, 书名, 价格) \                # 注意"\"前面有空格
9       values('9787302518358', '欧美戏剧选读', 88.00)''')               # 插入记录 1
10  cur.execute('''INSERT INTO mytb (isbn, 书名, 价格) \                # 注意"\"前面有空格
11      values('9787302454038', '组织理论与设计 第 12 版', 75.00)''')     # 插入记录 2
12  cur.execute('''INSERT INTO mytb (isbn, 书名, 价格) \                # 注意"\"前面有空格
13      values('9787302496878', '中国文化经典读本', 45.00)''')           # 插入记录 3
14  conn.commit()                                                      # 提交事务,保存数据
15  cur.execute('SELECT * FROM mytb')                                  # 执行查询语句
16  res = cur.fetchall()                                               # 读入所有记录
17  for line in res:                                                   # 循环输出记录
18      print(line)
19  cur.close()                                                        # 关闭游标
20  conn.close()                                                       # 关闭数据库

>>>                                                                    # 程序运行结果
('9787302518358', '欧美戏剧选读', 88.0)
('9787302454038', '组织理论与设计 第 12 版', 75.0)
('9787302496878', '中国文化经典读本', 45.0)
```

程序第 6、7 行，CREATE TABLE IF NOT EXISTS mytb ()为 SQL 语句，由于程序编写过程中需要反复调试，这样程序第 2 次运行时会提示 table mytb already exists 异常信息。因此，需要在 SQL 语句中增加 IF NOT EXISTS mytb()子句，表示如果 mytb 数据表已经存在，则无须创建；如果 mytb 数据表不存在，则创建 mytb 数据表。

程序第 6、8、10、12 行，语句尾部换行符"\"前必须有空格，否则会产生程序异常。

程序第 8、10、12 行，记录中存在单引号，因此 SQL 语句必须使用双引号或三引号。

程序第 14 行，conn.commit()为提交事务，插入数据只有提交事务之后才能生效，没有这个语句插入的记录不会被保存。

**2. 防止 SQL 注入攻击**

SQL 语句可以使用%和？占位符代表输入数据，表示将要插入的变量。SQL 语句中，使用%占位符很容易受到 SQL 注入攻击，SQL 注入攻击是指对用户提交的数据和字符串进行恶意拼接，得到脱离原意的 SQL 语句，从而改变 SQL 语句的语义(如由查询改变为替换)，最终达到攻击数据库的目的。因此，SQL 语句中的参数经常使用？作为替代符号，并在后面的参数中给出具体值。用问号？表示变量时，黑客无法改变 SQL 语句结构。

**【例 10-15】** 在 SQLite 中创建数据库 test1.db；在数据库中创建数据表 stu；在表中定义 id(学号,char)、xm(姓名,text)、cj(成绩,real)等字段,并插入记录。

```
>>> import sqlite3 as db                                       # 导入标准模块 - 数据库
>>> conn = db.connect('d:\\test\\10\\test1.db')                # 创建数据库
>>> cur = conn.cursor()                                        # 创建游标对象
>>> conn.execute('CREATE TABLE IF NOT EXISTS stu(id char, xm text, cj real)')  # 定义数据表
>>> data1 = "'1', '宝玉', 85"                                  # 记录赋值
>>> cur.execute('INSERT INTO stu VALUES ( %s)' % data1)        # 方法 1:用%占位符插入记录
>>> data2 = ('2', '黛玉', 88)                                  # 优点:元组中元素值不可改变
>>> cur.execute("INSERT INTO stu values(?,?,?)", data2)        # 方法 2:用? 占位符插入记录
>>> data3 = [('3', '宝钗', 86), ('4', '袭人', 65), ('5', '晴雯', 75)]
>>> cur.executemany("INSERT INTO stu values(?, ?, ?)", data3)  # 方法 3:一次插入多条记录
>>> conn.commit()                                              # 提交事务
>>> cur.execute('SELECT * FROM stu')                           # 执行查询语句
>>> res = cur.fetchall()                                       # 读入所有记录
>>> for line in res:
        print(line)
('1', '宝玉', 85.0)
('2', '黛玉', 88.0)
('3', '宝钗', 86.0)
('4', '袭人', 65.0)
('5', '晴雯', 75.0)
cur.close()                                                    # 关闭游标
conn.close()                                                   # 关闭数据库
```

**3. 查询记录 SELECT**

如果数据库操作不需要返回结果,可以直接用 conn.execute 进行查询；如果需要返回查询结果,则用 conn.cursor 创建游标对象 cur,通过 cur.execute 查询数据库。

**【例 10-16】** 查询数据库记录方法 1：数据库记录输出为列表。

```
>>> import sqlite3 as db                          # 导入标准模块 - 数据库
>>> conn = db.connect('d:\\test\\10\\test1.db')   # 打开数据库
>>> cur = conn.cursor()                           # 创建游标对象
>>> cur.execute('SELECT * FROM stu')              # 取出所有记录
>>> recs = cur.fetchall()                         # 将所有记录赋值给列表
>>> print('共', len(recs), '条记录')              # 显示记录数
共 5 条记录
>>> print(recs)
[('1', '宝玉', 85.0), ('2', '黛玉', 88.0), ('3', '宝钗', 86.0), ('4', '袭人', 65.0), ('5', '晴雯', 75.0)]
```

**【例 10-17】** 查询数据库记录方法 2：逐行输出“梁山 108 将.db”数据库记录。

```
#E1017.py                                         #【查询所有记录】
import sqlite3 as db                              # 导入标准模块 - 数据库

conn = db.connect('d:\\test\\10\\梁山 108 将.db')  # 创建连接
```

```
conn.row_factory = db.Row
cur = conn.cursor()                                    # 创建游标
cur.execute("SELECT * FROM t108")                      # 获取所有记录
rows = cur.fetchall()                                  # 建立列记录对象
for row in rows:                                       # 循环输出所有列对象
    print("%s %s" % (row["id"], row["name"]))          # 打印列
cur.close()                                            # 关闭游标
conn.close()                                           # 关闭连接
>>>…(输出略)                                           # 程序运行结果
```

**4. 更新/删除记录**

**【例 10-18】** 在 SQLite 数据库中更新和删除记录。

```
>>> import sqlite3 as db                               # 导入标准模块-数据库
>>> conn = db.connect('d:\\test\\10\\mytest.db')       # 打开数据库
>>> cur = conn.cursor()                                # 创建游标
>>> cur.execute('UPDATE stu SET xm = ? WHERE cj = ?', ('袭人', 60))  # 更新记录(修改记录)
>>> cur.execute('DELETE FROM stu WHERE cj > 90')       # 删除记录
>>> cur.execute('DELETE FROM stu')                     # 删除 mytb 表中所有记录
>>> cur.execute('DROP TABLE stu')                      # 删除数据表和整个数据库
>>> conn.commit()                                      # 提交事务
>>> conn.close()                                       # 关闭数据库连接
```

## 10.2.4 SQLite 图形管理工具

**1. SQLiteStudio 图形管理工具介绍**

SQLite 可以使用第三方图形界面管理工具查看数据库内容，常用数据库可视化工具有 SQLiteStudio、Navicat for SQLite 等。SQLiteStudio 是一个免费的 SQLite 数据库图形用户界面工具。SQLiteStudio 软件无须安装，下载后解压即可使用。SQLite Studio 可以查看和编辑二进制字段，导出数据格式有 CSV、HTML、PLAIN、SQL、XML 等，支持数据库最大为 2TB。软件为绿色中文版，软件方便易用。

**2. SQLiteStudio 软件的下载和启动**

步骤 1：在官方网站(https://sqlitestudio.pl/)下载 SQLiteStudio 软件。

步骤 2：将下载的 SQLiteStudio 软件解压缩。

步骤 3：将解压缩后的目录(如 SQLiteStudio3.1.1)复制到 D:盘根目录下。

步骤 4：进入 D:\SQLiteStudio3.1.1 目录(路径和名称可自行修改)。

步骤 5：选择 SQLiteStudio.exe 文件，右击，在弹出的快捷菜单中选择"发送到"→"桌面快捷方式"命令。

步骤 6：回到桌面，双击 SQLiteStudio.exe 图标即可启动 SQLiteStudio 软件。

**3. 导入 SQLite 数据库文件**

**【例 10-19】** 用 SQLiteStudio 软件导入 SQLite 数据库文件"梁山 108 将.db"。

步骤 1：双击桌面 SQLiteStudio 图标，启动工具软件。

步骤 2：选择"数据库"→"添加数据库"命令→在"文件"栏右侧单击"浏览"文件夹图

标→选择数据库所在路径和文件(如 d:\test\10\梁山 108 将.db),单击“打开”按钮→单击 OK 按钮。

步骤 3:在主窗口的菜单栏选择“查看”→“数据库”命令,弹出如图 10-5 左边所示的子窗口。单击左边子窗口“梁山 108 将”图标左边的“>”展开图标,单击 Tables 左边的展开图标“>”,单击 t108 数据表,单击主窗口中的“数据”选项卡,这时就可以看到如图 10-5 所示的数据库内容了。

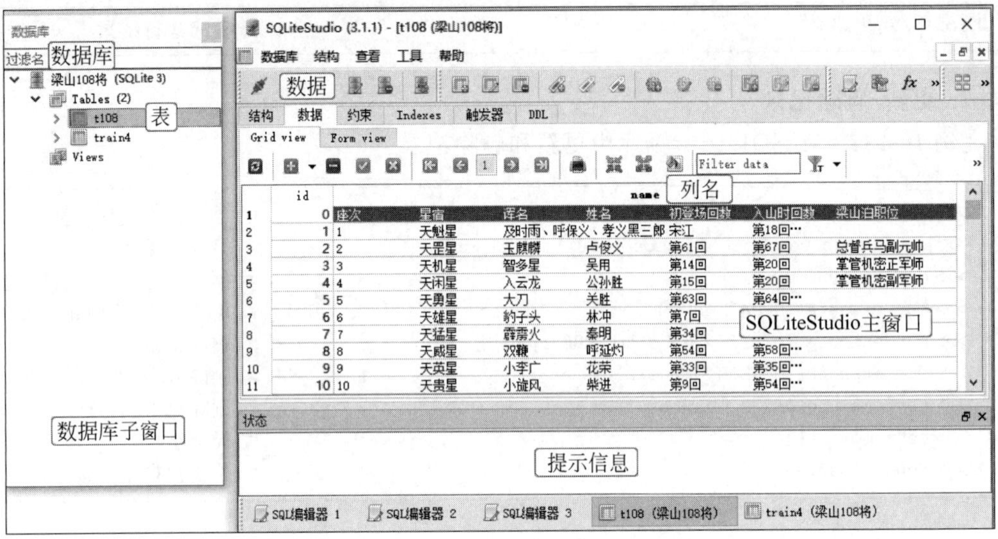


图 10-5　SQLiteStudio 中文版基本界面

### 4. 创建新数据库

**【例 10-20】** 用 SQLiteStudio 软件,创建数据库 data.db。

如图 10-5 所示,选择“数据库”→“添加数据库”命令→在“文件”栏右侧单击“+”创建新数据库图标→在“文件名”栏输入新数据库名称 data.db→选择新数据库保存的路径(如 d:\test\10\)→单击“保存”按钮→单击 OK 按钮,新数据库就创建好了。

### 5. 创建数据表

**【例 10-21】** 在 data.db 数据库中,创建 info 数据表。

步骤 1:如图 10-6 左边所示,双击 data 数据库,将会显示其下的子节点,选择 Tables,并在主窗口菜单选择“结构”→“新建表”→在 Table name 文本框内输入表名 info→单击快捷图标 Add columns(Ins)图标,以添加列。

步骤 2:在弹出的窗口中添加第 1 个字段,字段名为 id,数据类型为 TEXT,勾选“主键”复选框,并单击 OK 按钮,这样就创建了数据表的第 1 个列。

步骤 3:单击 Add columns(Ins)图标添加第 2 个列,字段名为 name,数据类型为 TEXT,勾选“非空”复选框,并单击 OK 按钮,创建数据表的第 2 个列。

步骤 4:单击 Commit structure changes(提交结构更改)图标,在弹出的对话框中单击 OK 按钮,保存数据表和字段,这时就完成了表的创建工作。

### 6. 添加数据

**【例 10-22】** 在 data.db 数据库的 info 数据表中添加记录。

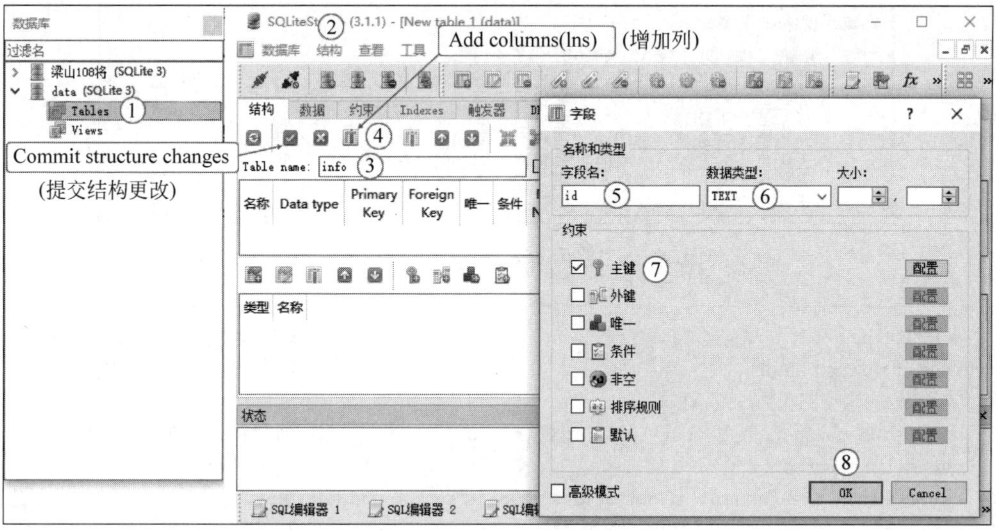


图 10-6　创建 SQLite 数据库和表

步骤 1：如图 10-6 左边所示，在主窗口选择“数据”，点击“＋”(插入行 Ins)按钮。

步骤 2：在 id 栏单击，输入 1；在 name 栏单击，输入“宝玉”。单击“√”(提交)按钮，这时就完成了一个记录(一行)的数据添加。

## 10.2.5　案例：SQLite 数据库综合应用

### 1. 应用案例：成绩管理

**【例 10-23】**　SQLite 数据库的建库、建表、插入数据操作。

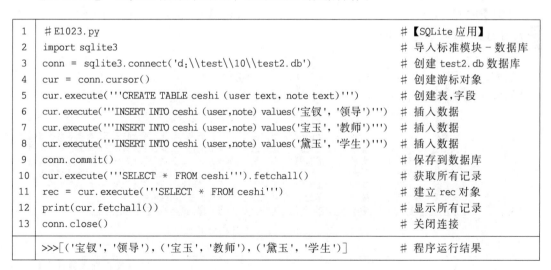

```
#E1023.py                                                              #【SQLite 应用】
import sqlite3                                                         # 导入标准模块 - 数据库
conn = sqlite3.connect('d:\\test\\10\\test2.db')                       # 创建 test2.db 数据库
cur = conn.cursor()                                                    # 创建游标对象
cur.execute('''CREATE TABLE ceshi (user text, note text)''')           # 创建表,字段
cur.execute('''INSERT INTO ceshi (user,note) values('宝钗', '领导')''')  # 插入数据
cur.execute('''INSERT INTO ceshi (user,note) values('宝玉', '教师')''')  # 插入数据
cur.execute('''INSERT INTO ceshi (user,note) values('黛玉', '学生')''')  # 插入数据
conn.commit()                                                          # 保存到数据库
cur.execute('''SELECT * FROM ceshi''').fetchall()                      # 获取所有记录
rec = cur.execute('''SELECT * FROM ceshi''')                           # 建立 rec 对象
print(cur.fetchall())                                                  # 显示所有记录
conn.close()                                                           # 关闭连接

>>>[('宝钗', '领导'), ('宝玉', '教师'), ('黛玉', '学生')]                    # 程序运行结果
```

### 2. 应用案例：将 TXT 文件导入 SQLite 数据库

**【例 10-24】**　“梁山 108 将.txt”文件如图 10-7 所示，利用循环语句将 TXT 文件数据导入 SQLite 数据库。

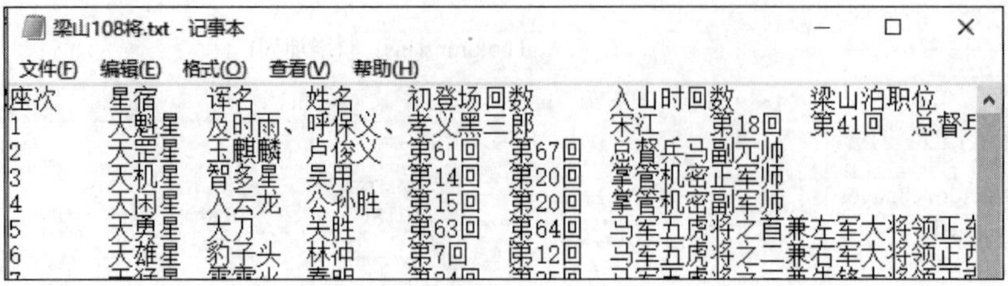

座次　星宿　诨名　姓名　初登场回数　入山时回数　梁山泊职位
1　天魁星　及时雨、呼保义、孝义黑三郎　宋江　第18回　第41回　总督兵
2　天罡星　玉麒麟　卢俊义　第61回　第67回　总督兵马副元帅
3　天机星　智多星　吴用　第14回　第20回　掌管机密正军师
4　天闲星　入云龙　公孙胜　第15回　第20回　掌管机密副军师
5　天勇星　大刀　关胜　第63回　第64回　马军五虎将之首兼左军大将领正东
6　天雄星　豹子头　林冲　第7回　第12回　马军五虎将之二兼右军大将领正西

图 10-7　“梁山 108 将. txt”文件内容片段

```
#E1024.py                                                   #【文本文件存入 SQLite3】
import sqlite3 as db                                        # 导入标准模块 - 数据库

conn = db.connect('d:\\test\\10\\ls108_out.db')             # 创建输出数据库
cur = conn.cursor()                                         # 定义游标
cur.execute('create table if not exists t108(id integer primary key, name text)')   # 创建表
f = open('d:\\test\\10\\梁山 108 将.txt')                    # 打开要读取的 TXT 文件
i = 0
for line in f.readlines():                                  # 将数据按行插入数据库表 t108 中
    cur.execute('INSERT INTO t108 values(?, ?)', (i, line))# 插入记录到 t108 数据表
    i += 1
conn.commit()                                               # 事务提交
cur.close()                                                 # 关闭游标
conn.close()                                                # 关闭数据库连接

>>>                                                         # 程序运行结果
```

**3. 应用案例：将 CSV 文件导入 SQLite 数据库**

**【例 10-25】** ls108utf8. csv 文件如图 10-8 所示，利用 pandas 软件包，将 CSV 文件数据导入 SQLite 数据库比较简单。

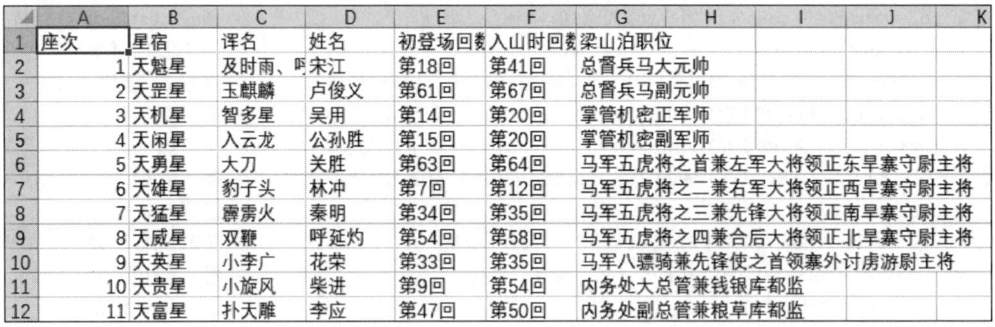

| | A | B | C | D | E | F | G |
|---|---|---|---|---|---|---|---|
| 1 | 座次 | 星宿 | 诨名 | 姓名 | 初登场回数 | 入山时回数 | 梁山泊职位 |
| 2 | 1 | 天魁星 | 及时雨、呼 | 宋江 | 第18回 | 第41回 | 总督兵马大元帅 |
| 3 | 2 | 天罡星 | 玉麒麟 | 卢俊义 | 第61回 | 第67回 | 总督兵马副元帅 |
| 4 | 3 | 天机星 | 智多星 | 吴用 | 第14回 | 第20回 | 掌管机密正军师 |
| 5 | 4 | 天闲星 | 入云龙 | 公孙胜 | 第15回 | 第20回 | 掌管机密副军师 |
| 6 | 5 | 天勇星 | 大刀 | 关胜 | 第63回 | 第64回 | 马军五虎将之首兼左军大将领正东旱寨守尉主将 |
| 7 | 6 | 天雄星 | 豹子头 | 林冲 | 第7回 | 第12回 | 马军五虎将之二兼右军大将领正西旱寨守尉主将 |
| 8 | 7 | 天猛星 | 霹雳火 | 秦明 | 第34回 | 第35回 | 马军五虎将之三兼先锋大将领正南旱寨守尉主将 |
| 9 | 8 | 天威星 | 双鞭 | 呼延灼 | 第54回 | 第58回 | 马军五虎将之四兼合后大将领正北旱寨守尉主将 |
| 10 | 9 | 天英星 | 小李广 | 花荣 | 第33回 | 第35回 | 马军八骠骑兼先锋使之首领寨外讨虏游尉主将 |
| 11 | 10 | 天贵星 | 小旋风 | 柴进 | 第9回 | 第54回 | 内务处大总管兼钱银库都监 |
| 12 | 11 | 天富星 | 扑天雕 | 李应 | 第47回 | 第50回 | 内务处副总管兼粮草库都监 |

图 10-8　ls108utf8. csv 文件内容片段

```
#E1025.py                                                   #【CSV 文件导入数据库】
import pandas                                               # 导入第三方包 - 数据分析
import sqlite3                                              # 导入标准模块 - 数据库
import csv                                                  # 导入标准模块 - CSV 文件

```

```
conn = sqlite3.connect('d:\\test\\10\\ls108utf8_out.db')        # 创建数据库
df = pandas.read_csv('d:\\test\\10\\ls108utf8.csv')             # 读取 CSV 文件
df.to_sql('ls108utf8', conn, if_exists = 'append', index = False)  # 写入 SQLite 数据库
print('导入成功!')
```

```
>>>导入成功!                                                     # 程序运行结果
```

**注意**：pandas 软件包不能使用 r'd:\test\10\ls108utf.csv'这种路径形式。

# 10.3 MySQL 程序设计

MySQL 8.0 是开源数据库的一个新版本，它进行了全面改进。一些关键的增强功能包括 SQL 窗口函数、公用表表达式、NOWAIT 和 SKIP LOCKED、降序索引、分组、正则表达式、字符集、成本模型和直方图等。

## 10.3.1 MySQL 数据库的安装

**1. MySQL 数据库概述**

MySQL 是一个关系数据库管理系统。MySQL 是 Oracle(甲骨文)公司的开源软件，软件采用社区版(免费)和商业版(收费)双授权方式。由于 MySQL 具有体积小、速度快、总体成本低和开放源代码等特点，一般中小型企业都选择 MySQL 作为数据库。使用 MySQL 数据库需要进行以下操作：一是安装 MySQL 服务器(使用机房 MySQL 服务器则无须安装)；二是安装 MySQL 客户端；三是客户端连接 MySQL 服务器；四是客户端发送命令给服务器，服务器接受命令并执行相应操作(如增、删、查、改等)。

**2. 下载 MySQL 安装包**

步骤 1：登录 MySQL 官方网站(https://dev.mysql.com/downloads/mysql/)，如图 10-9 所示，在打开的页面中可以看到相关下载项。

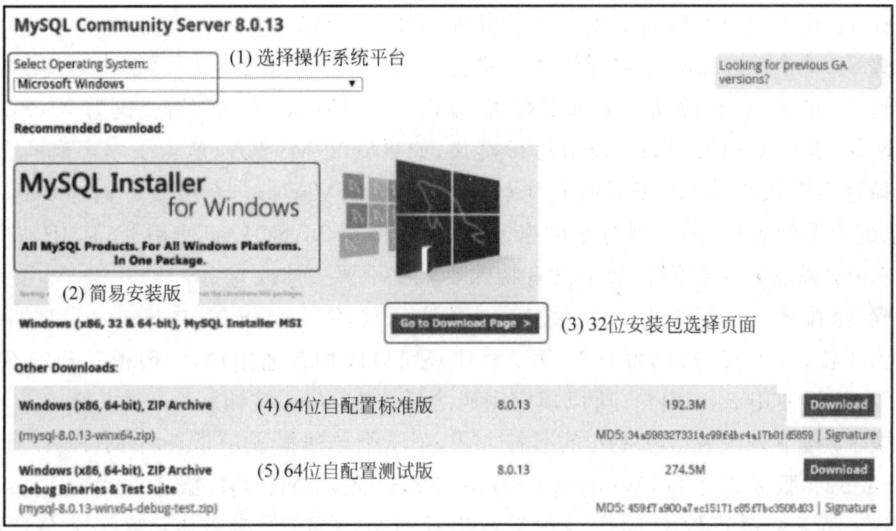


图 10-9 MySQL 官方网站下载页面

在图 10-9 中，第一部分是选择操作系统，默认选择为 Microsoft Windows。

第二部分是 Recommended Download，如果是新手建议单击这里，因为这个版本的 MySQL 不用自己配置，就是普通的安装文件，直接单击 Next 按钮即可完成安装。

第三部分 Go to Download Page 是 32 位 MySQL 安装包选择页面。

第四部分是 MySQL for Windows 64 位标准版安装包，如果希望深入学习 MySQL 的安装和配置过程，可以单击右面的 Downloads 按钮。MySQL 下载后是 zip 文件，解压缩后需要进行配置，配置过程相对复杂。

第五部分是 64 位测试版安装包，点击右面的 Downloads 按钮进入下载页面。

下面学习 32 位 MySQL 安装，因此单击 Go to Download Page 按钮。

步骤 2：这个页面中 MySQL 有两种安装方式：第一种是网络安装(在线安装)；第二种是下载到本地进行安装(离线安装)。选择本地安装，单击右面第 2 个 Download 按钮。

步骤 3：在弹出的窗口中点击 No thanks，just start my download 提示信息。

步骤 4：在弹出的“迅雷”下载软件中单击“下载”按钮。下载 MySQL 到本地硬盘。

**3. 下载 MySQL 的 Python 驱动程序**

步骤 1：登录 MySQL 官方网站(https://www.mysql.com/products/connector/)。

步骤 2：单击 Python Driver for MySQL(Connector/Python)右面第 1 个 Download 按钮。

步骤 3：单击 No thanks，just start my download 提示信息。

步骤 4：下载 Python Driver for MySQL 驱动程序。

**4. 在 Windows 下安装 MySQL**

步骤 1：在本地硬盘下载目录找到 mysql-installer-community-8.0.13.0.msi 文件，双击文件图标开始安装，单击运行按钮。

步骤 2：接下来是说明协议窗口，勾选“同意”协议条款，单击 Next 按钮。

步骤 3：在弹出的窗口中，第 1 项是 MySQL for Visual Studio，不选择这一项；第 2 项是 Connector/Python，选择这一项，单击 Next 按钮。

步骤 4：接下来显示即将要安装的软件和插件，无须修改。

步骤 5：单击 Execute 按钮开始执行安装，安装完后，单击 Next 按钮，出现配置界面。

步骤 6：单击 Next 按钮之后开始配置，如图 10-10 所示，第一部分是配置 MySQL 运行模式和网络，其中 Config Type 表示运行模式，如果安装 MySQL 是为了学习和程序开发，建议选择这个默认模式(占用系统资源较少)；Server Machine 表示服务器专用运行模式(占用系统资源较多)。第二部分是网络配置，表示链接 MySQL 时使用 TCP/IP，并指定端口号为 3306(默认)，这些配置如果没有特殊要求就不要去修改它。

步骤 7：配置完成后单击 Next 按钮，接下来需要填写 MySQL 中 root 用户的密码，长度最低为 4 位，输入密码为 123456；第 2 栏中还可以添加普通用户，一般程序开发不用再建立用户了，直接使用 root 用户，所以填完密码之后单击 Next 按钮。

步骤 8：接下来配置 MySQL 的运行方式，第 1 个单选框表示是否将 MySQL 服务作为一个 Windows 服务来运行，Windows Server Name 表示 MySQL 服务在 Windows Server 中的名称；第 2 个单选框表示是否在系统启动时自动启动 MySQL；第 3 个单选框表示 MySQL 服务以哪个账户运行，这个页面基本不需要设置，直接单击 Next 按钮。

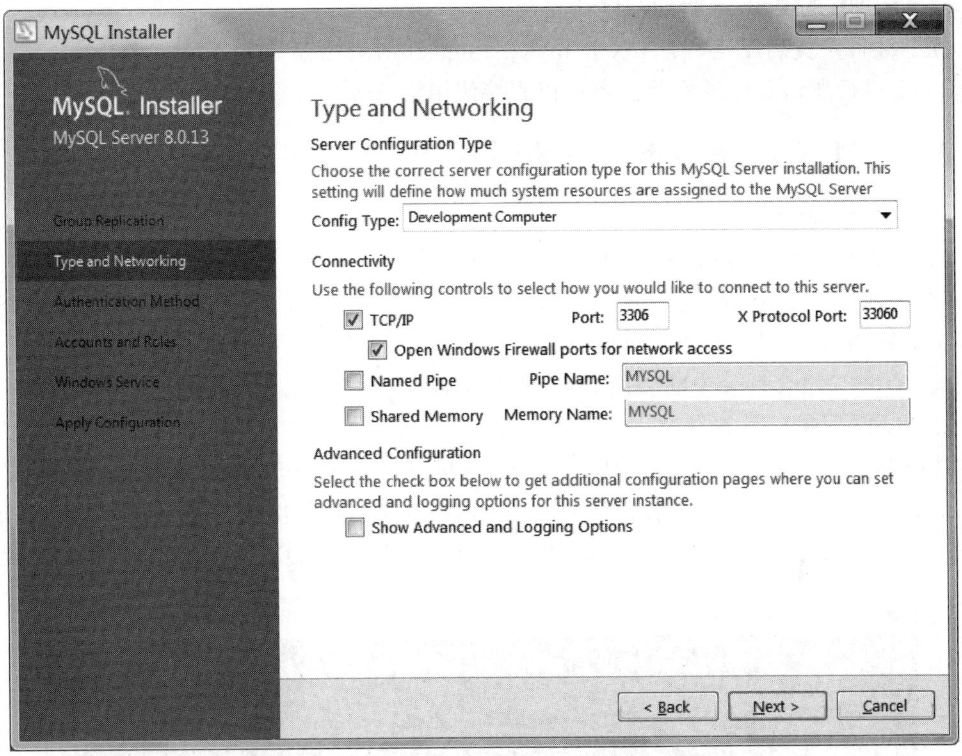


图 10-10　MySQL 运行模式和网络默认配置

步骤 9：接下来是 MySQL 的插件和扩展，直接单击 Next 按钮。

步骤 10：在接下来出现的界面中直接单击 Execute 按钮。

步骤 11：配置完之后单击 Finish 按钮。

步骤 12：再配置 MySQL 的实例，单击 Next 按钮。

步骤 13：单击窗口中的 Check 按钮，然后单击 Next 按钮。

步骤 14：单击 Execute 按钮。

步骤 15：执行完后单击 Finish 按钮，又回到了主程序，然后单击 Next 按钮。

步骤 16：单击 Finish 按钮完成安装配置，如果出现图 10-11 所示界面，表示安装成功。

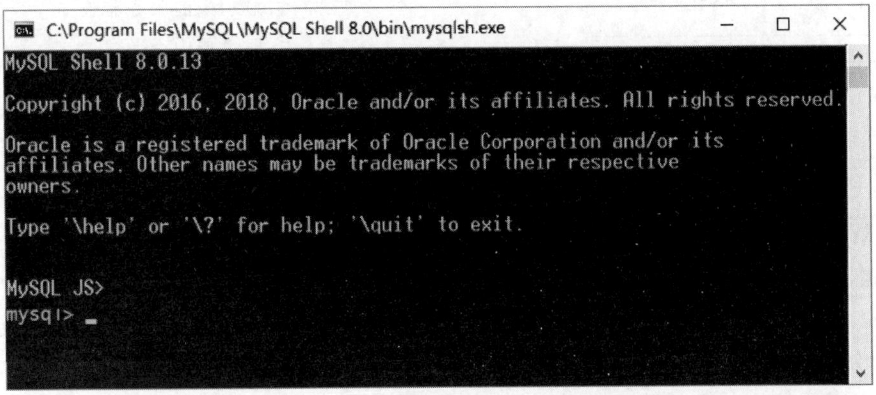


图 10-11　MySQL 安装成功后显示的窗口

**5. MySQL的Python驱动程序的安装**

在下载目录找到驱动程序，双击 mysql-connector-python-8.0.13-py3.7-windows-x86-32bit.msi 进行驱动程序的安装。也可以直接使用第三方连接模块 pymysql。

## 10.3.2 MySQL的启动与退出

**1. MySQL命令行语法**

MySQL 语句以分号(;)表示语句结束。在命令行状态下，如果语句结尾没有分号时回车，就会出现"->"续行提示符，我们可以在续行符后继续输入 SQL 语句的其他部分，语句全部结束后，输入分号后按 Enter 键就会回到 mysql>提示符下。

按 Ctrl+C 组合键会中断当前语句，或者取消任何输入行。

**2. 启动MySQL服务器**

选择 Windows 下的"开始"→"所有程序"→MySQL→MySQL Server 8.0→MySQL 8.0 Command Line Client 命令，输入密码 123456，按 Enter 键后进入 MySQL 命令行界面，如图 10-12 所示，这说明 MySQL 服务器已启动，并进入到 MySQL 登录状态。

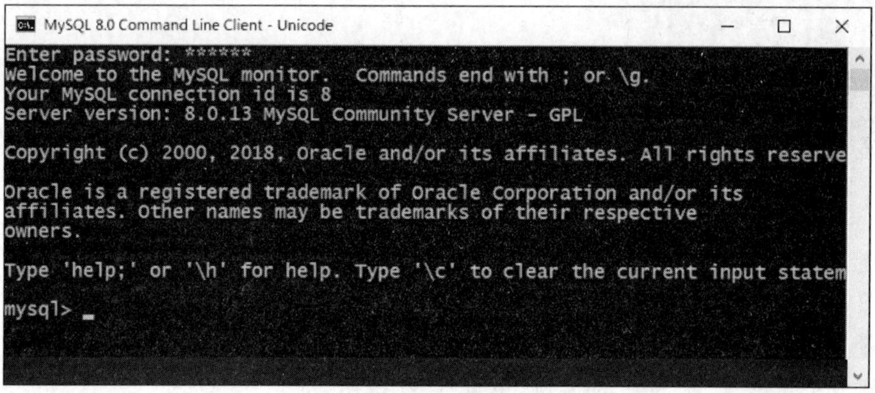


图 10-12 MySQL服务器的启动和登录状态

**3. MySQL检测**

**【例 10-25】** 检测 MySQL 服务器当前版本。

```
mysql > SELECT VERSION() ;                    # 显示当前服务器版本
+---------------------+                       # 命令输出
| VERSION()           |
| 8.0.13              |                       # 当前 MySQL 版本号
+---------------------+
1 rows in set (0.00 sec)                      # 数据集为 1 行
```

**4. MySQL命令行操作**

步骤 1：启动 MySQL 服务器(如前所述)。

步骤 2：创建数据库。Python 中使用 MySQL 的第一步工作是进行数据库连接。因此，第一次在 Python 中使用 MySQL 时，首先必须在 MySQL 下建立一个数据库。假设在 Python 中需要使用的数据库名称为 testdb，我们可以在 MySQL 提示符下查看这个数据库是否存在；如果数据库不存在，则采用以下方法创建 testdb 数据库。

**【例 10-26】** 创建一个 testdb 数据库。

```
mysql > SHOW DATABASES;                  # 在 MySQL 窗口下查看数据库 SQL 命令
mysql > CREATE DATABASES testdb;         # 创建 testdb 数据库的 SQL 命令
mysql > QUIT                             # 退出 MySQL 的 SQL 命令
```

如果程序需要的数据库已经存在，则可以省略以上步骤。

**5. MySQL 安装后自动生成的数据库**

MySQL 8.0 安装完成后，会自动生成以下四个数据库。

(1) information_schema。存放 MySQL 服务器信息，如数据库或表的名称等。

(2) mysql。存储数据库用户、权限设置、关键字等管理信息。

(3) perfrmace_schema。它主要用于收集存放数据库的性能参数。

(4) sys。这个数据库用于性能调优和诊断用例。

## 10.3.3 MySQL 数据库连接

**1. Python 数据库接口**

DB-API 是一个数据库接口规范，不同数据库需要下载不同的 DB API 模块，例如，MySQL 数据库需要下载和安装连接模块。常用第三方连接模块有 pymysql、mysqlclient 等，以及 MySQL 官方接口程序 Python Driver for MySQL。

**2. Python 与 MySQL 连接模块**

pymysql 是 Python 3.x 版中用于连接 MySQL 服务器的一个第三方软件包。pymysql 遵循 Python 数据库 API v2.0 接口规范，并包含了 pure-Python MySQL 客户端模块。

使用 Python 的 Web 开发框架 django(读[姜戈])时，django 官方文档中 Python 3 的 MySQL 客户端接口模块推荐 mysqlclient。mysqlclient 和 pymysql 两个第三方库的作者是同一个人，mysqlclient 读写性能要好于 pymysql。

**【例 10-27】** mysqlclient 安装方法如下。

```
> pip intalll mysqlclient          # mysqlclient 模块适用于 Python 3.x 版本与 MySQL 的连接
```

MySQL 官方自带了接口程序 Python Driver for MySQL(文件名为 mysql-connector-python-8.0.13-py3.7-windows-x86-32bit.msi)，这个连接模块在应用中存在一些小问题。

**3. 安装第三方数据库连接模块 pymysql**

在安装 pymysql 模块之前，首先检查 Python 中是否已经安装了 pymysql。

**【例 10-28】** 启动 Python，在 Python 提示符窗口输入以下命令。

```
>>> import pymysql                                        # 导入 pymysql 模块
Traceback (most recent call last):                        # 抛出异常信息
  File "< stdin >", line 1, in < module >
ModuleNotFoundError: No module named import pymysql       # 没有找到 pymysql 模块
```

**【例 10-29】** 如果没有安装 pymysql 模块，在“命令提示符”窗口输入以下命令。

```
> pip install pymysql                        # 安装 MySQL 连接模块 pymysql
```

#### 4. 检查 pymysql 模块

Pymysql 第三方包安装完成后，启动 Python，在 Python 提示符下导入 pymysql 模块（如例 10-30 所示），如果没有出现报错信息，说明 pymysql 模块已经安装好了。

Python 下使用 MySQL 的流程如下：在 Windows 系统下启动 MySQL 服务器→在 Python 下导入 pymysql 模块→创建连接→获取游标→执行 SQL 命令（execute("SQL 语句")）→关闭游标→关闭连接→结束。

**【例 10-30】** 检查 Python 与 MySQL 是否已经连接。

```
1   #E1030.py                             #【MySQL 连接测试】
2   import pymysql                        # 导入第三方包 - 数据库连接
3   conn = pymysql.connect(               # 连接 MySQL 数据库
4       host = 'localhost',               # 主机地址(远程主机用 IP 地址)
5       port = 3306,                      # 数据库服务器端口
6       user = 'root',                    # 用户名
7       passwd = '123456',                # 登录密码
8       db = 'testdb',                    # 连接数据库,'testdb'为数据库名称(已创建)
9       charset = 'utf8'                  # 使用字符集(注意,不是 utf - 8)
10      )
11  cursor = conn.cursor()                # 用 cursor()方法创建一个游标对象
12  cursor.execute ("SELECT VERSION()")   # 用 execute()方法执行 SQL 指令
13  row = cursor.fetchone()               # 用 fetchone()方法获取单条数据
14  print("MySQL 服务器版本:", row[0])     # 输出 MySQL 版本
15  cursor.close()                        # 关闭游标对象(释放资源)
16  conn.close()                          # 关闭所有连接(释放资源)

    >>> MySQL 服务器版本: 8.0.13           # 程序运行结果
```

程序第 9 行，MySQL 在默认情况下，建立表的字符集编码是 Latin1（单字节编码，兼容 ASCII），这在插入中文记录时会出错，因此需要将字符集修改为 utf-8 编码。

### 10.3.4 MySQL 的增、删、查、改

#### 1. 建立数据库

不同数据库系统，数据库的扩展名不同。如 MS SQL 数据库的扩展名是.mdf，Oracle 数据库的扩展名是.dbf，Access 数据库的扩展名是.mdb，SQLite 数据库的扩展名可以自定义。

MySQL 数据库文件默认存放在..\MySQL\MySQL Server 8.0\data\目录下。一个数据库为一个目录，目录下一个表对应 3 个文件，文件名是表名，扩展名分别是表定义文件.frm、数据文件.ISD 或 myd、索引文件.myi（无论该表有无索引，索引文件都存在）。

**【例 10-31】** 创建 MySQL 数据库。

```
#E1031.py                                 #【创建 MySQL 数据库】
import mysql.connector                    # 导入第三方包 - 数据库连接

```

```
4  conn = mysql.connector.connect(                        # 连接 MySQL 数据库
5      host = "localhost",                                # 主机地址(本机)
6      user = "root",                                     # 用户名
7      passwd = "123456")                                 # 登录密码
8  cur = conn.cursor()                                    # 创建游标
9  cur.execute("CREATE DATABASE mydatabase")              # 创建数据库
   >>>                                                    # 程序运行结果
```

程序第 2 行,mysql-connector 是 MySQL 官方提供的驱动器,需要进行安装。

如果执行上述代码没报错,那么在当前目录下就成功创建了一个数据库。

**2. 建立数据表**

**【例 10-32】** 创建数据表 test1,表中字段为 userid(用户编号)和 name(姓名)。

```
#E1032.py                                           # 【MySQL 建立数据表】
import pymysql                                      # 导入第三方包 - 数据库连接

conn = pymysql.connect("localhost", "root",         # 连接数据库,localhost 为本机,root 为用户名
    "123456", "testdb")                             # 123456 为登录密码,testdb 为数据库名
cur = conn.cursor()                                 # 创建游标对象
cur.execute("                                       # 执行 MySQL 语句
    CREATE TABLE IF NOT EXISTS test1(               # SQL 命令:创建数据表,表名为 test1
    userid int(5) PRIMARY KEY,                      # userid 为编号,整数,长度为 5,主键
    name char(15))")                                # name 为姓名,字符串,长度为 15
cur.execute("INSERT INTO test1(userid, name)\
    VALUES(1, '宋江')")                              # 执行 SQL 语句,插入一行数据
cur.execute("INSERT INTO test1(userid, name)\
    VALUES(2, '吴用')")                              # 执行 SQL 语句,插入一行数据
cur.execute("INSERT INTO test1(userid, name)\
    VALUES(3, '林冲')")                              # 执行 SQL 语句,插入一行数据
conn.commit()                                       # 提交当前事务(提交后开始执行)
cur.close()                                         # 关闭游标
conn.close()                                        # 关闭连接
>>>                                                 # 程序运行结果
```

**3. 插入数据**

**【例 10-33】** 可以通过 execute()方法插入多条数据。

```
#E1033.py                                                               # 【MySQL 插入数据】
import pymysql                                                          # 导入第三方包 - 库连接
conn = pymysql.connect("localhost","root","123456","testdb")            # 创建数据库连接
cur = conn.cursor()                                                     # 创建游标对象
sql = "CREATE TABLE test2(userid int, name varchar(10), age int)"       # SQL 语句,创建数据表
cur.execute(sql)                                                        # 执行 SQL 语句
sql2 = """INSERT INTO test2 values\                                     # SQL 语句,插入记录
    (1,"宋江",48), (2,"林冲",36), (3,"李逵",30)"""                        # 插入多条记录
cur.execute(sql2)                                                       # 执行 SQL 语句
```

```
conn.commit()                                                    # 提交事务
cur.close()                                                      # 关闭游标
conn.close()                                                     # 关闭连接
>>>                                                              # 程序运行结果
```

也可以通过 executemany()方法,一次向数据表中插入多条数据。

**4. 查询数据**

**【例 10-34】** 使用 SELECT 语句查询 MySQL 数据表 test1,遍历并输出数据表。

```
#E1034.py                                                   #【MySQL查询数据表】
import pymysql                                              # 导入第三方包-数据库连接
conn = pymysql.connect("localhost","root","123456","testdb")  # 创建数据库连接
cur = conn.cursor()                                         # 创建游标对象
cur.execute("SELECT * FROM test1")                          # 执行 SQL 查询语句
rows = cur.fetchall()                                       # 将查询结果集存入 rows
for row in rows:                                            # 依次遍历查询结果集
    print(row)                                              # 输出结果集中每一条记录
>>>                                                         # 程序运行结果
(2, '吴用', 36)
(3, '李逵', 30)
```

### 10.3.5 案例:MySQL 数据库综合应用

**【例 10-35】** 在 Python 3 中进行 MySQL 数据库的连接、创建数据表、增加记录、删除记录、修改记录、查询记录、关闭连接等操作。

```
#E1035.py                                        #【MySQL应用案例】
import pymysql                                   # 导入第三方包-数据库连接
#【创建数据库连接】
class Mysql(object):                             # 创建 Mysql 类
    def __init__(self):                          # 定义初始化方法
        try:                                     # 开始捕获异常
            self.conn = pymysql.connect("localhost",   # 创建连接,localhost 为本机
             "root", "123456", "testdb")         # 用户名,密码,数据库名
        except Exception as e:                   # 开始异常处理
            print(e)                             # 如果异常,则输出异常信息
        else:                                    # 否则
            print("连接成功")                     # 输出连接成功信息
            self.cur = self.conn.cursor()        # 创建游标
#【创建数据表】
    def create_table(self):                      # 定义创建数据表方法
        sql = "CREATE TABLE test3(id int,        # test3 为数据表名,id 为编号,整数
            name varchar(10), age int)"          # name 为姓名,10 个字符, age 为年龄
        res = self.cur.execute(sql)              # 执行 SQL 语句
        print(res)                               # 输出执行结果
#【增加记录】
    def add(self):                               # 定义增加记录方法
```

```
        sql = """INSERT INTO test3 values\                # 定义 SQL 插入记录语句
        (1,"宋江",48), (2,"林冲",36), (3,"李逵",30)"""    # 插入 3 条记录
        res = self.cur.execute(sql)                      # 执行 SQL 语句
        if res:                                          # 判断 SQL 语句执行结果
            self.conn.commit()                           # 正常则提交事务
        else:
            self.conn.rollback()                         # 异常则执行回滚操作,即上面
        print(res)                                       # 语句要么都执行,要么都不执行
#【删除记录】
    def rem(self):                                       # 定义删除记录方法
        sql = "DELETE FROM test3 where id=1"             # 定义 SQL 删除记录语句
        res = self.cur.execute(sql)                      # 执行 SQL 语句
        if res:                                          # 判断 SQL 语句执行结果
            self.conn.commit()                           # 正常则提交事务
        else:
            self.conn.rollback()                         # 异常则执行回滚操作(恢复)
        print(res)                                       # 输出执行结果
#【修改记录】
    def mod(self):                                       # 定义修改记录方法
        sql = """UPDATE test3 SET \                      # 定义 SQL 修改语句
            name="吴用" where id=2"""
        res = self.cur.execute(sql)                      # 执行 SQL 语句
        if res:                                          # 判断 SQL 语句执行结果
            self.conn.commit()                           # 提交事务
        else:
            self.conn.rollback()                         # 异常则执行回滚操作(恢复)
        print(res)                                       # 输出执行结果
#【查询记录】
    def show(self):                                      # 定义查询记录方法
        sql = "SELECT * FROM test3"                      # 定义 SQL 查询语句
        self.cur.execute(sql)                            # 执行 SQL 查询语句
        res = self.cur.fetchall()                        # 获取所有查询结果
        for i in res:                                    # 循环输出查询结果
            print(i)
#【关闭连接】
    def close(self):                                     # 定义关闭连接方法
        self.cur.close()                                 # 关闭游标
        self.conn.close()                                # 关闭连接
#【主程序】
if __name__ == "__main__":                               # 主程序
    mysql = Mysql()                                      # 调用主类
    mysql.create_table()                                 # 调用创建数据表方法
    mysql.add()                                          # 调用增加记录方法
    mysql.show()                                         # 调用查询记录方法
    mysql.mod()                                          # 调用修改记录方法
    mysql.rem()                                          # 调用删除记录方法
    mysql.show()                                         # 调用查询记录方法
    mysql.close()                                        # 调用关闭连接方法

>>>…(输出略)                                             # 程序运行结果
```

# 习　题　10

10-1　简要说明关系数据库的组成。

10-2　简要说明关系数据库有哪些运算形式。

10-3　简要说明 NoSQL 数据库的特征。

10-4　简要说明 SQL 语句的主要构成元素。

10-5　简要说明 SQLite 数据库的优点和缺点。

10-6　实验：调试程序 E1014.py，掌握 SQLite 数据库的基本操作。

10-7　实验：参考例 10-19，用 SQLiteStudio 图形化数据库软件导入“梁山 108 将.db”，掌握 SQLite 数据库的基本操作。

10-8　实验：调试程序 E1023.py，掌握 SQLite 数据库的建库、建表、插入数据等操作。

10-9　实验：调试程序 E1025.py，用 pandas 将 CSV 文件数据导入 SQLite 数据库。

10-10　实验：调试程序 E1035.py，了解 MySQL 数据库的连接、创建数据表、增加记录、删除记录、修改记录、查询记录、关闭连接等操作。

# 第 11 章 大数据程序设计

**大数据是一个体量规模巨大、数据类型特别多的数据集**。大数据的特点并不在于“大”，而在于“有用”。大数据能告诉我们客户的消费倾向、他们喜欢什么；每个人的需求有哪些区别；哪些需求可以集合在一起进行分类等。在大数据领域，Python 对数据清洗、数据建模、参数优化、可视化输出等一系列环节，均有成熟软件包支持。

## 11.1 数据分析工具 Pandas

Pandas 是一个功能强大的第三方数据分析软件包，它一般与 NumPy（高性能矩阵运算）联合应用。Pandas 官方网站为 https://pandas.pydata.org/。Pandas 广泛用于大数据中的数据清洗、数据分析、数据挖掘等工作。Pandas 提供的 I/O 工具可以将大文件分块读取，Pandas 软件包还包含了很多其他功能的模块。

### 11.1.1 Pandas 数据类型

**1. 构建 Series 一维数据类型**

Pandas 中的 Series 是一维数组的数据结构，它由一组数据和索引号组成（与列表相似）。数据显示时，Series 的索引号（index）在左边，值（values）在右边。如果索引列所对应的数据找不到，结果就会显示为 NaN（非数字，表示缺失值 NA）。

**【例 11-1】** Series 数据类型应用案例。

```
>>> import pandas as pd                                  # 导入第三方包 - 数据分析
>>> import numpy as np                                   # 导入第三方包 - 科学计算
>>> data = np.array(['曹操', '刘备', '孙权', '三国'])    # 构建数组
>>> s = pd.Series(data)                                  # 转换为 Series 数据结构
```

**2. 构建 DataFrame 二维数据类型**

Pandas 中的 DataFrame（数据框）是一种二维表数据结构，数据按行和列排列，每一列可以是不同数据类型（数值、字符串等），它类似于一个二维数组，DataFrame 数据可以按行索引或者列索引。虽然 DataFrame 以二维结构保存数据，但也可以将其表示为更高维度的数据。DataFrame 数据可以通过一个长度相等的列表字典来构建，也可以用 NumPy 数组构建。DataFrame 可以通过 columns 指定序列的顺序进行排序。

**【例 11-2】** 方法 1：利用列表构建 DataFrame 数据。

```
1  >>> import pandas as pd                                          # 导入第三方包-数据分析
2  >>> list1 = [['宝玉',20,'男'],['黛玉',18,'女'],['宝钗',21,'女']]  # 构建列表嵌套
3  >>> pd.DataFrame(list1, columns = ['姓名', '年龄', '性别'])        # 转换为 DataFrame 数据
     姓名  年龄  性别
   0 宝玉  20    男
   1 黛玉  18    女
   2 宝钗  21    女
```

**【例 11-3】** 方法 2：利用字典构建 DataFrame 数据。

```
1  >>> pd.DataFrame({'姓名':['宝玉', '黛玉','宝钗'],
2                    '年龄':[20,18,21],
3                    '性别':['男','女','女']})                       # 由字典构建 DataFrame 数据
     姓名  年龄  性别
   0 宝玉  20    男
   1 黛玉  18    女
   2 宝钗  21    女
```

**【例 11-4】** 方法 3：利用其他方法构建 DataFrame 数据。

```
1  >>> import numpy as np                                  # 导入第三方包-科学计算
2  >>> np.array([-9, 8, 7, 23])                            # 构建数组,Series 结构
   array([-9, 8, 7, 23])
3  >>> np.array([-9, 8, 7, 23], dtype = float)             # 构建数组,Series 结构,浮点数
   array([-9., 8., 7., 23.])
4  >>> np.array([[2,4,1,3], [4,6,3,9], [2,5,9,1]])         # 构建矩阵,DataFrame 结构
   array([[2, 4, 1, 3],
          [4, 6, 3, 9],
          [2, 5, 9, 1]])
5  >>> np.arange(0, 10, 1)
   array([0, 1, 2, 3, 4, 5, 6, 7, 8, 9])
6  >>> np.linspace(1, 10, 10)
   array([ 1., 2., 3., 4., 5., 6., 7., 8., 9., 10.])
7  >>> np.zeros([3, 5])                                    # 构建全 0 矩阵
   array([[0., 0., 0., 0., 0.],
          [0., 0., 0., 0., 0.],
          [0., 0., 0., 0., 0.]])
8  >>> np.ones([4, 2])                                     # 构造全 1 矩阵
   array([[1., 1.],
          [1., 1.],
          [1., 1.],
          [1., 1.]])
```

### 11.1.2 Pandas 读写文件

**1. 案例数据文件**

华北制药股票部分数据如表 11-1 所示，数据文件为“股票数据片段.csv”，本小节以下案例的数据都是基于这个数据集。

**表 11-1　华北制药股票数据片段**

| 日期 | 开盘 | 最高 | 收盘 | 最低 | 成交量 | 价格变动 | 涨跌幅 | 5 日均价 |
|---|---|---|---|---|---|---|---|---|
| 2020/6/24 | 7.12 | 7.14 | 7.1 | 7.08 | 19231 | −0.04 | −0.56 | 7.2 |
| 2020/6/23 | 7.22 | 7.22 | 7.14 | 7.1 | 27640.87 | −0.08 | −1.11 | 7.232 |
| 2020/6/22 | 7.27 | 7.3 | 7.22 | 7.19 | 38257.48 | −0.05 | −0.69 | 7.248 |
| 2020/6/19 | 7.25 | 7.31 | 7.27 | 7.2 | 35708 | 0 | 0 | 7.234 |
| 2020/6/18 | 7.3 | 7.3 | 7.27 | 7.23 | 37496.01 | 0.01 | 0.14 | 7.202 |
| 2020/6/17 | 7.22 | 7.34 | 7.26 | 7.17 | 64578.38 | 0.04 | 0.55 | 7.182 |
| 2020/6/16 | 7.16 | 7.22 | 7.22 | 7.09 | 26508.64 | 0.07 | 0.98 | 7.17 |
| 2020/6/15 | 7.15 | 7.26 | 7.15 | 7.15 | 21904 | 0.04 | 0.56 | 7.182 |
| 2020/6/12 | 7.07 | 7.12 | 7.11 | 7.02 | 22328.85 | -0.06 | -0.84 | 7.22 |

### 2. 读入数据文件

Pandas 可读取文件类型有 CSV、TXT、Excel、SQL、XLS、JSON、HDF5 等。Pandas 读取数据的语法如下。

```
data = pd.read_csv(文件名.csv, 参数)             # 读入 UTF-8 编码 CSV 或 TXT 文件
data = pd.read_excel(文件名.xlsx, 参数)          # 读入 Excel 文件
data = pd.read_table(文件名.txt, 参数)           # 读入 TXT 文件
```

**【例 11-5】** 读取 CSV 文件全部数据。

```
>>> import pandas as pd                                    # 导入第三方包-数据分析
>>> df = pd.read_csv('d:\\test\\11\\股票数据片段.csv')     # df 为 DataFrame 格式,UTF-8 编码
```

**注意**：Pandas 中路径不能用 r'd:\test\11\股票数据片段.csv'或'd:\test\11\股票数据片段.csv'。

**【例 11-6】** 读取 txt 文件全部数据。

```
1  >>> import pandas as pd                                                 # 导入第三方包-数据分析
2  >>> df = pd.read_csv('d:\\test\\11\\test.txt', header = None, sep = '\s+')   # 读入文件为 UTF-8 编码
3  >>> print(df.head())                                                    # 打印前 5 行数据
```

程序第 2 行，pd.read_csv()函数可以读取 CSV 或 TXT 文件；参数 header＝None 表示文件没有表头；参数 sep＝'\s＋'表示任何空白字符都当成分隔符。文件为中文 GBK 编码时，需要增加参数：encoding＝'gbk'。

**【例 11-7】** 读取 CSV 文件中部分行或部分列的数据。

```
1  >>> df1 = pd.read_csv('d:\\test\\11\\股票数据片段.csv', sep = ',', nrows = 16, skiprows = [2, 5])
2  >>> df2 = pd.read_csv('d:\\test\\11\\股票数据片段.csv', usecols = [1, 2], names = None)
3  >>> df3 = pd.read_csv('d:\\test\\11\\股票数据片段.csv', usecols = ['日期', '收盘', '成交量'], nrows = 10)
```

程序第 1 行，参数 sep 表示分隔符，CSV 和 Excel 文件的默认分隔符是逗号；一些 TXT 文件的分隔符为多个空格时，参数设置为 sep＝'\t'；参数 nrows＝16 表示读取前 16 行数据；参数 skiprows＝[2, 5]表示读取文件时，跳过第 2 行和第 5 行。

程序第 2 行，参数 usecols=[1, 2]表示读取第 1、2 列共两列数据；参数 names=None 表示不读取列标题名。

程序第 3 行，参数 usecols=['列名']表示读取哪些列；nrows=10 表示读取前 10 行。

**【例 11-8】** 用 Pandas 读取 CSV 文件的指定列格式。

```
1  #E1108.py                                                        #【读 CSV 文件】
2  import pandas as pd                                              # 导入第三方包 - 数据分析
3  df = pd.read_csv("d:\\test\\11\\股票数据片段.csv",
4      header = 0, index_col = 0, usecols = ['最高', '最低'])          # 读取 CSV 文件指定列
5  try:
6      df.to_csv('d:\\test\\11\\temp_out.csv')                      # 写入文件
7  except OSError:                                                  # 错误处理
8      print('写文件错误')
   >>>                                                              # 程序运行结果
```

程序第 4 行，参数 header=0 表示 CSV 文件第一行为行名称，不做数据读取；参数 index_col=0 表示用第 0 列作为行索引；参数 usecols=['最高', '最低']为读取指定列。

**3. 数据写入文件**

**【例 11-9】** 从 Tushare 接口获取股票数据，并写入文件。

```
1  >>> import pandas as pd                                              # 导入第三方包 - 数据分析
2  >>> import tushare as ts                                             # 导入第三方包 - 股票接口
3  >>> data = ts.get_hist_data('000001')                                # 获取 000001 股票数据
4  >>> data.to_csv('d:\\test\\11\\tmp09 股票 1.csv', index = None)      # 股票数据写入 CSV 文件
5  >>> data = ts.get_report_data(2019, 4)                               # 获取年报数据，4 为季度
6  >>> data.to_excel('d:\\test\\11\\tmp09 股票 3.xls', index = None)    # 年报数据写入 Excel 文件
```

程序第 4 行，参数 index=None 表示不把索引号写入文件中。

**【例 11-10】** 从源文件获取部分数据，并写入新文件。

```
1  >>> import pandas as pd                                       # 导入第三方包 - 数据分析
2  >>> df = pd.read_csv('d:\\test\\11\\股票数据片段.csv')        # 读入源文件
3  >>> out = df.iloc[:, 0:6]                                     # 获取部分股票数据
4  >>> out.to_csv('d:\\test\\11\\tmp10 股票 4.csv',mode = 'a',index = False,header = None,encoding = 'utf - 8')
```

程序第 3 行，df.iloc[:, 0:6]表示读出所有行，0～6 列所有数据。

程序第 4 行，参数"tmp 股票 4.csv"为写入文件名；参数 mode='a'表示写模式为追加，如果文件存在则追加数据，如果文件不存在则创建文件；参数 index=False 表示不写入索引号；参数 header=None 表示不写入表头；参数 encoding='utf-8'表示文件编码为 utf-8。

**【例 11-11】** 读取 TXT 文件，另存为 CSV 文件。

```
1  #E1011.py                                                              #【文件读取】
2  import pandas as pd                                                    # 导入第三方包 - 数据分析
3  data = pd.read_table("d:\\test\\11\\iris.txt", sep = ',', header = None)  # 读取 TXT 文件
4  data.to_csv('d:\\test\\11\\tmp11iris.csv', index = None, header = None)   # 保存为 CSV 文件
   >>>                                                                    # 程序运行结果
```

### 4. 读写数据库

【例 11-12】 将一个 CSV 文件写入 MySQL 数据库。

```
#E1112.py                                                      # 【csv 文件写入 MySQL】
import pandas as pd                                            # 导入第三方包 - 数据分析
from pandas.io import sql                                      # 导入第三方包 - 连接数据库
data = pd.read_csv(d:\\test\\11\\股票数据片段.csv)             # 读取 CSV 文件,转换为 DataFrame
db = MySQLdb.connect(host = "localhost", user = "root",        # mydb 为已存在的数据库
    passwd = "123456", db = "mydb", charset = "utf8")          # passwd 为数据库密码,mydb 为库名
sql.to_sql(data, 'gp', db, flavor = 'mysql')                   # 保存到数据库,gp 为表名
db.close()                                                     # 关闭数据库
>>>                                                            # 程序运行结果
```

【例 11-13】 用 Pandas 读取 MySQL 数据库记录。

```
#E1113.py                                    # 【读 MySQL 记录】
import pandas as pd                          # 导入第三方包 - 数据分析
import sqlalchemy                            # 导入第三方包 - 连接数据库
sql = 'select * from 成交量'                 # 定义 SQL 命令
conn = sqlalchemy.create_engine('mysql + pymysql://root:123@localhost:3306/db1')  # 连接数据库
df = pd.read_sql(sql, conn)                  # 读取数据库记录
df.head()                                    # 输出前 5 条数据库记录
>>>                                          # 程序运行结果
```

## 11.1.3 Pandas 读写数据

### 1. 采用 iloc[]方法读取数据

Pandas 中的 iloc[]方法用于进行数据定位和选择。iloc[]语法格式如下。

```
df = pd.iloc[起始行号:终止行号,起始列号:终止列号]          # 语法格式
```

【例 11-14】 使用 iloc[]方法进行行和列的选择。

```
>>> import pandas as pd
>>> df = pd.read_csv('d:\\test\\11\\股票数据片段.csv')
>>> df.iloc[0]                         # 读取数据中的第 0 行
日期        2020/6/24                  (输出略)
>>> df.iloc[1]                         # 读取数据中的第 1 行
日期        2020/6/23                  (输出略)
>>> df.iloc[-1]                        # 读取数据中的最后第 1 行
日期        2020/6/12                  (输出略)
>>> df.iloc[:, 0]                      # 读取数据中的第 0 列,":"表示对行号或列号进行切片选择
0    2020/6/24                         (输出略)
>>> df.iloc[:, 1]                      # 读取数据中的第 1 列
0    7.12                              (输出略)
>>> df.iloc[:, -1]                     # 读取数据中的最后一列
0    7.200                             (输出略)
```

```
>>> df.iloc[0:5]                        # 读取数据中的第 0～5 行
日期 开盘 最高 收盘 最低 成交量 价格变动 涨跌 5 日均价
0  2020/6/24  7.12  7.14  7.10  7.08  19231.00 - 0.04 - 0.56  7.200  (输出略)
>>> df.iloc[:5, :3]                     # 读取数据第 0～5 行,第 0～3 列(前 5 行和前 3 列)
    日期     开盘    最高
0  2020/6/24  7.12  7.14                (输出略)
>>> df.iloc[:, 0:2]                     # 读取数据中前 2 列和所有行
    日期     开盘
0  2020/6/24  7.12                      (输出略)
>>> df.iloc[[0, 3, 6, 4], [0, 5, 3]]    # 读取第 0,3,6,4 行和第 0,5,3 列
    日期       成交量      收盘
0  2020/6/24  19231.00  7.10            (输出略)
>>> df.iloc[0:5, 3:6]                   # 读取第 0～4 行和第 3～5 列
  收盘   最低   成交量
0  7.10  7.08  19231.00                 (输出略)
```

使用 iloc[]时需要注意以下问题:

(1) 如果 iloc[]只选择了一行,就会返回 Series 数据类型;如果选择了多行,则会返回 DataFrame 数据类型。

(2) 如果只选择了一行,又希望返回 DataFrame 类型,可以传入一个列表。

```
>>> temp1 = df.iloc[50]                 # 返回 Series 数据类型
>>> temp2 = df.iloc[[50]]               # 返回 DataFrame 数据类型
```

(3) 使用 iloc[x:y]方法切片时,选择了下标从 x 到 y－1 的数据。例如,iloc[1:5]只选择了 1,2,3,4 这 4 个下标的数据,下标 5 的数据并没有包括进去。

**2. 采用其他方法读取数据**

pd.loc[行标签,列标签]方法是基于标签(即字段名称,如姓名、单价等)进行数据选取,标签从 0 开始计数,计数采用闭区间,如 loc[:3]表示选取前 4 行(0,1,2,3)数据。

```
>>> df.info()                           # 查看数据集基本信息
>>> df.head(5)                          # 读取前 5 行
>>> df.tail(5)                          # 读取后 5 行
>>> df['最高'][1:5]                     # 读取标签为'最高'列的 1～4 行(第 5 行不读)
```

**3. 用 Pandas 读取 SQLite 数据库文件**

可以用 Pandas 提供的函数从 SQLite 数据库文件中读取相关数据信息,并保存在 DataFrame 中,方便后续进一步处理。Pandas 提供了 read_sql()和 read_sql_query()两个函数,它们都可以读取文件扩展名为.sqlite 的数据库文件内容。

**【例 11-15】** 读取"梁山 108 将.sqlite"数据库文件内容。

```
#E1115.py                               #【读 SQLite 数据库】
import sqlite3                          # 导入标准模块 - 数据库
import pandas as pd                     # 导入第三方包 - 数据分析

```

```
with sqlite3.connect('d:\\test\\11\\梁山108将.sqlite') as con:    # 打开SQLite 3数据库文件
    df = pd.read_sql("SELECT * FROM t108", con = con)          # 读取数据库内容(SQL语句)
    print(df.shape)                                             # 输出数据库字段名
    print(df.dtypes)                                            # 输出字段数据类型
    print(df.head())                                            # 输出前5条记录
>>>…(输出略)                                                     # 程序运行结果
```

## 11.1.4 Pandas 数据统计

**【例 11-16】** 按“成交量”进行排序。

```
>>> import pandas as pd
>>> df = pd.read_csv('d:\\test\\11\\股票数据片段.csv')
>>> df.sort_values(by = "成交量", ascending = False).head()        # 按"成交量"字段名排序
    日期        开盘   最高   收盘   最低   成交量     价格变动  涨跌幅  5日均价  20日均价
5  2020/6/17  7.22  7.34  7.26  7.17  64578.38   0.04   0.55  7.182
2  2020/6/22  7.27  7.30  7.22  7.19  38257.48  -0.05  -0.69   7.248
4  2020/6/18  7.30  7.30  7.27  7.23  37496.01   0.01   0.14  7.202
3  2020/6/19  7.25  7.31  7.27  7.20  35708.00   0.00   0.00  7.234
1  2020/6/23  7.22  7.22  7.14  7.10  27640.87  -0.08  -1.11   7.232
```

**【例 11-17】** 判断数据中成交量> 40000 的行。

```
>>> df["成交量"] > 40000
0     False   …(输出略)
```

**【例 11-18】** 统计数据的样本数、平均值、标准差、最小值、最大值等。

```
>>> df.describe()              # 统计数据基本信息
开盘       最高               收盘        ...  价格变动      涨跌幅                 5日均价
count    9.000000  9.000000    9.000000  ...  9.000000     9.000000     9.000000    # 样本数
mean     7.195556  7.245556    7.193333  ...  -0.007778    -0.107778    7.207778    # 平均值
std      0.075351  0.076992    0.068920  ...  0.052148     0.726202     0.027138    # 标准差
…(输出略)
```

**【例 11-19】** 对数据集中的某一列,先进行排序,再计算前 n 个数的和。

```
>>> f = df.sort_index(ascending = False)          # 先做排序,再做累加
>>> f["最高"].cumsum()                             # 对"最高"字段进行累加
8        7.12     …(输出略)
```

**【例 11-20】** 计算数据集中“最高”与“最低”的差值。

```
>>> df[['最低', '最高']].apply(lambda x: x.max() - x.min(), axis = 1)  # axis = 1表示行索引号
0       0.06   …(输出略)
```

参数 axis=0 表示沿行的方向;axis=1 表示沿列的方向。

# 11.2 数据获取

## 11.2.1 数据获取方法

### 1. 大数据的特点

世界上 90%以上的数据近几年才产生，这些数据并非单纯是人们在互联网上发布的信息，85%的数据由传感器和计算机设备自动生成。全世界各种视频监控设备、汽车、卫星，以及无数的传感器，随时都在测量和传递着信息，这导致了海量数据的产生。例如，一个计算不同地点车流量的交通遥测应用，就会产生大量的数据。如图 11-1 所示，大数据处理流程是数据获取、数据清洗、数据挖掘和数据可视化。

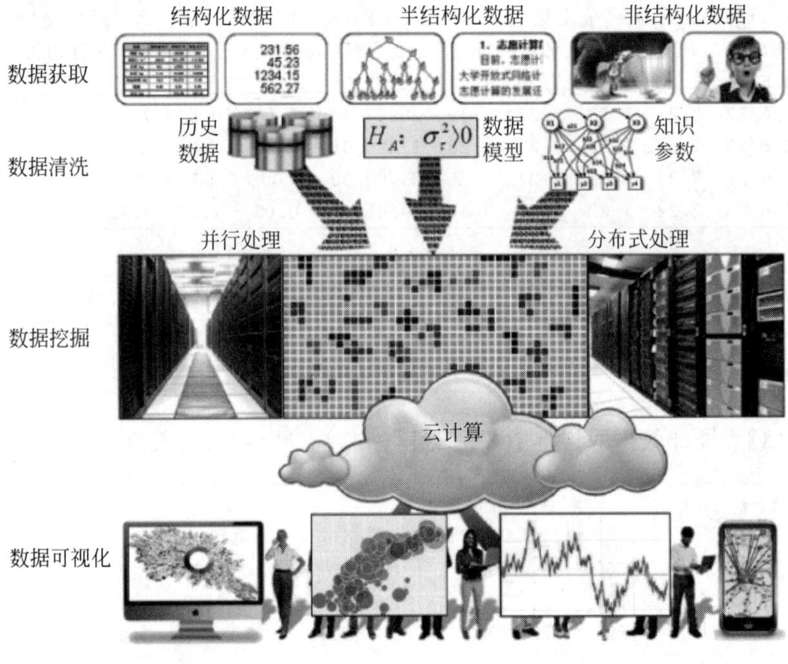


图 11-1 大数据处理流程示意图

### 2. 数据获取渠道

数据采集的质量对后续数据分析影响非常大。数据采集的渠道有内部数据源，如企业内部信息系统、数据库、电子表格等内部数据；**外部数据资源主要是互联网数据资源，以及物联网自动采集的数据资源等**。

(1) 互联网公开数据采集。利用互联网收集信息是最基本的数据收集方式。一些大学、科研机构、企业、政府都会向社会开放一些大数据，这些数据通常比较完善，质量相对较高。我们可以在以下网站下载需要的数据集。

大数据导航官方网站：https://hao.199it.com/或者 http://hao.bigdata.ren/。

国家统计局官方网站：http://www.stats.gov.cn/tjsj/。

世界银行官方网站：https://data.worldbank.org.cn/。

加州大学欧文分校官方网站：http://archive.ics.uci.edu/ml/datasets.php(557 个数

据集）。

（2）网络爬虫数据采集。我们也可以利用网络爬虫获取互联网数据。如通过网络爬虫获取招聘网站的招聘数据；爬取租房网站上某城市的租房数据；爬取电影网站评论数据；爬取深沪两市股票数据等。利用网络爬虫可以获取某个行业、某个网络社群的数据。

（3）企业内部数据采集。许多企业业务平台每天都会产生大量业务数据（如电商网站等）。日志收集系统就是收集这些数据的，提供给离线和在线的数据分析系统使用。企业往往采用关系数据库 MySQL、Oracle 等存储数据。此外，Redis、MongoDB 等 NoSQL（非关系数据库）也常用于保存大量数据。

（4）其他数据采集。例如，可以通过 RFID 射频识别设备获取库存商品数据；通过传感器网络获取手机定位数据；通过移动互联网获取金融数据（如支付宝）等。

### 11.2.2 获取股票数据 Tushare

**1. Tushare 财经数据接口**

Tushare 是一个免费和开源的财经数据接口包（https://tushare.pro/），它本质上是调用新浪财经的相关接口。Tushare 可以实现对国内股票和金融数据从数据采集、清洗到数据存储的过程。Tushare 返回的数据格式都是 DataFrame 数据类型，它便于用 Pandas、NumPy、Matplotlib 等软件包进行数据分析。注意，Tushare 不是普通炒股者使用的软件，它是为国内做股票期货数据分析的人员提供 Pandas 矩阵分析工具。

**2. Tushare 提供的数据**

（1）基础数据。包括股票基本列表、上市公司信息、各交易所交易日历、沪深股成份股、股票曾用名、IPO 新股列表等。

（2）行情数据。包括日线行情、分钟行情、Tick 级行情、大单成交数据、复权因子、停/复牌信息、每日行情指标等。

（3）财务数据。包括利润表、资产负债表、现金流量表、业绩预告、业绩快报、分红送股、财务指标数据、财务审计意见、主营业务构成等。

**3. Tushare pro 的安装**

Tushare pro 软件包可以使用 pip 命令，在命令提示符窗口进行安装。

```
> pip install tushare                      # 使用 pip 进行安装
> pip install tushare -- upgrade           # Tushare 版本升级方法
```

**【例 11-21】** 在 Python 的 Shell 窗口下使用以下命令查看安装的 Tushare 版本。

```
>>> import tushare                         # 导入第三方包 - 股票接口 API
>>> print(tushare.__version__)             # 检查 Tushare 版本
1.2.60
```

**4. Tushare pro 的 Token 获取和注册**

老 Tushare 接口只能获取近 3 年的日线数据。股票历史行情已经转移到 Tushare pro 新接口，新接口增加了通用行情接口，可以方便获得各种资产和各种频度的数据，如果需要全部历史数据，可以调用新接口。

新版本的 Tushare pro 接口获取股票数据时，需要 Token（一个哈希值）验证，可以登录官方网站（https://tushare.pro/register）后，免费注册一个账号。登录注册过的网站后，单击网页右上角的“个人主页”（见图 11-2），再单击“接口 Token”菜单，单击提示框右边的复制标记（见图 11-3），就复制 Token 到剪贴板中了（即本机内存）。

图 11-2　Tushare 个人主页

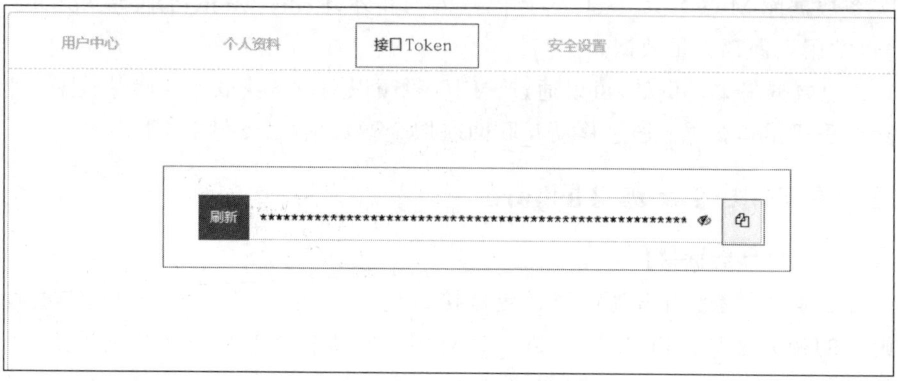


图 11-3　Tushare pro 注册页面

**说明**：Token 是服务器端生成的一个字符串，客户端第一次登录后，服务器就会生成一个 Token，并且将它返回给客户端，以后客户端只需带上这个 Token，即可向服务器请求数据，无须客户端再次输入用户名和密码，这样减少了服务器数据库的频繁查询工作。

**【例 11-22】** Token 设置方法 1：采用以下方法设置 Token 时，会将 Token 保存在本地计算机中，以后使用 Tushare pro 接口获取股票数据时，不再需要设置 Token。

```
>>> import tushare as ts              # 导入第三方包 - 股票接口 API
>>> ts.set_token('03752d915f0c191e537201799d0fa88cd53edc57a85fe9fa3e1d48bc')   # 设置 Token
```

**【例 11-23】** 注册方法 2：用以下方法设置时，每次调用数据都需要填写 Token 值。

```
>>> import tushare as ts                          # 导入第三方包 - 股票接口 API
>>> token = '将 Token 复制在这里'
>>> pro = ts.pro_api(token)
>>> df = pro.daily(ts_code = '000001.SZ', start_date = '20200101', end_date = '20200530')
>>> print(df)
      ts_code    trade_date  open ...  pct_chg         vol          amount
0    000001.SZ    20200529 13.01 ...  - 0.5356    457808.22     594502.123
1    000001.SZ    20200528 12.87 ...    2.2692    960760.31     1255226.999
..          ...          ...      ... ...     ...          ...          ...(输出略)
96  000001.SZ    20200102   16.65 ...    2.5532  1530231.87   2571196.482
[97 rows x 11 columns]                            # 注意，输出时，结束日期在前，起始日期在后
```

**5. 用 Tushare pro 新接口获取股票数据**

**【例 11-24】** 第一次用 Tushare pro 接口获取股票数据时，需要 Token 验证。

```
#E1124.py                                              #【获取股票数据】
import pandas as pd                                    # 导入第三方包 - 数据分析
import tushare as ts                                   # 导入第三方包 - 股票接口

token = '03752d915f0c191e537201799d0fa88cd53edc57a85fe9fa3e1d48bc' # 在网站获取 Token
pro = ts.pro_api(token)                                # 调用 Tushare pro 新接口,以后无须此语句
data1 = pro.daily(ts_code = '000001.SZ', start_date = '20190101', end_date = '20200101') # 获取数据
data1.to_csv('d:\\test\\11\\股票 000001.csv', index = True) # 股票数据写入文件
print(data1.head())                                    # 打印 000001(深发展)股票数据
data2 = pro.daily(ts_code = '600618.SH', start_date = '20190101', end_date = '20200101')
print(data2.head())                                    # 打印 600618(华北制药)股票数据
data3 = ts.get_hist_data('sh')                         # 获取近 3 年上证指数数据
data3.to_csv('d:\\test\\11\\股票上证指数 2018_2020.csv', index = True)   # 上证指数写入文件
>>>                                                    # 程序运行结果
```

**6. 用 Tushare 老接口获取股票数据**

Tushare pro 新接口设置了权限,需要达到一定的积分才能使用某些数据。而 Tushare 老接口获取股票数据时,不需要 Token 验证。使用方法如下。

```
import pandas as pd                                    # 导入第三方包 - 数据分析
import tushare as ts                                   # 导入第三方包 - 股票接口
ts.get_hist_data('code', start, end, ktype, retry_count, pause)  # 获取股票数据的语法格式
```

(1) 参数说明。'code'为 6 位股票代码(sh 表示上证成指,sz 表示深圳成指,hs300 表示沪深 300 指数,sz50 表示上证 50 指数,zxb 表示中小板指数,cyb 表示创业板指数)。start 表示开始日期,格式为 YYYY-MM-DD。end 表示结束日期,格式为 YYYY-MM-DD。ktype 表示数据类型(D 表示日 K 线,W 表示周,M 表示月,5 表示 5min 等)。retry_count 表示异常重试(默认为 3)。pause 表示重试停顿秒数(默认为 0)。

(2) 返回值说明。date 表示日期,open 表示开盘价,high 表示最高价,close 表示收盘价,low 表示最低价,volume 表示成交量,price_change 表示价格变动,p_change 表示涨跌幅,ma5 表示 5 日均价,ma10 表示 10 日均价,ma20 表示 20 日均价,v_ma5 表示 5 日均量,v_ma10 表示 10 日均量,v_ma20 表示 20 日均量,turnover 表示换手率。注意,普通用户只能获取近 3 年的股票数据。

**【例 11-25】** 获取股票 600618(华北制药)近期日 k 线数据。

```
>>> import tushare as ts                               # 导入第三方包 - 股票接口 API
>>> data = ts.get_hist_data('600618')                  # 获取股票近期日 K 线数据
>>> data.to_csv('d:\\test\\11\\华北制药近期日 K 线.csv', index = True)  # 股票数据写入文件
>>> ts.get_hist_data('600618', start = '2020 - 06 - 10', end = '2020 - 06 - 12')  # 获取指定日期数据
date           open   high   close   low   ...   ma20     v_ma5      v_ma10     v_ma20
2020 - 06 - 12  7.07   7.12   7.11   7.02   ...   7.184   26965.03   30194.75   27121.33
2020 - 06 - 11  7.20   7.23   7.17   7.15   ...   7.184   26194.86   30663.87   26908.79
2020 - 06 - 10  7.28   7.31   7.20   7.18   ...   7.181   27331.06   30594.34   27102.12
[3 rows x 13 columns]
```

**7. Tushare 获取某个股票当日交易数据**

Tushare 提供的股票当日交易数据调用语法格式如下。

```
import tushare as ts                                      # 导入第三方包 - 股票接口 API
ts.get_ today_all('code', name, changepercent, trade, open, high, low, settlement, volume,
    turnoverratio, amount, per, pb, mktcap, nmc)
```

参数说明：'code'表示股票代码，name 表示股票名称，changepercent 表示涨跌幅，trade 表示现价，open 表示开盘价，high 表示最高价，low 表示最低价，settlement 表示昨日收盘价，volume 表示成交量，turnoverratio 表示换手率，amount 表示成交金额，per 表示市盈率，pb 表示市净率，mktcap 表示总市值，nmc 表示流通市值。

**【例 11-26】** 获取股票当日成交数据。

```
>>> import tushare as ts                     # 导入第三方包 - 股票接口 API
>>> df = ts.get_today_ticks('601333')
>>> df.head(10)
        time      price   pchange   change   volume   amount   type
       #时间      当前价    涨跌      变动      成交      金额     类型
0    11:30:07    5.77    - 0.52     0.00     634    366372    买盘
1    11:29:57    5.77    - 0.52     0.00     216    124632    买盘
2    11:29:52    5.77    - 0.52     0.00     306    176562    买盘
...    ...        ...      ...       ...             ...      ...(输出略)
```

**【例 11-27】** 获取股市 2019 年 4 季度年报数据。

```
>>> import tushare as ts                            # 导入第三方包 - 股票接口 API
>>> data = ts.get_report_data(2019, 4)              # 获取 2019 年 4 季度年报数据
>>> data.to_csv('d:\\test\\11\\股票年报 2019.csv', index = True)    # 保存年报数据
>>> data                                            # 输出年报数据(4 季度年报 = 全年年报)
       code     name      eps     ...    profits_yoy    distrib      report_date
0     600589   广东榕泰   - 0.76  ...    - 449.84       NaN          06-23
1     603087   甘李药业   3.23    ...    24.98          NaN          06-08
...   ...      ...        ...     ...    ...            ...          ...(输出略)
3869   300617  安靠智电   0.65    ...    - 15.49        10 派 5 转 3  01-17
[3870 rows x 11 columns]
```

**【例 11-28】** 用新接口获取股市 2019 年 4 季度年报数据。

```
>>> import tushare as ts                            # 导入第三方包 - 股票接口 API
>>> data = ts.get_report_data(2019, 4)              # 获取 2019 年 4 季度年报数据
>>> data.to_csv('d:\\test\\11\\股票年报 2019.csv', index = True) # 保存年报数据
>>> data                                            # 输出年报数据(第 4 季度年报 = 全年年报)
        code     name       eps      ...   profits_yoy    distrib       report_date
0       600589   广东榕泰    - 0.76  ...   - 449.84       NaN           06 - 23
...     ...      ...         ...     ...   ...            ...           ...(输出略)
3869    300617   安靠智电    0.65    ...   - 15.49        10 派 5 转 3   01 - 17
[3870 rows x 11 columns]
```

## 11.2.3 网络爬虫原理

### 1. 网络爬虫技术

**网络爬虫(也称为网页蜘蛛等)是一个计算机程序,它按照一定的步骤和算法规则自动地抓取和下载网页**。如果将互联网看成一个大型蜘蛛网,网络爬虫就是在互联网上获取需要的数据资源。网络爬虫也是网络搜索引擎的重要组成部分,百度搜索引擎之所以能够找到用户需要的资源,就是通过大量的爬虫时刻在互联网上爬来爬去而获取数据。

大数据最重要的一项工作就是获取海量数据,从互联网中获取海量数据的需求,促进了网络爬虫技术的飞速发展。同时,**一些网站为了保护自己宝贵的数据资源,也运用了各种反爬虫技术**。因此,与黑客攻击和防黑客攻击技术一样,爬虫技术与反爬虫技术也一直在相互较量中发展。或者说,某些爬虫技术也是一种黑客技术。

### 2. 网络爬虫工作原理

网络爬虫通过网址(URL,统一资源定位符)来查找目标网页,将用户关注的网页内容直接返回给用户,**网络爬虫不需要用户以浏览网页的形式去获取信息**。网络爬虫可以高效地自动获取网页信息,它有利于对数据进行后续的分析和挖掘。网络爬虫工作过程和常用工具软件如图 11-4 所示。

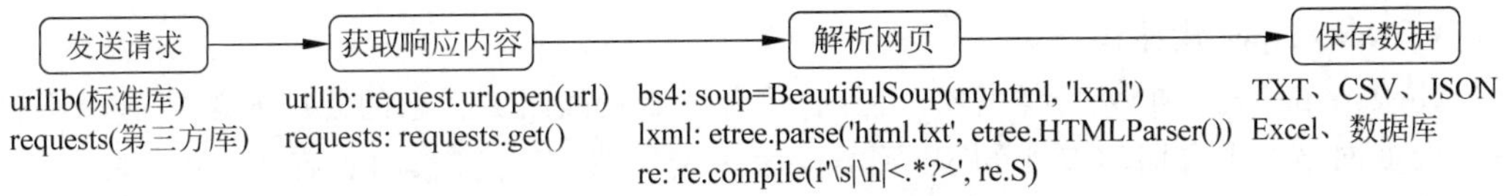


图 11-4 网络爬虫工作过程和常用工具软件

(1) 发送请求。网络爬虫向目标网站(URL)发送网络请求,即发送一个 request(请求),request 中包含请求头、请求体等。网络爬虫有标准模块中的 HTTP、urllib 等;也有第三方爬虫软件包,如 requests、scrapy 等。

(2) 获取响应内容。如果 request 内容存在于目标服务器,那么服务器就会返回内容 Response(响应)给用户。响应内容包括响应头(head)和网页内容。响应头说明这次访问是否成功(如 404 表示网页未找到)、返回网页的编码方式(如 UTF-8)等;网页内容就是获得的网页源,它包含 HTML 标签、字符串、图片、视频等。

(3) 解析网页。对用户而言,有用信息可能是网页中的文字或图片。对网络爬虫而言,爬取内容既有用户需要的信息(文字和图片),而且还包含了 HTML 标签、JS 脚本程序、CSS 代码等,更麻烦的是这些内容全部混杂在一起,因此需要利用网页解析技术,提取用户感兴趣的网页内容。网页解析可以利用标准模块中的正则表达式(re),也可以利用第三方软件包进行解析(如 BeautifulSoup、lxml、PyQuery 等)。

(4) 保存数据。解析得到的数据可能有多种形式,如文本、图片、音频、视频等,可以将它们保存为单独的文件,也可以将它们保存在数据库中(如 MySQL、MongoDB 等)。

### 3. 网络爬虫标准模块 urllib

Python 爬虫标准模块包括 urllib 等。urllib 标准模块有以下四个模块:

(1) urllib. request:用来发送网页请求 request,以及获取 request 请求的结果。

(2) urllib. error:用来处理 urllib. request 过程中产生的异常。

（3）urllib. parse：用来解析和处理网址 URL。

（4）urllib. robotparse：用来解析网站页面的 robots. txt(爬虫协议)文件。

urllib. request 模块提供了构造 HTTP 请求的方法，利用它可以模拟浏览器的一个请求发起过程，同时它还带有处理 authenticaton（授权验证）、redirections（重定向）、cookies（浏览器 cookies）以及其他内容。例如，urllib. request. urlopen（）函数可以用来访问一个 URL；data. read（）函数可以用于读取 URL 上的数据；urllib. request. urlretrieve（）函数可以将网页内容复制到本地文件中。

**【例 11-29】** 访问网站首页，并保存网页访问内容为文本文件。

```
>>> import urllib.request                                         # 导入标准模块 - 网络爬虫
>>> data = urllib.request.urlopen("https://www.tsinghua.edu.cn/")  # 访问清华大学首页
>>> print(data.read().decode("utf - 8"))                          # 读取并打印网页
…(显示网页源代码略)…
>>> url = 'http://www.163.com'                                    # 访问 www.163.com
>>> urllib.request.urlretrieve(url, 'd:\\test\\11\\tmp1129.txt')  # 访问并保存文件
('d:\\test\\11\\tmp29.txt', <http.client.HTTPMessage object at 0x003C40F0>)
```

## 11.2.4 网页简单爬取 Newspaper

### 1. Newspaper 软件包

Newspaper 是一个网络爬虫软件包，它适合抓取新闻网页。它的使用非常简单，不需要掌握太多网络爬虫方面的专业知识，不需要考虑网页头、IP 代理、网页解析、网页源代码架构等问题。但是它的优点也是它的缺点，如果不考虑以上问题，可能访问某些网页时会被拒绝。Newspaper 软件包适用于希望用简单方法获取网页语料的朋友。

Newspaper 的功能有多线程下载，网址识别，从 HTML 中提取文本、图像，从网页中提取关键字、摘要、作者等。

### 2. Newspaper 软件包安装

```
> pip install newspaper3k                                # 安装软件包
```

**注意**：软件包安装名称是 newspaper3k，因为 newspaper 是 Python 2 的安装包。

### 3. 爬取单个网页示例

爬取单个网页需要用到 Newspaper 中的 Article 模块，爬取指定网页的内容。也就是首先需要获得爬取网页的网址，然后再以这个网址作为目标来爬取网页内容。

**【例 11-30】** 爬取知乎网站《大学宿舍有哪些可以引起极度舒适的东西?》网文。

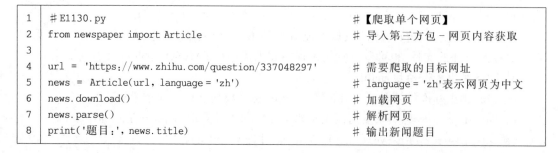

```
#E1130.py                                              #【爬取单个网页】
from newspaper import Article                          # 导入第三方包 - 网页内容获取

url = 'https://www.zhihu.com/question/337048297'       # 需要爬取的目标网址
news = Article(url, language = 'zh')                   # language = 'zh'表示网页为中文
news.download()                                        # 加载网页
news.parse()                                           # 解析网页
print('题目:', news.title)                             # 输出新闻题目
```

```
print('正文:\n', news.text)                     # 输出网页正文
print(news.authors)                             # 输出新闻作者
print(news.keywords)                            # 输出新闻关键词
print(news.summary)                             # 输出新闻摘要
print(news.publish_date)                        # 输出发布日期
```

```
>>>                                             # 程序运行结果
题目:大学宿舍有哪些可以引起极度舒适的东西?
正文:
…(输出略)
None
```

## 11.2.5 网页爬取技术 requests

### 1. 网络爬虫 requests 主要方法

网络爬虫常用的第三方软件包有 rquests(注意,标准模块 request 尾部没有 s)、scrappy 等。requests(官方网站为 https://requests.readthedocs.io/en/master/)是在 Python 标准模块 urllb3 的基础上封装而成,requests 软件包的主要函数如表 11-2 所示。

**表 11-2 requests 软件包的主要函数**

| 方 法 | 说 明 |
|---|---|
| requests.request() | 构造一个请求,支持下一个方法 |
| requests.get() | 获取 HTML 网页的主要方法,对应 HTTP 的 GET |
| requests.head() | 获取 HTML 网页头信息,对应 HTTP 的 HEAD,如 200 表示请求成功等 |
| requests.post() | 向 HTML 网页提交 POST 请求的方法,对应 HTTP 的 POST |
| requests.put() | 向 HTML 网页提交 PUT 请求的方法,对应 HTTP 的 PUT |
| requests.patch() | 向 HTML 网页提交局部修改请求,对应 HTTP 的 PATCH |
| requests.delete() | 向 HTML 网页提交删除请求,对应 HTTP 的 DELETE |

requests.get()是最常使用的方法,它可以构造一个向服务器请求资源的对象,并返回一个包含服务器资源的 response 对象。通过 response 对象,可以获得请求的返回状态、HTTP 响应(即页面内容)、页面编码方式等。requests.get()语法格式如下。

```
r = requests.request(method, url, params, **kwargs)        # 语法格式
```

返回值 r 为响应对象,它包含网络请求、网页内容等信息。

参数 method 为请求方式,对应表 11-2 所示的 get/put/post 等 6 种参数。

参数 url 是爬取的网站地址。

参数 params 是可选关键字,它采用字典格式,如 params={"wd":"爬虫"}。

参数 ** kwargs 是可选的 12 个访问控制项,如: data(文件对象,作为 requests 的内容)、json(JSON 格式的数据,作为 requests 的内容)、files(字典类型,传输文件)、timeout(设置超时时间,单位为秒)、proxies(设置访问代理服务器,可以作为登录验证)等。

### 2. requests 网页爬取过程

**【例 11-31】** 利用第三方软件包 requests 爬取百度网站的首页。

```
>>> import requests                                # 导入第三方包 - 网络爬虫
>>> r = requests.get("http://www.baidu.com")       # 发送 HTTP 请求,获取百度网站的首页
>>> r.text                                         # 以文本形式(Unicode 编码)输出网页源码
…(网页源代码略)
>>> r.content                                      # 以字节流(二进制数)形式输出网页源码
…(网页源代码略)
>>> r.status_code                                  # 返回响应结果(response)的状态码
200                                                # 200 表示请求成功,404 表示网页未找到等
>>> r.encoding                                     # 获取响应内容(网页)的编码形式
'ISO - 8859 - 1'                                   # ISO 8859 - 1 为单字节码,显示中文会乱码
>>> r.apparent_encoding                            # 分析网页采用的实际编码方式
'utf - 8'
>>> r.url                                          # 输出请求网页地址 URL
'http://www.baidu.com/'
>>> r.headers                                      # 输出网页头部信息
…(网页头信息略)
>>> r.cookies                                      # 输出网页 cookie 信息
…(网页 cookie 信息略)
```

**说明**:r.text 与 r.content 之间的区别如下。r.text 返回的是 Unicode 编码数据,如果想获取文本数据,可以通过 r.text 实现;而 r.content 返回的是二进制数据,如果想获取网页中的图片、音频、视频等数据,可以通过 r.content 实现。

**3. 网络爬虫基本框架**

**【例 11-32】** 网络爬虫的基本代码框架。

```
#E1132.py                                                                   #【爬取百度网站的首页】
import requests                                                             #(1)导入第三方包 - 爬虫

url = 'https://www.baidu.com/more/'                                         #(2)定位 URL
response = requests.get(url)                                                #(3)发送请求,获取响应
print(response.text)                                                        #(4)打印页面(可能乱码)
with open('d:\\test\\11\\tmp32.html', 'w', encoding = 'utf - 8') as fp:     #(5)转换为 utf - 8 编码格式
    fp.write(response.content.decode('utf - 8'))                            #(6)保存文件

>>>…(网页源代码略)                                                          # 程序运行结果
```

实践中,网站出于安全方面的原因,或者是不希望网络爬虫频繁访问造成网络流量增加,一些网站都设计了反网络爬虫技术。因此,爬虫程序设计是一项复杂的工作,**每个爬虫程序都只适用于某个特定网站的特定网页**,没有一个固定不变的程序模式。

## 11.2.6 网页解析技术 BeautifulSoup

**1. HTML/XML 解析器**

**网络爬虫获取的网页源代码中包含了 HTML/XML 标记、程序脚本、正文、广告等内容。**清除网页标签,获取网页中数据的软件称为 HTML/XML 解析器。常用的 HTML/XML 解析器第三方软件包有 BeautifulSoup(简称 bs4)、lxml、html5lib 等。

**2. BeautifulSoup 网页解析包**

BeautifulSoup 使用简单(中文指南网址为 https://beautifulsoup.readthedocs.io/zh_CN/v4.4.0/),仅需要很少的代码就可以写出一个完整爬虫程序。它会自动将输入文档转

换为 Unicode 编码,输出文档转换为 utf-8 编码。注意,BeautifulSoup 软件包安装名称是 beautifulsoup4,但是在程序导入时是 bs4,因为软件包被安装到本机 Python 目录的 Lib 库中,目录文件名称为 bs4。

**3. 常用第三方爬虫包的安装**

requests 网络爬虫的安装:pip install requests

BeautifulSoup 解析器的安装:pip install beautifulsoup4

lxml 解析器的安装:pip install lxml

**4. BeautifulSoup 解析器基本语法**

导入 BeautifulSoup 模块:from bs4 import BeautifulSoup

创建 BeautifulSoup 对象:soup = BeautifulSoup(html, 'lxml')

或者读入 HTML 文件:soup = BeautifulSoup(open(test.html), 'lxml')

**注意**:一是必须填写解析库 lxml,否则会报错;二是标签会自动补全。

格式化输出 soup 对象的内容:print(soup.prettify())

### 11.2.7 案例:爬取房源信息

**【例 11-33】** 访问安居客房源网页(https://sh.fang.anjuke.com/loupan/all/),爬取标题、地址、地区、面积、价格等数据。

```
#E1133.py                                                 #【爬取房源网站】
import requests                                           # 导入第三方包-网络爬虫 requests
from bs4 import BeautifulSoup                             # 导入第三方包-网页解析 bs4
import pandas as pd                                       # 导入第三方包-数据写入 Excel
import time                                               # 导入标准模块-时间 time

headers = {
        'User-Agent':'Mozilla/5.0 (Windows NT 6.1; WOW64) AppleWebKit/537.36 (KHTML, like
Gecko) Chrome/62.0.3202.94 Safari/537.36'
        }       # 模拟浏览器发送 HTTP 请求的 head 信息,将爬虫伪装成浏览器访问

total = []      # 初始化一个空列表,最终数据将保存到列表中
def get_loupan(url):                                                # 读取数据
    try:
        res = requests.get(url, headers = headers)                  # 获取请求的应答包
        soup = BeautifulSoup(res.text, 'html.parser')               # 解析应答包
        titles = soup.find_all('span', class_ = 'items-name')       # 获取小区名称字段
        title = list(map(lambda x:x.text, titles))                  # 利用匿名函数读入列表
        dizhis = soup.find_all('span', class_ = 'list-map')         # 获取地址字段
        dizhi = list(map(lambda x:x.text, dizhis))                  # 利用匿名函数读入列表
        diqus = soup.find_all('span', class_ = 'list-map')          # 获取地区字段
        diqu = list(map(lambda x:x.text.split('\xa0')[1], diqus))   # 利用匿名函数读入列表
        mianjis_quan = soup.find_all('a', class_ = 'huxing')        # 获取面积 1 字段
        mianji_quan = list(map(lambda x:x.text, mianjis_quan))
        mianjis = soup.find_all('a', class_ = 'huxing')             # 获取面积 2 字段
        mianji = list(map(lambda x:x.text.split('\t')[-1].strip(), mianjis))
        jiages = soup.find_all('a', class_ = 'favor-pos')           # 获取价格字段
        jiage = list(map(lambda x:x.p.text, jiages))                # 利用匿名函数读入列表
```

```
29          for tit, dizhi, diqu, mianq, mianj, jiage in zip(title, dizhi, diqu, mianji_quan, mianji, jiage):
30              info = {'名称':tit, '地址':dizhi, '地区':diqu,
31                      '面积(全)':mianq, '面积':mianj, '价格':jiage}
32              total.append(info)                        # 循环加入数据
33              print(info)                               # 显示加入的解析数据
34      except:
35          print('读取网页数据出错!')
36      return total                                      # 返回统计数据
37
38  if __name__ == '__main__':
39      for i in range(1, 3):                             # 循环爬取 2 个页面(页面范围:1~20 页)
40          url = 'https://sh.fang.anjuke.com/loupan/all/p{}/'.format(i)  # p{} = 网页号
41          get_loupan(url)                               # 读取网页
42          print('第{}页抓取完毕'.format(i))
43          time.sleep(1)                                 # 暂停 1s,伪装人工上网,避免被网站封杀
44  df = pd.DataFrame(total)                              # 将数据转换为 Pandas 的 DataFrame 格式
45  df.to_excel('d:\\test\\11\\安居客房源.xls')           # 数据写入 Excel 文件,如图 11-5 所示
```

```
>>>                                                   # 程序运行结果
{'名称': '蓝城春风如意', '地址': '[\xa0 上海周边\xa0 嘉兴\xa0]\xa0 海盐县澉浦镇澉浦大道 999
号', '地区': '上海周边', '面积(全)': '\n              \t\t\t\t          \t\t\t\t\t 户型:\n
…(输出略)
```

| | 名称 | 地址 | 地区 | 面积（全） | 面积 | 价格 | |
|---|---|---|---|---|---|---|---|
| 0 | 锦绣里 | [ 普陀 长寿 | 普陀 | | 3室 建筑面 | 均价105000元/㎡ | |
| 1 | 莫里斯花源 | [ 嘉定 嘉定 | 嘉定 | | 2室/3室 建 | 总价268万元/套起 | |
| 2 | 万科·莱茵 | [ 嘉定 安亭 | 嘉定 | | 4室/别墅 建 | 售价待定 | |
| 3 | 云栖麓 | [ 嘉定 嘉定 | 嘉定 | | 2室/3室/4室 | 售价待定 | |
| 4 | 蓝城春风如 | [ 上海周边 | 上海周边 | | 别墅 建筑面 | 均价18476元/㎡ | |
| 5 | 招商·碧桂园 | [ 上海周边 | 上海周边 | | 1室/2室/3室 | 总价50万元/套起 | |

图 11-5　程序运行后保存的 Excel 文件格式

程序第 4 行，导入 Pandas 软件包是为了将爬取内容保存为 Excel 文件，因此这里需要安装 lxml 解析器软件包(Pandas 软件包会调用 lxml 解析器)。

程序第 7～10 行，User-Agent 为伪装成浏览器。某些网站会对爬虫拒绝请求，服务端会检查网络请求头部(header)，用来判断是否是浏览器发起的 request。

程序第 48 行，将抓取数据存为 Excel 文件时，这里使用了 Pandas 软件包。这里容易出错，通过爬虫提取出来的数据类型是<class 'lxml.etree._ElementUnicodeResult'>，它不是字符串，所以最后写入 Excel 文件时，需要通过 DataFrame()转换为字符串才能写入。

# 11.3　数据清洗

## 11.3.1　数据清洗技术

### 1. 数据预处理工作

数据在采集过程中存在采样、编码、录入等误差，原始数据集往往存在各种不完整因素，如数据缺失、数据异常、数据矛盾等。**这些不完整或者有错误的数据称为“脏数据”**，我们需

要按照一定规则把“脏数据”清洗干净，这就是数据预处理工作。

在大数据应用中，数据预处理的工作量占到了60%左右。数据预处理的主要工作内容包括数据清洗（如处理造假数据，重复数据，缺失值，异常值等）、数据集成（如将多个数据来源集成到一个数据集中）、数据转换（如TXT数据，CSV数据，Excel数据等，转换为统一的文件格式）、数据标准化（如计量单位规范，数据格式规范等）等处理。

数据清洗是对数据集进行重新审查和校验，目的在于删除重复信息、纠正错误信息，并提供数据的一致性。数据清洗一般由计算机完成而不是人工完成。

**2. 数据处理方法**

不同的数据处理方法会对大数据分析结果产生影响，因此，应当尽量避免出现无效值和缺失值，保证数据的完整性。

(1) 估算代替。对无效值和缺失值可以用某个变量的样本均值、中位数或众数代替。这种办法简单，但误差可能较大。另一种办法是通过相关分析进行数据插值。

**说明1**：中位数是按顺序排列的一组数据中，居于中间位置的数。如1,2,4,7,9中，中位数是4；如1,3,7,9中，中位数是(3+7)/2=5。

**说明2**：众数是按顺序排列的一组数据中，出现次数最多的数。如1,2,2,3,3,4中，众数是2和3；如1,2,3,4,5中没有众数。

(2) 删除。整列删除含有缺失值的样本数据，这种方法可能导致有效样本量大大减少。因此，只适合关键变量缺失，或者含有无效值或缺失值样本比重很小的情况。如果某一变量的无效值和缺失值很多，而该变量对研究的问题不是特别重要，则可以考虑删除该变量。这样减少了变量数目，但没有改变样本量。

(3) 噪声处理。离群点是远离整体，非常异常、非常特殊的数据点。大部分数据挖掘方法都将离群点视为噪声而丢弃，然而在一些特殊应用中（如欺诈检测），会对离群点做异常挖掘。而且有些点在局部属于离群点，但从全局看是正常的。对噪声的处理主要采用分箱法与回归法进行处理。

## 11.3.2 重复数据处理

可以用Pandas的duplicated()函数找出重复行。完全没有重复行时，函数返回False；有重复行时，第一次出现的重复行返回False，其余返回True。

**1. 检查重复数据**

【例11-34】 检查数据集是否有重复记录。

```
>>> import pandas as pd                                  # 导入第三方包-数据分析
>>> df = pd.read_csv('d:\\test\\11\\股票数据重复缺失.csv')  # 加载数据缺失文件
>>> df.duplicated()                                      # 找出重复记录的位置
…(输出略)
>>> data.duplicated().sum()                              # 统计重复数据的条数
>>> df.drop_duplicates(inplace = True)                   # 删除重复记录
>>> any(df.duplicated())                                 # any()表示任一重复记录时为True
False
```

**2. 删除重复数据**

【例11-35】 删除重复数据。

```
>>> import pandas as pd                          # 导入第三方包 - 数据分析
>>> import numpy as np                           # 导入第三方包 - 科学计算
>>> from pandas import DataFrame, Series         # 导入第三方包 - 数据格式转换
>>> datafile = 'd:\\test\\11\\test2.xlsx'        # 打开测试文件
>>> data = pd.read_excel(datafile)               # 读取数据,CSV 文件用 read_csv()
>>> examDf = DataFrame(data)                     # 转换数据类型
>>> print(examDf.duplicated())                   # 判断是否有重复行,有重复则显示 True
>>> examDf.drop_duplicates()                     # 删除重复行
```

### 11.3.3 缺失数据处理

大部分数据集都会存在缺失值问题，对缺失值处理的好坏会直接影响到最终计算结果。处理缺失值主要依据缺失值的重要程度，以及缺失值的分布情况。如缺少公司名称、客户区域信息等，业务系统中主表与明细表数据不一致等。

**1. 缺失值处理原则**

数据集中的缺失值一般用 NA 表示。处理缺失值时一般采用以下方法：数据集的缺失值不能用 0 代替，它将引起无穷后患。一般来说，当缺失值少于 20%，而且数据集是连续变量时，可以使用均值或中位数填补。当缺失值处于 20%～80%时，可以对缺失值生成一个指示变量，用来标明数据缺失情况。表 11-3 展示了用中位数[35]填补缺失值的情况。

**表 11-3　用中位数填补缺失值示例**

| 不完整的源数据 | 35, | 28, | NA, | 40, | 30, | 30, | 38, | NA, | 42 |
|---|---|---|---|---|---|---|---|---|---|
| 填补中位数的数据 | 35, | 28, | [**35**], | 40, | 50, | 30, | 38, | [**35**], | 42 |
| 缺失值指示变量 | 0 | 0 | 1 | 0 | 0 | 0 | 0 | 1 | 0 |

在 Pandas 中，对 DataFrame 数据，缺失值标记为 NaN 或 NaT(缺失时间)；对 Series 数据，缺失值为 None 或 NaN。

**2. 检查缺失值**

在 Pandas 中，可以使用 df.isna()或 df.isnull()函数来检测数据集中的每一个元素是否为 NaN，它返回一个仅含 True 和 False 两种值的 DataFrame。

**【例 11-36】** 检查"梁山 108 将.xlsx"数据文件是否有缺失数据。

```
1  #E1136.py                                                        #【检查缺失值】
2  import pandas as pd                                              # 导入第三方包
3  datafile = 'd:\\test\\11\\梁山 108 将.xlsx'                      # 打开 Excel 文件
4  data = pd.read_excel(datafile)                                   # 读取 Excel 文件
5  print("【False = 数据无缺失;True = 数据缺失】\n", data.isnull())  # 有缺失值则返回 True
6  print("--------\n 每一列中有多少个缺失值:\n", data.isnull().sum()) # 无缺失值则返回 False
   >>>…(输出略)                                                    # 程序运行结果
```

程序第 5 行，如果数据集为 CSV 文件，则用 read_csv()函数读取数据。

**【例 11-37】** 检查数据集中是否有空值。

```
>>> import pandas as pd                                    # 导入第三方包 - 数据分析
>>> datafile = 'd:\\test\\11\\梁山 108 将.xlsx'           # 打开 Excel 文件
>>> data = pd.read_excel(datafile)                         # 读取 Excel 文件
>>> data.isnull()                                          # False = 有数据缺失;True = 无数据缺失
>>> data.isnull().sum()                                    # 统计每一列有多少个缺失值
>>> data.notnull().sum()                                   # 统计每一列的非空值
>>> data.info()                                            # 统计数据集详细情况
```

【例 11-38】 可以构造一个匿名函数 lambda 查看缺失值。

```
>>> data.apply(lambda col:sum(col.isnull())/col.size)        # 用匿名函数检查缺失值
```

其中,sum(col. isnull())为当前列缺失总数,col. size 为当前列共有多少行数据。

**3. 删除缺失值**

数据集缺失值的处理方法有删除、插补、不处理。考虑到数据采集不易,一般不会轻易删除数据。删除缺失值应当在复制的数据集上进行操作。注意,除了明显的缺失值外,还有一种隐形缺失值,如缺失整行或整列的数据,它们很容易被忽视。

df. dropna()函数可以删除含有空值的行或列。如果数据集是 Series 格式,则返回一个仅含非空数据和索引值的 Series,默认丢弃含有缺失值的行。df. dropna()语法格式如下。

```
DataFrame.dropna(axis = 0, how = 'any', thresh = None, subset = None, inplace = False)    # 语法格式
```

参数 axis 表示维度,axis=0 表示行,axis=1 表示列。

参数 how="all"表示这一行或列中的全部元素为 NaN 才删除这一行或列。

参数 thresh=3 表示一行或一列中,至少出现了 3 个缺失值才删除。

参数 subset=None 表示不在子集中含有缺失值的列或行不删除。

参数 inplace= False 表示不直接在原数据上进行修改。

【例 11-39】 删除数据集缺失值的方法。

```
>>> import pandas as pd                                          # 导入第三方包 - 数据分析
>>> import numpy as np                                           # 导入第三方包 - 科学计算
>>> data = pd.Series([1, np.nan, 5, np.nan])                     # 生成有缺失数据的行
>>> data = pd.DataFrame([[1,5,9,np.nan], [np.nan,3,7,np.nan], [6,np.nan,2,np.nan],
        [np.nan,np.nan,np.nan,np.nan], [1,2,3,np.nan]])          # 生成有缺失数据的行
>>> data.dropna(how = 'all')                                     # 整行全部是缺失值时,清除本行
>>> data.dropna()                                                # 清除所有含有 NaN 的行
```

**4. 填充缺失值**

填充缺失值语法格式如下。

```
DataFrame.fillna(value = None, axis = None, method = None,
    inplace = False, limit = None, downcast = None, ** kwargs)          # 语法格式
```

参数 value 表示用什么值去填充缺失值,如,value=0 表示用 0 代替缺失值。

参数 axis 表示作用轴方向,如,axis=0 表示行方向(默认值),axis=1 表示列方向。

参数 method 表示替换模式，如，method＝ffill 用前一个值代替缺失值；method＝backfill/bfill 用后面的值代替缺失值。注意，这个参数不能与 value 同时出现。

参数 limit 表示填充数据的个数，如，limit＝2 表示只填充两个缺失值。

**【例 11-40】** 用 fillna()函数以某个常数替换数据集中的 NaN 值。

```
#E1140.py                                      #【填充缺失数据】
import pandas as pd                            # 导入第三方包 - 数据分析
import numpy as np                             # 导入第三方包 - 科学计算

df = pd.DataFrame([[np.nan, 2, np.nan, 0],     # 定义矩阵，np.nan 生成空数据 NaN
    [3, 4, np.nan, 1],
    [np.nan, np.nan, np.nan, 5],
    [np.nan, 3, np.nan, 4]],
    columns = list('ABCD'))                    # 矩阵表头名称
print(df)                                      # 输出原始矩阵
print("横向用缺失值前面的值替换缺失值")
print(df.fillna(axis = 1, method = 'ffill'))   # axis = 1 为行，用常数 0.0 替换缺失值 NaN
print("纵向用缺失值上面的值替换缺失值")
print(df.fillna(axis = 0, method = 'ffill'))   # axis = 0 为列，用常数 0.0 替换缺失值 NaN
>>> …(输出略)                                   # 程序运行结果
```

**【例 11-41】** 缺失值填充的其他方法。

```
>>> import pandas as pd                          # 导入第三方包 - 数据分析
>>> df = pd.read_csv("d:\\test\\11\\工资 1.csv")  # 打开数据文件
>>> print(df.isnull())                           # 打印缺失值，False 表示正常 True 表示有缺失
…(输出略)
>>> df.fillna(0)                                 # 用 0 填充所有缺失值
…(输出略)
>>> df['医疗'].fillna(df['医疗'].mean())          # 用均值对缺失值填充
…(输出略)
```

也可以通过拟合函数来填充缺失值，如牛顿插值法、分段插值法等。

## 11.3.4 异常数据处理

异常值是任何与数据集中其余观察值不同的数据点(也称为离群点)。例如，一个学生的平均成绩超过 90 分，而班上其他学生的平均成绩在 70 分左右时，这个成绩就是一个明显的异常值。判断异常值除可视化分析外，还有基于统计的方法。如根据 3σ 准则判断异常值：如果数据服从正态分布，**离群点超过 3 倍标准差就可以视为异常值**。因为在正态分布中，距离标准差 3σ 之外的值出现概率只有 0.3%左右，这属于小概率事件。

出现异常值的原因很多，也许是在数据输入时出错，或者是机器在测量中引起错误，或者是有人不想透露真实信息，故意输入虚假信息。异常值不一定都是坏事，例如在生物实验中，一只小白鼠安然无恙而其他小白鼠都死了，找到原因后可能会带来新的科学发现。因此，检测异常值非常重要，异常值的处理是剔除还是替换，需要视情况而定。

**【例 11-42】** 学校有 A、B、C、D 四个班，每个班有 50 名学生，随机生成学生的成绩数

据，并且检测和输出异常数据。

```
1  #E1142.py                                                      #【检测异常数据】
2  import numpy as np                                             # 导入第三方包-科学计算
3  import pandas as pd                                            # 导入第三方包-数据分析
4  
5  data = pd.DataFrame(np.random.randint(50, 100, size=200)\      # 50为最低分,100为最高分,200为人数
6      .reshape((50,4)), columns = ['A班', 'B班', 'C班', 'D班'])  # 转换为50行4列,列名A、B、C、D
7  data.iloc[[2,15,20,26,32,48], [0,1,2,3]] = \                   # 人为指定这些行为异常值行
8      np.random.randint(-100, 200, size = 24).reshape((6,4))     # -100～200为异常值范围,24为步长
9  print('各个班级原始成绩数据集:')                                 # 打印原始成绩
10 print('行号', data)
11 error = data[((100 < data) | (data < 0)).any(1)]              # 过滤大于100分,以及小于0分的行
12 print('各班成绩异常值数据:')
13 print('行号', error)
   >>> …(输出略)                                                 # 程序运行结果
```

程序第 7 行，data.iloc[2,15,20,26,32,48]表示 6 个生成异常值的行号。

程序第 8 行，reshape(6,4)为 NumPy 函数，用于将数据转换为 6 行 4 列的数组。

程序第 11 行，筛选出成绩小于 0 分或大于 100 分的数据，这些都是异常值。any(1)函数表示选出数据集中所有异常值的行。

**【例 11-43】** 查找数据文件异常值，根据规则调整异常值。

```
#E1143.py                                                # 【查找异常数据】
import pandas as pd                                      # 导入第三方包-数据分析
pd.options.mode.chained_assignment = None                # 屏蔽pd操作的一般性告警
inputfile = 'd:\\test\\11\\工资.xlsx'                     # 打开文件
data = pd.read_excel(inputfile)                          # 读入数据
data['应发'][(data['应发']< 500) | (data['应发']> 100000)] = None   # 应发<500元或>10万元为None
print(data.dropna())                                     # 清空异常值后删除
print(data.fillna(data.mean()))                          # 清空后用均值插补
>>>…(输出略)                                              # 程序运行结果
```

## 11.3.5 案例：股票数据本福特检查

### 1. 本福特定律

1935 年，美国物理学家本福特(Frank Benford)发现，在大量数字中，首位数字的分布并不均匀。在 1～9 这 9 个阿拉伯数字中，数字 i 出现在首位的概率是：$P(i)=\lg((i+1)/i)$。本福特定律说明：**较小的数字比较大的数字出现概率更高**。

本福特定律满足尺度不变性，也就是说**对不同的计量单位，位数不同的数字，本福特定律仍然成立。几乎所有没有人为规则的统计数据都满足本福特定律**，如人口、物理和化学常数、斐波那契数列等。另外，**任何受限数据通常都不符合本福特定律**，例如，彩票号码、电话号码、日期、学生成绩、一组人的体重或者身高等数据。

本福特定律多被用来验证数据是否有造假，它可以帮助人们审计数据的可信度。2001 年，美国最大的能源交易商安然公司宣布破产，事后人们发现，安然公司在 2001 年到 2002

年所公布的每股盈利数字就不符合本福特定律，这说明这些数据改动过。

**2. 广义本福特数字分布表**

表 11-4 表明，在大数据中，数字在不同数位上的分布规律不同。如数字 1 出现在第 1 位的概率是 30.1%，要大大高于数字 2 出现的概率 17.6%。

**表 11-4　广义本福特数字出现概率分布表**

| 数字 | 第 1 位 | 第 2 位 | 第 3 位 | 第 4 位 | 第 5 位 |
|---|---|---|---|---|---|
| 0 | NA | 0.11968 | 0.10178 | 0.10018 | 0.10002 |
| 1 | 0.30103 | 0.11389 | 0.10138 | 0.10014 | 0.10001 |
| 2 | 0.17609 | 0.10882 | 0.10097 | 0.10010 | 0.10001 |
| 3 | 0.12494 | 0.10433 | 0.10057 | 0.10006 | 0.10001 |
| 4 | 0.09691 | 0.10031 | 0.10018 | 0.10002 | 0.10000 |
| 5 | 0.07918 | 0.09668 | 0.09979 | 0.09998 | 0.10000 |
| 6 | 0.06695 | 0.09337 | 0.09940 | 0.09994 | 0.09999 |
| 7 | 0.05799 | 0.09035 | 0.09902 | 0.09990 | 0.09999 |
| 8 | 0.05115 | 0.08757 | 0.09864 | 0.09986 | 0.09999 |
| 9 | 0.04576 | 0.08500 | 0.09827 | 0.09982 | 0.09998 |

**说明**：由表 11-4 可以看出，除第 1 位数字外，其他位置数字的出现概率都比较均匀。

**3. 本福特定律程序设计案例**

**【例 11-44】** 用深沪股票 2019 年年报数据验证本福特定律，取其中的净利润数据，这里只考虑净利润为正的情况。

```
#E1144.py                                  #【数据本福特验证】
import math                                # 导入标准模块 - 数学计算
from functools import reduce               # 导入标准模块 - 对参数序列中元素进行累积
import matplotlib.pyplot as plt            # 导入第三方包 - 绘图
from pylab import *                        # 导入第三方包 - pylab 是 Matplotlib 的一部分
import pandas as pd                        # 导入第三方包 - 数据分析

mpl.rcParams['font.sans-serif'] = ['SimHei']   # 解决中文显示问题
def firstDigital(x):                       # 获取首位数字的函数
    x = round(x)                           # 取浮点数 x 的四舍五入值
    while x >= 10:
        x //= 10
    return x

def addDigit(lst, digit):                  # 首位数字概率累加
    lst[digit - 1] += 1
    return lst
th_freq = [math.log((x + 1)/x, 10) for x in range(1, 10)]   # 计算首位数字出现的理论概率
df = pd.read_csv('d:\\test\\11\\股票年报 2019.csv')          # 读取 2019 年年报数据
freq = reduce(addDigit, map(firstDigital, filter(lambda x:x > 0, df['net_profits'])), [0] * 9)
pr_freq = [x/sum(freq) for x in freq]      # 计算年报中首位数字出现的实际概率
print("本福特理论值", th_freq)
print("本福特实测值", pr_freq)
```

```
24  plt.title('股票上市公司 2019 年年报净利润数据本福特定律验证')    # 绘制图形标题
25  plt.xlabel("首位数字")                              # 绘制图形 x 坐标标签
26  plt.ylabel("出现概率")                              # 绘制图形 y 坐标标签
27  plt.xticks(range(9), range(1, 10))                  # 绘制图形 x 坐标轴的刻度
28  plt.plot(pr_freq, "r-", linewidth=2, label='实际值')   # 绘制首位数字的实际概率值(折线)
29  plt.plot(pr_freq, "go", markersize=5)               # 绘制首位数字的实际概率值(点)
30  plt.plot(th_freq, "b-", linewidth=1, label='理论值')   # 绘制首位数字的理论概率值(折线)
31  plt.grid(True)                                      # 绘制网格
32  plt.legend()                                        # 绘制图例标签
33  plt.show()                                          # 显示图形
    >>> …(输出略)                                       # 程序运行结果如图 11-6 所示
```

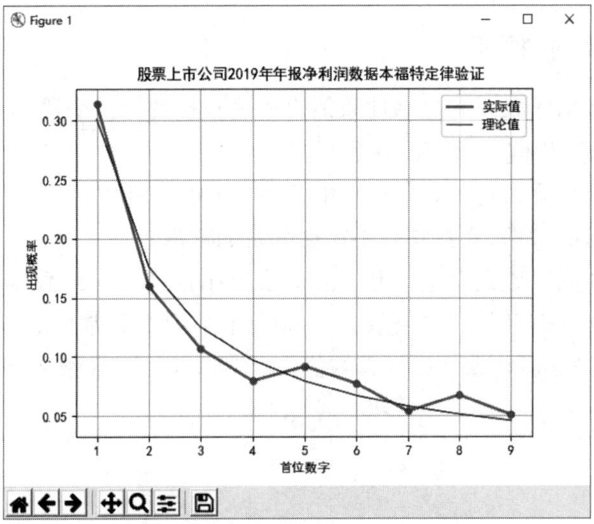


图 11-6　股票本福特理论值与实际值统计图

程序第 20 行,匿名函数 lambda x:x>0 表示只取年报中净利润大于 0 的数据,进行首位数字次数统计。从图 11-6 看出,理论值与实际值两者拟合度比较高。

**【例 11-45】** 单独下载某上市公司历年全部年报数据,然后对这些数据进行本福特检查,就会发现有些数据明显不服从本福特定律。用本福特定律检验股票上市公司报表数据的真假时,首先下载每家上市公司从上市到现在的每年财务报表(资产负债表、利润表、现金流量表),然后统计每个数字的首位数字是多少,接着统计每家公司财务报表首位数字的分布概率。数据处理过程如下。

步骤 1:到网站(如 https://tushare.pro/)下载该股票历年的财务报表数据。

步骤 2:检查数据,对数据进行清洗。

(1) 将×××元、×××万元等数据,清除中文单位(本福特定律对单位不敏感)。

(2) 清除数字中的千分位符号(,)。

(3) 如果数字绝对值小于 1,将数据乘以 1000(整数化)。

(4) 如果数字为负数,取绝对值。

(5) 如果报表中的数字是字符串,则转换为整数或浮点数。

(6) 如果数据中有空值,或者以符号(如--)表示,则将符号转换为 None。

步骤 3：统计资产负债表、利润表、现金流量表中首位数字的分布情况。

步骤 4：计算每个数字的本福特概率值，并绘制本福特数据分布图。

步骤 5：将数据保存到文件。

## 11.4 数据挖掘

数据挖掘是从数据集的大量数据中，揭示出有价值信息的过程。数据挖掘利用了统计学的抽样和假设检验、人工智能的机器学习等理论和技术。数据挖掘经常采用人工智能中的经典算法筛选大量数据，数据挖掘算法包含分类、聚类、预测、关联四种类型（如 KNN、K-Means、回归分析等）。

### 11.4.1 数据分布特征

描述性统计是借助图表或者总结性数值来描述数据的统计手段。

**1. 数据中心位置（均值、中位数、众数）**

数据的中心位置可分为均值（mean）、中位数（median）和众数（mode）。其中**均值和中位数常用于定量分析的数据，众数常用于定性分析的数据**。

均值是数据总和除以数据总量；中位数是按顺序排列的一组数据中，居于中间位置的数（中值）。均值包含的信息量比中位数更大，但是它容易受异常值的影响。

**【例 11-46】** 用 NumPy 软件包计算均值，中位数；用 Scipy 软件包计算众数。

```
>>> from numpy import mean, median                        # 导入第三方包 - 科学计算
>>> data = [75, 82, 65, 85, 92, 88, 65, 83, 72]
>>> mean(data)                                            # 计算均值
78.55555555555556
>>> median(data)                                          # 计算中位数(先排序,再计算)
82.0
>>> from scipy.stats import mode                          # 导入第三方包 - 科学计算
>>> mode(data)                                            # 计算众数(出现次数最多的数)
ModeResult(mode = array([65]), count = array([2]))        # 众数为 65,共计 2 个
```

**2. 数据发散程度（极差、方差、标准差、变异系数、Z 分数）**

我们需要知道数据以中心位置为标准时，数据发散程度有多大。如果以中心位置来预测新数据，那么发散程度就决定了预测的准确性。数据发散程度可用极差（PTP）、方差（variance）、标准差（STD）、变异系数（CV）来等衡量。

（1）极差是一组数据中最大值与最小值之差，它能反映一组数据的波动范围。极差越大，离散程度越大；反之，离散程度越小。极差不能用于比较不同组之间的数据，因为它们之间可能单位不同。

（2）方差是每个样本值与全体样本值平均数之差的平方值的平均数。在统计中，方差往往用来计算每一个变量（观察值）与总体均数之间的差异。方差表达了样本偏离均值的程度，方差越大表示数据的波动越大；方差越小表示数据的波动就越小。

（3）标准差是基于方差的指标，标准差为方差的算术平方根。样本标准差越大，样本数

据的波动就越大。数据统计分析时，更多地使用标准差。

(4) 当两组或多组数据比较时，如果度量单位与平均数相同，可以直接用标准差比较。如果单位或平均数不同时，就需要采用标准差与平均数的比值来比较。标准差与平均数的比值称为变异系数，它是基于标准差的无量纲值。**如果变异系数大于15%，则要考虑该数据可能不正常**，应该剔除。变异系数只适用于平均值大于零的情况。

(5) Z 分数是以标准差去度量某一原始数据偏离平均数的距离，这段距离含有几个标准差，Z 分数就是几，从而确定这一数据在全体数据中的位置。在统计中，Z 分数是一个非常重要的指标，它既能表示比其他数大多少或小多少，也可以表示该数的位置。通常来说，**Z 分数的绝对值大于 3 将视为异常**。由于 Z 分数存在正数、负数和小数，使得 Z 分数在计算和解释实验结果时有些不好理解，因此，常将 Z 分数转换为 T 分数，T 分数既有 Z 分数的分布状态，又易于理解和解释。

**【例 11-47】** 用 NumPy 软件包计算极差、方差、标准差、变异系数和 Z 分数。

```
>>> from numpy import ptp, var, std, mean          # 导入第三方包 - 科学计算
>>> data = [75, 82, 65, 85, 92, 88, 65, 83, 72]
>>> ptp(data)                                      # ptp 表示极差,最大值与最小值之差
27
>>> var(data)                                      # var 表示方差,随机变量与均值间的偏离程度
85.1358024691358
>>> std(data)                                      # std 表示标准差,标准差 = 方差的算术平方根
9.226906440900752
>>> mean(data)/std(data)                           # cv 表示变异系数,数据离散程度,无量纲影响
8.513747923934382
>>>(data[0] - mean(data))/std(data)                # 计算数据 data[0](75)的 Z 分数
 - 0.38534644068727064
```

### 3. 数据相关程度

有两组数据时，我们关心这两组数据是否相关，相关程度有多少。一般用协方差(cov)和相关系数(corrcoef)来衡量相关程度。**协方差绝对值越大表示相关程度越大**，协方差为正值表示正相关，协方差为负值表示负相关，协方差为 0 表示不相关。相关系数无量纲数。

**【例 11-48】** 用 NumPy 软件包计算协方差和相关系数。

```
1  >>> from numpy import array, cov, corrcoef          # 导入第三方包 - NumPy
2  >>> data1 = [75, 63, 88, 92, 80]                     # 定义数据 1
3  >>> data2 = [72, 70, 80, 75, 90]                     # 定义数据 2
4  >>> cov(data, bias = 1)                              # 计算两组数的协方差
   array([[104.24, 28.96],                              # 输出矩阵
          [ 28.96, 51.04]])
5  >>> corrcoef(data)                                   # 计算两组数的相关系数
   array([[1.  , 0.39703247],                           # 输出矩阵
          [0.39703247, 1.  ]])
```

程序第 4 行，参数 bias=1 表示结果需要除以数据总量，否则只计算了分子部分；返回结果为矩阵 array([ ])，第 i 行第 j 列的数据表示第 i 组数与第 j 组数的协方差。对角线为方差。

程序第 5 行，返回结果为矩阵，第 i 行第 j 列的数据表示第 i 组数与第 j 组数的相关系数。对角线为 1。

## 11.4.2 案例：影片分类 KNN

**1. 分类算法**

实现分类的算法称为分类器，分类器有时也指由分类算法实现的数学函数，它将输入数据映射到一定的类别。一般来说，**分类器需要进行训练**，也就是要告诉分类算法每个类别的特征是什么，这样分类器才能识别新的数据。算法中的维度指特征数据类别，即**样本数据有几个特征类别就是几维**。例如，一个身体健康数据集中，特征数据有身高和体重两个类别，因此数据为二维；如果再增加一个心跳特征数据，则数据为三维。

分类算法的目标变量都是离散型，即变量值可以按顺序列举，如职工人数、设备台数、是否逾期、是否有肿瘤细胞、是否是垃圾邮件等。常见分类算法有 KNN(K 最近邻)、朴素贝叶斯、SVM(支持向量机)、决策树、线性回归、随机森林、神经网络等。

分类算法是人工智能的重要组成部分，它广泛应用于机器翻译、人脸识别、医学诊断、手写字符识别、指纹识别、语音识别、视频识别等领域。它还可以用于垃圾邮件识别、信用评级、商品评价、欺诈预测等领域。

**2. KNN 算法**

KNN 算法是最简单易懂的机器学习算法，它广泛应用在字符识别、文本分类、图像识别等领域。KNN 算法思想：一个样本如果与数据集中 K 个样本最相似，则该样本也属于这个类别。KNN 中的 K 指新样本数据最接近邻居数，如图 11-7 所示。实现方法是对每个样本数据都计算相似度，如果一个样本的 K 个最接近邻居都属于分类 A，那么这个样本也属于分类 A。KNN 算法基本要素有 K 值大小(邻居数选择)、距离度量方式(如欧氏距离)和分类规则(如投票法)。

(1) K 值大小选择与问题相关，如图 11-8 所示，在判断样本数据(圆)属于三角形簇还是矩形簇时，当 K=3 时(实线圆内)，如果分类规则是按投票多少决定类别，则以 1∶2 的投票结果将圆分类于三角形簇；而当 K=5 时(虚线圆内)，按投票规则，圆以 3∶2 的投票结果分类于矩形簇。

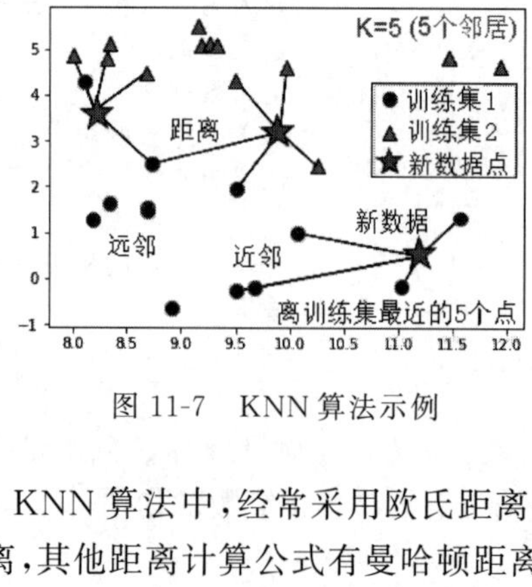


图 11-7　KNN 算法示例

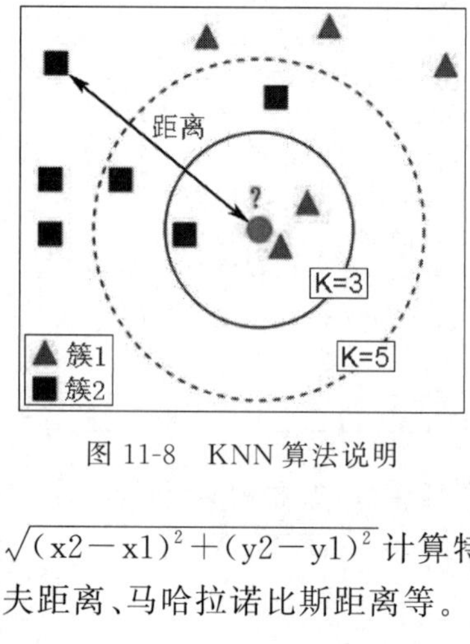


图 11-8　KNN 算法说明

(2) KNN 算法中，经常采用欧氏距离公式 $d=\sqrt{(x2-x1)^2+(y2-y1)^2}$ 计算特征点之间的距离，其他距离计算公式有曼哈顿距离、切比雪夫距离、马哈拉诺比斯距离等。

(3) KNN 算法简单,既能处理大规模的数据分类,也适用于样本数较少的数据集。KNN 算法尤其适用于样本分类边界不规则的情况。

(4) KNN 算法也存在一些问题。K 取不同值时,分类结果可能会有显著不同。如果 K=1,那么分类就是一个类别,一般 K 取值不超过 20 为宜。

**3. 利用 KNN 算法对影片进行分类**

**【例 11-49】** 下面以彼德·哈林顿(Peter Harrington)《机器学习实战》一书中的案例为主体,对数据集进行改造,根据电影中不同镜头的多少对影片进行分类。电影名称与分类来自豆瓣网(https://movie.douban.com/),镜头数量纯属虚构,如表 11-5 所示。

**表 11-5 电影名称与镜头数分类**

| 序号 | 电影名称 | 搞笑镜头数(特征 1) | 打斗镜头数(特征 2) | 电影类型(标签) |
|---|---|---|---|---|
| 1 | 《黑客帝国》 | 5 | 56 | 动作片 |
| 2 | 《让子弹飞》 | 55 | 35 | 喜剧片 |
| 3 | 《纵横四海》 | 8 | 35 | 动作片 |
| 4 | 《天使爱美丽》 | 45 | 2 | 喜剧片 |
| 5 | 《七武士》 | 5 | 57 | 动作片 |
| 6 | 《美丽人生》 | 56 | 5 | 喜剧片 |
| 7 | 《这个杀手不太冷》 | 12 | 35 | 动作片 |
| 8 | 《指环王 2》 | 6 | 30 | 动作片 |
| 9 | 《两杆大烟枪》 | 42 | 15 | 喜剧片 |
| 10 | 《上帝也疯狂》 | 66 | 2 | 喜剧片 |
| 11 | 《功夫》 | 39 | 25 | 动作片 |
| 12 | 《虎口脱险》 | 45 | 17 | 喜剧片 |
| 13 | 《哪吒之魔童降世》 | 30 | 24 | ?(待分类) |

数据集中序号 1~12 为已知电影分类,分为喜剧片和动作片两个类型(标签),测试《哪吒之魔童降世》影片属于分类中的哪个类型?

对于以上简单数据集,从表格中也可以大致看出测试电影的类型,但是当数据集中的特征扩展到 10 个以上,训练数据和测试数据达到数百条以上时,人工就很难直观看出来了,而利用程序进行样本分类就势在必行了。

```
#E1149.py                              #【KNN 预测电影类型】
import pandas as pd                    # 导入第三方包 - 数据分析
#【1. 样本数据】
rowdata = {'电影名称':['黑客帝国', '让子弹飞', '纵横四海', '天使爱美丽', '七武士', '美丽人生',
      '这个杀手不太冷', '指环王 2', '两杆大烟枪', '上帝也疯狂', '功夫', '虎口脱险',],
      '搞笑镜头':[5, 55, 8, 45, 5, 56, 12, 6, 42, 66, 39, 45],
      '打斗镜头':[56, 35, 35, 2, 57, 5, 35, 30, 15, 2, 25, 17],
      '电影类型':['动作片', '喜剧片', '动作片', '喜剧片', '动作片', '喜剧片', '动作片',
      '动作片', '喜剧片', '喜剧片', '动作片', '喜剧片']}    # 样本数据,字典类型
movie_data = pd.DataFrame(rowdata)    # 转换为二维表格式
#【2. 测试数据】
new_data = [30, 24]                    # 测试样本影片,搞笑镜头为 30,打斗镜头为 24
#【3. KNN 分类器】
def classify0(inX,dataSet,k):
```

```
15      result = []
16      dist = list((((dataSet.iloc[:,1:3] - inX) ** 2).sum(1)) ** 0.5)       # 计算欧氏距离
17      dist_l = pd.DataFrame({'dist':dist, 'labels':(dataSet.iloc[:, 3])})
18      dr = dist_l.sort_values(by = 'dist')[: k]       # 按欧氏距离升序排列
19      re = dr.loc[:, 'labels'].value_counts()         # 获取标签
20      result.append(re.index[0])                     # 获取频率最高的点
21      return result                                  # result 为分类结果,返回频率最高的类别做预测值
22  #【主程序】
23  inX = new_data                                     # new_data 为需要预测分类的数据集(训练集)
24  dataSet = movie_data                               # dataSet 为已知分类标签的数据集(训练集)
25  k = 3                                              # 选择距离最小的 k 个点(k 值选择影响很大)
26  yuce = classify0(inX, dataSet, k)                  # yuce 为预测电影类型
27  print('《哪吒之魔童降世》是:', yuce)                 # 打印电影类型

>>>《哪吒之魔童降世》是:['喜剧片']                       # 程序运行结果
```

程序第 10 行,为了方便验证,程序使用字典构建数据集,然后再用字典将其转换为 DataFrame 二维表格式。

程序第 18 行,dist_l. sort_values(by='dist')[:k]为排序函数,dist 为计算出的欧氏距离。

根据经验可以看出,KNN 分类器给出的答案比较符合预期目标。从以上程序可以发现,KNN 算法没有进行数据训练,直接使用未知数据与已知数据进行比较,然后获得结果。因此,KNN 算法不具有显式学习过程。KNN 算法的优点是简单好用,精度高;缺点是计算量太大,而且单个样本不能太少,否则容易发生误分类。

## 11.4.3 案例:城市聚类 K-Means

### 1. K-Means 算法思想

**聚类是指同一簇中的样本特征较为相似,不同簇中的样本特征差异较大。**聚类对样本数据要求划分的类是未知的。例如,有一批人的年龄数据,大致知道其中有一部分是少年儿童,一部分是青年人,一部分是老年人。聚类就是自动发现这三部分人的数据,并把相似的数据聚合到同一簇中。而分类是事先告诉你少年儿童、青年人、老年人的年龄标准是什么,现在新来了一个人,算法就可以根据他的年龄对他进行分类。聚类是研究如何在没有训练的条件下把样本划分为若干簇。

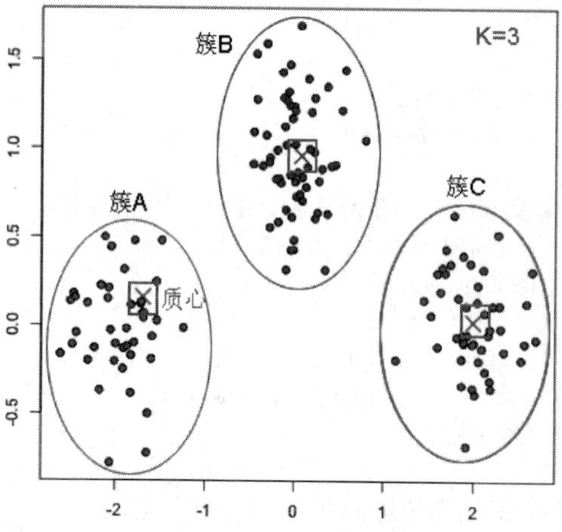

图 11-9 K-Means 算法示例图

K-Means(K 均值)是最经典、使用最广泛的聚类算法。如图 11-9 所示,K-Means 算法分为三个步骤:第一步是为样本数据点寻找聚类中心(簇心);第二步是计算每个点到簇心的距离,将每个点聚类到离该点最近的簇中;第三步是计算每个聚类中所有点的坐标平均值,并将这个平均值作为新的簇心;反复执行第二步和第三步,直到聚类的簇心不再进行大范围移动或者聚类次数达到要求为止。

K-Means 算法的优点是简单,处理速度快,

当聚类密集时，簇与簇之间区别明显，效果好。它的缺点是K值需要事先给定，而且K值很难估计，并且初始簇心的选取很敏感；另外，需要不断地计算和调整质心，当数据量很大时，计算时间很长。

**2. K-Means算法应用案例**

**【例11-50】** 中国主要城市经纬度数据集如图11-10所示。数据集有2个标签（省市、地区），2个特征（经度、纬度），共418行数据，试进行聚类分析。

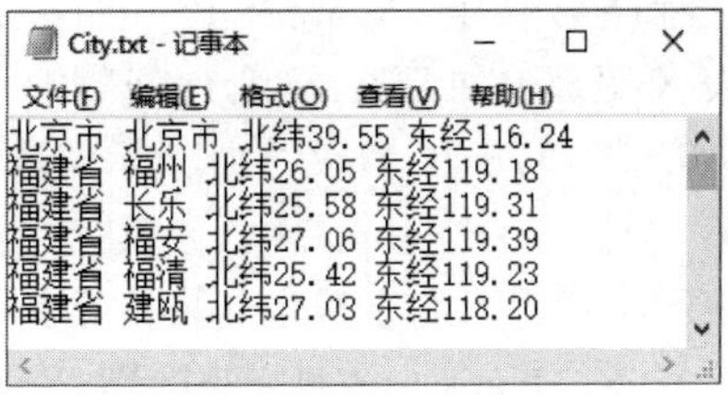


图11-10 数据集格式

```
#E1150.py                                          #【按经纬度对城市聚类】
import numpy as np                                 # 导入第三方包 - 科学计算
import matplotlib.pyplot as plt                    # 导入第三方包 - 绘图
from sklearn.cluster import KMeans                 # 导入第三方包 - K-Means算法
plt.rcParams['font.sans-serif'] = ['KaiTi']        # 解决中文显示问题

X = []
f = open('d:\\test\\11\\城市经纬度.txt')            # 读取原始数据
for v in f:
    X.append([float(v.split()[2][2:6]), float(v.split()[3][2:8])])
X = np.array(X)                                    # 转换为NumPy数组格式
k = 5                                              # 类簇的数量
cls = KMeans(k).fit(X)                             # 调用函数聚类
markers = ['*', 'o', '+', 's', 'v']   # *表示星形;o表示圆点;+表示十字形;s表示正方形;v表示倒三角形
for i in range(k):
    members = cls.labels_ == i                     # members是布尔数组
    plt.scatter(X[members,0], X[members,1], s=40, marker=markers[i], c='b', alpha=0.5)
    # 画出与menbers数组中匹配的点
plt.xlabel('城市纬度', fontproperties='simhei', fontsize=16)      # 绘制x轴标题文字
plt.ylabel('城市经度', fontproperties='simhei', fontsize=16)      # 绘制y轴标题文字
plt.title('按经纬度对城市聚类', fontsize=24)                      # 绘制图片标题文字
plt.show()                                                        # 显示图形
>>>                                                   # 程序运行结果如图11-11所示
```

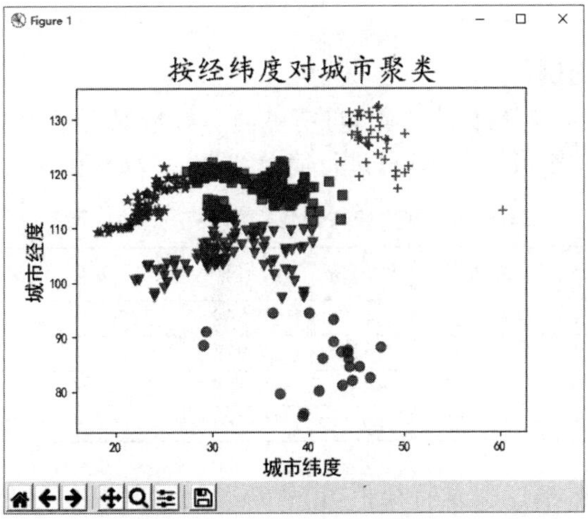


图11-11 城市聚类结果可视化

程序第 10 行，X. append([float(v. split()[2][2:6])，float(v. split()[3][2:8])])函数为在列表 X 尾部追加元素；split()函数为对字符串进行切片，参数 split()[2][2:6]中[2]表示第 2 列(如北纬 39.55°)，参数[2:6]表示切片索引号为 2～5 的字符(即 39.55)；参数 split()[3][2:8]表示第 3 列(如东经 116.24°)，参数[2:8]表示切片索引号为 2～7 的字符(即 116.24)；float()函数表示将切片后的字符串转换为浮点数；append()函数返回分割后的字符串列表。

**3. K-Means 与 KNN 的区别**

初学者很容易混淆 K-Means 和 KNN 两个算法，其实两者差别较大。K-Means 是无监督学习的聚类算法，数据集中没有标签，数据集是无序的，经过聚类后变得有序，算法没有样本输出，而且有明显的训练过程；而 KNN 算法是监督学习的分类算法，数据集带有标签，有对应类别输出，KNN 算法基本不需要训练。两个算法的相似点是两个算法都需要找出和某一个点最近的点，两者都利用了最近邻的思想。

## 11.4.4 案例：产品销售回归分析

**1. 预测算法**

**预测算法的目标变量是连续型**。在一定区间内可以任意取值的变量称为连续变量，连续变量的数值是连续不断的，相邻两个数值之间可取无限个数值。例如，生产零件的尺寸、人体测量的身高体重、员工工资、企业产值、商品销售额等都为连续变量。常见预测算法有线性回归(见图 11-12)、回归树、神经网络、SVM 等。

**2. 线性回归算法**

线性回归是利用数理统计中的回归分析来确定两种或两种以上变量之间相互依赖的定量关系。线性回归的基本形式为 y＝w'x＋e。回归分析中，只包括一个自变量和一个因变量时，称为一元线性回归分析；如果包括两个或两个以上的自变量，而且因变量和自变量之间是线性关系，则称为多元线性回归分析。

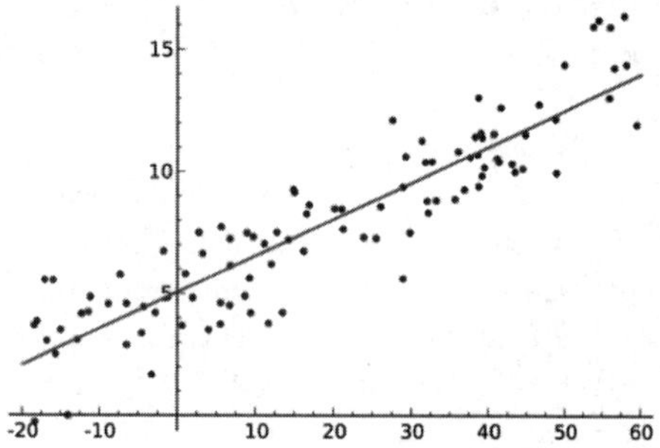


图 11-12 线性回归算法示例图

线性回归问题的解决流程为：选择一个模型函数 y()，并为函数 y()找到适应数据样本的最优解，即找出最优解下函数 y()的参数。

**3. 简单线性回归案例**

**【例 11-51】** 产品推广费(如广告等)与销售额一般情况下呈现线性相关。某个企业推广费与销售额的关系如表 11-6 所示，试进行简单线性回归分析。

**表 11-6 推广费与销售额的关系(单位:元)**

| 推广费 | 销售额 | 推广费 | 销售额 | 推广费 | 销售额 | 推广费 | 销售额 | 推广费 | 销售额 |
|---|---|---|---|---|---|---|---|---|---|
| 4845 | 10 018 | 5776 | 10 767 | 6437 | 12 362 | 7270 | 13 977 | 8513 | 14 278 |
| 5172 | 10 301 | 5993 | 11 012 | 6674 | 12 901 | 7676 | 14 274 | 8814 | 14 755 |
| 5432 | 10 373 | 6065 | 11 415 | 6835 | 13 330 | 7892 | 14 395 | 9111 | 15 013 |
| 5545 | 10 602 | 6266 | 11 763 | 7066 | 13 584 | 8455 | 13 854 | 9676 | 15 321 |

从数据集可以看到，推广费是特征值，销售额是通过特征值得出的标签。在这个案例中，可以利用简单的线性回归来处理样本数据。

```
#E1151.py                                                    #【线性回归 A】
import pandas as pd                                          # 导入第三方包 - 数据分析
import numpy as np                                           # 导入第三方包 - 科学计算
import matplotlib.pyplot as plt                              # 导入第三方包 - 图形绘制
from pandas import DataFrame,Series                          # 导入第三方包 - 数据格式转换
from sklearn.model_selection import train_test_split         # 导入第三方包 - 机器学习
from sklearn.linear_model import LinearRegression            # 导入第三方包 - 机器学习 - 线性回归
plt.rcParams['font.sans-serif'] = ['SimHei']                 # 解决中文乱码问题

#【创建数据集】推广费与销售额数据集
examDict = {'推广费':[4845, 5172, 5432, 5545, 5776, 5993, 6065, 6266, 6437,
    6674, 6835, 7066, 7270, 7676, 7892, 8455, 8513, 8814, 9111, 9676],
    '销售额':[10018, 10301, 10373, 10602, 10767, 11012, 11415, 11763, 12362,
    12901, 13330, 13584, 13977, 14274, 14395, 13854, 14278, 14755, 15013, 15321]}
examDf = DataFrame(examDict)                    # 数据集转换为 DataFrame 数据格式
rDf = examDf.corr()                             # 计算相关系数
print('相关系数:', rDf)                         # 打印相关系数
#【绘制原始数据图】
exam_X = examDf.loc[:,'推广费']                 # 提取出某一列数据:loc()为根据索引进行提取
exam_Y = examDf.loc[:,'销售额']
X_train, X_test, Y_train,Y_test = train_test_split(exam_X, exam_Y, train_size=0.8)   # 数据分割
print("原始数据特征:", exam_X.shape,
    ",训练数据特征:", X_train.shape,
    ",测试数据特征:", X_test.shape)
print("原始数据标签:", exam_Y.shape,
      ",训练数据标签:", Y_train.shape,
      ",测试数据标签:", Y_test.shape)
plt.scatter(X_train, Y_train, color="blue", label="训练数据")  # 绘制散点图
plt.scatter(X_test, Y_test, color="red", label="测试数据")
plt.legend(loc=2)                               # 添加图形标签
plt.xlabel("推广费")                            # 绘制 x 轴标签
plt.ylabel("销售额")                            # 绘制 y 轴标签
#plt.savefig("tests.png")                       # 保存图像
plt.show()                                      # 显示图像,如图 11-13 所示
#【回归分析】
model = LinearRegression()                      # 最小二乘法线性回归模型
X_train = X_train.values.reshape(-1, 1)
X_test = X_test.values.reshape(-1, 1)
model.fit(X_train, Y_train)
a = model.intercept_                            # 截距,回归函数 y=kx+b 中,b 是在 y 轴的截距,k 是斜率
b = model.coef_                                 # 回归系数(斜率 k)
print("最佳拟合线截距:", a, ",回归系数:", b)
plt.scatter(X_train, Y_train, color='blue', label="训练数据")
y_train_pred = model.predict(X_train)    # 训练数据的预测值
#【回归分析绘图】
plt.plot(X_train, y_train_pred, color='black', linewidth=3, label="回归线")    # 绘制最佳拟合线
plt.scatter(X_test, Y_test, color='red', label="测试数据")    # 测试数据散点图
plt.legend(loc=2)                               # 添加图标标签
plt.xlabel("推广费")                            # 绘制 x 轴标签
plt.ylabel("销售额")                            # 绘制 y 轴标签
```

```
51  #plt.savefig("lines.jpg")                # 保存图像
52  plt.show()                               # 显示图像
53  score = model.score(X_test, Y_test)      # 计算回归模型相关系数(准确率)
54  print("回归模型准确率:", score)
    >>>                                      # 程序运行结果如图 11-13 所示
    相关系数：        推广费          销售额
    推广费   1.000000  0.955143
    销售额   0.955143  1.000000
    原始数据特征：(20,) ,训练数据特征：(16,) ,测试数据特征：(4,)
    原始数据标签：(20,) ,训练数据标签：(16,) ,测试数据标签：(4,)
    最佳拟合线截距：4149.441542724784 ,回归系数：[1.22997454]
    回归模型准确率：0.9112123249030679
```

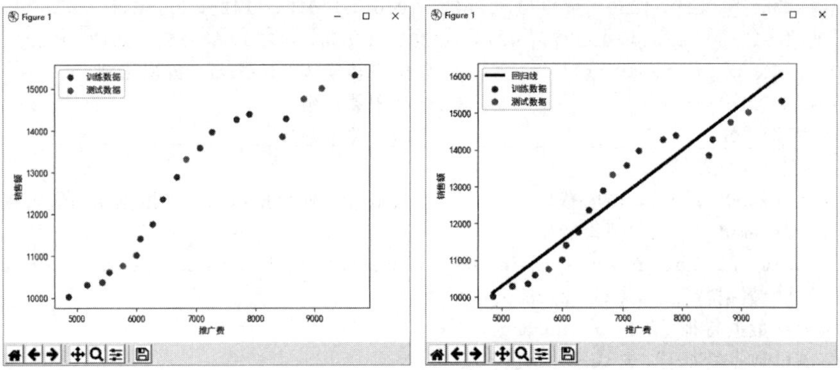


图 11-13　数据集散点图和线性回归图

程序第 15 行，DataFrame()函数将源数据集的字典转化为 DataFrame 数据格式，也就是将学生成绩与考试成绩的数据集转换为 DataFrame 格式。

程序第 16 行，examDf.corr()表示计算相关系数。系数在 0 和 0.3 之间为弱相关；系数在 0.3 和 0.6 之间为中等相关；系数在 0.6 和 1 之间为强相关。

程序第 19、20 行，一元回归方程为 y=a+b*x；数据点误差=实际值－拟合值；误差平方和 SSE=Σ(实际值－预测值)**2；最小二乘法是使得误差平方和最小(最佳拟合)的算法。

程序第 21 行，将数据集拆分为训练集和测试集；X_train 为训练数据标签；X_test 为测试数据标签；exam_X 为样本特征；exam_Y 为样本标签；train_size=0.8 为训练数据占比。

程序第 36 行，model = LinearRegression()表示最小二乘法线性回归模型。如果模型计算出现错误，就需要训练集进行 reshape(重塑/改组)操作，直到达到函数的要求。

程序第 40 行，model.intercept_表示截距，最小二乘法线性回归函数 y=kx+b 中，b 是在 y 轴的截距，k 是斜率。

程序第 41 行，model.coef_表示回归系数(斜率 k)。

由程序运行结果可知，最佳拟合线截距为 4149.44，回归系数为 1.23，由此得出的线性回归方程为 y=1.23x+4149.44。

## 11.4.5　案例：新闻词语向量转换

### 1. 文本的聚类

文本聚类是在一堆文档中，找出哪些文档具有较高的相似性，然后针对这些相似性文档的聚合进行类别划分。文本聚类的应用有：对大规模文档进行类别划分，并提取公共内容的概括和总览；找到各个文档之间的相似度，减少浏览相似文档的时间和精力。

采用距离作为相似性评价指标时，即认为两个对象的距离越近，其相似度就越大。聚类分析（包括其他算法）主要针对数值型数据做计算，K-Means 算法要求只有数值型变量才能进行距离相似度计算。由于文本数据集全部都是文字内容，因此无法直接针对这些文本进行聚类。这时，可以利用 TF-IDF（词频-逆文本频率指数）算法进行文本的词语向量转换（word to vector）。先定义一批要去除的词语列表（停用词文本文件）；然后使用 sklearn.feature_extraction.text 中的 TfidfVectorizer()函数，将文本中的词语转换为向量对象；再使用 fit_transform()函数将关键字列表转换为词语向量空间模型。这样，文本词语数据就可以进行各种算法分析了。

**2. 词语向量转换函数**

```
TfidfVectorizer(stop_words = stop_words, tokenizer = jieba_cut, use_idf = True)        # 语法格式
```

参数 stop_words 为自定义去除词列表，如果不指定，则默认使用英文停用词列表。

参数 tokenizer 为定义分词器，默认的英文分词器在英文文本下工作良好，但对中文来讲效果不佳，因此这里设置使用中文结巴分词。

参数 use_idf＝True 为指定 TF-IDF 算法做词频转向量。

**3. 财经新闻词语聚类案例**

**【例 11-52】** 利用网络爬虫，获取新浪财经网站首页当天的新闻；然后做分词和词语向量化处理，通过关键词进行 K-Means 聚类，对新闻进行分类。新浪财经网站首页网址为 https://finance.sina.com.cn/，首页内容如图 11-14 所示。

图 11-14　新浪财经网站首页

```
#E1152.py                                          #【词语向量化】
import numpy as np                                 # 导入第三方包 - 科学计算
import pandas as pd                                # 导入第三方包 - 数据分析
from sklearn.feature_extraction.text import TfidfVectorizer # 导入第三方包 - TF - IDF 词频转向量
from sklearn.cluster import KMeans                 # 导入第三方包 - K-Means 聚类分析
import jieba.posseg as pseg                        # 导入第三方包 - 结巴分词
import newspaper                                   # 导入第三方包 - 新闻网页分析
import requests                                    # 导入第三方包 - 网络爬虫
from bs4 import BeautifulSoup                      # 导入第三方包 - 网页解析
import datetime as dt                              # 导入标准模块 - 日期时间
import warnings                                    # 导入标准模块 - 告警处理
warnings.filterwarnings("ignore")                  # 忽略一般性告警信息

today = dt.datetime.today().strftime("%Y-%m-%d")   # 当前日期时间赋值
#【中文分词】
def jieba_cut(comment):
    word_list = []                                 # 建立空列表用于存储分词结果
    seg_list = pseg.cut(comment)                   # 精确模式分词[默认模式]
    for word in seg_list:
        if word.flag in ['ns', 'n', 'vn', 'v', 'nr']:  # 选择词语属性(名词,动词)
            word_list.append(word.word)            # 分词追加到列表
    return word_list                               # 返回分词列表
#【获取网页内容】
def get_news():
    response = requests.get('https://finance.sina.com.cn') # 获取新浪财经网站首页
    html = response.content.decode('utf-8')
    soup = BeautifulSoup(html, 'lxml')
    all_a = soup.find_all('a')
    comment_list = []                              # 建立空列表,用于存储分词结果
    for a in all_a:
        try:
            url = a['href']
            if ('finance.sina.com.cn' in url)&(today in url):
                article = newspaper.Article(url, language='zh')
                article.download()                 # 下载文章
                article.parse()                    # 解析文章
                article.nlp()                      # 对文章进行 NLP(自然语言处理)
                article_words = "".join(article.keywords) # 获取文章的关键词
                comment_list.append(article_words)
        except:pass
    return comment_list                            # 返回网页标题列表
comment_list = get_news()                          # 获取网页标题列表
print(comment_list)                                # 打印文章标题列表
#【单词向量化】
stop_words = [line.strip() for line in open('d:\\test\\11\\stopwords.txt', encoding='gbk').readlines()]
# 加载停用词文件
vectorizer = TfidfVectorizer(stop_words=stop_words, tokenizer=jieba_cut, use_idf=True)
# 创建单词向量模型
X = vectorizer.fit_transform(comment_list)    # 将评论关键字列表转换为词向量空间模型
#【K-Means 算法聚类】
```

```
model_kmeans = KMeans(n_clusters = 3)                  # 创建聚类模型对象
model_kmeans.fit(X)                                    # 训练模型
#【类结果汇总】
cluster_labels = model_kmeans.labels_                  # 聚类标签结果
word_vectors = vectorizer.get_feature_names()          # 词向量
word_values = X.toarray()                              # 向量值
comment_matrix = np.hstack((word_values, cluster_labels.reshape(word_values.shape[0], 1)))
    # 将向量值和标签值合并为新的矩阵
word_vectors.append('cluster_labels')                  # 将新的聚类标签列表追加到词向量后面
comment_pd = pd.DataFrame(comment_matrix, columns = word_vectors)
    # 创建包含词向量和聚类标签的数据二维表
comment_pd.to_csv('d:\\test\\11\\tmp53 语料向量化.csv') # 保存词向量和聚类标签数据
print(comment_pd.head(1))                              # 打印输出数据框第 1 条数据
#【聚类结果分析】
comment_cluster1 = comment_pd[comment_pd['cluster_labels'] == 1].drop('cluster_labels', axis = 1)
    # 选择聚类标签值为 1 的数据，并删除最后一列
word_importance = np.sum(comment_cluster1, axis = 0)   # 按照词向量做汇总统计
print(word_importance.sort_values(ascending = False)[:5])  # 按汇总值逆序排序，打印前 5 个词
```

```
>>>                                                    # 程序运行结果
['李克强主持召开国务院常务会议发挥部门合力加强监管', '国常会对…(输出略)
   上市    下降    中国    主持    交易   ...   部门    附    降    风险   cluster_labels
0  0.0   0.0   0.0   0.34229   0.0   ...   0.402651   0.0   0.0   0.0        2.0
[1 rows x 66 columns]
常务会议    0.681711
李克强      0.681711
主持        0.681711
监管        0.403563
合力        0.403563
```

## 习　题　11

11-1　简要说明 Pandas 中 DataFrame 数据结构的特征。

11-2　简要说明数据的获取渠道。

11-3　简要说明网络爬虫的工作过程。

11-4　简要说明什么是“脏数据”。

11-5　简要说明数据预处理的主要工作内容。

11-6　简要说明本福特定律和它的特征。

11-7　简要说明分类算法中“分类器”的特征。

11-8　实验：调试例 11-14 中的程序，掌握用 Pandas 读取 CSV 文件的方法。

11-9　实验：调试 E1130.py 程序，掌握用 Newspaper 爬取网页的方法。

11-10　实验：调试 E1133.py 程序，抓取安居客房源网页，提取标题、地址、地区、面积、价格等数据(网站 https://sh.fang.anjuke.com/loupan/all/)。

11-11　实验：调试 E1136.py 程序，掌握检查文件是否有缺失数据的方法。

11-12　实验：调试 E1144.py 程序，掌握本福特定律的应用方法。

11-13　实验：调试程序 E1150. py，掌握 K-Means 算法的应用。

11-14　实验：调试程序 E1151. py，掌握线性回归算法的应用。

11-15　编程：爬取 https://movie. douban. com/top250 网站豆瓣电影 Top 250。

11-16　编程：抓取 http://www. zuihaodaxue. cn/zuihaodaxuepaiming2020. html 大学排行数据。

11-17　编程：绘制阶乘 1!～100000! 中，首位数字出现的频率曲线图(本福特规律)。

11-18　编程：用 KNN 算法对某个人的身高体重进行预测。

# 第 12 章 人工智能程序设计

人工智能的研究最早起源于英国科学家阿兰·图灵。1955 年，美国计算机科学家约翰·麦卡锡(John McCarthy)提出了“人工智能”(AI)的定义：人工智能就是要让机器的行为看起来就像是人所表现出的智能行为一样。人工智能的研究从早期以“逻辑推理”为重点，后来发展到以“知识规则”为重点，目前发展到以“机器学习”为重点。

## 12.1 机器学习：基本概念

### 12.1.1 人工神经网络

1943 年，生物学家麦卡洛克(Warren McCulloch)和数理逻辑学家皮茨(Walter Pitts)发表了 *A Logical Calculus of the Ideas Immanent in Nervous Activity*(神经活动中内在思想的逻辑演算)论文，提出了神经元的数学模型 M-P，如图 12-1 所示。该论文奠定了人工神经网络的基础，它是现代机器学习的前身，神经元数学模型也一直沿用至今。

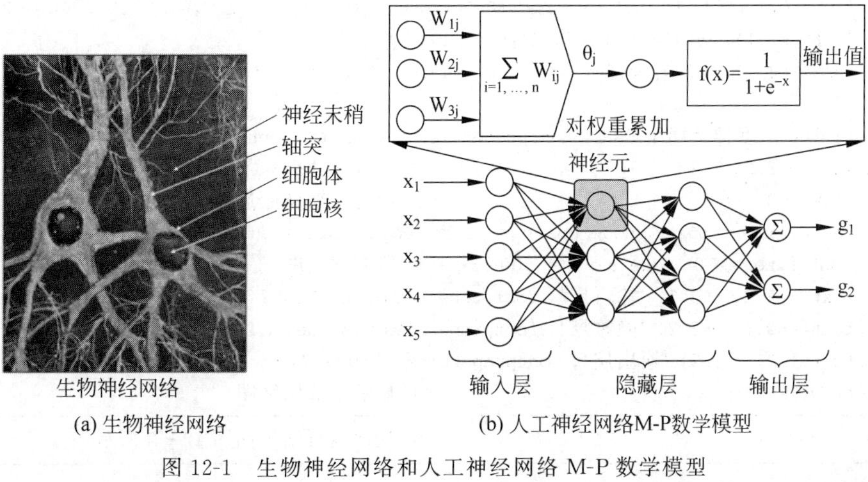


图 12-1 生物神经网络和人工神经网络 M-P 数学模型

人工智能的连接主义学派认为：智能活动是大量简单的神经单元，通过复杂的相互连接后，并行运行的结果。人工神经网络由一层一层的神经元构成，层数越多(隐蔽层)，网络越深。人工神经网络试图通过一个通用模型，然后通过数据训练，不断改善模型中的参数，直到输出的结果达到预期效果。国际象棋的博弈过程就类似一个人工神经网络。人工神经网络的代表性研究成果是 AlphaGo 围棋程序。

**【例 12-1】** 利用 NetworkX 软件包(参见 9.4 节)绘制深度神经网络图。

```
1  #E1201.py                                         #【画深度神经网络图】
2  import networkx as nx                             # 导入第三方包 - 网络 NetworkX
3  import matplotlib.pyplot as plt                   # 导入第三方包 - 绘图 Matplotlib
4  
5  G = nx.DiGraph()                                  # 定义一个空有向网络图
6  vertex_list = ['v' + str(i) for i in range(1, 22)]   # 顶点列表
7  G.add_nodes_from(vertex_list)                     # 添加顶点
8  edge_list = [                                     # 边列表
9      ('v1', 'v5'), ('v1', 'v6'), ('v1', 'v7'),('v1', 'v8'),('v1', 'v9'),
10     ('v2', 'v5'), ('v2', 'v6'), ('v2', 'v7'),('v2', 'v8'),('v2', 'v9'),
11     ('v3', 'v5'), ('v3', 'v6'), ('v3', 'v7'),('v3', 'v8'),('v3', 'v9'),
12     ('v4', 'v5'), ('v4', 'v6'), ('v4', 'v7'),('v4', 'v8'),('v4', 'v9'),
13     ('v5','v10'),('v5','v11'),('v5','v12'),('v5','v13'),('v5','v14'),('v5','v15'),
14     ('v6','v10'),('v6','v11'),('v6','v12'),('v6','v13'),('v6','v14'),('v6','v15'),
15     ('v7','v10'),('v7','v11'),('v7','v12'),('v7','v13'),('v7','v14'),('v7','v15'),
16     ('v8','v10'),('v8','v11'),('v8','v12'),('v8','v13'),('v8','v14'),('v8','v15'),
17     ('v9','v10'),('v9','v11'),('v9','v12'),('v9','v13'),('v9','v14'),('v9','v15'),
18     ('v10','v16'),('v10','v17'),('v10','v18'), ('v11','v16'),('v11','v17'),('v11','v18'),
19     ('v12','v16'),('v12','v17'),('v12','v18'), ('v13','v16'),('v13','v17'),('v13','v18'),
20     ('v14','v16'),('v14','v17'),('v14','v18'), ('v15','v16'),('v15','v17'),('v15','v18'),
21     ('v16','v19'), ('v17','v20'), ('v18','v21')
22     ]
23 G.add_edges_from(edge_list)                       # 通过列表形式添加边
24 point = {                                         # 指定网络每个节点的位置
25     'v1':(-2,1.5), 'v2':(-2,0.5), 'v3':(-2,-0.5), 'v4':(-2,-1.5),
26     'v5':(-1,2), 'v6': (-1,1), 'v7':(-1,0), 'v8':(-1,-1), 'v9':(-1,-2),
27     'v10':(0,2.5), 'v11':(0,1.5), 'v12':(0,0.5), 'v13':(0,-0.5), 'v14':(0,-1.5), 'v15':(0,-2.5),
28     'v16':(1,1), 'v17':(1,0), 'v18':(1,-1),
29     'v19':(2,1), 'v20':(2,0), 'v21':(2,-1)
30     }
31 plt.title('深度神经网络 DNN', fontproperties='simhei', fontsize=14)    # 绘制图形标题
32 plt.xlim(-2.2, 2.2)                               # 设置 x 轴坐标范围
33 plt.ylim(-3, 3)                                   # 设置 y 轴坐标范围
34 nx.draw(G, pos = point, node_color = 'red', edge_color = 'black', with_labels = True,
35     font_size = 10, node_size = 500)      # 绘制网络图
36 plt.text(-2.2, -3.2, '输入层', fontproperties='simhei', fontsize=14) # 绘制注释文字
37 plt.text(-0.7, -3.2, '隐藏层', fontproperties='simhei', fontsize=14)
38 plt.text(1.2, -3.2, '输出层', fontproperties='simhei', fontsize=14)
39 plt.show()                                        # 显示全部网络图
   >>>                                               # 程序运行结果如图 12-2 所示
```

程序第 8～22 行，网络边数据。遇到这种数据超多的语句，为了阅读方便，一般不写在一行，而是在矩阵的一行之后换行，形成矩阵书写风格，便于今后观察和调整数据。

程序第 34、35 行，nx.draw()函数中，G 表示绘制网络；pos=point 表示节点位置；node_color='red'表示节点的颜色为红色；edge_color='black'表示边的颜色为黑色；with_labels=True 表示绘制节点标签；font_size=10 表示节点内文字大小为 10 像素；node_size=400 表示节点大小为 400 像素。

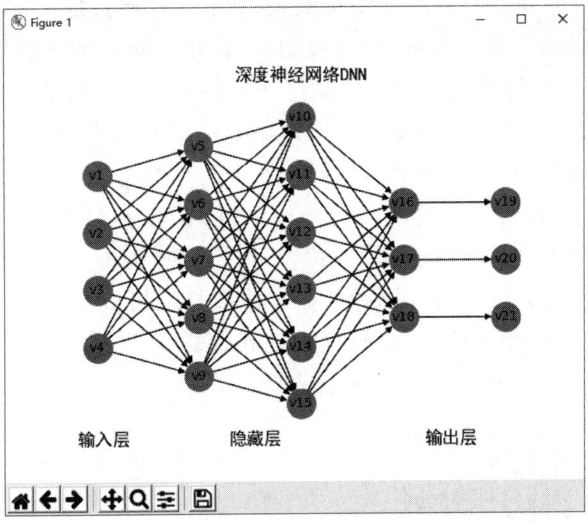


图 12-2　深度神经网络(DNN)图

### 12.1.2　机器学习过程

**1. 早期机器学习的案例**

具有学习能力的计算机可以在应用中不断地提高智能，经过一段时间的机器训练之后，设计者本人也不知道它的能力能够达到了何种水平。

**【例 12-2】** 1950 年代，美国 IBM 公司工程师塞缪尔(Arthur Lee Samuel)设计了一个《跳棋》程序，这个程序具有学习能力，它可以在不断对弈中改善自己的棋艺。《跳棋》程序运行于 IBM 704 大型通用电子计算机中，塞缪尔称它为“跳棋机”，“跳棋机”可以记住 17 500 张棋谱，实战中能自动分析猜测哪些棋步源于书上推荐的走法。首先塞缪尔自己与“跳棋机”对弈，让“跳棋机”积累经验；1959 年“跳棋机”战胜了塞缪尔本人；3 年后，“跳棋机”一举击败了美国一个州保持 8 年不败纪录的跳棋冠军；后来它终于被跳棋世界冠军击败。这个程序向人们展示了机器学习的能力，提出了许多令人深思的社会与哲学问题。

**2. 机器学习的基本特征**

西蒙·赫金(Simon Haykin)教授曾对“机器学习”下过一个定义：“**如果一个系统能够通过执行某个过程来改进性能，那么这个过程就是学习**。”在形式上，机器学习可以看作一个函数，通过对特定输入进行处理(如统计方法等)得到一个预期结果。例如，计算机接收了一张数字图片，计算机怎样判断这个图片中的数字是 8，而不是其他的内容呢？这需要构建一个评估模型，判断计算机通过学习是否能够输出预期结果。

传统计算机按照程序指令一步一步执行，最终结果是确定的。例如，编程计算学生平均成绩时，最终计算结果是确定的。机器学习是一种让计算机利用数据进行工作的方法。由于机器学习不是基于严密逻辑推导形成的结果(主要为概率统计)，因此**机器学习的处理过程不是因果逻辑，而是通过统计归纳思想得出的相关性结论**。简单地说，机器学习得到的最终结果可能既不精确也不最优，但从统计意义上来说是充分的。

**3. 机器学习过程**

**机器学习是一种通过大样本数据，训练出模型，然后用模型预测的一种方法**。机器学习过程中，首先需要在计算机中存储大量历史数据，然后将这些数据通过机器学习算法进行处理，这个过程称为“训练”。处理结果（识别模型）可以用来对新测试数据进行预测。机器学习的流程：获取数据→数据预处理→训练数据→模型分类→预测结果。

**【例 12-3】** 如图 12-3 所示，手写数字识别需要一个数据集，本例数据集为 160 个数据样本（每列为一个人所写的 10 个数字，每行为 16 个人写的同一数字，每个数字为 14×14 像素）；数据集对 0～9 的 10 个数字进行了分类标记（标签）；然后通过算法对这 10 个数字进行特征提取（如每一行或列中“1”的个数或位置，这一过程称为“训练”）；这时，再输入一个新的手写数字（测试图片），并对输入图片的数字进行特征提取，虽然新写的数字（如“1”）与数据集中的数字不完全一模一样，但是特征高度相似；于是分类器（识别模型）就会给出这个数字为某个数字（如“1”）的概率值（预测结果）。

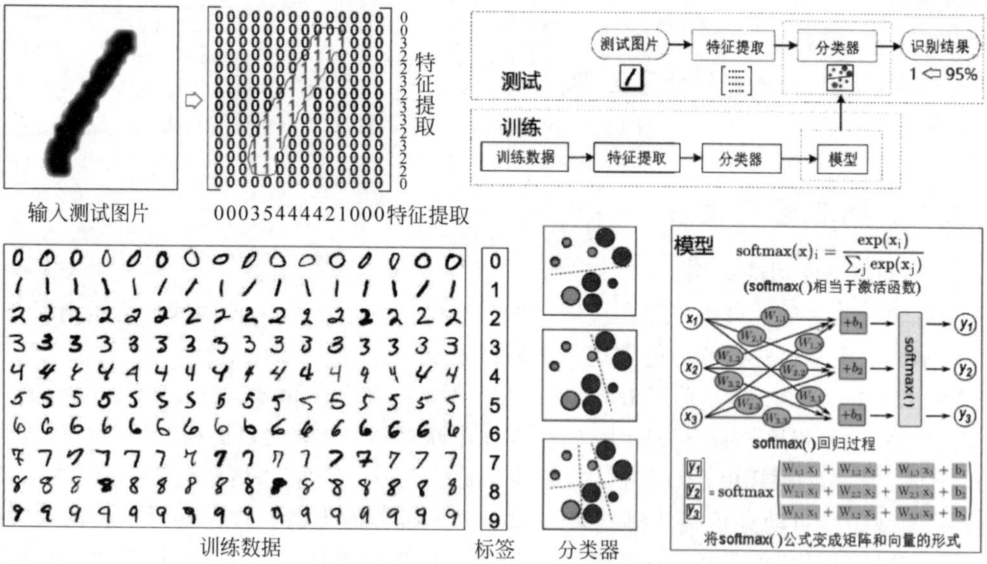


图 12-3 手写数字识别的机器学习过程

从以上过程可以看出，**机器学习的主要任务就是分类**。数据训练和数据测试都是为了提取数据特征，便于按标签分类；识别模型和分类器也是为了分类而设计的。

## 12.1.3 深度机器学习

### 1. 深度学习概述

深度学习的概念源于人工神经网络研究，一般来说，有一两个隐藏层的神经网络称为浅层神经网络，隐藏层超过 5 层就称为深度神经网络，**利用深度神经网络进行特征识别就称为深度学习。深度学习通过组合低层特征来形成抽象的高层特征，以发现数据的分布特征**，这样使用简单模型就可以完成复杂的分类任务，因此也可以将深度学习理解为“特征学习”。深度学习的计算量非常大（如高维矩阵运算、卷积运算等），依赖高端硬件设备（如 GPU）。因此数据量小时，宜采用传统的机器学习方法。

### 2. 卷积神经网络

卷积神经网络（CNN）是应用最广泛的深度神经网络。在机器视觉识别和其他领域，卷积神经网络取得了非常好的效果。如图 12-4 所示，卷积神经网络由输入层、卷积层、池化层、全连接层、输出层组成。

**【例 12-4】** 如图 12-4 所示，对输入的某个动物图片进行识别。

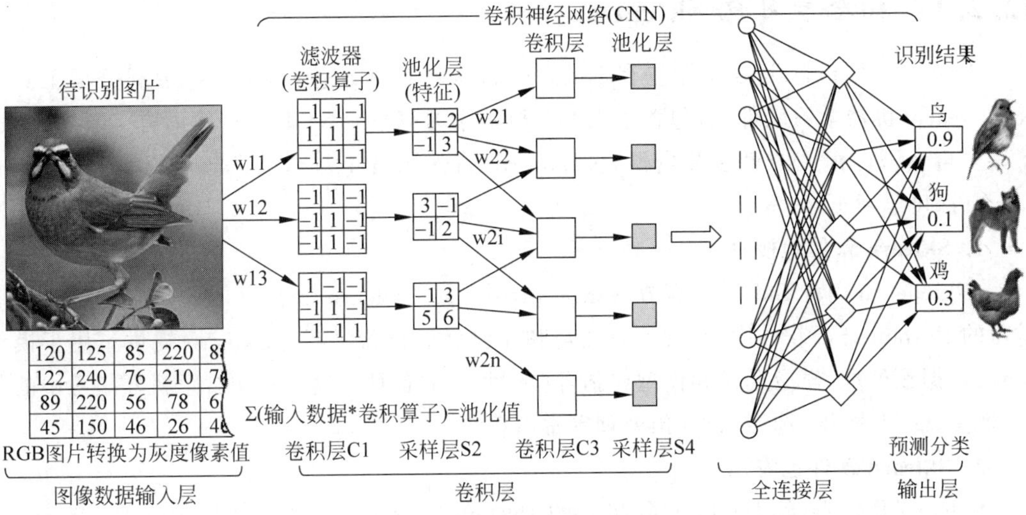


图 12-4 卷积神经网络结构示意图

在图像识别中，颜色信息会对图像特征数据提取造成一定干扰，因此将输入图片转换为灰度值。如果按行顺序提取图片中的数据，就会形成一个一维数组。如果一张图片的大小为 250×250 像素，则一维数组大小为 250×250＝62 500。如果对 1000 张图片做机器学习的数据训练，数据量达到了 6200 万；加上卷积运算（一种矩阵运算）、池化运算、多层神经网络运算等情况，可见机器学习计算量非常巨大。

卷积运算常用于图像去噪、图像增强、边缘检测，以及图像特征提取等。**卷积是一种数学运算，卷积运算是两个变量在某范围内相乘后求和的结果**。图像处理中卷积运算是用一个称为"卷积算子"的矩阵，在输入图像数据矩阵中自左向右、自上而下滑动，将卷积算子矩阵中各个元素与它在输入图像数据上对应位置的元素相乘，然后求和，得到输出像素值。经过卷积运算之后，图像数组变小了，图像特征进一步加强。

通过卷积操作，完成了对输入图像数据的降维和特征提取，但是特征图像的维数还是很高，计算还是非常耗时。为此引入了池化操作（下采样技术），**池化操作是对图像的某一个区域用一个值代替**（如最大值或平均值）。

池化操作具体实现是在卷积操作之后，对得到的特征图像进行分块，图像被划分成多个不相交的子块，计算这些子块内的最大值或平均值，就得到了池化后的图像。池化操作除降低了图像数据大小之外，另外一个优点是图像平移、旋转的不变性，因为输出值由图像的一片区域计算得到，因此对于图像的平移和旋转并不敏感。

图像处理中，卷积算子矩阵的数值可以人为设计，也可以通过机器学习的方法自动生成卷积算子，从而描述各种不同类别的图像特征。卷积神经网络就是通过这种自动学习方法来得到各种有用的卷积算子。

# 12.2 机器学习：数据预处理



## 12.2.1 机器学习包 Sklearn

Python 常用机器学习软件包有 NumPy(科学计算基础包)、Pandas(数据分析工具)、scikit-learn(机器学习软件包，包含了大部分机器学习算法)、NLTK(自然语言工具包，集成了很多自然语言相关的算法和资源)、Stanford(自然语言工具包)、TensorFlow/PyTorch/Keras(深度学习框架)等。

**1. Sklearn 软件包概述**

scikit-learn 简称 Sklearn(官方网站为 http://scikit-learn.org/stable/)，它是一个机器学习的 Python 开源软件库，它支持有监督和无监督的机器学习。Sklearn 提供了用于模型拟合、数据预处理、模型选择和模型评估等应用程序的各种工具。它包含了机器学习中的分类、聚类、回归、降维、选型、数据预处理等常用算法。

**2. Sklearn 软件包安装**

Sklearn 是机器学习领域中最知名的 Python 模块之一，它一般与 NumPy、SciPy 和 Matplotlib 一起使用。Sklearn 学习网站为 https://scikit-learn.org/stable/user_guide.html。

(1) Sklearn 在线安装方法。

Sklearn 安装要求 Python 版本>=3.3、NumPy 版本>=1.8.2、SciPy 版本>=0.13.3。如果已经安装 NumPy 和 SciPy，可以使用 pip install -U scikit-learn 在线安装 Sklearn。

(2) Sklearn 离线安装方法。

离线安装文件下载网站：https://www.lfd.uci.edu/~gohlke/pythonlibs/

下载离线安装文件：scikit_learn-0.23.1-cp37-cp37m-win32.whl

将 scikit_learn.whl 文件复制到 d:\python37 目录下，安装 scikit_learn.whl 文件：

```
> pip install scikit_learn - 0.23.1 - cp37 - cp37m - win32.whl          # 软件包安装命令
```

**注意**：离线安装过程中也需要联网，因为 Sklearn 会自动下载和安装其他的依赖软件包。

## 12.2.2 数据集加载

**1. Sklearn 自带的小型数据集**

安装 Sklearn 后，它附带安装了一些小型数据集。这些小型数据集文件默认安装在以下目录 D:\Python37\Lib\site-packages\sklearn\datasets\data\。对于初学者，不需要从外部网站下载任何数据集，就可以用这些数据集实现机器学习中的各种算法。如表 12-1 所示，这些数据集通常很小，仅可用于算法学习，无法代表现实中的机器学习任务。

**表 12-1　Sklearn 自带的小型数据集**

| 数据集名称 | 说明 | 数据集特征 | 应用 |
|---|---|---|---|
| boston | 波士顿房价 | 样本数 506；属性 13 个；缺少数据：无 | 回归 |
| iris | 鸢尾花 | 样本数 150；属性 4 个；缺少数据：无 | 分类 |
| diabetes | 糖尿病诊断指标 | 样本数 442；属性 10 个；缺少数据：无 | 回归 |
| digits | 手写数字识别 | 样本数 5620；属性 64 个；缺少数据：无 | 分类 |
| linnerud | 健身锻炼指标 | 样本数 20；属性 3 个；缺少数据：无 | 回归 |
| wine | 葡萄酒评价指标 | 样本数 178；属性 13 个；缺少数据：无 | 分类 |
| breast_cancer | 乳腺癌诊断指标 | 样本数 569；属性 30 个；缺少数据：无 | 分类 |

**【例 12-5】** 加载和调用表 12-1 所示的数据集。

```
>>> from sklearn import datasets                        # 导入第三方包-机器学习数据集
>>> iris = datasets.load_iris()                         # 加载鸢尾花数据集
>>> X = iris.data                                       # 获取鸢尾花数据集
>>> y = iris.target                                     # 获取鸢尾花属性(标签)数据
>>> X                                                   # 输出鸢尾花全部数据
…(输出略)
>>> y                                                   # 输出鸢尾花属性(标签)数据
…(输出略)
>>> boston = datasets.load_boston()                     # 加载波士顿房价数据集
>>> diabetes = datasets.load_diabetes()                 # 加载糖尿病数据集
>>> digits = datasets.load_digits()                     # 加载手写数字数据集
>>> linnerud = datasets.load_linnerud()                 # 加载健身锻炼数据集
>>> wine = datasets.load_wine()                         # 加载葡萄酒数据集
>>> breast_cancer = datasets.load_breast_cancer()       # 加载乳腺癌诊断数据集
```

### 2. Sklearn 提供的大型实用数据集

Sklearn 还提供了一些大型实用数据集，第一次使用这些数据集时，必须先下载，下载后这些数据集默认安装在 C:\Users\Administrator\scikit_learn_data\目录中。

**表 12-2　Sklearn 提供的可下载的实用数据集**

| 数据集名称 | 说明 | 数据集特征 | 应用 |
|---|---|---|---|
| olivetti_faces | 人脸图像数据集 | 样本数为 400；维数为 4096 | 分类 |
| 20newsgroups | 新闻组数据集 | 20 个主题，18 846 个新闻帖子 | 分类 |
| lfw_people | 人脸识别数据集 | 样本数为 13 233；维数为 5 828 | 分类 |
| covertypes | 森林覆盖数据集 | 样本数为 581 012；维数为 54 | 分类 |
| RCV1 | 路透社语料库第 1 册 | 样本总数为 804 414；维数为 47 236 | 分类 |
| Kddcup 99 | 入侵检测系统评估 | 样本总数为 4 898 431；维数为 41 | 分类 |
| california_housing | 加利福尼亚州住房数据集 | 样本数为 20 640；属性为 8 个 | 回归 |

**【例 12-6】** 加载和调用表 12-2 所示的数据集。数据集的加载方法与例 12-5 不同，它们使用以下方法下载数据集和加载数据。

```
>>> import sklearn.datasets as datasets                # 导入第三方包 - 机器学习数据集
>>> faces = datasets.fetch_olivetti_faces()            # 下载人脸数据集 fetch_olivetti_faces
Downloading…(输出略)
>>> data = faces.data                                  # 获取人脸图像数据(400 个样本，4096 维)
```

### 3. 创建数据集

除了可以使用 Sklearn 自带的数据集,还可以自己创建训练样本,samples_generator 模块包含了大量创建样本数据的方法。

**【例 12-7】** 生成分类问题的数据样本。

```
1  #1207.py                                                                      #【生成数据样本】
2  from sklearn.datasets.samples_generator import make_classification           # 导入第三方包
3  X, y = make_classification(n_samples = 6, n_features = 5, n_informative = 2, n_redundant = 2,
4      n_classes = 2, n_clusters_per_class = 2, scale = 1.0, random_state = 20)  # 设置数据集参数
5  for x_, y_ in zip(X, y):                                                      # 循环输出数据集
6      print(y_, end = ':')
7      print(x_)
```

```
>>>                                                                             # 程序运行结果
0:[ - 0.6600737  - 0.0558978 0.82286793 1.1003977  - 0.93493796]
…(输出略)
```

程序第 3 行,参数 n_samples 为指定样本数;参数 n_features 为指定特征数;参数 n_classes 为指定划分成几类;参数 random_state 表示随机种子,使得随机状可重复。

### 4. 数据集拆分

程序中加载数据集后,通常会把数据集进一步拆分成训练集和验证集,这样有助于模型参数的选取。train_test_split()函数可以将数据划分为训练集和测试集。函数功能是从样本中随机按比例选取 train_data 训练数据和 test_data 测试数据,语法格式如下。

```
from sklearn.mode_selection import train_test_split     # 导入第三方包 - 机器学习数据分割
X_train, X_test, y_train, y_test = train_test_split(X, y, test_size = 0.3, random_state = 0)
```

train_test_split()函数的参数说明如表 12-3 所示。

**表 12-3 train_test_split()函数的参数说明**

| 参　数 | 名　称 | 说　明 |
|---|---|---|
| X_train | 返回的训练集数据 | 返回值,一维向量 |
| X_test | 返回的测试集数据 | 返回值,一维向量 |
| y_train | 返回的训练集标签 | 返回值,一维向量 |
| y_test | 返回的测试集标签 | 返回值,一维向量 |
| X | 待划分的样本特征集合 | 一维向量 |
| y | 待划分的样本标签 | 一维向量 |
| test_size | 测试数据与原始样本之比 | test_size=0.3 表示测试数据占 30% |
| train_size | 训练集大小,同 test_size | |
| random_state | 随机种子,为 0 时重复,为 1 时不重复 | random_state=0 表示得到相同的随机数 |
| shuffle | 分割之前是否对数据进行重新洗牌 | 默认为 True |

参数 random_state 是样本数据的随机编号。需要可重复性试验时，为了保证得到一组一样的随机数，可以设置 random_state=1；如果设置 random_state=0 或不填，则每次样本编号都会不一样。随机数和种子(编号)之间遵从以下两个规则：一是种子不同，产生不同的随机数；二是种子相同，即使实例不同也产生相同的随机数。

### 12.2.3 数据预处理

**1. 数据预处理函数**

Sklearn 提供了一些机器学习中数据预处理的函数模块，如表 12-4 所示。

**表 12-4 Sklearn 数据预处理函数模块**

| 预处理名称 | 预处理模块调用 | 说　　明 |
|---|---|---|
| 标准化 | sklearn. preprocessing. scale | 将特征转换为正态分布 |
| 最小最大归一化 | sklearn. preprocessing. MinMaxScaler | 默认为[0,1]区间缩放 |
| 绝对值归一化 | sklearn. preprocessing. MaxAbsScale | 可以处理 scipy. sparse 矩阵 |
| 独 1 编码 | sklearn. preprocessing. OneHotEncoder | 对文字特征进行唯一性编码 |
| 标签编码 | sklearn. preprocessing LabelEncoder | 对文字数据进行数字化编码 |
| 二值化编码 | sklearn. preprocessing. Binarizer | 通过设置阈值获取[0-1]值 |
| 缺失值计算 | klearn. preprocessing. Imputer | 填充均值、中位数、众数 |
| 自定义转换 | sklearn. preprocessing. FunctionTransformer | |

**2. 数据标准化预处理**

标准化的目的是消除量纲影响。例如，对学生成绩，有用百分制的变量，也有用 5 分制的变量，它们的量纲不同。这些数据一起进行比较时，只有通过数据标准化，把它们统一到同一个标准才具有可比性。不是所有算法模型都需要标准化，有些算法模型对量纲不同的数据比较敏感，如 SVM 等；也有些算法模型对量纲不敏感，如决策树等。

标准化是将数据按照比例缩放，使它可以放到一个特定区间中。Z-score(Z 分数)标准化是将数据转换为均值为 0、方差为 1 的高斯分布。标准化的作用是提高算法迭代速度，降低不同维度之间影响权重不一致的问题。但是 Z-score 标准化对于不服从正态分布的特征数据，这样做效果会很差。

**【例 12-8】** 将数据进行标准化处理。

```
>>> from sklearn import preprocessing                          # 导入第三方包 - 机器学习预处理
>>> import numpy as np                                         # 导入第三方包 - 科学计算
>>> X = np.array([[1., -1., 2.], [2., 0., 0.], [0., 1., -1.]]) # 定义数据集
>>> X_scaled = preprocessing.scale(X)                          # 对数据集 X 进行标准化处理
>>> X_scaled                                                   # 源数据集 X 标准差
array([[ 0.        , -1.22474487,  1.33630621],
       [ 1.22474487, 0.         , -0.26726124],
       [-1.22474487, 1.22474487, -1.06904497]])
>>> X_scaled.mean(axis=0)                                      # 计算数据 X 每个特征的均值
array([0., 0., 0.])                                            # 均值为 0
>>> X_scaled.std(axis=0)                                       # 计算数据 X 每个特征的方差
array([1., 1., 1.])                                            # 标准差为 1
```

**3. 数据归一化预处理**

归一化是将特征数据进行线性变换，将数据转换至[0,1]区间。数据归一化可以提升模型的收敛速度。例如，图像识别中，需要将RGB图像转换为灰度图像，这时需要将值限定在[0～255]；如果继续将灰度图像转换为黑白二值图像，这时需要将值限定为[0,1]。例如将体温36℃缩放至单位0，体温42℃缩放至单位1。

数据归一化方法为：X'=(X－min)/(max－min)，其中max为样本数据最大值，min为样本数据最小值。数据归一化通常的方法是乘以或除以一个系数，用来改变数据的衡量单位。例如，温度单位从摄氏度转换为华氏度时，需要乘以一个33.8的系数。

**【例12-9】** 用MinMaxScaler(最小-最大值标准化)函数将数据缩放至[0,1]区间。

```
1  >>> from sklearn import preprocessing                              # 导入第三方包-预处理
2  >>> import numpy as np                                             # 导入第三方包-科学计算
3  >>> X_train = np.array([[1., -1., 2.], [2., 0., 0.], [0., 1., -1.]])  # 定义数据集
4  >>> min_max_scaler = preprocessing.MinMaxScaler()                  # 最小-最大值标准化处理
5  >>> X_train_minmax = min_max_scaler.fit_transform(X_train)         # 数据缩放转换(训练)
6  >>> X_train_minmax                                                 # 查看缩放数据
   array([[0.5        , 0.        , 1.        ],                       # [1, -1, 2]→[0.5, 0, 1]
          [1.         , 0.5       , 0.33333333],                      # [2, 0, 0]→[1, 0.5, 0.3]
          [0.         , 1.        , 0.        ]])                     # [0, 1, -1]→[0, 1, 0]
```

程序第4行，最小-最大归一化的计算公式为min_max_scaler=(x－min(x))/(max(x)－min(x))；也可以直接指定最大最小值的范围，公式为X_scaled=X_std/(max－min)+min。

程序第5行，将训练数据X_train(一维向量)按行归一化，min、max规定X的归一化范围。根据程序第3行赋值，在[1.，－1.，2.]行中，min=－1；max=2；归一化后为[0.5，0，1]。

**4. 文字数据的编码**

**机器学习中大多数算法，如回归分析(LR)、支持向量机，K近邻算法等都只能处理数值型数据，不能处理文字数据。** Sklearn软件包中，除了专用文字处理算法外，其他算法全部要求输入数组或矩阵，不能导入文字型数据。但在现实中，许多标签和特征值都是以文字来表示的。如用户文化程度可能是[文盲，小学，中学，大学]；顾客付费方式可能包含[现金，支付宝，微信，信用卡]等。在这种情况下，为了让数据适应算法和软件包，必须将数据进行编码，也就是**将文字型数据转换为数值型数据**。

**【例12-10】** 不同性质文字分类数据的编码。

数据类别1：付款方式有：现金X、支付宝Z、微信W，它们彼此之间完全没有联系(即X≠Z≠W)。这种名义变量可以使用One-Hot编码处理。

数据类别2：文化程度[小学，中学，大学]的取值不完全独立，可以明显看出，在性质上存在"大学＞中学＞小学"的联系，文化程度虽然有高低，但是它们的取值是不可计算的。这种有序变量可以用序数编码或One-Hot编码处理。

数据类别3：体重(＞40kg，＞80kg，＞120kg)的各个取值之间有联系，而且可以互相计算，如120kg－40kg=80kg。这种有距变量之间可以通过数学计算互相转换。

对以上三种数据类别进行编码时，它们都可以转换为[1,2,3]。这三个数字在算法看来是连续且可以计算的。所以，算法会把付款和学历这样的分类特征误认为与体重的分类特

征相同。也就是说，把分类转换为数字时，忽略了数字中自带的数学性质，给算法传达了一些不准确的信息，而这会影响算法模型预测的准确性。

**5. One-Hot 编码**

One-Hot 编码采用 N 位状态寄存器对 N 个状态进行编码，每个状态分配一个独立的寄存器位，并且在任意状态下只有一位有效。One-Hot 编码的特点是向量只有一个“1”，其余均为“0”，因此称为“独 1 编码”。

**【例 12-11】** 机器学习算法模型均要求输入的数据必须是数值型，对文字类别的特征属性（如文化程度特征有文盲、小学、中学、大学等），需要将这些文字数据转换为数值型数据。采用序数词编码方法时，文化程度特征属性['文盲','小学','中学','大学']可以编码为[1,2,3,4]；如果采用 One-Hot 编码，则可以表示为稀疏矩阵：

[1,0,0,0]（文盲）

[0,1,0,0]（小学）

[0,0,1,0]（中学）

[0,0,0,1]（大学）

One-Hot 编码的缺点是当类别数量很多时，特征空间会变得非常大。

**【例 12-12】** 在某个数据集中，样本有 3 个特征（性别、地区、语言），这些特征采用文字数据，如果编码为整型数据，如：["男生","女生"]编码为[0,1]；["来自国内","来自非洲","来自日本"]编码为[0,1,2]；["讲汉语","讲日语","讲英语","讲斯瓦希里语"]编码为[0,1,2,3]等。如果某个数据样本为["女生","来自非洲","讲斯瓦希里语"]时，特征值可以表示为[1,1,3]。但是这些整数特征值不能作为 Sklearn 的参数，因为 Sklearn 会认为这些特征值是有序的，实际上这些特征值是人为排序。使用 One-Hot 编码，可以把这些特征值转换为无序的独 1 编码。

```
1  >>> from sklearn import preprocessing                    # 导入第三方包－机器学习数据预处理
2  >>> enc = preprocessing.OneHotEncoder()                  # 定义独 1 编码
3  >>> enc.fit([[0, 0, 3], [1, 1, 0], [0, 2, 1], [1, 0, 2]])  # 定义 3×4 的矩阵，训练数据
   OneHotEncoder()
4  >>> enc.transform([[1, 1, 3]]).toarray()                 # 将数据样本 A 特征值转换为独 1 编码
   array([[0., 1., 0., 1., 0., 0., 0., 0., 1.]])            # 数据样本 A 独 1 编码值
```

程序第 2 行，OneHotEncoder()函数的功能是从训练数据中得到特征数量。

程序第 3 行，4 行 3 列的矩阵中，每行对应一个样本数据；每列对应一个样本的特征值，即每个样本有 3 个特征（性别、地区、语言）。fit()函数是求数据集 X 的均值、方差、最大值、最小值等属性，这也可以理解为一个训练过程。

程序第 4 行，transform()转换函数是在 fit()的基础上，对数据进行某种统一处理。如将数据缩放到某个固定区间（如 0-1），进行归一化、正则化等。其中特征值[1,1,3]＝["女生","来自非洲","讲斯瓦希里语"]。

程序运行结果中，特征值[1,1,3]的独 1 编码为[0, 1, 0, 1, 0, 0, 0, 0, 1]，特征值[1,1,x]中，2 个 1 的独 1 编码都不相同[0, 1, 0, 1, 0, 0, y, y, y]，可见独 1 编码是随机分配的。

**6. 标签编码**

独 1 函数 OneHotEncoder() 可以将多列文字转换为 0-1 数据。而标签函数 LabelEncode()只能将一列文字特征值转换成整型数值，如[red,blue,red,yellow]=[0,2,0,1]。

**【例 12-13】** 将文字数据进行标签转换。

```
1  #E1213.py                                             #【文字数据标签转换】
2  from sklearn.preprocessing import LabelEncoder        # 导入第三方包-机器学习标签编码
3  import numpy as np                                    # 导入第三方包-科学计算
4  data = ['寒冷', '寒冷', '温暖', '寒冷', '炎热', '炎热', '温暖', '寒冷', '温暖', '炎热']   # 文字数据
5  values = np.array(data)                               # 将文字数据转换为数组
6  bm = LabelEncoder().fit(values)                       # 对文字数据进行标签编码
7  data_label = bm.transform(values)                     # 数据转换
8  print(data_label)                                     # 打印标签编码

   >>>[0 0 1 0 2 2 1 0 1 2]                              # 程序运行结果
```

程序第 6 行，fit()函数是求数据的属性；LabelEncoder()函数是将文字数据标签化。

程序第 7 行，transform()转换函数是在 fit()的基础上，对数据进行统一处理（如将数据缩放到某个固定区间，进行归一化、正则化、降维等）。

**【例 12-14】** 某数据集特征为颜色、尺寸、单价、类型，将数据转换为独 1 编码。

```
1  #E1214.py                                             #【数据独 1 编码】
2  import pandas as pd                                   # 导入第三方包-数据分析
3  from pandas import DataFrame                          # 导入第三方包-数据表
4  from sklearn.preprocessing import LabelEncoder        # 导入第三方包-机器学习标签编码
5
6  data = {'颜色':['绿','红','蓝'],                       # 定义文字特征数据(字典)
7          '尺寸':['小','中','大'],
8          '单价':['10', '15','20'],
9          '类型':['A类','B类','A类']}
10 df = DataFrame(data)                                  # 读入数据
11 class_le = LabelEncoder()                             # 将数据进行标签编码
12 y = class_le.fit_transform(df['类型'].values)         # 转换为标签编码
13 a = ['单价', '颜色', '尺寸']                            # 定义编码变量
14 print('id', pd.get_dummies(df[a]))                    # 将字符串转换为独 1 编码

   >>>                                                   # 程序运行结果
   id 单价_10 单价_15 单价_20 颜色_红 颜色_绿 颜色_蓝 尺寸_中 尺寸_大 尺寸_小
   0    1      0      0      0      1      0      0      0      1
   1    0      1      0      1      0      0      1      0      0
   2    0      0      1      0      0      1      0      1      0
```

程序第 14 行，get_dummies()默认会对 DataFrame 中所有字符串进行独 1 编码。

**7. 数据二值化**

**【例 12-15】** 用 Binarizer()函数可以将数据转换为二值化数据。

```
1 >>> from sklearn import preprocessing                                     # 导入第三方包-机器学习预处理
2 >>> X = [[1.0, -1.0, 2.0], [2.0, 0.0, 0.0], [0.0, 1.0, -1.0]]             # 定义数据集
3 >>> binarizer = preprocessing.Binarizer(threshold = 1.1)                  # 设置二值化阈值为 1.1
4 >>> binarizer.transform(X)                                                # 将 X 转换为二值化数据
  array([[0., 0., 1.],                                                      # 大于 1.1 的数据转换为 1
         [1., 0., 0.],                                                      # 小于 1.1 的数据转换为 0
         [0., 0., 0.]])
```

程序第 3 行,参数 threshold=1.1 表示设置阈值为 1.1,如果数据大于阈值就转换为 1,数据小于阈值就转换为 0。

### 12.2.4 机器学习模型

机器学习中,**模型是可以由输入产生正确输出的函数或者概率统计方法**。我们需要将待解决的问题抽象成一个数学问题(建立数学模型),然后去解决这个数学问题。

**1. Sklearn 软件包主要算法模型**

Sklearn 软件包提供的算法主要有四类:分类、回归、聚类和降维。

(1) 分类算法模型有 KNN、SVM、朴素贝叶斯、MLP(多层感知机)、随机森林、Adaboost(将多个弱分类器组合成强分类器)、SDG(随机梯度下降)、GradientBoosting(梯度提升)、ExtraTrees(极端随机树)等。

(2) 回归算法模型有线性回归、最小二乘法、决策树(如 C4.5)、SVM、KNN、随机森林、Adaboost、GradientBoosting、Bagging、ExtraTrees 等。

(3) 聚类算法模型有 K-Means、Hierarchical Clustering(层次聚类)、DBSCAN(基于密度的聚类)等。

(4) 降维算法模型有 LDA(线性判别分析)、PCA(主成分分析)等。

Sklearn 软件包中还有众多的数据预处理和特征处理相关模块。如:preprocessing 模块用于数据预处理;impute 模块用于填补缺失值;feature_selection 模块用于特征选择;decomposition 模块包含各种降维算法等。

机器学习时,我们要分析自己数据的类别,搞清楚用什么模型来做才会达到预期效果,然后在 Sklearn 中选择和定义模型。Sklearn 中的模型有以下常用属性和功能。

```
model.fit(X_train, y_train)                     # 拟合模型
model.predict(X_test)                           # 预测模型
model.get_params()                              # 获得模型的参数
model.score(data_X, data_y)                     # 为模型进行打分
```

**2. KNN 算法**

KNN 是最简单的机器学习算法。KNN 中的 K 是指样本数据最接近邻居数。实现方法是对每个样本数据都计算相似度,如果一个样本的 K 个最接近邻居都属于分类 A,那么这个样本也属于分类 A。KNN 的基本要素是:K 值大小(邻居数选择)、距离度量(如欧氏距离)和分类规则(如投票法)。欧氏距离计算公式为

$$d=\sqrt{(x2-x1)^2+(y2-y1)^2}$$

KNN模型没有学习过程，因此也就没有数据训练过程，KNN只在预测时去查找最近邻的点。KNN模型语法格式如下。

```
from sklearn import neighbors                                    # 导入第三方包 - 机器学习 KNN 模型
model = neighbors.KNeighborsClassifier(n_neighbors = 5, n_jobs = 1)      # 分类
model = neighbors.KNeighborsRegressor(n_neighbors = 5, n_jobs = 1)       # 回归
```

其中，参数n_neighbors=5表示邻居的数目。参数n_jobs=1表示并行任务数。

**3. SVM**

SVM是一种二分类器。它可以产生一个二值决策结果，因此称为"决策机"。假设在多维平面上有两种类型的离散点，SVM将找到一条直线（或平面），将这些点分成两种类型，并且这条直线尽可能远离所有这些点。

SVM模型的算法思想是通过空间变换ϕ，将低维空间映射到高维空间 $x\rightarrow\phi(x)$后，实现数据集的线性可分。如图12-5所示，通过空间变换，将左图中的曲线分离变换为右图中的平面可分。SVM模型将一个低维不可分的问题转换为高维可分问题。SVM算法一般用于图像特征检测、大规模图像分类等。支持向量机模型语法格式如下。

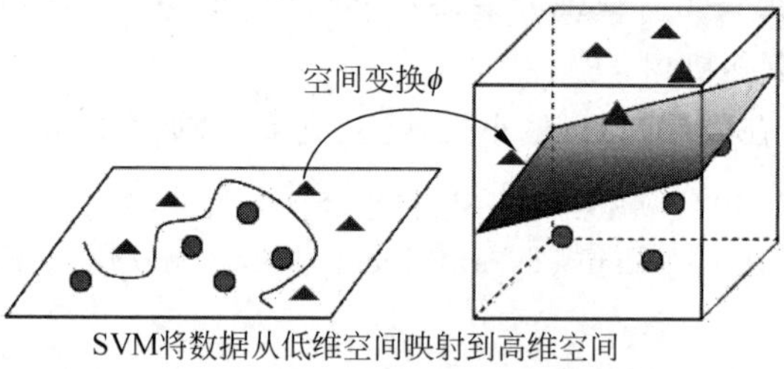


图12-5　SVM算法空间映射示意图

```
from sklearn.svm import SVC                              # 导入第三方包 - 机器学习支持向量机模型
model = SVC(C = 1.0, kernel = 'rbf', gamma = 'auto')    # 语法格式
```

其中，参数C=1.0为误差项的惩罚参数，C值越大，对误分类的惩罚增大，这样对训练集测试时准确率很高，但泛化能力弱；C值小，对误分类的惩罚减小，容错能力较强。参数kernel表示算法中使用的核函数，它用于从数据矩阵中预先计算出内核矩阵；默认为kernel='rbf'(高斯核函数)，其他取值有'linear'(线性核函数)、'poly'(多项式核函数)、'sigmoid'(sigmod核函数)和'precomputed'(自己计算好的核函数矩阵)。参数gamma='auto'为自动选择核函数的系数，'auto'表示没有传递明确的gamma值。

**4. 朴素贝叶斯算法模型NB**

朴素贝叶斯是一个简单的概率分类器。对未知物体分类时，需要求解在这个未知物体出现的条件下，各个类别中哪个出现概率最大，这个未知物体就属于哪个分类。朴素贝叶斯分类器常用于判断垃圾邮件、对新闻分类(如科技、政治、运动等)、判断文本表达的感情是积极还是消极、人脸识别等领域。朴素贝叶斯模型语法格式如下。

```
1  from sklearn import naive_bayes                    # 导入第三方包 - 机器学习朴素贝叶斯模型
2  model = naive_bayes.GaussianNB()
3  model = naive_bayes.MultinomialNB(alpha = 1.0, fit_prior = True, class_prior = None)
4  model = naive_bayes.BernoulliNB(alpha = 1.0, binarize = 0.0, fit_prior = True, class_prior = None)
```

程序第 2 行,GaussianNB 为高斯-贝叶斯分类器。

程序第 3 行,MultinomialNB 为多项式-贝叶斯分类器,常用于文本分类问题。

程序第 4 行,BernoulliNB 为伯努利-贝叶斯分类器。

参数 alpha=1.0 为平滑参数。

参数 fit_prior=True 表示学习类的先验概率; fit_prior=False 表示使用统一的先验概率。

参数 class_prior= None 表示不指定类的先验概率; 若指定则不能根据参数调整。

参数 binarize=0.0 表示二值化的阈值; binarize=None 则假设输入是二进制向量。

**5. 多层感知机**

感知机是一个单独的神经元结构,多层感知机(MLP)在单层神经网络基础上引入了一到多个神经元隐藏层,因此也称为深度神经网络(DNN)。

感知机是一个线性二分类器,它可以接受多个输入信号,输出一个信号。但是它不能对非线性数据进行有效分类。多层感知机对神经网络层次进行了加深,理论上多层神经网络可以模拟任何复杂的函数。多层感知机可以将输入的多个数据集映射到单一输出数据集上。多层感知机分类模型的语法格式如下。

```
from sklearn.neural_network import MLPClassifier       # 导入第三方包 - 多层感知机模型
model = MLPClassifier(activation = 'relu', solver = 'adam', alpha = 0.0001)
```

参数 activation 为激活函数。

参数 solver 为优化算法,取值有'lbfgs'、'sgd'、'adam'等优化算法。

参数 alpha=0.0001 为惩罚系数。

**6. 线性回归算法模型 LR**

从大量统计结果反推出函数表达式的过程就是回归。线性回归主要解决目标值预测问题。单变量线性回归非常简单,就是生成一元一次方程 y=ax+b。其中 x 是自变量,它一般是特征属性值; y 是因变量,它一般是预测标签值。二维图形表示时,x 是横坐标,y 是纵坐标,a 是斜率,b 是斜线与纵坐标之间的截距。线性回归模型的语法格式如下。

```
from sklearn.linear_model import LinearRegression     # 导入第三方包 - 机器学习线性回归模型
model = LinearRegression(fit_intercept = True, normalize = False, copy_X = True, n_jobs = 1)
```

参数 fit_intercept=True 时计算截距; fit_intercept=False 时不计算截距。

参数 normalize=False 时不进行标准化。

参数 copy_X=True 时,复制数据集。

参数 n_jobs=1 表示线程数为 1。

**7. 决策树算法模型 DT**

决策树是在已知各种情况发生概率的基础上，判断可行性的决策分析方法。树中每个节点表示某个对象，每个分叉路径代表某个可能的属性值(或概率值)。决策树仅有单一输出(是或否，优或差等)，如果有多个数据输出，则可以建立不同决策树进行处理。决策树的优点是决策过程可见，易于理解，分类速度快；缺点是很难用于多个变量组合发生的情况。决策树擅长处理非数值型数据，特别适合大数据处理。目前最流行的决策树算法是 C4.5。大部分算法生成的决策树非常庞大。决策树模型的语法格式如下。

```
from sklearn import tree                    # 导入第三方包 - 机器学习决策树模型
model = tree.DecisionTreeClassifier(criterion = 'gini', max_depth = None,
    min_samples_split = 2, min_samples_leaf = 1, min_weight_fraction_leaf = 0.0,
    max_features = None, random_state = None, max_leaf_nodes = None,
    min_impurity_decrease = 0.0, min_impurity_split = None,
    class_weight = None, presort = False)
```

参数 criterion='gini'为特征选择准则。

参数 max_depth=None 为树的最大深度，None 表示尽量下分。

参数 min_samples_split=2 表示分裂内部节点，所需要的最小样本树。

参数 min_samples_leaf=1 表示叶子节点所需要的最小样本数。

参数 max_features=None 表示不寻找最优分割点时的最大特征数。

参数 max_leaf_nodes=None 表示优先增长到最大叶子节点数。

参数 min_impurity_decrease=0.0 表示如果分离导致杂质的减少大于或等于这个值，则节点将被拆分。

**8. 各种算法模型应用案例**

**【例 12-16】** 股票数据集 day000875.csv 文件内容如图 12-6 所示。下面以这个数据集作为训练数据，评估 Sklearn 软件包中各种算法模型的训练成绩。

| | 开盘价 | 最高价 | 收盘价 | 最低价 | 成交量 | 价格变动 | 涨跌幅 | 5日均价 | 10日均价 | 20日均价 | 5日均量 | 10日均量 | 20日均量 | |
|---|---|---|---|---|---|---|---|---|---|---|---|---|---|---|
| | A | B | C | D | E | F | G | H | I | J | K | L | M | N |
| 1 | open | high | close | low | volume | price_chan | p_change | ma5 | ma10 | ma20 | v_ma5 | v_ma10 | v_ma20 | safe_loans |
| 2 | 3.51 | 3.53 | 3.52 | 3.48 | 133431.1 | 0 | 0 | 3.486 | 3.484 | 3.534 | 131158.9 | 138023.9 | 147645.9 | -1 |
| 3 | 3.49 | 3.55 | 3.52 | 3.47 | 144211.1 | 0.03 | 0.86 | 3.476 | 3.484 | 3.534 | 133241.9 | 140125.1 | 148033.4 | -1 |
| 4 | 3.49 | 3.49 | 3.49 | 3.45 | 106843.2 | 0.01 | 0.29 | 3.462 | 3.487 | 3.536 | 128397.3 | 143962 | 147351.7 | -1 |
| 5 | 3.44 | 3.48 | 3.48 | 3.44 | 128988.2 | 0.06 | 1.75 | 3.458 | 3.496 | 3.542 | 138415 | 156563.6 | 153760.5 | -1 |
| 6 | 3.46 | 3.47 | 3.42 | 3.41 | 142321 | -0.05 | -1.44 | 3.466 | 3.512 | 3.553 | 141667 | 162660.3 | 153204.2 | -1 |
| 7 | 3.41 | 3.47 | 3.47 | 3.36 | 143845.8 | 0.02 | 0.58 | 3.482 | 3.536 | 3.569 | 144888.9 | 174837.6 | 155015.6 | -1 |
| 8 | 3.48 | 3.48 | 3.45 | 3.44 | 119988.5 | -0.02 | -0.58 | 3.492 | 3.548 | 3.579 | 147008.3 | 170432.1 | 156548.5 | -1 |

图 12-6　某个股票日 K 线数据

```
#E1216.py                                                     #【Sklearn 算法测试】
import pandas as pd                                           # 导入第三方包 - 数据分析
from collections import defaultdict                           # 导入标准模块 - 默认值
from sklearn.preprocessing import LabelEncoder                # 导入第三方包 - 标签编码
from sklearn.model_selection import train_test_split          # 导入第三方包 - 数据分割
from sklearn.tree import DecisionTreeClassifier as DTC        # 导入第三方包 - 决策树
from sklearn.linear_model import LinearRegression as LR       # 导入第三方包 - 线性回归
from sklearn.neighbors import KNeighborsClassifier as KNN     # 导入第三方包 - KNN
```

```
9   from sklearn.ensemble import AdaBoostClassifier as ADA          # 导入第三方包 - ADA
10  from sklearn.ensemble import BaggingClassifier as BC            # 导入第三方包 - BC
11  from sklearn.ensemble import RandomForestClassifier as RFC      # 导入第三方包 - 随机森林
12  from sklearn.naive_bayes import BernoulliNB as BLNB             # 导入第三方包 - 伯努利贝叶斯
13  from sklearn.naive_bayes import GaussianNB as GNB               # 导入第三方包 - 高斯贝叶斯
14  from sklearn.metrics import accuracy_score                      # 导入第三方包 - 模型评估
15  import warnings                                                 # 导入标准模块 - 告警
16  warnings.filterwarnings("ignore")                               # 关闭一般告警信息
17
18  #【获取训练数据和测试数据】
19  data = pd.read_csv('d:\\test\\12\\day000875.csv')               # 读入股票 K 线数据
20  X = data.drop('safe_loans', axis = 1)                           # 数据文件中,'safe_loans' = -1
21  y = data.safe_loans
22  d = defaultdict(LabelEncoder)                                   # 标签编码
23  X_trans = X.apply(lambda x: d[x.name].fit_transform(x))
24  x_train, x_test, y_train, y_test = train_test_split(X_trans, y, test_size = 0.2, random_state = 1)
25      # 20 % 训练数据与测试数据的分割比例
26  #【数据训练和评估】
27  def func(clf):
28      clf.fit(x_train, y_train)                                   # 数据集进行训练
29      score = clf.score(x_test, y_test)                           # 计算训练成绩
30      return score                                                # 返回训练得分
31  print('决策树模型训练得分:{}'.format(func(DTC())))               # 决策树
32  print('线性回归模型训练得分:{}'.format(func(LR())))              # 线性回归
33  print('KNN 模型训练得分:{}'.format(func(KNN())))                 # KNN
34  print('随机森林模型训练得分:{}'.format(func(RFC(n_estimators = 20))))    # 随机森林
35  print('Adaboost 模型训练得分:{}'.format(func(ADA(n_estimators = 20))))   # ADAboost
36  print('Bagging 模型训练得分:{}'.format(func(BC(n_estimators = 20))))     # Bagging
37  print('伯努利贝叶斯模型训练得分:{}'.format(func(BLNB())))        # 伯努利贝叶斯
38  print('高斯贝叶斯模型训练得分:{}'.format(func(GNB())))           # 高斯贝叶斯
    >>>…(输出略)                                                    # 程序运行结果
```

程序第 15、16 行,关闭一些过时语法、模块更新等简单告警信息,对程序异常无效。

## 12.3 机器学习:识别与预测

### 12.3.1 案例:识别鸢尾花-KNN 模型

**【例 12-17】** 鸢尾花识别是一个经典的机器学习分类问题。鸢尾花数据样本集 iris 中包括了四个特征变量(见图 12-7):花萼长度(sepal length)、花萼宽度(sepal width)、花瓣长度(petal length)、花瓣宽度(petal width);一个鸢尾花类别变量(iris-setosa 为山鸢尾,iris-virginica 为弗吉尼亚鸢尾,iris-versicolor 为变色鸢尾);样本总数为 150 个。下面利用 KNN 算法,根据鸢尾花的四个特征变量,识别测试的鸢尾花属于哪一种类别。

| | 序号 | sepal length 花萼长度 | sepal width 花萼宽度 | petal length 花瓣长度 | petal width 花瓣宽度 | species 鸢尾花类型 | |
|---|---|---|---|---|---|---|---|
| 样本 | 1 | 5.1 | 3.5 | 1.4 | 0.2 | I. setosa | (山鸢尾) |
| | 2 | 4.9 | 3 | 1.4 | 0.2 | I. setosa | |
| 特征向量 | … | … | … | … | … | … | |
| | 149 | 5.9 | 3 | 5.1 | 1.8 | I. virginica | (弗吉尼亚鸢尾) |

特征

二维表=数据集；1行=1朵花的数据；1列=1个样本的特征(属性)

标签(标记)

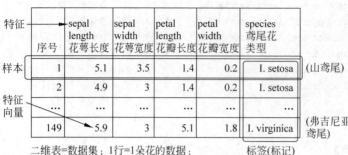

图 12-7　鸢尾花数据集 iris 结构和鸢尾花形状特征

```
1   #E1217.py                                               #【鸢尾花识别 KNN】
2   from sklearn import datasets                            # 导入第三方包 - 机器学习数据集
3   from sklearn.model_selection import train_test_split    # 导入第三方包 - 数据分割
4   from sklearn.neighbors import KNeighborsClassifier      # 导入第三方包 - KNN 算法
5
6   iris = datasets.load_iris()                             # 加载鸢尾花数据集 iris
7   iris_X = iris.data                                      # 读入,X 表示待划分的样本特征
8   iris_y = iris.target                                    # 读入,y 表示待划分的样本标签
9   X_train, X_test, y_train, y_test = train_test_split(iris_X,   # 获取训练集和测试集数据,
10      iris_y, test_size = 15)                             # 随机选择 15 个样本数据
11  knn = KNeighborsClassifier()                            # 设置 KNN 分类器
12  knn.fit(X_train, y_train)                               # 填充测试数据进行训练
13  print("预测鸢尾花类别(特征值):", knn.predict(X_test))   # 输出预测特征值 X_test
14  print("实际鸢尾花类别(特征值):", y_test)                # 输出真实特征值 y_test
15  score = knn.score(X_test, y_test)                       # 计算 KNN 算法分类成绩
16  print("KNN 算法预测准确率: %s" % score)                 # 输出预测算法成绩

    >>>                                                     # 程序运行结果
    预测鸢尾花类别(特征值): [1 1 2 2 1 1 1 0 2 1 0 0 2 0 1]  # 0 为山鸢尾(iris - setosa)
    实际鸢尾花类别(特征值): [1 1 2 2 1 1 1 0 1 1 0 0 2 0 1]  # 1 为变色鸢尾(iris - versicolor)
    KNN 算法预测准确率:0.9333333333333333                   # 2 为弗吉尼亚鸢尾(iris - virginica)
```

程序第 2 行,Sklearn 提供了一些小型数据集,如 iris.csv(鸢尾花特征)等。

程序第 3 行,导入将数据集划分为训练集和测试集的模块。在得到数据集时,通常会把数据集进一步拆分成训练集和验证集,这样有助于算法模型参数选取。

程序第 6 行,读入 Sklearn 提供的鸢尾花数据集 iris(150 个样本数据)。小规模数据集可以用 datasets.load_*()获取;大规模数据集可以用 datasets.fetch_*()获取。

程序第 9 行,train_test_split()是交叉验证中的常用函数,功能是从样本数据中随机的按比例选取 train_data 训练数据和 test_data 测试数据。X_train 为训练数据特征值(返回值);X_test 为测试数据特征值(返回值);y_train 为目标值训练数据(返回值);y_test 为目标值测试标签数据(返回值);train_test_split(iris_X,iris_y,test_size=15)表示在原始样本数据 iris_X 和原始样本标签 iris_y 中,随机划分出 15 个样本数据进行识别。test_size 表示测试数据个数与原始样本数据个数之比,如果数值是 0~1 的小数,表示测试数与原始样本数的比率;如果为整数,则是指测试样本的数目;例如 test_size=0.1 表示测试数据是原始样本数据的 10%(iris 数据集为 150 个数据)；test_size＝15 表示测试 15 个原始样本数据。

程序第 11 行，KNeighborsClassifier()可以设置 3 种算法参数：brute、kd_tree 和 ball_tree。如果不知道用哪个好，设置为 auto，让 KNeighborsClassifier()根据输入来决定。

程序第 13 行，knn. predict(X_test)语句表示使用训练好的 KNN 进行数据预测。

程序扩展：程序第 10 行中，将测试范围扩大到 test_size＝135(90%的样本数据)时，KNN 算法的识别率会有所下降(80%左右)。

## 12.3.2 案例：预测乳腺癌-LR 模型

乳腺癌肿瘤化验数据集(Breast Cancer Wisconsin Data Set，1992)来自威斯康星大学，数据集可在 http://archive. ics. uci. edu/ml/datasets/Breast ＋ Cancer ＋ Wisconsin ＋(Original)网站下载。它常用于机器学习的测试数据，它可以根据化验数据判断乳腺癌患者。

数据集样本总数为 698 个，数据集中有 16 个缺失值，它们用“?”表示。如图 12-8 所示，数据集共 11 列：1 个样本编号、9 个医学化验指标(特征值)和 1 个肿瘤类型(标签值)。数据集各列名称为样本编号、肿瘤厚度、细胞一致性、细胞均匀性、细胞附着力、细胞大小、裸核、平淡染色、正常核仁、有丝分裂、肿瘤类型，2＝正常，458 人；4＝乳腺癌患者，241 人。数据集中 9 个特征值都进行了标准化处理，将化验指标转换为 1～10 个等级。

| | 样本编号 | 肿瘤厚度 | 细胞一致性 | 细胞均匀性 | 细胞附着力 | 细胞大小 | 裸核 | 平淡染色 | 正常核仁 | 有丝分裂 | 肿瘤类型 |
|---|---|---|---|---|---|---|---|---|---|---|---|
| | A | B | C | D | E | F | G | H | I | J | K |
| 1 | 1000025 | 5 | 1 | 1 | 1 | 2 | 1 | 3 | 1 | 1 | 2 |
| 2 | 1002945 | 5 | 4 | 4 | 5 | 7 | 10 | 3 | 2 | 1 | 2 |
| 3 | 1015425 | 3 | 1 | 1 | 1 | 2 | 2 | 3 | 1 | 1 | 2 |
| 4 | 1016277 | 6 | 8 | 8 | 1 | 3 | 4 | 3 | 7 | 1 | 2 |
| 5 | 1017023 | 4 | 1 | 1 | 3 | 2 | 1 | 3 | 1 | 1 | 2 |

图 12-8　乳腺癌肿瘤化验. data 数据集部分数据

回归分析(logistic regression)是机器学习中的一种分类模型，它通过类别的概率值来判断样本数据是否属于某个类别。回归分析是解决二分类问题的利器。由于回归分析算法简单和高效，因此应用广泛，如垃圾邮件检查、疾病检测、金融诈骗等领域。

**【例 12-18】** 对乳腺癌肿瘤化验数据集，用回归分析模型预测乳腺癌患者。

```
#E1218.py                                                # 【肿瘤预测回归分析 LR】
import pandas as pd                                      # 导入第三方包 - 数据分析
import numpy as np                                       # 导入第三方包 - 科学计算
import matplotlib.pyplot as plt                          # 导入第三方包 - 绘图
from sklearn.model_selection import train_test_split     # 导入第三方包 - 机器学习数据分割
from sklearn.preprocessing import StandardScaler         # 导入第三方包 - 标准化处理
from sklearn.linear_model import LogisticRegression      # 导入第三方包 - 回归分析分析
from sklearn.metrics import classification_report        # 导入第三方包 - 分类评估报告
from sklearn.metrics import roc_auc_score                # 导入第三方包 - 模型评价 AUC

#【数据加载】
```

```
data = pd.read_csv('d:\\test\\12\\乳腺癌肿瘤化验.data')    # 加载数据集
print('乳腺癌肿瘤化验数据集:\n', data)                    # 打印数据集
print('样本总数和特征数:', data.shape)                    # 统计样本数,特征数
print('数据集统计值:\n', data.describe())
#【数据预处理】
a = data.isnull().sum()                                  # 统计缺失值
print('有数据缺失值的样本:', a)                           # 打印缺失值情况
#【异常值处理】
data.replace('?', np.nan, inplace = True)                # 对异常值"?"进行替换
data.dropna(how = 'any', axis = 0, inplace = True)       # 删除含有空值的行
print('数据正常样本数:', data.shape)
#【获取目标值和特征值】
x = data.iloc[:,1:10]       # 共 11 列,前 10 列作为特征值,最后一列作为目标值
y = data.iloc[:, -1]
#【划分训练集和测试集】
x_train, x_test, y_train, y_text = train_test_split(x, y, test_size = 0.3)   # 测试集为 30 %
#【数据标准化】
sd = StandardScaler()
sd.fit_transform(x_train,)
sd.fit_transform(x_test)
lr = LogisticRegression()                                # 机器学习(回归分析预测)
lr.fit(x_train, y_train)                                 # 训练数据
y_predict = lr.predict(x_test)                           # 预测数据
print('数据集肿瘤预测【2 = 正常人;4 = 乳腺癌患者】\n', y_predict)   # 输出预测值
print('权重:', lr.coef_)
print('偏置:', lr.intercept_)
print('准确率:', lr.score(x_test,y_text))
#【模型评估】
cf = classification_report(y_text, y_predict, labels = [2,4], target_names = ['良性患者', '恶性患者'])
print('预测模型评估报告:\n', cf)                          # 对回归分析模型进行评估
y_text = np.where(y_text > 2.5, 1, 0)
ret = roc_auc_score(y_text, y_predict)
print('预测准确率:', ret)
```

```
>>>                                                       # 程序运行结果
乳腺癌肿瘤化验数据集:
#【序号 编码 块厚度 一致性 均匀性 附着力 细胞大小 裸核 染色 核仁 分裂】
     1000025  5  1   1.1  1.2  2  1.3  3   1.4  1.5  2.1  # 异常值数据
0    1002945  5  4   4    5    7  10   3   2    1    2    # 源数据集
1    1015425  3  1   1    1    2  2    3   1    1    2
…(输出略)
样本数和特征数:(698, 11)        # 698 为样本总数,11 为列数
数据集统计值:
           1000025         5           1...          1.4          1.5         2.1   # 异常值
Count  6.980000e+02  698.000000  698.000000...  698.000000  698.000000  698.000000
…(输出略)
有数据缺失值的样本:1000025     0
…(输出略)
数据正常样本数:(682, 11)                         # 682 = 正常样本总数,11 = 列数
数据集肿瘤预测【2 = 正常人; 4 = 乳腺癌患者】
```

```
[4 4 2 2 4 2 4 2 4 2 2 4 2 2 4 2 4 4 2 2 2 2 4 2 2 4 2 2 4 2 2 2 4 2 4 2 2 4 2
2 4 2 2 2 2 2 2 2 2 2 2 2 4 2 4 2 4 4 2 2 4 2 2 4 4 2 2 2 2 2 2 2 2 4 4 2
2 2 2 4 2 2 4 4 2 4 2 2 2 2 2 2 4 2 2 2 2 2 4 2 2 2 2 4 4 2 2 4 4 2 2 2 4
2 2 2 2 2 4 4 2 4 4 4 2 4 4 4 4 2 2 4 2 4 4 4 2 4 4 4 2 4 4 2 2 4 2 2 2 2
4 4 4 2 4 2 4 2 4 4 4 2 2 2 2 2 2 4 4 2 2 2 2 2 2 2 4 2 2 4 2 2 2 2 2 4 4
2 2 2 4 2 4 4 4 2 4 2 2 4 2 2 2 2 2 2 4]
权重：[[0.49136633 0.00801555 0.35759972 0.26964319 0.14242009 0.35240597
  0.38891998 0.10929317 0.29043947]]
偏置：[-9.22553899]
准确率：0.975609756097561
预测模型评估报告：
             Precision【准确度】        recall【精度】  f1-score【F1 分数】  support【支持度】
良性患者       0.97                     0.99            0.98               127
恶性患者       0.99                     0.95            0.97               78
     Accuracy【准确度】                                  0.98               205
  macro avg【宏平均值】        0.98      0.97            0.97               205
weighted avg【加权平均值】     0.98      0.98            0.98               205
预测准确率：0.9704219664849586
```

程序第 21 行，data.dropna()为 pandas 删除空值函数；参数 how='any'表示只要含有缺失值的行就删除；参数 axis=0 表示删除行(axis=1 时删除列)；参数 inplace=True 表示直接对数据进行修改，不生成新数据。

程序第 27 行，划分训练集和测试集，训练集为 70%，测试集为 30%；返回的 x_train 为训练集特征值；y_train 为训练集目标值；x_test 为测试集特征值；y_text 为测试集目标值(预测值)。

### 12.3.3 案例：数字图片文本化

**1. MNIST 数据集**

MNIST 是美国国家标准与技术研究院手写数字数据集(包括训练集合测试集)，它由 250 个人的手写数字构成，其中 50%的图片是高中学生手写数字，50%的图片来自人口普查局工作人员的手写数字。MNIST 数据集可在 http://yann.lecun.com/exdb/mnist/网站下载，训练集包含 60 000 个样本，测试集包含 10 000 个样本。MNIST 数据集中的每张图片都是灰度图像，由 28×28 个像素点构成，每个像素点用一个灰度值表示。每张图片的文件名就是手写数字的分类标签(0～9)，如 4_12.png 文件，标签 4 对应数字，12 为样本序号。数据集中每张图片展开成一个 28×28=784 维的向量，每张图片展开顺序一致。

**2. DBRHD 数据集**

DBRHD(手写数字)数据集是 UCI(美国加州大学欧文分校)提供的手写数字数据集。DBRHD 由训练集(trainingDigits)与测试集(testDigits)组成。训练集共有 7494 个手写数字文件，来源于 40 位手写者；测试集有 3498 个手写数字文件，来源于 14 位手写者。DBRHD 数据集已经将手写数字图片转换为 32 行 32 列规格的文本文件，空白区用 0 表示，字迹区用 1 表示，文字标签由文件名组成，如图 12-9 所示。

**3. digits 数据集**

Sklearn 软件自带了一个 digits 手写数字数据集，它有 1797 个手写数字样本，每个数据

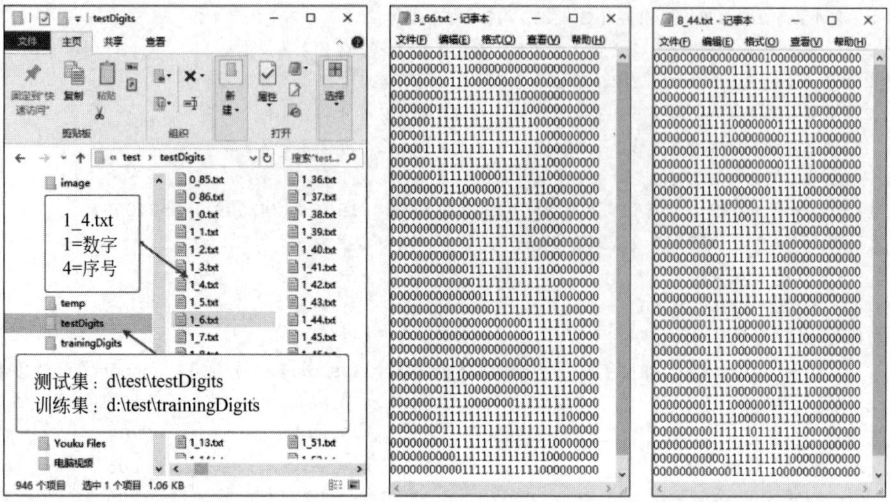


图 12-9　DBRHD 数据集文件目录和内容(安装目录由用户指定)

由 8×8 大小的矩阵构成,数据集已经将手写数字图片转换为 8 行 8 列的文本文件。

**【例 12-19】** 使用 load_digits()函数加载 digits 手写数字数据集。

```
>>> from sklearn.datasets import load_digits            # 导入第三方包 - 机器学习数据集
>>> digits = load_digits()                              # 载入手写数字数据集
>>> print(digits.images.shape)                          # 打印数据集统计值
(1797, 8, 8)                                            # 数字图片为 1797 个,每个 8×8 像素
>>> import matplotlib.pyplot as plt                     # 导入第三方包 - 绘图
>>> plt.matshow(digits.images[0])                       # 绘制数字 0 图像
>>> plt.show()                                          # 显示图形
```

**4. 手写数字图片制作**

**【例 12-20】** 为了进行数字识别,下面制作一个手写数字图片,制作过程如下。

步骤 1:选择"开始"→"Windows 附件"→"画图"命令。

步骤 2:选择"文件"→"属性"命令,设置宽度为 150 像素,高度为 150 像素(建议图片大小不要超过 200×200 像素),单击"确定"按钮。

步骤 3:在画布中绘制一个黑色的数字,如图 12-10 所示。

步骤 4:选择"文件"→"另存为"→"PNG 图片"命令,选择图片文件的保存目录(如 d:\test\12,输入文件名(如 4_1.png),单击"保存"按钮→关闭"画图"程序。

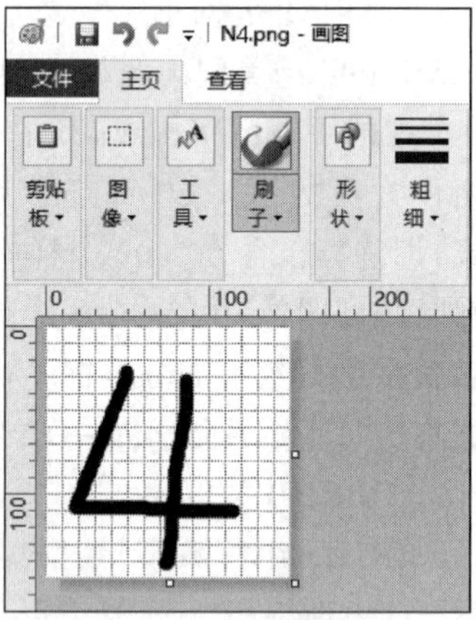


图 12-10　4_1.png 文件

**5. 手写数字图片二值化**

**【例 12-21】** 有些数据集(如 DBRHD、digits 等)已经将数字图片转换成 32×32 的二值化(只有 1 和 0)文本文件。以下是将图片转换为 32×32 文本文件的过程。

步骤 1：导入相应第三方软件包。

步骤 2：载入图片文件，因为是彩色图片，大小也不一致，因此需要对图片进行降噪处理，并且将图片转换为灰色，灰色转换公式为：Gray＝R * 0.299＋G * 0.587＋B * 0.114。

步骤 3：将灰度图片进行黑白两色的二值化处理。如果像素点灰度值为 255（或大于250）则标记为 1（黑色），其余像素点统一标记为 0（白色）。

步骤 4：将图片转换为 32×32 像素大小的图片文件。

步骤 5：将得到的 0-1 字符串保存到 32×32 文本文件中，如图 12-11 所示。

```
#E1221.py                                           #【图片数字化】
from PIL import Image                               # 导入第三方包 - 图片处理
import matplotlib.pylab as plt                      # 导入第三方包 - 绘图
import numpy as np                                  # 导入第三方包 - 科学计算
#【图片转 0 - 1】
def picTo01(filename):                              # 将图片转化为 32×32 像素的 0 - 1 文件
    img = Image.open(filename).convert('RGBA')      # 加载源图片文件
    raw_data = img.load()                           # 获取图片像素值
    for y in range(img.size[1]):                    # 将图片降噪并转换为黑白两色
        for x in range(img.size[0]):                # 遍历图片像素
            if raw_data[x, y][0] < 90:              # x 为行，y 为列，对每个像素进行降噪
                raw_data[x, y] = (0, 0, 0, 255)     # 透明度 A 统一设为 255
    for y in range(img.size[1]):
        for x in range(img.size[0]):                # 遍历图片像素
            if raw_data[x, y][1] < 136:             # 二值化处理，136 为阈值点
                raw_data[x, y] = (0, 0, 0, 255)     # 透明度 A 统一设为 255
    for y in range(img.size[1]):
        for x in range(img.size[0]):
            if raw_data[x, y][2] > 0:
                raw_data[x, y] = (255, 255, 255, 255) # 统一为白色
    img = img.resize((32, 32), Image.LANCZOS)       # 设置图片大小为 32×32 像素
    #img.save('d:\\test\\12\\4_1out.png')           # 存储缩放后的图片(可选)
    array = plt.array(img)                          # 获取像素数组数据(32,32,4)
    gray_array = np.zeros((32, 32))
#【将图片转换为 0 - 1 二值文件】
    for x in range(array.shape[0]):                 # 遍历图片行
        for y in range(array.shape[1]):             # 遍历图片列
            gary = 0.299 * array[x][y][0] + 0.587 * array[x][y][1] + 0.114 * array[x][y][2]
            # 将图片转换为 0 - 1 数组(转换公式:0.299 * R + 0.587 * G + 0.114 * B)
            if gary > 250:                          # 设置灰度阈值，大于 250 记为 0
            # 判断灰度值，小范围调整 250 值，数据文件会不同，数值越小越接近黑色
                gray_array[x][y] = 0                # 灰度阈值大于 250 时，记为 0
            else:
                gray_array[x][y] = 1                # 否则认为是黑色，记为 1
    np.savetxt('d:\\test\\12\\4_1.txt', gray_array, fmt = '%d', delimiter = '')   # 保存数字文件

if __name__ == '__main__':
    picTo01('d:\\test\\12\\4_1.png')                # 传入手写图片文件(150×150 像素)
>>>                                                 # 程序运行结果如图 12 - 11 所示
```

程序第 7 行，PNG 格式的图片每个像素有 R、G、B、A 四个值，A 值指透明度。

程序第 11 行，“if raw_data[x, y][0] < 90”语句为图像去噪处理，对灰度值小于 90 的像素点，在程序第 12 行中统一设置为(0,0,0,255)。

程序第 15 行，“if raw_data[x, y][1] < 136”为二值化处理，像素点灰度值小于 136(阈值)时，全部设置为 0；而像素点灰度值大于 136 时，全部设置为 255。

程序第 28 行，按灰度公式计算每个像素点，将图片每个像素转换为 0 或 1。

程序第 35 行，注意，文件名称在后面的识别程序中将作为识别标签，因此文件命名必须遵循以下规则。文件命名形式为 N_M. txt，其中 N 代表这个样本的实际数字，M 代表是第几个样本。例如，数字“4”的第 1 个样本文件命名为 4_1. txt。

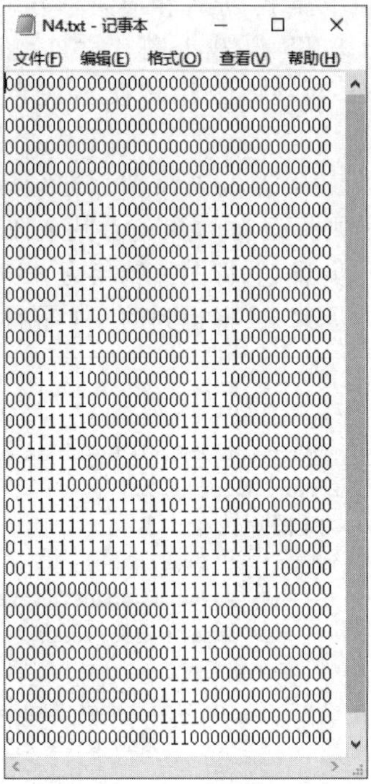


图 12-11　4_1. txt 文件

## 12.3.4　案例：识别手写数字-SVC 模型

图像识别是指利用计算机对图像进行处理、分析和理解，以识别各种不同对象的技术。手写数字识别由于只有 0～9 共 10 个数字，因此识别任务比较简单。DBRHD 和 MNIST 是常用的识别数据集。机器学习领域一般将文字识别转换为分类问题。

**【例 12-22】** 使用 Sklearn 中的 SVM 分类器，对 DBRHD 数据集中的手写数字进行识别。DBRHD 数据集分为训练数据集(trainingDigits，1934 个数字文件)和测试数据集(testDigits，946 个数字文件)。SVM 的优点是存储空间不大，因为它只需要保留支持向量即可，而且能获得很好的效果。

```
#E1222.py                                            #【数字识别 SVC】
import operator                                      # 导入标准模块 - 运算符模块
from os import listdir                               # 导入标准模块 - 读入目录和文件名
import numpy as np                                   # 导入第三方包 - 科学计算
from sklearn.svm import SVC                          # 导入第三方包 - 机器学习支持向量机
#【转为一维数组】
def img2Vector(filename):                            # 图形数据转换为一维数组
    returnVect = np.zeros((1, 1024))                 # 创建 1×1024 的零向量
    fr = open(filename)                              # 打开文件目录
    for i in range(32):                              # 按行读取 TXT 文件内的数据
        lineStr = fr.readline()                      # 读取一行数据
        for j in range(32):                          # 每行前 32 个元素依次添加到 returnVect 中
            returnVect[0, 32 * i + j] = int(lineStr[j])
    return returnVect                                # 返回转换后的 1×1024 一维向量
#【数字识别】
def handwritingClassTest():                          # 手写数字分类测试；无返回值
```

```
17      hwLabels = []                                   # 测试集的 Labels
18      trainingFileList = listdir('d:\\test\\trainingDigits')   # 读入训练数据文件到列表
19      m = len(trainingFileList)                       # 返回训练数据文件的个数
20      trainingMat = np.zeros((m, 1024))               # 初始化训练的 Mat 矩阵,测试集
21      for i in range(m):                              # 从文件名中解析出训练的类别(标签)
22          fileNameStr = trainingFileList[i]           # 获得文件的名字
23          classNumber = int(fileNameStr.split('_')[0])   # 获得分类标签的数字
24          hwLabels.append(classNumber)                # 将获得的类别添加到 hwlabels 中
25          trainingMat[i, :] = img2Vector('d:\\test\\trainingDigits/%s' % (fileNameStr))
26          # 将每个文件的 1×1024 数据存储到 trainingMat 矩阵中
27      clf = SVC(C=200, kernel='rbf')                  # 进行机器学习
28      clf.fit(trainingMat, hwLabels)
29      testFileList = listdir('d:\\test\\testDigits')   # 读入测试数据 testDigits 目录下的文件
30      errorCount = 0.0                                # 错误检测计数
31      mTest = len(testFileList)                       # 计算测试数据的文件数量(样本数)
32      for i in range(mTest):        # 从文件名解析出测试集的类别,并进行分类测试
33          fileNameStr = testFileList[i]
34          classNumber = int(fileNameStr.split('_')[0])
35          # 获得测试集的 1×1024 向量,用于训练
36          vectorUnderTest = img2Vector('d:\\test\\testDigits/%s' % (fileNameStr))
37          classfierResult = clf.predict(vectorUnderTest)    # 获得预测结果
38          print("分类识别数字为 %d\t 真实数字为%d " % (classfierResult, classNumber))
39          if (classfierResult != classNumber):
40              errorCount += 1.0
41      print("总共错了%d个数据\n错误率为:%f%%" % (errorCount, errorCount / mTest * 100))
42
43  if __name__ == '__main__':
44      handwritingClassTest()
```

```
>>>                                                    # 程序运行结果
分类识别数字为 0     真实数字为 0
分类识别数字为 1     真实数字为 1
分类识别数字为 4     真实数字为 6                      # 识别错误
…(输出略)
总共错了 9 个数据
错误率为:0.951374%
```

程序第 7、8 行,将 32×32 的图像数据(TXT 文件)转换为 1×1024 的向量。文件名称形式为"数字_序号.txt",如"0_12.txt"表示数字 0(标签)的第 12 个样本数据文件。

程序第 18 行,listdir('d:\\test\\trainingDigits')为数字训练集目录,数字训练集由 0~9 共 10 个数字组成,每个手写数字大约有 200 个训练样本,一共 1934 个数据样本。所有训练样本统一被处理为 32×32 的 0-1 矩阵,其中 0 为空白,1 为数字笔画,如图 12-9 所示。本案例采用了《机器学习实战》一书中的训练数据集(1934 个样本)和测试数据集(946 个样本),下载地址为 https://www.manning.com/books/machine-learning-in-action。

程序第 20 行,np.zeros((m, 1024))为双层括号,代表构造的是一个二维矩阵。

程序第 23 行,通过切割文件名,获取测试样本和训练样本的数字标签。

程序第 29 行,listdir('d:\\test\\testDigits')为手写数字测试样本文件。构造测试集

时，所有手写数字图片必须处理为 32×32 的 0-1 矩阵格式，这样才能被分类算法正确识别。可以用例 12-21 所示的方法，制作数字测试样本，然后存放在 d:\\test\\testDigits 目录中。

### 12.3.5 案例：识别手写数字-MLP 模型

**【例 12-23】** 利用 Sklearn 软件包中 MLP(多层感知机)模型来训练一个简单的全连接神经网络，用于识别 DBRHD 数据集中的手写数字。MPL 神经网络结构如下。

输入层：DBRHD 数据集每一个 TXT 文件都是由 0-1 组成的 32×32 文本矩阵，需要将文本矩阵转换为 1×1024 个神经网络元。

输出层：截取图片文件名中的数字标签，并且将数字标签转换为 One-Hot 编码，例如将标签 0 转换为[1,0,0,0,0,0,0,0,0,0]，即 MLP 输出层有 10 个神经元。

隐藏层：为了降低程序运行时间，本例只设置了 1 个隐藏层，50 个神经元。

处理过程：导入软件包；加载训练数据；训练神经网络；测试数据；评价模型。

```
#E1223.py                                              #【数字识别 MLP】
import numpy as np                                     # 导入第三方包 - 科学计算
from sklearn.neural_network import MLPClassifier       # 导入第三方包 - 多层感知器模型
from os import listdir                                 # 导入标准模块 - 用于访问本地文件

#【图片转换成一维向量】
def img2vector(fileName):                              # 将 32×32 图片矩阵展开成一维向量
    retMat = np.zeros([1024], int)                     # 转换为 1×1024 的一维数字
    fr = open(fileName)                                # 打开包含 32×32 大小的数字文件
    lines = fr.readlines()                             # 读取文件所有行
    for i in range(32):                                # 遍历文件所有行
        for j in range(32):                            # 遍历文件所有列
            retMat[i * 32 + j] = lines[i][j];          # 将 0 - 1 数字存放在 retMat
    return retMat                                      # retMat 为返回的一维向量
#【加载训练数据】
def readDataSet(path):
    fileList = listdir(path)                           # 获取文件夹下所有文件
    numFiles = len(fileList)                           # 统计需要读取的文件数
    dataSet = np.zeros([numFiles, 1024], int)          # 用于存放对应的 one - hot 标签
    hwLabels = np.zeros([numFiles, 10])                # 用于存放对应的标签 One - Hot 编码
    for i in range(numFiles):                          # 遍历所有文件
        filePath = fileList[i]                         # 获取文件名称/路径
        digit = int(filePath.split('_')[0])            # 通过文件名获取标签
        hwLabels[i][digit] = 1.0                       # 将对应的 One - Hot 编码标签置 1
        dataSet[i] = img2vector(path + '/' + filePath)   # 读取文件内容
    return dataSet, hwLabels                           # 返回标签 One - Hot 编码
train_dataSet, train_hwLabels = readDataSet('d:\\test\\trainingDigits')    # 加载训练样本
#【训练神经网络】
clf = MLPClassifier(hidden_layer_sizes = (50,), activation = 'logistic',
    solver = 'adam', learning_rate_init = 0.0001, max_iter = 2000)
clf.fit(train_dataSet, train_hwLabels)
#【测试集评价】
```

```
33  dataSet, hwlLabels = readDataSet('d:\\test\\testDigits')    # 加载测试样本
34  res = clf.predict(dataSet)                                  # 对测试集进行预测
35  error_num = 0                                               # 统计预测错误数
36  num = len(dataSet)                                          # 计算测试集数
37  for i in range(num):                                        # 遍历预测结果
38      if np.sum(res[i] == hwlLabels[i]) < 10:    #比较长度为 10 的数组,返回包含 0－1 的数组
39          error_num += 1
40  print("测试样本总数:", num, "错误数:", error_num, "错误率:", error_num/float(num))
```

```
>>>                                                             # 程序运行结果
测试样本总数: 946 错误数: 47 错误率: 0.049682875264270614
```

程序第 13 行,将 TXT 文件中 32×32 像素的数据存放到(1024,1)数组中。

程序第 26 行,获取文本文档中数字的具体内容,以及其标签的 One-Hot 编码。

程序第 29、30 行,参数 hidden_layer_sizes=(50,)表示第 i 隐藏层的神经元为 50 个,数据格式为元组;参数 activation='logistic'表示使用 logistic 激活函数;参数 solver='adam'表示使用 adam 自适应学习优化方法;参数 learning_rate_init=0.0001 表示初始学习率为 0.0001;max_iter=2000 表示最大迭代次数为 2000。

程序第 31 行,fit()函数能够根据训练集与对应标签集,自动设置多层感知机输入层与输出层的神经元个数;参数 train_dataSet 为 n×1024 的训练矩阵;参数 train_hwLabels 为 n×10 的标签矩阵。fit()函数将 MLP 的输入层神经元个数设为 1024,将输出层神经元个数设为 10。

程序第 38 行,比较长度为 10 的数组,返回包含 0-1 的数组,0 为不同,1 为相同。

# 习　题　12

12-1　简要说明机器学习的基本特征。

12-2　简要说明机器学习的基本流程。

12-3　简要说明什么是深度学习。

12-4　实验:调试 E1213.py 程序,掌握将文字数据进行标签转换的方法。

12-5　实验:调试 E1214.py 程序,掌握将数据转换为独 1 编码的方法。

12-6　实验:调试 E1217.py 程序,掌握 KNN 数据分类方法。

12-7　实验:调试 E1218.py 程序,掌握用回归分析方法预测乳腺癌患者。

12-8　实验:调试 E1221.py 程序,掌握手写数字图片转换为数字文件的方法。

12-9　实验:调试 E1222.py 程序,掌握用支持向量机算法识别手写数字的方法。

12-10　编程:用 KNN 算法识别手写数字。

# 第 13 章 简单游戏程序设计

游戏开发涉及编程(编程语言、计算机图形学等)、美术(原型设计、色彩、模型等)、游戏策略设计(核心玩法、人机交互等)、音乐(配音)等知识。PyGame 是一个在 Python 中应用广泛的游戏引擎,PyGame 为程序员提供了各种编写游戏所需的函数和模块,让游戏设计者能容易和快速地设计出游戏程序,而不用从零开始设计游戏。

## 13.1 基本操作

### 13.1.1 游戏引擎

**1. 游戏引擎的基本功能**

**游戏引擎是指一些已编写好的程序核心组件(软件包)**。如 unity3D(商业版)、Panda3D(开源)、cocos2dx(开源)、PyGame(开源)等。游戏引擎一般包含以下系统:图形引擎、声音引擎、物理引擎、游戏开发工具等。PyGame 开发 2D 游戏游刃有余,但是开发 3D 游戏就显得力不从心了。Panda3D 是迪士尼 VR 工作室开发、维护的开源软件包,开发 3D 游戏时,可以通过 C++或 Python 调用 Panda3D 游戏引擎中的模块和函数。

图形引擎主要包含游戏中场景(室内或室外)的管理与渲染、角色的动作管理和绘制、特效的管理与渲染(如水纹,植物,爆炸等)、光照和材质处理等。

声音引擎主要包含音效(SE)、语音(voice)、背景音乐(BGM)播放等。音效在游戏中频繁播放,而且播放时间比较短,但要求无延迟的播放。语音是游戏中的声音或人声,一般用音频录制和回放声音。背景音乐是游戏中一长段循环播放的音乐。

物理引擎主要包含游戏世界中的物体之间、物体和场景之间发生碰撞后的力学模拟,以及发生碰撞后物体骨骼运动的力学模拟。

游戏开发工具主要有关卡编辑器、角色编辑器、游戏逻辑、网络对战引擎、资源打包工具等。其中,关卡编辑器用于游戏场景调整,进行事件设置、道具摆放等。角色编辑器主要用于编辑角色属性和检查动作数据的正确性。游戏逻辑和人工智能在欧美游戏公司中,普遍采用脚本语言编写,这样利于游戏程序和游戏关卡分开设计,同时开发。网络对战引擎主要解决网络数据包的延迟处理,通信同步等问题。

Python 支持的游戏引擎和多媒体开发第三方软件包如表 13-1 所示。

**2. 游戏引擎 PyGame**

SDL(简单直接媒体层)是一套开放源代码的跨平台多媒体开发库。SDL 能访问计算机多媒体硬件设备(如声卡、显卡、话筒等)。SDL 提供了数种控制图像、声音、输入输出的函数,利用它可以开发出跨平台(Linux、Windows 等)的应用软件。SDL 是一个功能强大的游戏引擎,它用 C/C++语言编写。

表 13-1 Python 支持的游戏引擎和多媒体开发第三方软件包

| 游戏引擎名称 | 说　明 |
|---|---|
| PyGame | 游戏引擎,GUI 界面,面向事件处理。功能包括窗口创建、绘图画布、图形绘制、事件处理、碰撞检测、音频处理等,用于开发 Python 的 2D 游戏 |
| cocos2d | 游戏引擎,用来开发 2D 游戏、产品演示和其他图形交互应用的框架 |
| Panda3D | 迪士尼公司开发的 3D 游戏引擎,用 C++语言编写,针对 Python 进行了封装 |
| PyOpenGL | OpenGL 的 Python 绑定及其相关 API |
| PyOgre | Ogre 3D 渲染引擎,用来开发游戏和仿真程序等 3D 应用 |

PyGame 是用 SDL 写成的游戏库,它是一个支持 Python 并且功能强大第三方库(见表 13-2),利用它设计游戏程序简单易学。PyGame 指南技术文档很齐全(官方网站为 https://www.pygame.org/docs/),在游戏开发中查看这些文档,很多问题会迎刃而解。

表 13-2 PyGame 中主要模块一览表

| 模块名 | 功　能 | 模块名 | 功　能 |
|---|---|---|---|
| pygame | 通用模块 | pygame.music | 播放音频 |
| pygame.cursors | 加载光标 | pygame.rect | 管理矩形区域 |
| pygame.display | 访问显示设备 | pygame.sndarray | 操作声音数据 |
| pygame.draw | 绘制形状、线和点 | pygame.sprite | 管理游戏精灵 |
| pygame.event | 管理事件 | pygame.surface | 管理图形和屏幕 |
| pygame.font | 使用字体 | pygame.surfarray | 管理画面数据 |
| pygame.image | 加载和存储图片 | pygame.time | 管理时间和帧信息 |
| pygame.key | 读取键盘按键 | pygame.transform | 缩放和移动图像 |
| pygame.mixer | 音频控制 | pygame.cdrom | 访问光驱(极少用) |
| pygame.mouse | 鼠标控制 | pygame.movie | 播放视频(极少用) |

游戏设计的主要工作有创建游戏窗口、设计游戏主循环、设计精灵、事件检测、碰撞检测、设计游戏图形、设计游戏动画、设计游戏逻辑、调用第三方库等操作。

### 13.1.2 基本概念

**1. 精灵**

精灵是指游戏中一个独立运动的画面对象。简单来说,**精灵就是一个会动的图片**。可以用图片素材文件(如.jpg、.png、gif 文件)来做精灵图像,也可以用 PyGame 绘制精灵图形。PyGame 提供了精灵类和精灵组功能,它有很多内置函数,这些函数能帮助我们进行精灵初始化、精灵碰撞检测、精灵删除、精灵更新等操作。

**2. 画面**

在 PyGame 中,**Surface 就是画面(图像)**。可以将 Surface 想象成一个矩形画面,它也可以由多个画面组成。Surface 用于实现游戏中的一个场景。

**3. 位块复制**

计算机领域中,图形和图像是两个不同的概念,**图像由像素组成,图形由线条和面组成**,它们的处理方法差别很大。由于图像无法进行绘图、变形、变色等操作,因此,在 PyGame 中,使用 **blit(位块复制)方法将图像的像素绘制(渲染)到另一个图形上面**,这实际上相当于将图片“贴”到窗口或其他图形上，如将精灵图片“贴”到背景画面上。

**4．事件**

游戏中总是充满了各种事件(event)，如精灵碰撞、鼠标单击、键盘按下、关闭窗口等。游戏中的事件都会被 PyGame 捕获，并以 Event 对象的形式放入消息队列，pygame.event 模块提供从消息队列中获取事件对象，并对事件进行处理的功能。

**5．游戏动画**

游戏中的动画，不过是在每一帧图形上，相对前一帧画面把精灵的坐标进行一些加、减计算而已。从程序设计角度来看，**游戏中的运动就是改变一个物体的坐标**。

例如，可以用 move()函数改变精灵的位置，当 speed=[−2,1]时，就是精灵水平位置(x)左移 2 像素，垂直位置(y)下移 1 像素，然后用 display.update()函数更新画面。

但是改变坐标必须不停地计算和修改 x 和 y 坐标，这项工作麻烦而且烦琐。可以在游戏中引入向量的概念，通过向量来计算运动的过程，让数学帮助我们减轻计算负担。

**6．游戏速度**

有些计算机性能好，游戏运行速度快(帧率高)；有些计算机性能差，游戏运行速度慢(帧率低)；这样同一个游戏在不同计算机中的效果就会不一致。解决方案是游戏动画速度采用时间进行控制，这样在不同计算机上也会获得一致的动画效果。

## 13.1.3 游戏框架

**1．游戏框架案例**

**【例 13-1】** 在一个游戏窗口中显示背景图片和文字，以此说明游戏的基本框架。

```
#E1301.py                                                   #【游戏基本框架】
import pygame                                               # 导入第三方包-游戏引擎

#【游戏初始化】
pygame.init()                                               # 游戏引擎初始化
window = pygame.display.set_mode((800, 600), 0, 32)         # 设置游戏窗口大小
#【加载资源】
bg = pygame.image.load('d:\\test\\13\\大海.jpg').convert()   # 载入背景图片
font = pygame.font.Font('d:\\test\\13\\SIMLI.TTF', 80)      # SIMLI.TTF 为隶书,80 为大小
text = font.render('面朝大海,春暖花开。', True, (255, 0, 0)) # 字符串文本、颜色赋值
img = pygame.image.load("d:\\test\\13\\鱼 2.png")            # 载入精灵图片
#【渲染图片】
pygame.display.set_caption("游戏框架")                       # 绘制窗口和标题
window.blit(bg, (0, 0))                                     # 渲染背景图片到窗口
window.blit(img, (10, 50))                                  # blit(渲染对象,(坐标 x,y))
w, h = img.get_size()                                       # 获取对象(精灵鱼)宽和高
window.blit(img, (600 - w, 500 - h))                        # 绘制第 2 行的精灵鱼
new1 = pygame.transform.scale(img, (100, 200))              # 图片缩放:宽为 100,高为 200
window.blit(new1, (210, 0))                                 # 绘制精灵鱼(拉长)
new2 = pygame.transform.rotozoom(img, -30, 0.7)             # 旋转-30°,缩放比为 0.7
window.blit(new2, (600, 100))                               # 绘制旋转和缩小的鱼
window.blit(text, (20, 220))                                # 绘制字符串
#【游戏主循环】
```

```
24  while True:                                    # 游戏主循环
25      for event in pygame.event.get():           # 事件检查
26          if event.type == pygame.QUIT:          # 如果事件为关闭窗口
27              pygame.quit()                      # 退出游戏引擎
28              exit()                             # 退出游戏程序
29      pygame.display.update()                    # 画面渲染和刷新
    >>>                                            # 程序运行结果如图 13-1 所示
```

图 13-1　程序运行结果

**2. 游戏初始化**

程序第 4～6 行，对游戏进行一些初步设置，这个步骤称为初始化。

程序第 6 行，pygame.display.set_mode((800, 600), 0, 32)为创建一个游戏窗口，这个窗口是游戏中的画布。参数(800, 600)为元组，表示窗口的大小；参数 0 是可选的特殊功能，一般不使用这些特性，直接设置为 0；参数 32 是色深。

**3. 加载资源**

程序第 7～11 行，加载游戏中需要用到的图片、文本、音乐、字体等资源。

程序第 8 行，convert()函数是将图片转换为 Surface 要求的像素格式。每次加载完图片后都应当做这件事件(由于它太常用了，如果没有写它，PyGame 也会帮你做)。

程序第 9 行，指定游戏中使用中文字体的路径和文件名。

**4. 游戏渲染**

程序第 12～22 行，这部分为游戏渲染操作。其中 blit(渲染对象,(坐标 x,y))是一个非常重要的函数，第一个参数为精灵图片；第二个参数为图片坐标位置(元组)。

**5. 游戏主循环**

程序第 23～29 行，这部分为游戏程序主循环，它是一个无限循环，直到用户关闭窗口才能跳出循环。游戏主循环主要做三件事：一是绘制游戏画面到屏幕窗口中；二是处理各种游戏事件；三是渲染和刷新游戏状态。

程序第 25～28 行，这部分为事件处理。游戏所有操作都会进入 PyGame 的事件队列，我们可以用 pygame. event. get()函数捕获事件，它会返回一个事件列表，列表中包含了队列中的所有事件。我们可以对事件列表进行循环遍历，根据事件类型做出相应操作。如 KEYDOWN(鼠标按键事件)处理和 QUIT(程序退出事件)处理等。

程序第 29 行，pygame. display. update()函数对游戏画面进行更新。游戏中的图形和文字即使是静止的，也需要不停地绘制它们(刷新)，否则画面就不能正常显示。

### 13.1.4 创建画面 Surface

**1. 画面处理函数**

PyGame 的画面处理函数如表 13-3 所示。

**表 13-3 PyGame 的画面处理函数**

| 函数应用案例 | 说明 |
|---|---|
| pygame. image. load("图片名"). conver() | 载入图片对象，用 blit()复制到屏幕 |
| pygame. Surface((250, 250), flags, depth) | 创建 Surface 对象，((x, y), 可选, 色深) |
| screen. subsurface((0, 0), (80, 80)) | 子画面对象，((x, y), (宽, 高)) |
| screen. set_at(pos, color) | 设置一个像素的色彩，(位置, 颜色) |
| screen. get_at(pos) | 获取某一像素的色彩，操作比较慢 |
| pygame. transform. scale(surface, (width//2, height//2)) | 缩放图片，(源图, (宽//2, 高//2), 缩小 1/2 |
| pygame. transform. smoothscale(surface, (width, height)) | 缩放图片，比 scale()慢，但效果更好 |
| pygame. sprite. Group() | 创建精灵组 |
| pygame. sprite. add(sprite) | 添加精灵对象 |
| pygame. sprite. update(ticks) | 刷新时钟 |
| pygame. sprite. draw(screen) | 绘制精灵图形 |
| pygame. sprite. collide_rect(arrow, dragon) | 碰撞检测 |
| screen. set_clip(0, 400, 200, 600) | 设置裁剪区域，(x, y, 宽, 高) |
| screen. get_clip() | 获取裁剪区域 |

**2. 画面创建方法 Surface**

建立游戏窗口后，就需要在窗口中添加背景画面、精灵画面、文字画面等，这些操作称为创建 Surface 对象。**一个游戏画面就是由多个 Surface 对象构成(如背景画面、精灵画面、文字画面等)的。**可以用以下方法构建 Surface 对象。

**【例 13-2】** 利用 pygame. image. load()方法构建 Surface 对象(背景画面)。

```
background = pygame.image.load('d:\\test\\13\\鱼 1.jpg').convert()
```

参数'd:\\test\\13\\鱼 1.jpg'为指定图片的名称和路径。PyGame 会在内部转换为 JPG、PNG、GIF 格式的图片文件，它会将像素的所有颜色都重新编码为一维数组。convert()的功能就是将图片文件转换为像素格式，以加速后面程序的运行速度。如果没有写 convert()函数，PyGame 也会自动执行转换操作。

**【例 13-3】** 创建一个 200×200 像素的空画面。

```
bland_surface = pygame.Surface((200, 200), 0, 32)
```

参数(200，200)是指定画面大小，这时 Surface 对象是全黑颜色；不指定这个参数时，就创建一个与窗口同样大小的画面。

参数 0 表示这个参数不设定，由 PyGame 自动进行显示优化。

参数 32 为色彩深度，如果精灵图片是透明背景，就需要设置这个参数为 32。

PyGame 支持三种图像透明度类型：colorkeys、surface alphas 和 pixel alphas。colorkeys 是设置图像中某个颜色值为透明；surface alphas 是调整整个图像的透明度(0 为全透明，255 为不透明)；pixel alphas 是独立设置图像中每一个像素的透明度(速度最慢)。

**3. 填充画面 fill()**

填充有时候作为一种清屏操作，它把整个 Surface 填上一种颜色。

```
screen.fill((255, 255, 255))                    # 在指定画面填充白色
```

**4. 矩形对象 Rect**

PyGame 中，Rect 对象极为常用。如调整游戏精灵位置和大小、判断一个点是否在某个矩形之中(碰撞检测)等。一个 Rect 对象可以由 left、top、width、height 值创建，如图 13-2 所示。Rect 也可以由 PyGame 的对象创建，它们会拥有 rect 属性。注意，Rect 对象类似于一个透明的(不可见)框架，而精灵往往是附着在这个框架上的图片。

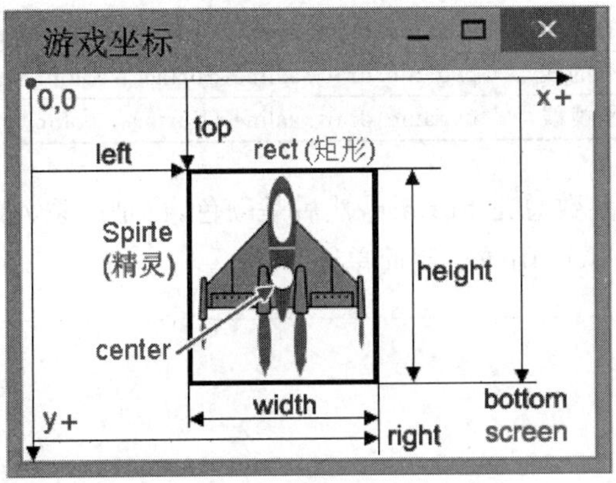


图 13-2　Rect 对象坐标值名称

**说明**：坐标值(0，0)代表窗口左上角(单位为像素)；x 坐标值往右走则增大，往左走则减小；y 坐标值往下走则增大，往上走则减小。创建 Rect 对象的语法格式如下。

```
pygame.Rect(left, top, width, height)           # 创建 Rect 对象的语法格式
```

【例 13-4】 创建 Rect 矩形对象。

```
my_rect1 = (100, 100, 200, 150)                 # 创建 Rect 对象方法 1
my_rect2 = ((100, 100), (200, 150))             # 创建 Rect 对象方法 2(元组)
```

**5. 子画面 Subsurface**

在游戏中，一个精灵往往有很多动作(如不同的走路姿势，运用武器的不同方法等)，这些姿势都是由很多个很小的图片文件组成的。如果一个精灵的每个姿势都用一个单独文件

保存,游戏中的小图片文件数量将非常多,这一方面不便于文件管理,另一方面也降低了游戏运行速度。解决方法是将这些小图片全部放在一个大图片文件中。游戏运行时一次性调入大图片文件,需要精灵的不同姿势时,再在大画面中剪切出子画面(参见例13-12)。Subsurface就是在一个Surface(大画面)中再提取一个子画面。

### 13.1.5 图形绘制draw

除了可以把事先准备好的图片复制到Surface上外,还可以在Surface上绘制一些简单的几何图形,如点、线、圆、矩形等。这些功能主要由draw()函数完成。

表13-4 draw()图形绘制函数

| 函数 | 说　明 | 应用案例 |
| --- | --- | --- |
| rect() | 绘制矩形 | pygame.draw.rect(Surface, color, Rect, width=0) |
| polygon() | 绘制多边形 | pygame.draw.polygon(Surface, color, pointlist, width=0) |
| circle() | 绘制圆 | pygame.draw.circle(Surface, color, pos, radius, width=0) |
| ellipse() | 绘制椭圆 | pygame.draw.ellipse(Surface, color, Rect, width=0) |
| arc() | 绘制圆弧 | pygame.draw.arc(Surface, color, Rect, start_angle, stop_angle, width=1) |
| line() | 绘制线 | pygame.draw.line(Surface, color, start_pos, end_pos, width=1) |
| lines() | 绘制一系列的线 | pygame.draw.lines(Surface, color, closed, pointlist, width=1) |
| aaline() | 绘制一根平滑的线 | pygame.draw.aaline(Surface, color, startpos, endpos, blend=1) |
| aalines() | 绘制一系列平滑线 | pygame.draw.aalines(Surface, color, closed, pointlist, blend=1) |

draw()函数第一个参数总是Surface,然后是颜色,再是一系列的坐标等。

**【例13-5】** 使用draw()函数绘制简单图形。

```
#E1305.py                                                        #【游戏图形绘制】
import pygame                                                    # 导入第三方包

pygame.init()                                                    # 初始化 PyGame
windowSurface = pygame.display.set_mode((550,420))               # 主窗口大小
BLACK = (0,0,0)                                                  # 创建颜色常量
WHITE = (255,255,255)                                            # 白色
RED = (255,0,0)                                                  # 红色
GREEN = (0,255,0)                                                # 绿色
BLUE = (0,0,255)                                                 # 蓝色
windowSurface.fill(WHITE)                                        # 白色填充对象
pygame.draw.line(windowSurface, BLACK, (60, 60), (60, 120), 4)   # 画字母 H 的线段
pygame.draw.line(windowSurface, RED, (60, 90), (90, 90),4)
pygame.draw.line(windowSurface, BLACK, (90, 60), (90, 120), 4)
pygame.draw.circle(windowSurface, GREEN, (400, 60), 40, 0)       # 画圆
pygame.draw.polygon(windowSurface, RED, ((300, 100),
    (445, 206),(391, 377), (210, 377), (154, 206)))              # 画五边形
pygame.draw.rect(windowSurface, BLACK, (60,200, 200, 100), 4)    # 画矩形
pygame.draw.ellipse(windowSurface, WHITE, (300, 200, 80, 120), 6) # 画椭圆
pygame.display.update()                                          # 画面渲染和刷新
```

```
21  Running = True                                  # 设置循环标志
22  while Running:                                  # 游戏循环
23      for event in pygame.event.get():            # 循环检测事件
24          if event.type == pygame.QUIT:           # 判断退出事件
25              Running = False                     # 循环标志为假时退出
26  pygame.quit()                                   # 退出程序
    >>>                                             # 运行结果如图 13 - 3 所示
```

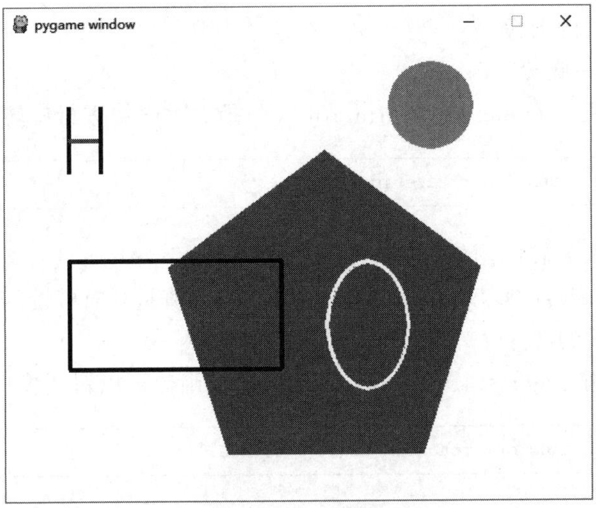


图 13-3　程序运行结果

程序第 19 行，draw. ellipse()为绘制空心椭圆；windowSurface 为绘制对象；WHITE 为白色；(300，200，80，120)为椭圆外接矩形框的 x、y 坐标和宽、高；6 为线条宽度。

## 13.2　游戏动画

### 13.2.1　图像画面变换 transform

画面变换是指移动游戏窗口中的像素或调整像素大小。这些函数会返回新 Surface。一些画面变换具有破坏性，执行时会丢失一些像素数据，如画面大小调整和画面旋转等。因此，应当始终从原始图像开始缩放画面。

**1. 图像变换——缩放**

**【例 13-6】**　使用 pygame. transform. scale()函数可以对图像进行缩放。

```
newimg = pygame.transform.resize(img, (640, 480))
```

参数 img 指定缩放图像。

参数(640，480)指定图像缩放大小。

函数返回缩放后的图像。

**2. 图像变换——翻转**

**【例 13-7】** 使用 pygame. transform. flip()函数可以上下或左右颠倒图像。

```
newimg = pygame.transform.flip(img, True, False)
```

参数 img 指定要翻转的图像。

参数 True 指定是否对图像进行左右翻转。

参数 False 指定是否对图像进行上下翻转。

函数返回颠倒后的图像。

**3. 图像变换——旋转**

**【例 13-8】** 使用 pygame. transform. rotate()函数对图像进行旋转。

```
newimg = pygame.transform.rotate(img, 30.0)
```

参数 img 指定要旋转的图像。

参数 30.0 指定旋转的角度,正值为逆时针旋转,负值是顺时针旋转。

函数返回旋转后的图像。

**【例 13-9】** 使用 pygame. transform. rotozoom()函数可以对图像进行缩放并旋转。

```
newimg = pygame.transform.rotozoom(img, 30.0, 2.0)
```

参数 img 指定要处理的图像。

参数 30.0 指定旋转的角度数。

参数 2.0 指定缩放的比例。

函数返回处理后的图像。这个函数图像效果会更好,但是速度会慢很多。

**【例 13-10】** 使用 pygame. transform. scale2x()函数可以对图像进行快速的两倍放大。

```
newimg = pygame.transform.scale2x(img)
```

参数 img 指定要将图像放大 2 倍。

函数返回放大后的图像。

**4. 图像变换——裁剪**

**【例 13-11】** 使用 pygame. transform. chop()函数可以对图像进行裁剪。

```
newimg = pygame.transform.chop(img, (100, 100, 200, 200))
```

参数 img 指定要裁剪的图像。

参数(100, 100, 200, 200)指定要保留图像的区域。

函数返回裁剪后的图像。

### 13.2.2 画面位块复制 blit

游戏中的图像块往往用于表示精灵,将一个图像块(如精灵)复制到另一个图像(如背景)上面,然后整个画面作为一张图片来渲染,这是游戏中最常用的操作。

位块复制也称为位块传输(bit block transfer),它由 Surface. blit()函数实现,功能是把一个对象(如精灵)附加到另外一个对象(如背景)上。blit()还可以用于制作动画,如通过对 frame_no 值的改变,可以把不同的帧画到屏幕上。blit()函数的语法格式如下:

```
Surface.blit(image, dest, rect)                # 语法格式
```

参数 image 表示源图像块(精灵图片)。

参数 dest 用于指定绘图位置,它可以是一个点的坐标值(x,y),也可以是一个矩形,但只有矩形左上角会被使用,矩形大小不会对图形造成影响。

参数 rect 是可选项,它表示绘图区域内的变化。如果将图像一部分绘制出来,再加上一个简单循环,就会让绘图区域的位置发生变化,从而实现动画效果。

**【例 13-12】** 如图 13-4 所示,在一张大图片中画满游戏需要的所有精灵图片,然后读入整张图片,再用 subsurface()函数把子画面(精灵)"抠"出来。然后利用两个子画面的交替显示,达到游戏中的动画效果,如图 13-5 所示。

```
#E1312.py                                      #【大图片抠图】
import pygame                                  # 导入第三方包 - 游戏引擎
from pygame.locals import *                    # 导入第三方包 - 游戏包中的常量
from sys import exit                           # 导入标准模块 - 退出函数

SCREEN_WIDTH = 480                             # 定义窗口的分辨率
SCREEN_HEIGHT = 640
ticks = 0                                      # 计数时钟,单位为 ms
pygame.init()                                  # 初始化 PyGame
screen = pygame.display.set_mode([SCREEN_WIDTH, SCREEN_HEIGHT])    # 初始化窗口
pygame.display.set_caption('游戏')                                # 设置窗口标题
background = pygame.image.load('d:\\test\\13\\蓝天 1.png')        # 载入背景图片
plane_img = pygame.image.load('d:\\test\\13\\飞机大图.png')    # 载入精灵大图片为 1024×1024 像素
plane1_rect = pygame.Rect(165, 360, 102, 126)                     # 子画面 1 坐标(正常飞机)
plane2_rect = pygame.Rect(325, 496, 102, 126)                     # 子画面 2 坐标(爆炸飞机)
plane1 = plane_img.subsurface(plane1_rect)                        # 用 subsurface()读入子画面 1
plane2 = plane_img.subsurface(plane2_rect)                        # 用 subsurface()读入子画面 2
plane_pos = [200, 500]                                            # 子画面坐标赋值(列表)

while True:                                   # 游戏主循环
    screen.blit(background, (0, 0))           # 绘制背景图片
    if (ticks % 100) < 50:                    # 判断计数时钟,50 为子画面交替显示的时间比例
        screen.blit(plane1, plane_pos)        # 复制子画面 1 到窗口
    else:
        screen.blit(plane2, plane_pos)        # 复制子画面 2 到窗口
    ticks += 1                                # 时钟计数递加
    pygame.display.update()                   # 画面渲染和刷新
    for event in pygame.event.get():          # 循环获取事件队列
        if event.type == pygame.QUIT:         # 如果事件类型为退出
            pygame.quit()                     # 退出 PyGame
            exit()                            # 退出游戏程序
>>>                                           # 程序运行结果如图 13 - 5 所示
```

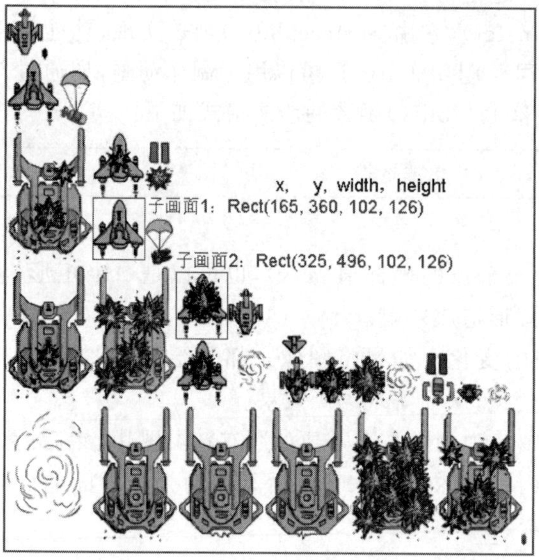


图 13-4 精灵大画面的剪切

图 13-5 程序运行动画效果

程序第 14 行,在“飞机大图. png”中剪出子图 1,x=165,y=340;宽=102,高=126。

程序第 22～26 行,plane1 和 plane2 两个子画面交替显示,达到飞机动画效果。

程序第 22 行,if (ticks % 100)<50 语句中,ticks 为计数时钟(ms);%为模运算;100 为动画间隔时间(ms),这个值大于 100 时动画效果比较呆滞;这个值小于 60 时动画效果太过频繁。50 是 plane1 子画面与 plane2 子画面各显示 50ms;如果这个值设置为 30,则 plane1 子画面显示 30ms,plane2 子画面显示 70ms,这样动画效果就会不好。

## 13.2.3 精灵和精灵组 sprite

### 1. 精灵类

PyGame 提供了两类精灵:一是 pygame. sprite. Sprite 精灵类,它是存储图像数据 image 和位置 rect 的对象(需要派生子类);二是 pygame. sprite. Group 精灵组。

精灵有两个重要属性:一是 image,它是精灵图像;二是 rect,它是精灵图像显示位置。pygame. sprite. Sprite 精灵类并没有提供 image 和 rect 属性,需要程序员从 pygame. sprite. Sprite 派生出精灵子类,并在精灵子类的始化中设置 image 和 rect 属性。

为什么需要派生精灵子类呢?因为不同游戏角色在游戏中的运动方式不同,所以需要根据不同游戏角色来派生出不同的游戏子类。再在每一个子类中,分别重写各自的 update (更新)方法。

### 2. 精灵操作方法

(1) self. image 负责精灵显示,它的使用方法如下。

self. image=pygame. Surface([x, y])语句表示该精灵是一个[x, y]大小的矩形。

self. image=pygame. image. load(filename)语句表示该精灵调用图片文件。

self. image. fill([color])语句表示填充颜色,如 self. image. fill([255,0,0])表示填充红色。

(2) self. rect 负责在哪里显示,它的使用方法如下。

self. rect=self. image. get_rect()语句可以获取 image 矩形大小。

self. rect. topleft(topright、bottomleft、bottomright)语句设置某个矩形的显示位置。

(3) self. update 可以使精灵行为生效。

(4) Sprite. add 可以添加精灵到精灵组 Group 中。

(5) Sprite. remove 可以将精灵从精灵组 Group 中删除。

(6) Sprite. kill 表示从精灵组 Group 中删除全部精灵。

(7) Sprite. alive 可以判断精灵是否还在精灵组 Group 中。

**3. 利用精灵类创建一个简单的精灵**

建立精灵时,可以从 pygame. sprite. Sprite 精灵类中继承。使用精灵类时,并不需要对它实例化,只需要继承它,然后按需要写出自己的类就好了,非常简单实用。

**【例 13-13】** 创建一个 300×250 像素的白色背景窗口,在窗口[50,100]的坐标位置绘制一个 30×30 像素的红色矩形精灵(RectSprite)。

```
1   #E1313.py                                          #【创建精灵】
2   import pygame                                      # 导入第三方包 - 游戏引擎
3   pygame.init()                                      # 初始化 PyGame
4   class RectSprite(pygame.sprite.Sprite):            # 定义 RectSprite 精灵基类
5       def __init__(self, color, initial_position):   # 定义初始化精灵函数
6           pygame.sprite.Sprite.__init__(self)        # 初始化精灵
7           self.image = pygame.Surface([30, 30])      # 定义一个 30×30 像素的矩形 Surface
8           self.image.fill(color)                     # 用 color 来填充颜色
9           self.rect = self.image.get_rect()          # 获取 self.image 图片大小
10          self.rect.topleft = initial_position       # 确定精灵左上角位置坐标
11  screen = pygame.display.set_mode([300, 250])       # 定义窗口大小 300×250 像素
12  screen.fill([255, 255, 200])                       # 窗口填充浅黄色
13  b = RectSprite([255, 0, 0], [50, 100])             # [255, 0, 0]为红色;[50, 100]为矩形坐标
14  screen.blit(b.image, b.rect)                       # 将 b.rect 块复制到屏幕
15  pygame.display.update()                            # 画面渲染和更新
16  while True:                                        # 游戏主循环
17      for event in pygame.event.get():               # 事件检查
18          if event.type == pygame.QUIT:              # 如果事件为关闭窗口
19              pygame.quit()                          # 退出游戏引擎
20              exit()                                 # 退出游戏程序
    >>>                                                # 程序运行结果
```

程序第 4 行,RectSprite(矩形精灵)继承自 pygame. sprite. Sprite 精灵父类。

**4. 创建精灵组**

使用精灵组可以实现多个游戏精灵的管理。精灵组很适合处理精灵列表,可以添加、删除、绘制、更新精灵对象。

**【例 13-14】** 三辆坦克以不同速度前行,利用 random. choice()函数随机生成[−10, −5]的值作为速度,让坦克从下向上运动,精灵到达窗口顶部时,再从底部出现。

```
#E1314.py                                                   # 【创建精灵组】
import pygame                                               # 导入第三方包-游戏引擎
from random import *                                        # 导入标准模块-随机数

pygame.init()                                               # 初始化 PyGame
class Tanke(pygame.sprite.Sprite):                          # 定义游戏精灵基类
    def __init__(self, filename, initial_position, speed):  # 初始化精灵函数
        pygame.sprite.Sprite.__init__(self)                 # 初始化精灵
        self.image = pygame.image.load(filename)            # 图片名称赋值
        self.rect = self.image.get_rect()                   # 获取图片矩形 Surface
        self.rect.topleft = initial_position                # 确定精灵左上角位置坐标
        self.speed = speed                                  # 定义精灵移动速度
    def move(self):                                         # 定义精灵移动函数
        self.rect = self.rect.move(self.speed)              # 移动坦克精灵
        if self.rect.bottom < 0:                            # 当坦克底部到达窗口顶部时
            self.rect.top = 300                             # 重新设置坦克从下面出来
screen = pygame.display.set_mode([400, 300])                # 设置游戏窗口大小
screen.fill([255, 255, 255])                                # 游戏窗口背景填充为白色
img = 'd:\\test\\13\\坦克1.png'                              # 载入精灵图片
tk_group = ([50,50], [150,100], [250,50])                   # 三个坦克精灵的左上角坐标
Tanke_group = pygame.sprite.Group()                         # 创建精灵组
for tk in tk_group:
    speed = [0, choice([-10, -5])]                          # 控制精灵的不同移动速度
    Tanke_group.add(Tanke(img, tk, speed))                  # 将精灵添加到精灵组中

while True:                                                 # 游戏主循环
    for event in pygame.event.get():                        # 循环检测事件
        if event.type == pygame.QUIT:                       # 检测到退出时
            pygame.quit()                                   # 退出 PyGame
            exit()                                          # 退出程序
    pygame.time.delay(80)                                   # 控制坦克速度,值越大越慢
    screen.fill([255, 255, 255])                            # 窗口填充为白色
    for tk_list in Tanke_group.sprites():                   # 循环获取坦克精灵组列表元素
        tk_list.move()                                      # 移动精灵列表中的对象
        screen.blit(tk_list.image, tk_list.rect)            # 绘制列表中的精灵
    pygame.display.update()                                 # 更新游戏显示数据
>>>                                                         # 程序运行结果如图 13-6 所示
```

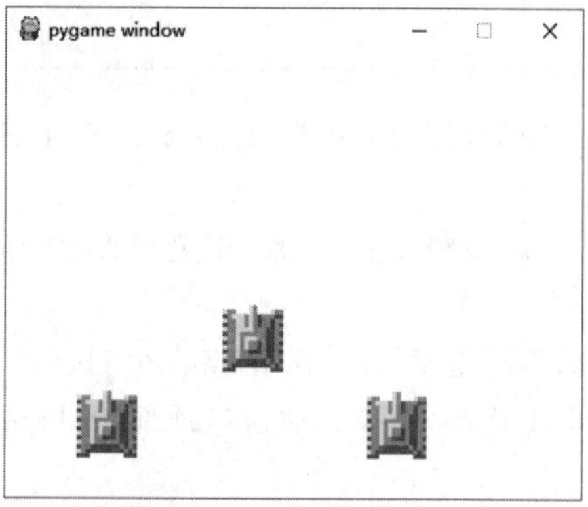


图 13-6　程序运行结果

程序第 6 行,定义 Tanke(坦克)类继承自 pygame. sprite. Sprite 精灵父类。

程序第 4 行,如果一个父类不是基类,那么在重写初始化方法时,一定要先用 super()方法继承父类的__init__()方法,以保证父类中的__init__()代码能够正常执行,否则就无法享受到父类中已经封装好的精灵初始化代码。

程序第 23 行,choice([-10,-5])函数返回一个列表的随机项,其中[-10,-5]为控制不同精灵的不同速度,值越小,精灵移动速度越快。

### 13.2.4 精灵碰撞检测

碰撞是游戏魅力所在,虽然编写碰撞代码很困难,但 PyGame 提供了很多检测碰撞的方法。在游戏中,如果一个精灵与另一个精灵有碰撞,可以用 Rect 类的 collide_rect()方法进行碰撞检测,该方法接收另一个 Rect 对象,它会判断两个矩形是否有相交部分。也可以在程序中自定义精灵碰撞检测函数。

**1. PyGame 提供的精灵碰撞检测方法**

(1) 两个精灵之间的碰撞矩形检测。

```
pygame.sprite.collide_rect(first, second)          # 碰撞检测的语法格式(返回布尔值)
```

(2) 某个精灵与指定精灵组中精灵的碰撞矩形检测。

```
pygame.sprite.spritecollide(sprite, group, False)          # 碰撞检测的语法格式(返回布尔值)
```

参数 sprite 表示精灵。参数 group 是精灵组。参数为 False 时,碰撞的精灵不删除;如果为 True,则碰撞后删除组中所有精灵。返回值为被碰撞的精灵。

**【例 13-15】** 程序片段:精灵在矩形区域发生碰撞时,输出“我们碰撞了”。

```
tk = Tanke(width, height)                          # 创建坦克精灵类 Tanke(宽,高)
tk.move(100, 50)                                   # 坦克精灵移动
mGroup = pygame.sprite.Group()                     # 建立待碰撞检测的精灵组 Group
mGroup.add(tk)                                     # 将坦克精灵加入待碰撞检测的列表
hitSpriteList = pygame.sprite.spritecollide(Tanke, mGroup, False)   # 碰撞检测
if len(hitSpriteList) > 0:                         # 如果碰撞检测列表大于 0,则表示精灵发生了碰撞
    print("我们碰撞了!")                            # 打印输出信息
```

(3) 两个精灵组之间的碰撞矩形检测。

```
hit_list = pygame.sprite.groupcollide(group1, group2, True, False)        # 语法格式
```

参数 groupl 和 group2 是精灵组;参数 True 和 False 表示检测到碰撞时是否删除精灵。函数返回一个字典。

(4) 使用 sprite 模块提供的碰撞检测函数。

spritecollide()方法可以用于检测某个精灵是否与其他精灵发生碰撞。

```
spritecollide(sprite, group, dokill, collided = None)                # 语法格式
```

参数 sprite 是指定被检测的精灵。

参数 group 是指定的精灵组，它需要由 sprite.Group()来生成。

参数 dokill 是设置是否从组中删除检测到碰撞的精灵，如果设置为 True，则发生碰撞后，把组中与它产生碰撞的精灵删除掉。

参数 collided = None 是指定一个回调函数，它用于定制特殊的检测方法。如果忽略第 4 个参数，那么默认检测精灵之间的 rect(矩形)属性。

**2. 自定义碰撞检测方法**

自定义碰撞检测方法的思想是：捕获两个精灵的中心点位置，通过距离计算公式，计算出精灵 A 与精灵 B 之间的距离，然后将这个距离与碰撞临界值比较，这样就可以判断出两个精灵之间是否发生了碰撞。

**【例 13-16】** 自己设计 collide_check()函数，检测精灵之间的碰撞。

```
#E1316.py                                                # 【精灵碰撞事件处理】
import math                                              # 导入标准模块 - 数学计算
from random import *                                     # 导入标准模块 - 随机数
import pygame                                            # 导入第三方包 - 游戏引擎

class Fish(pygame.sprite.Sprite):                        # 定义精灵鱼类，继承自 Spirte 基类
    def __init__(self, image, position, speed, bg_size): # 初始化精灵函数
        pygame.sprite.Sprite.__init__(self)              # 初始化精灵
        self.image = pygame.image.load(image).convert_alpha() # 图片名称赋值
        self.rect = self.image.get_rect()                # 获取图片矩形 Surface
        self.rect.left, self.rect.top = position         # 确定精灵左上角位置坐标
        self.speed = speed                               # 定义精灵移动速度
        self.width, self.height = bg_size[0], bg_size[1]

    def move(self):                                      # 定义精灵鱼移动函数
        self.rect = self.rect.move(self.speed)           # 移动精灵鱼
        # 如果精灵鱼出左侧窗口，则将左侧位置改为右侧，实现精灵鱼的右进左出
        if self.rect.right < 0:
            self.rect.left = self.width
        elif self.rect.left > self.width:
            self.rect.right = 0
        elif self.rect.bottom < 0:
            self.rect.top = self.height
        elif self.rect.top > self.height:
            self.rect.bottom = 0

def collide_check(item, target):    # 定义碰撞函数，item 为精灵鱼；target 为精灵鱼列表
    col_fishes = []                 # 定义精灵鱼碰撞事件列表
    for each in target:             # 循环取出列表中的每一个精灵鱼
        distance = math.sqrt(
            math.pow((item.rect.center[0] - each.rect.center[0]), 2) +
            math.pow((item.rect.center[1] - each.rect.center[1]), 2))   # 计算精灵之间的距离
        if distance <= (item.rect.width + each.rect.width) / 2:   # 判断精灵是否发生碰撞
            col_fishes.append(each)                       # 发生碰撞则放入事件列表
    return col_fishes                                     # 返回精灵鱼碰撞事件列表
```

```
36
37 def main():                                          # 定义游戏主程序
38     pygame.init()                                    # 初始化 PyGame
39     fish_image = "d:\\test\\13\\鱼 4.png"            # 载入精灵鱼图片
40     bg_image = "d:\\test\\13\\大海.png"              # 载入背景图片
41     running = True                                   # 初始化
42     bg_size = width, height = 800, 600               # 定义窗口的大小
43     screen = pygame.display.set_mode(bg_size)        # 绘制背景画面
44     pygame.display.set_caption("游动的鱼")           # 绘制窗口的标题
45     background = pygame.image.load(bg_image).convert_alpha()
46     fishs = []                                       # 定义精灵鱼碰撞列表
47     FISH_NUM = 5                                     # 定义 5 个精灵鱼
48
49     for i in range(FISH_NUM):                        # 精灵鱼控制
50         position = randint(0, width-100), randint(0, height-100)   # 精灵鱼位置随机
51         speed = [randint(-10, 10), randint(-10, 10)]           # 精灵鱼速度随机
52         fish = Fish(fish_image, position, speed, bg_size)     # 实例化对象
53         while collide_check(fish, fishes):                     # 调用碰撞函数循环检测
54             fish.rect.left, fish.rect.top = randint(0, width-100), randint(0, height-100)
55         fishes.append(fish)                                    # 精灵加入列表队列
56     clock = pygame.time.Clock()                                # 刷新频率初始化
57
58     while True:                                                # 游戏主循环
59         for event in pygame.event.get():                       # 捕获事件队列
60             if event.type == pygame.QUIT:                      # 退出事件处理
61                 pygame.quit()
62                 exit()
63         screen.blit(background, (0, 0))                        # 绘制背景
64         for each in fishes:                                    # 退出事件处理
65             each.move()                                        # 精灵移动
66             screen.blit(each.image, each.rect)                 # 绘制精灵
67         for i in range(FISH_NUM):                              # 循环处理精灵鱼
68             item = fishes.pop(i)                               # 从碰撞事件列表中取出事件
69             if collide_check(item, fishes):                    # 判断精灵是否在碰撞列表中
70                 item.speed[0] = - item.speed[0]                # 精灵 0 速度反向
71                 item.speed[1] = - item.speed[1]                # 精灵 1 速度反向
72             fishes.insert(i, item)                             # 精灵插入队列
73         pygame.display.flip()                                  # 绘制画面
74         clock.tick(20)                               # 设置动画帧率(帧率越大速度越快)
75
76 if __name__ == "__main__":
77     main()

>>>                                          # 程序运行结果如图 13-7 所示
```

程序第 27 行，def collide_check(item, target)函数用于碰撞检测，第一个参数 item 是传入一个对象(精灵鱼)；第二个参数 target 是传入一个鱼的列表(精灵组)。游戏有 5 个鱼，传入第一个鱼，然后检测它与其他 4 个鱼是否发生碰撞；如果发生碰撞，这个鱼就应当移动到其他地方，移动方向也会发生改变，这里用 target 列表来存放其他 4 个鱼。

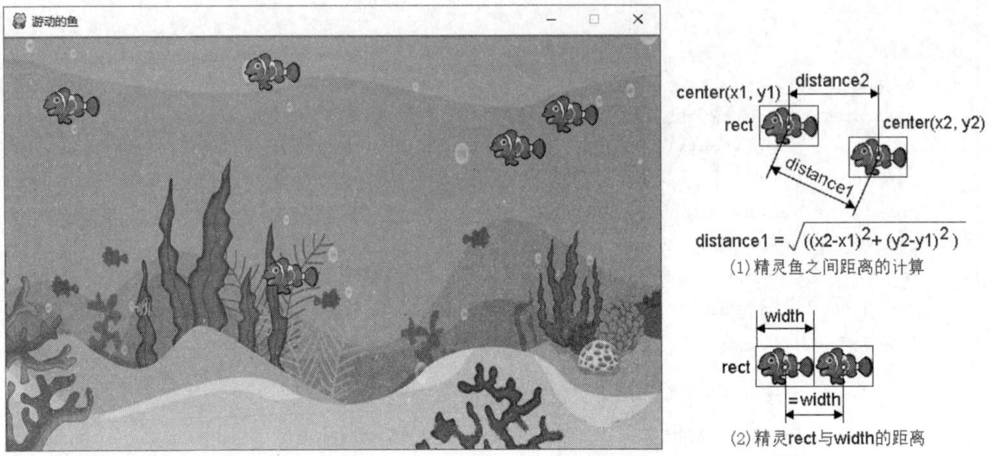


图 13-7　游戏运行结果

程序第 29～32 行，for each in target 语句是把每一个精灵从列表 target 中取出来，然后用距离公式计算它们之间中心点的距离。每个 Surface 有一个 rect 矩形对象，rect 矩形对象有一个 center 属性（中心点坐标）。计算距离需要用到 math() 函数，如两个点（x1，y1）、（x2，y2），如图 13-7 所示，距离 distance = math. sqrt((x2－x1) ** 2＋(y2－y1) ** 2)。

程序第 33 行，if distance <= (item. rect. width＋each. rect. width)/2 语句用于判断精灵是否发生碰撞。其中，distance 为 2 个精灵中心点之间当前的实测距离（见图 13-7），(item. rect. width＋each. rect. width)/2 为两个精灵之间的理论距离，如果实测距离小于理论距离，则说明精灵之间发生了碰撞。其中(item. rect. width＋each. rect. width)/2 表达式有些令人困惑，如图 13-7 所示，两个精灵在同一水平状态下时，它们之间中心点的距离就等于 width，这里两个 width 相加再除以 2 似乎是多余的计算。这种情况是本例中精灵大小都相同造成的，在大部分游戏中，精灵大小会各不相同，如在《打飞机》游戏中，飞机精灵与子弹精灵的大小就会不同，这样的表达式就会大大提高程序语句的通用性。

程序第 34、35 行，如果精灵之间发生了碰撞，就把发生碰撞的精灵 item 添加到碰撞事件列表 col_fishes=[]中，然后用 return col_fishes 语句把事件列表返回。如果碰撞事件列表中有内容，则这些内容就是与 item 发生碰撞的其他精灵鱼；如果返回的是一个空列表，则说明这个精灵鱼 item 没有与其他精灵鱼发生碰撞。

程序第 53 行，while collide_check(fish, fishes)语句中，fish 为待检测的精灵鱼，fishes 为精灵鱼碰撞列表。如果 while=True，说明已有精灵鱼与列表中的精灵鱼发生了碰撞，这时这个 fish 应该重新分配。

程序第 54 行，fish. rect. left, fish. rect. top = randint(0, width－100), randint(0, height－100)语句中，fish. rect. left 和 fish. rect. top 是精灵鱼的矩形 x 和 y 坐标；randint(0, width－100)和 randint(0, height－100)是精灵鱼的位置参数。注意，语句不能直接写为 fish. rect(0, width－100)，因为位置是作为参数传进去的，它并不是精灵鱼类的属性，只有属性才可以这么调用。

程序第 69～71 行，if collide_check(item, fishes)语句是对精灵鱼碰撞列表 fishs 进行检测。如果检测到精灵鱼碰撞事件列表 fishes 中有内容，说明发生了碰撞，这时就需要把两个精灵鱼的运动方向都取反，即 item. speed[0]=-item. speed[0]。

程序第 72 行，fishes. insert(i, item)语句为将处理完的精灵鱼插入到列表中，从哪里拿出来就放回哪里去，从 i 处拿出来就放回 i 处。如刚开始循环是第 0 号元素拿出来，这时原来的 1 号就变成 0 号了；这时再减元素放回到 0 号，这样 0 号又恢复成 1 号了。

程序改进：如果仔细观察游戏运行效果，就会发现游戏存在一些瑕疵。例如，有些精灵碰撞时，精灵与精灵之间存在一些空隙，感觉它们还没有接触就碰撞了，这是什么原因呢？参见图 13-7 就可以发现，距离 distance2 大于 distance1，而程序中采用了 distance1 进行碰撞判断，因此存在一些误差。这个缺陷留待读者解决。

# 13.3 事件处理

## 13.3.1 获取事件

**1. 事件对象的特征**

事件队列由 pygame. event. EventType 定义的事件对象组成。所有 EventType(事件类型)对象都包含一个事件类型标识符和一组成员数据(事件对象不包含方法，只有数据)。事件类型标识符的值在 NOEVENT(无事件)到 NUMEVENTS(事件数量，一般为 128 个)之间。EventType 事件对象从 Python 的事件队列中获得，可以通过事件对象的__dict__属性来访问其他属性，所有属性值都通过字典来传递。

事件队列很大程度上依赖于 PyGame 中的 display 模块，如果 display 没有初始化，显示模式没有设置，那么事件队列就不会真正开始工作。

PyGame 限制了队列中事件数量的上限(限制为 128 个)，当队列已满时，新事件将会被丢弃。为了防止丢失事件，程序必须定期检测事件，并对事件进行处理。

在默认状态下，所有事件都会进入事件队列。可以通过 pygame. event. set_allowed()和 pygame. event. set_blocked()方法来控制某些事件是否进入事件队列。

为了加快事件队列的处理速度，可以使用 pygame. event. set_blocked()函数阻止一些不重要的事件进入队列中。

为了保持 PyGame 和系统同步，程序有时需要调用 pygame. event. pump()确保实时更新，可以在游戏的每次循环中都调用这个函数。

刚开始游戏时，我们可以在窗口中新建一些障碍物，但是随着游戏的进展，有些障碍物就没有了。这时就需要新建一个自定义事件，它每隔几秒就新建一些障碍物。PyGame 会监听这个事件，就像它监听按键和退出事件一样。用户可以通过 pygame. event. Event()函数创建自定义的新事件，但类型标识符的值应该高于或等于 USEREVENT。

**2. 常用事件类型**

游戏中，事件随时都会发生，而且量也会很大。一般在游戏主循环中用 pygame. event. get()方法提取事件列表中的最新事件，在没有任何输入的情况下，pygame. event. get()返回的是事件空列表。也可以用 pygame. event. get_pressed()方法获取事件，它会返回一个字典，该字典包含所有事件。PyGame 常用事件类型如表 13-5 所示。

表 13-5 PyGame 常用事件类型

| 事件类型 | 事件说明 | 参 数 |
|---|---|---|
| QUIT | 退出,用户单击"关闭"按钮 | none |
| KEYDOWN | 键盘被按下 | unicode, key, mod |
| KEYUP | 键盘被放开 | key, mod |
| MOUSEMOTION | 鼠标移动 | pos, rel, buttons |
| MOUSEBUTTONDOWN | 鼠标按键按下 | pos, button |
| MOUSEBUTTONUP | 鼠标按键放开 | pos, button |
| VIDEORESIZE | 窗口缩放 | size, w, h |
| VIDEOEXPOSE | 窗口最大化 | none |
| ATIVEEVENT | PyGame 激活或隐藏 | gain, state |
| USEREVENT | 触发一个用户事件 | code |

**3. 事件队列处理方法**

(1) pygame.event.get()表示从队列中获取事件,用 event.type==EventType 区分。

(2) pygame.event.poll()表示根据现在的情形返回一个真实事件。

(3) pygame.event.pump()表示让 PyGame 内部自动处理事件。

(4) pygame.event.wait()表示等待发生一个事件才会继续执行。

(5) pygame.event.peek()表示检测某种类型事件是否在队列中。

(6) pygame.event.clear()表示从队列中删除所有的事件。

(7) pygame.event.event_name()表示通过 id 获得该事件的字符串名字。

(8) pygame.event.set_blocked()表示控制哪些事件禁止进入事件队列。

(9) pygame.event.set_allowed()表示控制哪些事件允许进入事件队列。

(10) pygame.event.get_blocked()表示检测某一类型的事件是否被禁止进入队列。

(11) pygame.event.post()表示放置一个新的事件到队列中。

(12) pygame.event.Event()表示创建一个新的事件对象。

## 13.3.2 键盘事件

**1. 键盘事件属性**

鼠标和键盘是游戏不可或缺的输入设备。键盘可以控制精灵方向和诸多的命令操作,而鼠标更是提供了全方位的方向和位置操作。

按下和释放键盘按键时,事件队列会获取 pygame.KEYDOWN(按下)和 pygame.KEYUP(松开)事件。这两个事件的 Key 属性如表 13-6 所示。

表 13-6 键盘 Key 属性

| Key | 键值说明 | Key | 键值说明 | Key | 键值说明 |
|---|---|---|---|---|---|
| K_RETURN | Enter 键 | K_UP | 上方向键↑ | K_0 | 0 |
| K_PAUSE | 暂停键 | K_DOWN | 下方向键↓ | K_1 | 1 |
| K_ESCAPE | Esc 键 | K_LEFT | 左方向键← | K_a | a |
| K_SPACE | 空格键 | K_RIGHT | 右方向键→ | K_F1 | F1 |

Key 表示键盘按下(KEYDOWN)或松开(KEYUP)的键值,PyGame 中使用 K_xxx 来

表示,如按下字母 a 就是 K_a,其他如 K_SPACE 和 K_RETURN 等。

组合键信息用 mod 表示,如 mod & KMOD_CTRL 为 True 时,表示用户同时按下了 Ctrl 键。类似的组合键还有 KMOD_SHIFT、KMOD_ALT。

**2. 键盘事件获取方法**

**【例 13-17】** 方法 1:利用 pygame.event.get()获取键盘事件,程序片段如下。

```
for event in pygame.event.get():           # 循环获取事件队列
    if event.type == K_ESCAPE:             # 如果事件为按键 Esc
        #处理键盘按键事件
```

**【例 13-18】** 方法 2:利用 pygame.key.get_pressed()获取键盘事件,程序片段如下。

```
pressed_keys = pygame.key.get_pressed()    # 获取按键事件
if pressed_keys[K_SPACE]:                  # 如果空格键(K_SPACE)被按下
      #处理键盘按键事件
```

**3. 键盘事件处理函数**

(1) key.get_focused()函数返回当前 PyGame 窗口是否激活。

(2) key.get_pressed()表示检测某一个按键是否被按下。

(3) key.get_mods()表示按下的组合键(Alt、Ctrl、Shift)。

(4) key.set_mods()表示模拟按下组合键的效果(如 KMOD_CTRL 等)。

(5) key.set_repeat()表示无参数调用,设置 PyGame 不产生重复按键事件。

(6) key.name()表示接受键值返回键名。

**4. 游戏中键盘事件处理案例**

**【例 13-19】** 用键盘方向键控制游戏中精灵(飞机)的移动,如图 13-8 所示。

图 13-8 用键盘方向键控制精灵移动

```
#E1319.py                                                    #【方向键移动飞机】
import pygame                                                # 导入第三方包 - 游戏引擎
from pygame.locals import *                                  # 导入 PyGame 参数和常量

pygame.init()                                                # 初始化 PyGame
maSurface = pygame.display.set_mode((800, 480))              # 创建游戏主窗口(800×480)
pygame.display.set_caption('蓝天飞机')                         # 设置窗口标题
background = pygame.image.load('d:\\test\\13\\蓝天 2.png')     # 在主窗口载入蓝天背景图片
player = pygame.image.load('d:\\test\\13\\飞机.png')           # 在主窗口载入玩家(飞机)
x, y = 180, 350                                              # 设置飞机初始坐标

while True:                                                  # 设置游戏主循环,重复运行
    for event in pygame.event.get():                         # 获取事件队列返回值
        if event.type == pygame.QUIT:                        # 如果事件为退出
            pygame.quit()                                    # 退出 PyGame
            exit()                                           # 退出程序
        if event.type == KEYDOWN:                            # 捕获键盘按下事件
            if event.key == K_UP:                            # K_UP 为上方向键↑
                y -= 10                                      # 向上移动 10 个像素(上 -)
            if event.key == K_DOWN:                          # K_DOWN 为下方向键↓
                y += 10                                      # 向下移动 10 个像素(下 +)
            if event.key == K_LEFT:                          # K_LEFT 为左方向键←
                x -= 10                                      # 向左移动 10 个像素(左 -)
            if event.key == K_RIGHT:                         # K_RIGHT 为右方向键→
                x += 10                                      # 向右移动 10 个像素(右 +)
    maSurface.blit(background, (0, 0))                       # 块复制(将蓝天复制到窗口上)
    maSurface.blit(player, (x, y))                           # 块复制(飞机坐标复制)
    pygame.display.update()                                  # 画面渲染和刷新
>>>                                                          # 程序运行结果如图 13-7 所示
```

程序扩展：功能全面的打飞机程序代码见教材附件。

## 13.3.3 鼠标事件

**1. 鼠标事件基本函数**

(1) 鼠标移动事件：pygame.event.MOUSEMOTION。

参数 event.pos 表示鼠标当前坐标值(x,y)。

参数 event.rel 表示相对于上一次事件鼠标的相对运动距离(x,y)。

参数 event.buttons 表示鼠标按钮状态(a, b, c),对应于鼠标的三个键,鼠标移动时,这三个键处于按下状态时,对应的位置值为 1,反之则为 0。

(2) 鼠标键按下事件：pygame.event.MOUSEBUTTONDOWN。

参数 event.pos 表示鼠标当前坐标值(x,y)。

参数 event.bottons 表示鼠标按下键的编号 n,左键为 1,右键为 3,与设备相关。

(3) 鼠标键释放事件：pygame.event.MOUSEBUTTONUP。

参数 event.pos 表示鼠标当前坐标的值(x,y)。如 mouse_x, mouse_y = event.pos。

参数 event.buttons 表示鼠标按下键的编号 n,取值 0、1、2 分别对应左、中、右三个键。

**2. 鼠标函数 pygame. mouse**

可以从 MOUSEMOTION 或者 pygame. mouse. get_pos()方法获得鼠标当前坐标。

(1) pygame. mouse. get_pressed()返回鼠标按键状态,按键按下为 True。

(2) pygame. mouse. get_rel()函数返回鼠标相对偏移量(x, y)的坐标。

(3) pygame. mouse. get_pos()函数返回当前鼠标位置(x, y)的坐标。

(4) pygame. mouse. set_pos()函数设置鼠标位置(一般用于模拟仿真)。

(5) pygame. mouse. set_visible()函数设置光标是否可见。

(6) pygame. mouse. get_focused()函数检查窗口是否接受鼠标事件。

(7) pygame. mouse. set_cursor()函数设置鼠标光标样式。

**3. 鼠标事件应用案例**

**【例 13-20】** 将游戏中的精灵绑定到光标上,由玩家控制精灵在窗口中自由移动。

```
1   #E1320.py                                                    #【光标移动精灵】
2   import pygame
3
4   pygame.init()                                                # 初始化 PyGame
5   screen = pygame.display.set_mode((640, 480), 0, 32)          # 创建主窗口,0 为不用特效,32 为色深
6   pygame.display.set_caption('游戏')                            # 设置窗口标题
7   background = pygame.image.load(r'd:\test\13\大海.png').convert()    # 加载背景图像
8   mouse_cursor = pygame.image.load(r'd:\test\13\网 4.png').convert_alpha()   # 加载光标图形
9
10  while True:
11      for event in pygame.event.get():                         # 循环检测游戏事件
12          if event.type == pygame.QUIT:                        # 如果事件类型为退出
13              pygame.quit()                                    # 释放所有 PyGame 模块
14              exit()                                           # 退出游戏程序
15      screen.blit(background, (0, 0))                          # 在窗口中绘制大海背景图
16      x, y = pygame.mouse.get_pos()                            # 获取光标当前位置
17      x -= mouse_cursor.get_width()//2                         # 计算精灵光标左上角 x 的位置
18      y -= mouse_cursor.get_height()//2                        # 计算精灵光标左上角 y 的位置
19      #pygame.mouse.set_visible(False)                         # 不显示光标箭头
20      screen.blit(mouse_cursor, (x, y))                        # 用块复制方法绘制精灵光标
21      pygame.display.update()                                  # 画面渲染和刷新
    >>>                                                          # 程序运行结果如图 13-9 所示
```

程序第 8 行,将捕鱼人图片作为光标,并且用 convert_alpha()函数转换图片像素格式,以加快下面图片的显示速度。alpha 参数表示将捕鱼人背景进行透明处理。

程序第 16 行,pygame. mouse. get_pos()函数可以获得光标当前的坐标位置(数据类型为元组),将这个值赋值给 x, y(元组)后,就可以方便后面的调用。

程序第 17、18 行,程序第 16 行已经获得了光标的位置,如果直接使用这个坐标,精灵图片将会出现在光标的右下角,这是由图片坐标系决定的。如果想让光标出现在图片中心,就必须让光标坐标与精灵图片中心对齐。可以用 get_width(), get_height()函数或者 gei_size()函数来获得对象的尺寸。获取了精灵图片的宽度和高度后,整除(//)2 就得到了精灵图片的中心,将计算结果作为精灵图片的 x、y 坐标,这样光标就与精灵中心对齐了。如果尝

图 13-9　程序 E1320.py 运行动画效果

试将语句中的“-=”改变为“=”，精灵动画将会发生重大变化。

程序第 19 行，如果感觉光标出现在精灵上看起来不和谐，则可以取消语句注释符。

### 13.3.4　异常处理

程序总是会出错，如内存用尽时 PyGame 就会无法加载图片、游戏程序调用的图片素材文件不存在或路径错误、用户输入了错误数据或按下了错误组合键等，都会造成程序运行崩溃。对付这种错误的方法是在程序代码中加入异常处理语句。

**【例 13-21】**　游戏异常处理程序片段。

```
try:                                                         #【游戏异常处理】
    screen = pygame.display.set_mode(SCREEN_SIZE)            # 执行游戏语句
except pygame.error, e:                                      # 检测程序异常
    print('无法加载游戏画面：-( ')                              # 提示出错信息
    print(e)                                                 # 打印出错原因
    exit()                                                   # 退出程序
```

## 13.4　游戏案例

### 13.4.1　案例：配乐动画

移动显示画面在游戏中较为常见，如移动显示游戏地图、移动显示游戏背景等。要实现画面的移动显示，需要创建一个列表，将所需要的图片对象都包含在列表里面。然后通过动态改变第一张图片的位置坐标(x1, y1)，实现按列表中图片的顺序循环滚动显示。当列表中一张图片左移或右移到完全消失时，将这张图片添加到列表的末尾。

【例 13-22】 在游戏窗口中循环移动背景图片和循环播放背景音乐。

```
1  #E1322.py                                              #【配乐动画】
2  import pygame                                          # 导入第三方包 - 游戏引擎
3  from pygame.locals import *
4                                                         # 初始化 PyGame
5  pygame.init()                                          # 创建主窗口
6  screen = pygame.display.set_mode((1024, 680), 0, 24)   # 设置窗口大小和显示模式
7  image1 = 'd:\\test\\13\\红高粱 1.jpg'                   # 背景图片命名
8  image2 = 'd:\\test\\13\\红高粱 2.jpg'                   # 图片大小为 1024×680 像素
9  image3 = 'd:\\test\\13\\红高粱 3.jpg'                   # 三张图片大小相同
10 bgimage1 = pygame.image.load(image1).convert()         # 加载图片和转化图片像素格式
11 bgimage2 = pygame.image.load(image2).convert()
12 bgimage3 = pygame.image.load(image3).convert()
13 bgimage = [bgimage1, bgimage2, bgimage3]               # 生成图片列表 bgimage
14 x1, y1 = 0, 0                                          # 第一张图片左上角坐标
15 pygame.mixer.init()                                    # 混音器初始化
16 pygame.mixer.music.load('d:\\test\\13\\九儿.mp3')       # 加载 MP3 音乐
17 pygame.mixer.music.play(-1, 0.0)                       # 循环播放背景音乐
18
19 while True:                                            # 游戏主循环
20     for event in pygame.event.get():                   # 捕获游戏事件
21         if event.type == pygame.QUIT:                  # 判断是否为退出事件
22             pygame.quit()                              # 退出 PyGame
23             exit()                                     # 退出程序
24     x1 -= 0.1                                          # 值越大,图片移动速度越快
25     if x1 <= -1024:                                    # 判断图片显示是否完成
26         bgimage = bgimage[1:] + bgimage[:1]            # 整理图片列表
27         bgimage1, bgimage2, bgimage3 = bgimage         # 图片添加到列表末尾
28         x1 = 0                                         # 将图片水平显示坐标归 0
29     screen.blit(bgimage1, (x1, y1))                    # 块复制(图片复制)
30     screen.blit(bgimage2, (x1 + 1024, y1))             # 将图片依次画到屏幕
31     screen.blit(bgimage3, (x1 + 20418, y1))
32     pygame.display.update()                            # 画面渲染和刷新
   >>>                                                    # 运行结果如图 13-10 所示
```

程序第 2～17 行,程序初始化;程序第 19～32 行,程序主循环。

程序第 7～14 行,移动的背景图片载入,本程序中每张图片大小为 1024×680 像素。

程序第 15～17 行,背景音乐初始化和播放。pygame.mixer.music.play(-1, 0.0)语句中,第一个参数-1 表示无限循环播放;第二个参数是设置音乐播放起点(单位为 s)。

程序第 20～23 行,游戏退出事件处理。

程序第 24～31 行,图片移动控制。程序第 27 行中,列表中第一张图片左移至消失时,将第一张图片加到列表的末尾。

## 13.4.2 案例:抓鱼游戏

游戏程序常常需要建立以下目录和文件:effect(效果,一般为 GIF 或 MP4)、modules(组件)、resources(资源,audios 音频、font 字体、images 图片)、Game.py(主程序)、config.

图 13-10　移动的背景图片

py(配置文件)、README. md(说明文件)、LICENSE(许可证文件)等。

**【例 13-23】** 用 Python 设计一个简单的抓鱼游戏。游戏内容是一条鱼在窗口中随机直线移动,玩家用鼠标左右移动(相当于玩家的船左右移动),玩家使鱼触到船板时得一分;玩家得分后,鱼运动速度加快。玩家船板如果没有碰到鱼,而鱼已经触碰到窗口底部时,玩家生命值减少一分,鱼的运动速度也降低到初始速度。游戏界面如图 13-11 所示。

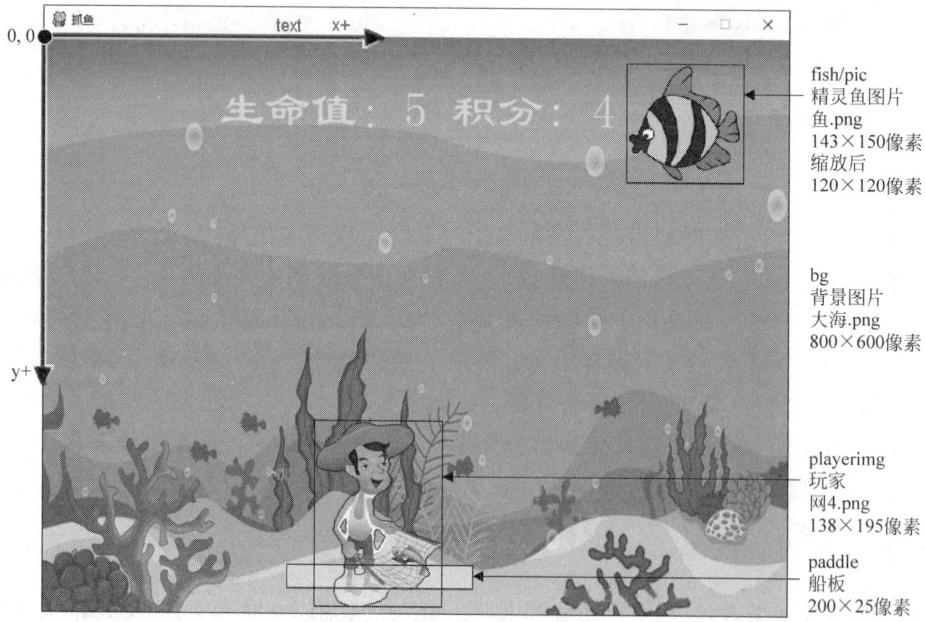


图 13-11　抓鱼游戏运行界面

游戏中有两个精灵：一个是鱼；另一个是玩家。为了简化游戏，玩家的船使用了一个简单的长方形代替。在屏幕上可见的是游来游去的鱼、抓鱼的玩家，以及游戏背景和提示信息。游戏的核心是把这些画面呈现在屏幕上，并且判断和处理两个精灵之间的碰撞。

游戏中要处理的关键事件有：游戏主体用死循环来不断刷新和显示游戏画面，画面最大刷新帧率为 60f/s；检测玩家和鱼两个精灵之间是否碰撞；检测鱼是否游出了窗口边界；玩家的鼠标移动事件处理；背景音乐处理；游戏的计分处理等。

```
#E1323.py                                              #【抓鱼游戏】
import pygame                                          # 导入第三方包-游戏引擎

#【初始化】
pygame.init()                                          # 初始化 PyGame
screen = pygame.display.set_mode([800, 600])           # 定义窗口大小,高×宽
ico = pygame.image.load('d:\\test\\13\\鱼 4.png')      # 载入窗口图标
pygame.display.set_caption('抓鱼游戏')                 # 显示窗口标题
pygame.display.set_icon(ico)                           # 在窗口左上角显示游戏图标
font = pygame.font.Font('d:\\test\\13\\SIMLI.TTF', 50)  # 设置隶书字体,大小为 50
bg = pygame.image.load('d:\\test\\13\\大海.png').convert()  # 加载图片和转换像素格式
fish = pygame.image.load('d:\\test\\13\\鱼 2.png')  # 加载精灵鱼图片
playerimg = pygame.image.load('d:\\test\\13\\网 4.png').convert_alpha()  # 加载玩家图片
#【精灵定义】
scale = 120                                            # 定义精灵图片大小(100～130)
pic = pygame.transform.scale(fish, (scale, scale))     # 缩放图片,scale(图片,(宽度, 高度))
colorkey = pic.get_at((0, 0))                          # 获取精灵鱼位置
pic.set_colorkey(colorkey)                             # 设置精灵鱼,colorkey 为透明背景
picx = picy = 0                                        # 精灵鱼 x、y 初始坐标
timer = pygame.time.Clock()                            # 初始化时间对象
speedX = speedY = 5                                    # 精灵鱼速度初始值
paddleW, paddleH = 200, 25                             # 船板宽和高
paddleX, paddleY = 300, 550                            # 船板坐标
yellow = (255, 255, 0)                                 # 船板颜色(R=255,G=255,B=0 黄色)
picW = picH = 100                                      # 精灵鱼宽和高
points = 0                                             # 玩家积分初始值
lives = 5                                              # 玩家生命初始值
#【音乐加载】
pygame.mixer.init()                                        # 混音器初始化
pygame.mixer.music.load('d:\\test\\13\\music1.mp3')        # 加载音乐,常用 MP3 格式
#pygame.mixer.music.load('d:\\test\\13\\天空之城.mid')      # 或者加载 MID 音乐
pygame.mixer.music.set_volume(0.2)                         # 设置音量大小
pygame.mixer.music.play(-1)                                # 播放背景音乐,-1 为循环播放
sound = pygame.mixer.Sound('d:\\test\\13\\射击.wav')       # 加载音效,通常用 WAV 格式
#【游戏主循环】
while True:                                                # 游戏主循环
    for event in pygame.event.get():                       # 循环检测事件队列
        if event.type == pygame.QUIT:                      # 接收到退出事件后
            pygame.quit()                                  # 释放所有 PyGame 模块
            exit()                                         # 退出正在运行的游戏程序
#【游戏计分】
        if event.type == pygame.KEYDOWN:                   # 判断键盘事件【游戏彩蛋】
```

```
            if event.key == pygame.K_F1:                      # 如果按F1键,则玩家满血复活
                points = 0                                     # 积分恢复初始值
                lives = 5                                      # 生命值恢复初始值
                picx = picy = 0                                # 精灵鱼坐标恢复初始值
                speedX = speedY = 5                            # 精灵鱼速度恢复初始值
# 【精灵坐标计算】
    picx += speedX                                             # 精灵鱼x坐标加速
    picy += speedY                                             # 精灵鱼y坐标加速
    x, y = pygame.mouse.get_pos()                              # 获取玩家光标当前位置
    x -= playerimg.get_width()/2                               # 计算玩家光标左上角x位置
    y = 400                                                    # 限制玩家只能在y=400方向运动
    #pygame.mouse.set_visible(False)                           # 不显示光标箭头
# 【精灵速度-边界检测】
    if picx <= 0 or picx + pic.get_width() >= 800:             # 判断精灵鱼是否出左右边界
        pic = pygame.transform.flip(pic, True, False)          # 如果出界,则精灵鱼调头转身
        speedX = -speedX * 1.1                                 # 精灵鱼加速
    if picy <= 0:                                              # 精灵鱼如果出上边界
        speedY = -speedY + 1                                   # 则精灵鱼改变坐标方向
    if picy >= 500:                                            # 精灵鱼如果出下边界
        lives -= 1                                             # 则玩家生命值-1
        speedY = -5                                            # 精灵鱼减速
        speedX = 5                                             # 精灵鱼减速
        picy = 500                                             # 精灵鱼坐标重设
# 【精灵动画】
    screen.blit(bg, (0, 0))                                    # 块复制,将背景图绘制到屏幕上
    screen.blit(pic, (picx, picy))                             # 块复制,将精灵鱼绘制到屏幕上
    paddleX = pygame.mouse.get_pos()[0]                        # 捕获鼠标事件
    paddleX -= paddleW/2                                       # 计算光标的左上角位置
# 【精灵碰撞检测】
    pygame.draw.rect(screen, yellow, (paddleX, paddleY, paddleW, paddleH))    # 边界检测
    if picy + picH >= paddleY and picy + picH <= paddleY + paddleH and speedY > 0:    # 边界检测
        if picx + picW/2 >= paddleX and picx + picW/2 <= paddleX + paddleW:    # 边界检测
            sound.play()                                       # 播放碰撞音效
            points += 1                                        # 船板与精灵鱼触到时积分+1
            speedY = -speedY                                   # 船板与精灵鱼触到时速度增加
    screen.blit(playerimg, (x, y))                             # 在船板上绘制玩家图像
    draw_string = '生命值:' + str(lives) + '积分:' + str(points)  # 显示玩家生命值和积分
    if lives < 1:                                              # 玩家生命值小于1时结束游戏
        speedY = speedX = 0                                    # 精灵鱼X和Y方向停止运动
        draw_string = '游戏结束,你的成绩是:' + str(points)      # 显示玩家积分
# 【图形文字显示】
    text = font.render(draw_string, True, yellow)              # 文本字符绘图(生命值,积分)
    text_rect = text.get_rect()                                # 文本数字绘图(生命值,积分数)
    text_rect.centerx = screen.get_rect().centerx              # 获取屏幕位图
    text_rect.y = 50                                           # 文本显示坐标(生命值,积分)
    screen.blit(text, text_rect)                               # 绘制整个窗口图形(重要)
    pygame.display.update()                                    # 渲染和刷新屏幕
    timer.tick(60)                                             # 控制精灵速度(帧率=60f/s)
>>>                                                            # 程序运行结果如图13-10所示
```

程序第 16 行，pic = pygame.transform.scale(fish，(scale，scale))语句为缩放图片。fish 为精灵鱼图片；第一个 scale 为缩放宽度(width)；第二个 scale 为缩放高度(height)。

程序第 30～34 行，音效 sound 可以同时播放多个，不过文件类型必须是 WVA 或者 OGG；而背景音乐 music 只能同时播放一个，文件类型可以是 MP3、MID 或者 WAV。

程序第 56 行，注意，游戏窗口左上角为原点，向右 x 为正，向下 y 为正。

程序第 57 行，pic = pygame.transform.flip(pic，True，False)语句中，pic 为精灵鱼图片，True 为水平翻转(为 False 时不水平翻转)，False 为不垂直翻转(为 True 时垂直翻转)。

程序第 78 行，为了使捕鱼人在船板上面，程序中先绘制船板，后绘制捕鱼人。如果将这行语句移到 71 行，船板将会显示在人物上面。

程序第 90 行，语句为控制游戏画面刷新频率，数字越大，精灵速度就会越快。

## 习　题　13

13-1　简要说明游戏引擎和它的基本模块。

13-2　简要说明游戏设计的主要工作。

13-3　简要说明什么是游戏精灵。

13-4　简要说明什么是位块复制(blit)。

13-5　简要说明游戏主循环的主要工作。

13-6　实验：调试 E1305.py 程序，在游戏窗口中绘制简单图形。

13-7　实验：调试 E1312.py 程序，掌握游戏子画面“抠图”的方法。

13-8　实验：调试 E1316.py 程序，掌握检测精灵之间碰撞的方法，并且改进游戏中精灵之间碰撞时，精灵与精灵之间存在一些空隙的缺陷。

13-9　实验：调试 E1322.py 程序，掌握移动背景图片和循环播放音乐的方法。

13-10　实验：调试 E1323.py 程序，掌握抓鱼游戏的设计方法。

# 第 14 章　其他应用程序设计

Python 应用领域广泛，如图像处理、视频处理、语音合成、科学计算等。这些领域的 Python 编程，首先需要 Python 第三方软件包的支持(如 NumPy、OpenCV、PIL 等)；其次需要理解和掌握相关领域(如色彩模型、视频编码等)的一些专业知识；另外，还需要了解常用经典算法的使用方法和适应范围。

## 14.1　图像处理程序设计

### 14.1.1　OpenCV 基本应用

**1. OpenCV 概述**

OpenCV(开源计算机视觉库)函数库由英特尔公司开发，可以在商业和研究领域中免费使用。OpenCV 可用于开发实时图像处理、计算机视觉识别、模式识别等。OpenCV 用 C++ 语言编写，提供的接口有 C++、Python、Java、MATLAB 等程序语言。简单地说，OpenCV 是一个 SDK(软件开发工具包)，运行速度很快。OpenCV-Python 使用指南的网站为 https://github.com/abidrahmank/OpenCV2-Python-Tutorials。

**2. OpenCV 的安装**

在官方网站下载和安装 OpenCV-Python 时很容易失败，可以在国内清华大学等镜像网站安装。在 Windows 下进入"命令提示符"状态，输入以下命令。

```
> pip3 install opencv-python -i https://pypi.tuna.tsinghua.edu.cn/simple    # 软件包安装
```

**3. 图像文件读取和显示**

**【例 14-1】** 读入和显示图像文件，检测 OpenCV 安装是否成功。

```
1  >>> import cv2                                          # 导入第三方包 - 视频处理
2  >>> import numpy                                        # 导入第三方包 - 科学计算
3  >>> img = cv2.imread('d:\\test\\14\\pic1.jpg', 1)       # 载入图片【注意:文件名不能用中文】
4  >>> cv2.imshow("image", img)                            # 在默认窗口中显示图像
5  >>> cv2.destroyAllWindows()                             # 关闭窗口,释放窗口资源
```

程序第 2 行，在 OpenCV 中，图像以 NumPy 的数组形式进行存储。

程序第 3 行，读取图片时，路径和文件名必须是全英文，中文字符会出错。但是路径分隔符随意，/、\、\\都可以。参数为 1 时加载彩色图像(参数为 0 时加载灰度图像)。

**4. 图像色彩模式**

图像通常有彩色图像、灰度图像和二值图像。在图像识别中，经常将彩色图像转换为灰度图像，因为图像特征提取和识别中，需要图像数据具有梯度特征，而颜色信息会对梯度数据提取造成干扰。因此做图像特征提取前，一般将彩色图像转换为灰度图像，这样也大大降低了处理的数据量（数据量减少 2/3），并且增强了图像处理效果。

(1) 彩色图像。彩色图像一般采用 RGB 色彩模型，即图像中每个像素点都由 R、G、B（红、绿、蓝）三色构成。有些色彩模型为 RGBA，其中 A（Alpha）表示图像的透明度，如 GIF、PNG 图片中的透明背景。

(2) 灰度图像。一般来说，图像像素的数据都是 uint8 类型（8 位无符号整数，范围是 0～255，常用于图像处理）。灰度图像将灰度划分为 256 个不同等级。在图像处理中，经常需要将彩色图像转换为灰度图像，有以下图像灰度转换公式。

浮点算法公式：Gray＝R＊0.3＋G＊0.59＋B＊0.11

整数算法公式：Gray＝(R＊30＋G＊59＋B＊11)/100

移位算法公式：Gray＝(R＊28＋G＊151＋B＊77)>> 8

平均值算法公式：Gray＝(R＋G＋B)/3

单通道算法公式：Gray＝G（如仅取绿色通道）

加权平均值公式：Gray＝R＊0.299＋G＊0.587＋B＊0.144（根据光的亮度特性）

(3) 二值图像。二值图像中任何一个点非黑即白，要么为白色（像素值＝255），要么为黑色（像素值＝0）。将灰度图像转换为二值图像时，通常对图像全部像素依次遍历，如果像素值≥127 则设置为 255，否则设置为 0。

**5. 图像色彩空间变换函数**

OpenCV 中图像色彩空间变换函数的语法格式如下。

```
cv2.cvtColor(input_image, flag)                          # 语法格式
```

参数 input_image 为要变换色彩的图像，NumPy 的数组形式。

参数 flag 表示色彩空间变换的类型，如 cv2.COLOR_BGR2GRAY 表示将图像从 BGR 空间转换为灰度图（最常用）。

**6. 图像数据的遍历**

对图像进行处理时，往往不是将图像作为一个整体进行操作，而是对图像中的所有点或某些特殊点进行运算，所以遍历图像就显得很重要。

**【例 14-2】** 用科学计算软件包 NumPy，读取图像中的像素点数据。

```
>>> import cv2                                    # 导入第三方包-计算机视觉
>>> import numpy as np                            # 导入第三方包-科学计算
>>> img = cv2.imread('d:\\test\\14\\pic2.jpg')    # 载入图像数据
>>> x, y = 200, 150                               # 像素点坐标赋值
>>> img[x, y]                                     # 输出指定坐标点像素的颜色值
array([170, 136, 23], dtype = uint8)              # 像素点颜色为 R = 170,G = 136,B = 23
```

**【例 14-3】** 采用循环方法读取图像数据，并且进行图像反相操作。

```
1  #E1403.py                                                # 【图像色彩反相】
2  import cv2                                               # 导入第三方包 - 视觉处理
3  img = cv2.imread('d:\\test\\14\\pic3.jpg')               # 载入源图片
4  height = img.shape[0]                                    # 高度列表初始化
5  weight = img.shape[1]                                    # 宽度列表初始化
6  channels = img.shape[2]                                  # 通道列表初始化
7  for row in range(height):                                # 遍历高度列表
8      for col in range(weight):                            # 遍历宽度列表
9          for c in range(channels):                        # 遍历各通道列表
10             value = img[row, col, c]                     # 读取行、列、通道列表
11             img[row, col, c] = 255 - img[row, col, c]    # 对像素值进行反相操作
12 cv2.imshow('result', img)                                # 显示反相后的图像
13 cv2.waitKey()                                            # 等待退出按键
   >>>                                                      # 程序运行结果如图 14 - 1 所示
```

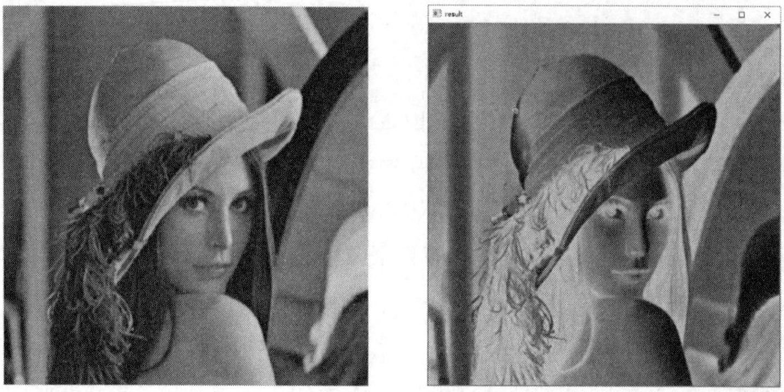

图 14-1　源图像与反相图

程序第 11 行，255－img[row, col, c]为对图像进行反相操作，row 为行，col 为列，c 为通道。

### 14.1.2　案例：人物图像特效处理

图像是一种二维矩阵数据，对图像进行滤波（卷积运算）是一种常见操作。如手机照片的美颜功能、Photoshop 中的滤镜、美图秀秀等软件，它们可以对图像进行各种风格化处理，如油画、水雾、轮廓、柔化等特效，这些特效本质上就是对照片进行滤波处理。滤波操作在其他领域的应用也非常普遍，如机器学习中的卷积神经网络等。

**1. 通用滤波器函数 filter2D()**

通用的滤波函数可以自定义滤波器（卷积核），对图像进行滤波操作。常用的二维图像滤波器函数 filter2D()的语法格式如下。

```
dst = cv2.filter2D(src, ddepth, kernel[, anchor[, delta[, borderType]]])    # 滤波器的语法格式
```

返回值 dst 为滤波操作后的图像数据。

参数 src 为要进行滤波操作的图像数据。

参数 ddepth 为输出图像的数据类型，一般为−1，表示输出与输入数据类型一致。

参数 kernel 为进行滤波操作的卷积核，为 NumPy 的数组形式，float32 浮点数。

参数 anchor 为滤波器中锚点位置，为二元组，默认值为(−1，−1)，一般不修改。

参数 delta 为滤波后再加上该值为最终输出值，浮点数，默认值为 0。

参数 borderType 为边界类型(镜像边界)，默认为 cv2.BORDER_DEFAULT，其他常用值还有 cv2.BORDER_CONSTANT(使用常数填充边界)、cv2.BORDER_REPLICATE(复制填充边界)、cv2.BORDER_REFLECT(镜像边界)。

**2. 利用 Canny 算法检测边缘**

图像边缘是灰度发生急剧变化的边界。图像的灰度变化可以用灰度分布梯度表示，分布梯度常用微分算子通过卷积运算来完成。

一个好的边缘检测算法应当满足三个指标：一是低失误率，不要将真边缘丢弃，也不要将非边缘判定为边缘；二是位置精度高，检测出边缘应在真正的边界上；三是单像素边缘，即对每个边缘有唯一的对应，得到的边界为单像素边界。

Canny(John F. Canny，约翰·范·坎尼)算法把边缘检测转换为检测单位函数的极大值问题。Canny 算法是寻找一个最优的图像边缘。一是要尽可能多地标识出图像中的实际边缘；二是标识出的边缘与实际边缘要尽可能接近；三是图像中的边缘只能标识一次，并且对图像噪声不应标识为边缘。

Canny 算法运算步骤为：用高斯滤波器平滑图像→用一阶偏导有限差分计算梯度的幅值和方向→对梯度幅值进行非极大值抑制→用双阈值算法进行检测和连接图像边缘。

Canny()函数可以在单通道灰度图像中查找边缘，函数语法为：

```
Canny(image, threshold1, threshold2[, edges[, apertureSize[, L2gradient]]])    # 语法格式
```

参数 image 表示输入的灰度图像。

参数 threshold1 表示设置的低阈值(如 50)。

参数 threshold2 表示高阈值(如 150)，一般为低阈值的 3 倍(Canny 算法推荐)。

参数 edges 表示输出边缘图像，单通道 8 位图像。

参数 apertureSize 表示 Sobel 算子的大小。

参数 L2gradient 是布尔值，如果为真，则使用更精确的 L2 范数进行计算(即两个方向倒数的平方和再开方)；否则使用 L1 范数(直接将两个方向导数的绝对值相加)。

**【例 14-4】** 利用 Canny 算法函数提取图像的边缘。

```
#E1404.py                                                              #【图像边缘提取 A】
import cv2 as cv                                                       # 导入第三方包 - 视觉处理

def edge_demo(image):                                                  # 定义边缘提取函数
    blurred = cv.GaussianBlur(image, (3, 3), 0)                        # 对图像进行高斯模糊
    gray = cv.cvtColor(blurred, cv.COLOR_RGB2GRAY)                     # 将图像转换为灰度图
    edge_output = cv.Canny(gray, 50, 150)                              # 用 Canny()函数查找图像边缘
    cv.imshow("Canny Edge", edge_output)                               # 显示边缘提取图片(见图 14-2(b))
    dst = cv.bitwise_and(image, image, mask = edge_output)             # 图像与操作查找图像边缘
    cv.imshow("Color Edge", dst)                                       # 显示边缘提取图片(见图 14-2(c))
```

```
11  src = cv.imread("d:\\test\\14\\pic4.jpg")              # 载入源图片
12  cv.namedWindow('input_image', cv.WINDOW_NORMAL)        # 设置图片自动缩放
13  cv.imshow('input_image', src)                          # 显示源图片(见图 14-2(a))
14  edge_demo(src)                                         # 调用边缘提取函数
15  cv.waitKey(0)                                          # 检测按键退出事件
16  cv.destroyAllWindows()                                 # 关闭窗口,释放资源
    >>>                                                    # 程序运行结果如图 14 - 2 所示
```

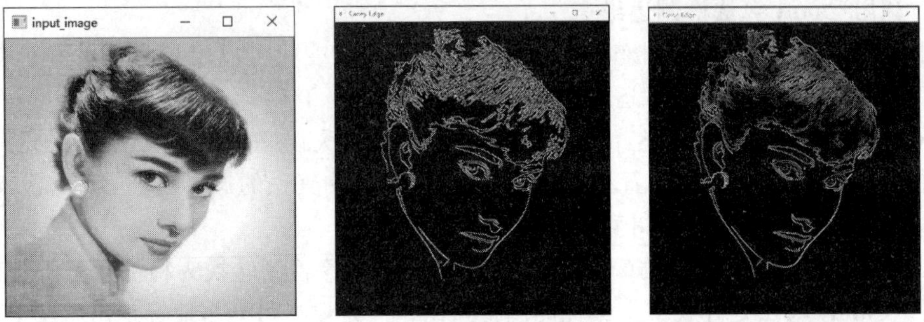


(a) 源图像　　(b) Canny算法效果　　(c) 与操作效果

图 14-2　图像边缘提取

程序第 7 行,参数 gray 为灰度图像;参数 50 为低阈值;参数 150 为高阈值。

程序第 9 行,cv.bitwise_and()为图像数据二进制与操作;参数 mask= edge_output 为利用掩膜(mask)进行与操作。

**3. 利用数学形态学检测图像边缘**

数学形态学检测图像边缘的原理很简单,对图像进行膨胀操作时,图像中的物体会向周围扩张(用于将断开的边缘连接起来);对图像进行腐蚀操作时,图像中的物体会收缩(用于将粘连在一起的边缘分离开来)。由于图像变化的区域只发生在图像边缘,因此将膨胀后的图像减去腐蚀后的图像,就会得到图像中物体的边缘。

**【例 14-5】** 利用数学形态学的膨胀与腐蚀操作,检测图像的边缘。

```
#E1405.py                                                  #【图像边缘提取 B】
import cv2                                                 # 导入第三方包 - 视觉处理
import numpy                                               # 导入第三方包 - 科学计算

image = cv2.imread("D://test//14//pic5.jpg", 0)            # 载入源图
element = cv2.getStructuringElement(cv2.MORPH_RECT, (3, 3))  # 构造卷积核(结构元素)
dilate = cv2.dilate(image, element)                        # 图像膨胀(即边缘变大)
erode = cv2.erode(image, element)                          # 图像腐蚀(即边缘变小)
result = cv2.absdiff(dilate, erode)                        # 图像减运算(膨胀 - 腐蚀)
retval, result = cv2.threshold(result, 40, 255, cv2.THRESH_BINARY) # 灰度图像二值化
result = cv2.bitwise_not(result)                           # 反相(对二值图像取反)
cv2.imshow("result", result)                               # 显示图像
cv2.waitKey(0)
cv2.destroyAllWindows()                                    # 关闭窗口,释放资源
>>>                                                        # 程序运行结果如图 14 - 3 所示
```

图 14-3　图像边缘提取

程序第 6 行，返回值 element 为卷积核；cv2. getStructuringElement()为返回指定形状和尺寸的结构元素；MORPH_RECT 为矩形形状；(3，3)为构造一个 3×3 的结构元素。

程序第 7 行，cv2. dilate(image，element)函数为数学形态学的膨胀运算，即将前景物体边缘变大，image 为输入图像，element 为卷积核。

程序第 8 行，cv2. erode()函数为腐蚀运算，即将前景物体边缘变小。

程序第 9 行，cv2. absdiff(dilate，erode)为将图像 dilate 与图像 erode 相减，获得图像边缘，第一个参数是膨胀后的图像，第二个参数是腐蚀后的图像。

程序第 10 行，对上面得到的灰度图二值化，以便更清楚地显示图像边缘轮廓。

**4. 双边滤波**

双边滤波是一种非线性滤波方法，它是结合图像空间邻近度和像素值相似度的一种折中图像处理方法，它同时考虑了空间信息和灰度相似性，达到保边去噪的目的。双边滤波器比高斯滤波多了一个高斯方差 sigma-d，它是基于空间分布的高斯滤波函数，所以在边缘附近，离得较远的像素不会太多影响到边缘像素值，这样就保证了边缘附近像素值的保存。但是由于保存了过多的高频信息，对于彩色图像中的高频噪声，双边滤波器不能够干净地滤掉，只能够对于低频信息进行较好的滤波。双边滤波函数语法格式为：

```
bilateralFilter(src, d, sigmaColor, sigmaSpace[, dst[, borderType]])          # 语法格式
```

参数 src 表示待处理的输入图像数据。

参数 d 表示过滤时每个像素邻域的直径。如果输入 d 非 0，则 sigmaSpace 由 d 计算得出，如果 sigmaColor 没输入，则 sigmaColor 由 sigmaSpace 计算得出。

参数 sigmaColor 表示色彩空间的标准方差，一般尽可能大。较大的参数值意味着像素邻域内较远的颜色会混合在一起，从而产生更大面积的半相等颜色。

参数 sigmaSpace 表示坐标空间的标准方差，一般尽可能小。参数值越大意味着只要它们的颜色足够接近，越远的像素都会相互影响。当 d>0 时，它指定邻域大小而不考虑 sigmaSpace。否则，d 与 sigmaSpace 成正比。

**【例 14-6】** 利用双边滤波和均值漂移进行图像光滑处理。

```
#E1406.py                                          #【图像光滑化】
import cv2 as cv                                   # 导入第三方包 - 视觉处理
import numpy as np                                 # 导入第三方包 - 科学计算

```

```
5   def bi_demo(image):                                              # 【双边滤波函数】
6       dst = cv.bilateralFilter(image, 0, 100, 15)                  # 图像双边滤波
7       cv.namedWindow("bi_demo", cv.WINDOW_NORMAL)                  # 新建一个显示窗口
8       cv.imshow("bi_demo", dst)                                    # 显示图像
9
10  def shift_demo(image):                                           # 【均值漂移函数】
11      dst = cv.pyrMeanShiftFiltering(image, 10, 50)                # 用均值漂移做图像平滑滤波
12      cv.namedWindow("shift_demo", cv.WINDOW_NORMAL)               # 新建一个显示窗口
13      cv.imshow("shift_demo", dst)                                 # 显示均值漂移平滑后的图像
14
15  src = cv.imread('d:\\test\\14\\pic6.jpg')                        # 载入图像文件
16  cv.namedWindow('input_image', cv.WINDOW_NORMAL)                  # 新建一个窗口
17  cv.imshow('input_image', src)                                    # 显示源图像
18  bi_demo(src)                                                     # 调用双边滤波函数
19  shift_demo(src)                                                  # 调用均值漂移平滑函数
20  cv.waitKey(0)                                                    # 获取按键
21  cv.destroyAllWindows()                                           # 关闭窗口,释放资源
    >>>                                                              # 运行结果如图 14-4 所示
```

(a) 源图像　　(b) 双边滤波图像　　(c) 均值漂移滤波图像

图 14-4　对图像进行光滑处理

程序第 11 行,cv.pyrMeanShiftFiltering(image, 10, 50)为均值漂移算法,利用均值漂移算法可以实现图像在色彩层面的平滑滤波,它可以中和色彩分布相近的颜色,平滑色彩细节,侵蚀掉面积较小的颜色区域。参数 image 为输入图像数据,是 8 位 3 通道的彩色图像,并不要求是 RGB 格式,HSV、YUV 等彩色图像格式均可;参数 10 为漂移物理空间半径大小;参数 50 为漂移色彩空间半径大小。

### 14.1.3　案例:B 超图像面积计算

进行图像处理时,经常需要找到图像的主体轮廓,并且用指定的颜色对特定区域进行标记,最后对勾勒轮廓内的区域进行面积计算。

### 1. 图像轮廓提取的要求

OpenCV 中的 findContours()函数可以提取图像轮廓，但是函数对输入图像有以下要求：一是输入的图像必须是单通道(不支持彩色图像)；二是输入的图像数据必须是 8UC1 格式(8 为 8bit，U 为 Unsigned，无符号整型数据，C1 为单通道灰度图像)，否则程序会报错；三是输入图像的背景必须是黑色，否则会造成轮廓提取失败。要求一和要求二可以用以下语句解决。

```
mat_img2 = cv2.imread(img_path, cv2.CV_8UC1)                # 语法格式
```

背景不是黑色的图像做轮廓提取时，需要进行预处理，把背景转换为黑色。一个简单的处理办法是阈值化处理：设定一个阈值 Threshold 和一个指定值 OutsideValue，当图像中像素满足某种条件(大于或小于设定的阈值时)，像素值发生变化。

### 2. 简单阈值分割函数

阈值分割就是图像分离，例如将灰度图像分割为二值图像。threshold()函数是简单阈值操作，函数语法格式如下。

```
dst = cv2.threshold(src, thresh, maxval, type, dst = None)          # 语法格式
```

返回值 dst 为阈值分割图像，为 NumPy 的 ndarray(数组)数据类型。

参数 src 为要进行滤波操作的图像数据。

参数 thresh 为具体的阈值，数据类型为 double(双精度浮点)。

参数 maxval 为阈值的最大值，数据类型为 double(双精度浮点)。

参数 type 类型有 THRESH_BINARY、THRESH_BINARY_INV、THRESH_TRUNC、THRESH_TOZERO、THRESH_TOZERO_INV。

### 3. 自适应阈值分割函数

提取图像轮廓需要进行图像阈值化操作，如果仅仅通过固定阈值来提取图像轮廓，很难达到理想的分割效果。自适应阈值分割算法可以根据像素邻域块的像素值分布，来确定该像素的二值化阈值。自适应阈值分割算法有以下优点：一是每个像素位置处的阈值不是固定不变的，而是根据周围邻域像素的分布来决定；二是亮度较高的图像区域二值化阈值通常会较高，而亮度低图像区域的二值化阈值则会相应变小；三是不同亮度、不同对比度、不同纹理的局部图像区域，将拥有对应的局部二值化阈值。adaptiveThreshold()函数是自适应阈值操作，语法格式如下。

```
dst = cv2.adaptiveThreshold(src, maxValue, adaptiveMethod, thresholdType, blockSize, C, dst = None)
```

返回值 dst 为阈值分割图像，为 NumPy 的 ndarray(数组)数据类型。

参数 src 为要进行滤波操作的图像数据。

参数 maxval 为阈值的最大值，double(双精度浮点)数据类型。

参数 adaptiveMethod 为算法类型：一是 ADAPTIVE_THRESH_MEAN_C(通过平均的方法取得平均值)；二是 ADAPTIVE_THRESH_GAUSSIAN_C(通过高斯方法取得高斯值)。这两种方法最后得到的结果都要减掉参数中的 C 值，为整型数据。

参数 thresholdType 为阈值分割算法类型。

参数 blockSize 的值决定像素的邻域块有多大，为整型数据。注意，blockSize 的值必须为奇数，否则会有出错提示。

参数 C 为偏移值调整量，它是计算 adaptiveMethod 用到的参数。

**4. 轮廓提取函数**

轮廓提取函数 findContours()语法格式如下。

```
image, contours, hierarchy = cv2.findContours(image, mode, method)      # 语法格式
```

返回值 image 为图像，在 OpenCV4.0 版本之后没有这个参数了。

返回值 contours 为标记的轮廓数据列表，列表中包含了轮廓像素的坐标向量。

返回值 hierarchy 表示轮廓的继承关系，一般用不到。

参数 image 表示需要标记轮廓的图像，数据类型为 ndarray 格式。

参数 mode 为标记轮廓的模式，有 RETR_EXTERNAL、RETR_LIST、RETR_CCOMP、RETR_TREE。

参数 method 为轮廓近似点连接方式，例如一个长方形，可以由数百个点连接而成，最节省内存的方式就是找到 4 个角坐标点即可。其中前者为 CHAIN_APPROX_NONE，后者为 CHAIN_APPROX_SIMPLE。

参数 mode 有不同设置，如果需要在图像中提取多个轮廓，用 RETR_TREE(提取全部轮廓)；如果只提取图像中的一个轮廓用 RETR_EXTRENAL(提取最外部轮廓)。

**5. 轮廓标记**

对轮廓进行颜色绘制时，可以使用 drawContours()函数，语法格式如下。

```
cv2.drawContours(image, contours, contourIdx, color, thickness)      # 语法格式
```

参数 image 为绘制轮廓的图像，数据类型为 ndarray 格式；

参数 contours，findContours 为函数找到的轮廓列表；

参数 contourIdx 取整数时绘制特定索引的轮廓，为负值时绘制全部轮廓；

参数 color 为绘制轮廓所用的颜色，想使用 RGB 彩色绘制时，必须保证输入的 image 为三通道，否则轮廓线非黑即白；

参数 thickness 用于绘制轮廓线条的宽度，取负值时将绘制整个轮廓区域。

**6. 轮廓区域面积计算**

轮廓面积计算用 cv2.contourArea(contour)函数，参数 contour 是计算的轮廓。

**【例 14-7】** 对图像进行轮廓提取，并进行轮廓区域的面积计算。

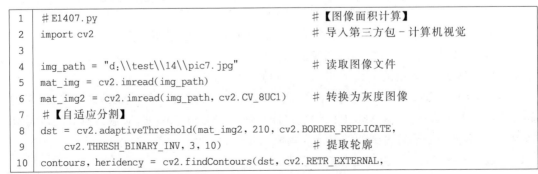

```
#E1407.py                                          #【图像面积计算】
import cv2                                         # 导入第三方包 - 计算机视觉

img_path = "d:\\test\\14\\pic7.jpg"                # 读取图像文件
mat_img = cv2.imread(img_path)
mat_img2 = cv2.imread(img_path, cv2.CV_8UC1)       # 转换为灰度图像
#【自适应分割】
dst = cv2.adaptiveThreshold(mat_img2, 210, cv2.BORDER_REPLICATE,
    cv2.THRESH_BINARY_INV, 3, 10)                  # 提取轮廓
contours, heridency = cv2.findContours(dst, cv2.RETR_EXTERNAL,
```

```
    cv2.CHAIN_APPROX_SIMPLE)                              # 标记图像轮廓
cv2.drawContours(mat_img, contours, -1, (255,0,255), 3)   # 绘制图像轮廓
area = 0                                                  # 轮廓面积初始化
for i in contours:
    area += cv2.contourArea(i)                            # 计算轮廓面积
print("图像轮廓面积为:", area)
cv2.imshow("window1", mat_img)                            # 显示图像
cv2.waitKey(0)
>>>图像轮廓面积为:48383.5                              # 程序运行结果如图 14-5 所示
```

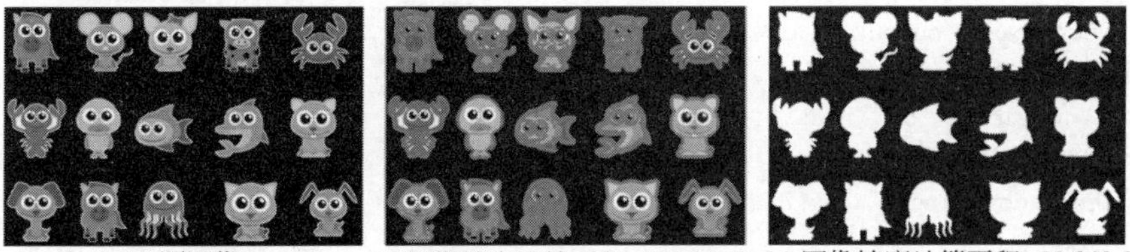

(a) 源图像　(b) 图像轮廓计算面积=48 383.5　(c) 图像轮廓计算面积=55 848.5

图 14-5　图像轮廓面积计算

图 14-5(b)与图 14-5(c)所示图像的面积数据相差 14%左右,可见计算误差较大。

**7. 利用模板对图像进行轮廓区域面积计算**

获取图像的轮廓后,就可以计算轮廓的周长与面积。根据轮廓的面积与弧长可以实现对不同大小对象的过滤,寻找到感兴趣的区域和参数。对轮廓区域进行面积计算的原理是基于格林公式,它的语法格式如下。

```
area = cv.contourArea(Input Array contour, bool oriented = false)        # 语法格式
```

参数 Input Array contour 表示输入的点,一般是图像的轮廓点。

参数 bool oriented=false 表示某一个方向上轮廓的面积值,false 返回的面积是正数;如果方向参数为 true,表示会根据是顺时针返回正值,或者逆时针方向返回负值面积。

计算轮廓曲线的弧长:

```
arclen = cv.arcLength(InputArray curve, bool closed)                     # 语法格式
```

参数 InputArray curve 表示输入的轮廓点集。

参数 bool closed 默认表示是闭合区域。

**【例 14-8】** 例 14-7 所示的轮廓面积计算精度并不高,下面采用轮廓模板对不规则区域进行面积计算。为了降低编程难度,提高计算精度,图 14-6(b)所示的 B 超图像模板采用 Photoshop 进行制作。

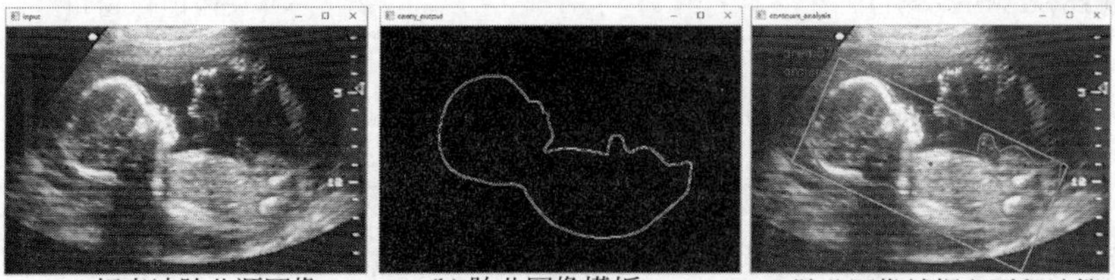

(a) 超声波胎儿源图像　(b) 胎儿图像模板　(c) 胎儿图像捕捉和面积计算

图 14-6　B 超图像捕捉和轮廓面积计算

```
1   #E1408.py                                                    #【B超轮廓面积计算】
2   import cv2 as cv                                             # 导入第三方包 - 计算机视觉
3   import numpy as np                                           # 导入第三方包 - 科学计算
4
5   #【Canny 边缘检测】
6   def canny_demo(image):
7       t = 140
8       canny_output = cv.Canny(image, t, t * 2)                 # Canny 算法边缘检测
9       cv.imshow("canny_output", canny_output)                  # 显示模板图像
10      cv.imwrite("d:\\test\\14\\pic8M_output.jpg", canny_output)  # 图像模板保存
11      return canny_output                                      # 返回模板边缘
12  #【读取图像】
13  src1 = cv.imread("d:\\test\\14\\pic8.jpg")                   # 读取原始图像
14  src2 = cv.imread("d:\\test\\14\\pic8M.jpg")                  # 读取图像模板
15  cv.namedWindow("input", cv.WINDOW_AUTOSIZE)                  # 新建一个显示窗口
16  cv.imshow("input", src1)                                     # 显示输入的源图像
17  #【调用边缘检测函数】
18  binary = canny_demo(src2)                                    # 调用边缘检测函数
19  #【轮廓发现】
20  contours, hierarchy = cv.findContours(binary, cv.RETR_EXTERNAL,
21      cv.CHAIN_APPROX_SIMPLE)                                  # 标记图像轮廓
22  for c in range(len(contours)):
23      area = cv.contourArea(contours[c])                       # 计算图像轮廓面积
24      arclen = cv.arcLength(contours[c], True)                 # 计算图像轮廓周长
25      rect = cv.minAreaRect(contours[c])                       # 图像矩形捕捉
26      cx, cy = rect[0]
27      box = cv.boxPoints(rect)                                 # 计算最小外接矩形
28      box = np.int0(box)                                       # 外接矩形数据取整
29      #【轮廓描绘】
30      cv.drawContours(src1, [box], 0, (0,255,0), 2)            # 绘制矩形框
31      cv.circle(src1, (np.int32(cx), np.int32(cy)), 2, (255, 0, 0), 2, 8, 0)  # 绘制模板曲线
32      cv.drawContours(src1, contours, c, (0, 0, 255), 2, 8)    # 绘制源图像
33      cv.putText(src1, "Area:" + str(area), (50, 50),
34          cv.FONT_HERSHEY_SIMPLEX, .7, (0, 0, 255), 1);        # 显示面积,不支持中文
35      cv.putText(src1, "Arclen:" + str(arclen), (50, 80),
36          cv.FONT_HERSHEY_SIMPLEX, .7, (0, 0, 255), 1);        # 显示周长,不支持中文
37  #【图像显示】
38  cv.imshow("contours_analysis", src1)                         # 显示胎儿图像
39  #cv.imwrite("d:\\test\\14\\pic8_out.jpg", src1)              # 保存分析的图像
40  print("图像周长为:", arclen)
41  print("图像面积为:", area)
42  cv.waitKey(0)                                                # 等待图像关闭
43  cv.destroyAllWindows()                                       # 关闭图像窗口

>>>                                                              # 运行结果如图 14-6 所示
图像周长为: 1261.6265406608582
图像面积为: 57508.0
```

程序第 39 行,cv2.imwrite(文件名, src1)为保存显示图像,参数 src1 为图像数据类型,它是 NumPy 中的 ndarray(数组)数据类型。

### 14.1.4 案例：图像中的物体计数

【例 14-9】 细胞显微图像如图 14-7 所示，利用程序统计图片中细胞的数量。从图 14-7 中可以看出，部分细胞图像有粘连现象，这不利于图像识别，需要利用程序对图像进行腐蚀处理（数学形态学操作），减少细胞图像的粘连现象。

```
1   #E1409.py                                                    #【图像膨胀和腐蚀】
2   import cv2                                                   # 导入第三方包 - 视觉处理
3
4   img = cv2.imread('d:\\test\\14\\pic9.jpg',0)                 # 载入图片
5   kernel = cv2.getStructuringElement(cv2.MORPH_RECT, (7,7))    # 定义结构元素(卷积核)
6   cv2.imshow("A 源图像", img)                                  # 显示源图像
7   #【膨胀图像】
8   eroded = cv2.erode(img, kernel)                              # 对图像进行膨胀运算
9   cv2.imshow("B 膨胀图像", eroded)                             # 显示膨胀图像
10  #【腐蚀图像】
11  dilated = cv2.dilate(img, kernel)                            # 对图像进行腐蚀运算
12  cv2.imwrite("d:\\test\\14\\pic9M.png", dilated)              # 保存腐蚀后的图像
13  cv2.imshow("C 腐蚀", dilated)                                # 显示腐蚀图像
14  cv2.waitKey(0)                                               # 等待退出
15  cv2.destroyAllWindows()                                      # 释放窗口资源

    >>>                                                          # 图像腐蚀结果如图 14 - 8 所示
```

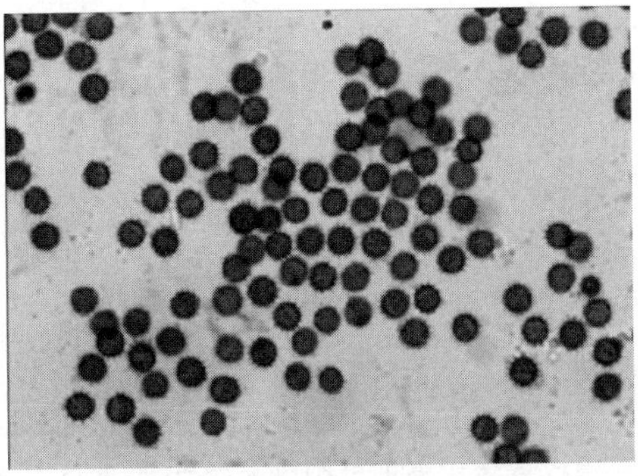

图 14-7 细胞显微源图像（共 117 个）

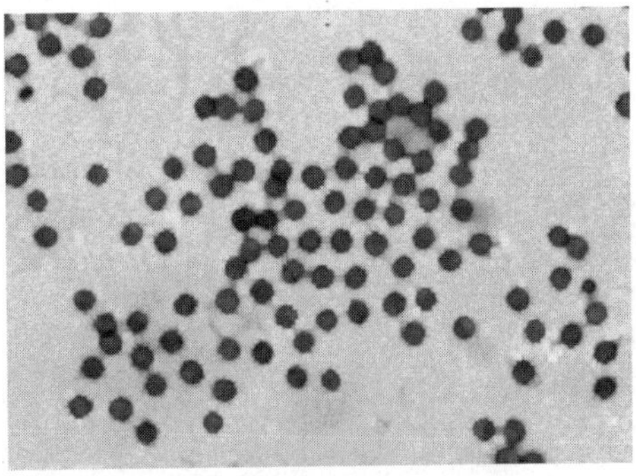

图 14-8 腐蚀处理后的图像

程序第 5 行，用 OpenCV 函数构造一个 7×7 的结构元素（卷积核）。

程序第 8 行，对图像进行膨胀运算：用 kernel（结构元素）扫描图像的每个像素；用 kernel 与其覆盖的图像做与操作；如果都为 0，该像素为 0；否则为 1。结果使细胞图像扩大。

程序第 11 行，对图像进行腐蚀运算：用 kernel 扫描图像的每个像素；用 kernel 与其覆盖的图像做与操作；如果都为 1，该像素为 1；否则为 0。结果使图像减小。

【例 14-10】 腐蚀后的细胞图像如图 14-8 所示，利用程序统计图片中细胞的数量。

第三方软件包 pillow（简称为 PIL）有强大的图像处理功，它具有噪声过滤、颜色转换、图像特性统计、图像格式转换、图像大小转换、图像旋转等功能。

科学计算软件包 scipy.ndimage 中的 measurements 模块具有计数和度量功能，可以利用它对二值化处理后的图像进行计数，如图 14-9 所示。

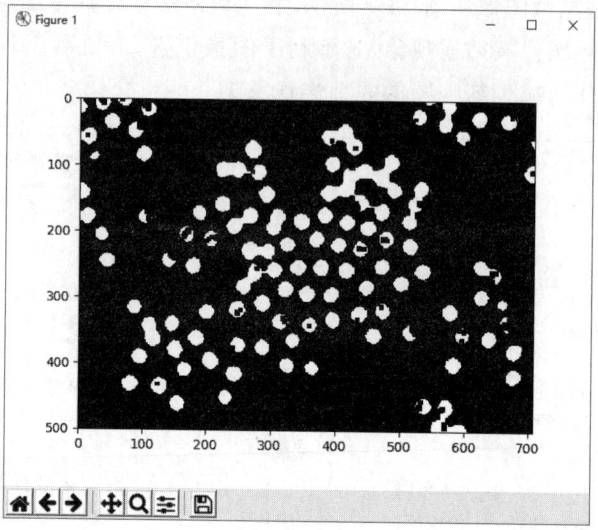


图 14-9　二值化处理后的图像

```
#E1410.py                                                        #【二值图像计数】
from PIL import Image                                            # 导入第三方包 - 图像处理
from pylab import *                                              # 导入第三方包 - 绘图
from scipy.ndimage import measurements, morphology               # 导入第三方包 - 科学计算

im = array(Image.open('d:\\test\\14\\pic9M.png').convert('L'))   # 载入细胞显微图片
im = 1 * (im < 128)                                              # 阈值化操作，二值化图像
labels, nbr_objects = measurements.label(im)                     # 计算细胞数量
print('细胞的数量是：', nbr_objects)                               # 显示细胞数量计算值
figure()                                                         # 新建图像
gray()                                                           # 不使用颜色信息
imshow(im)                                                       # 生成图像
show()                                                           # 显示二值图像
>>>细胞的数量是：117                                               # 程序运行结果如图 14 - 9 所示
```

## 14.1.5　案例：全景图像拼接方法

### 1. 图像合成基本原理

图像拼接就是在图像中找到一批相似点（特征点），然后将这些特征点重合在一起；并且对其中一个图像进行透视变换（如旋转、缩放、平移或剪切），实现图像的全景拼接。当然，拼合之后，部分图像会重叠在一起，因此需要重新计算图片重叠部分的像素值。简单地说，**图像拼接的主要工作是特征点提取、图像配准、图像融合**。

（1）特征点提取。一张图像就是一个矩阵，因此图像拼接就是在两个矩阵中，通过 SIFT（尺度不变特征变换）算法或 SURF（加速稳健特征）算法，计算两个图像中的特征点（角点），然后找到一批两个图像的特征点。如果使用 SURF 算法作为特征点提取器，它将为每个特征点返回一个 64 维的特征向量，如图 14-10 所示。

(a) 图片A使用SURF算法检测到的关键点和描述子　(b) 图片B使用SURF算法检测到的关键点和描述子

图 14-10　使用 SURF 算法检测图片中的关键点和描述子

(2) 图像配准。找两个图像中一批特征点后，需要将 2 个图像的数据转换为一个变换矩阵，这种转换称为单应性矩阵（Homography matrix）。一旦得到了单应性矩阵，就可以将一个图像变换到一个共同的平面。计算图像的变换矩阵（确定融合位置），把图像 A 矩阵变换后放到图像 B 矩阵相应的位置，如图 14-11 所示，两张图片中相似点重合在一起。两个图像拼合之后，部分图像会重叠在一起，因此需要重新计算图片重叠部分的像素值，这样就可以实现图像的全景拼接。

(3) 图像融合。因为图像光照强度的差异，会造成在一幅图像内以及两个图像之间亮度不均匀，拼接后的图像会出现明暗交替，非常难看。因此，需要通过算法，对拼接后图像的亮度与颜色进行均衡处理，最终达到整体亮度和颜色的一致性。

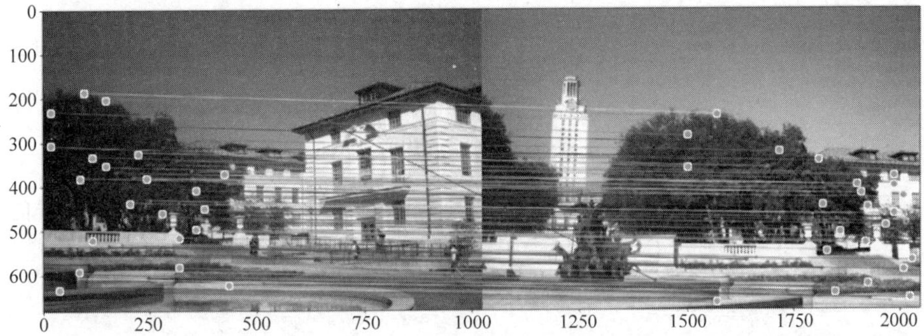


图 14-11　使用 KNN 和 RIFT 测试对 SURF 算法检测的点进行特征匹配

**2. SURF 算法原理**

图像拼接会涉及图像的缩放和旋转，而图像中的“角点”有一个很好的属性，在图像旋转或缩放后，它们的角度和形状是不变的。但是，如果图像在旋转后又进行了放大，先前检测到的角点可能会变成一条线，而 SIFT、SURF 等算法可以解决角点缩放中的变形问题。通常，角点检测算法使用固定大小的特征值来检测图像上的角点。当缩放图像时，特征值可能会变得太小或太大。为了解决这个限制，SIFT 算法使用高斯差分（DoG）算法来增强图像的特征，以及使用相邻像素信息来细化关键特征点；而 SURF 算法使用海森（Hesseian）矩阵的行列式检测特征点，SURF 算法用方型滤波器取代了 SIFT 算法中的高斯滤波器，SURF 算法有效地利用了积分图，因此 SURF 算法比 SIFT 算法更高效。

SIFT是最经典的图像特征点匹配算法，遗憾的是SIFT算法目前已经申请了专利，所以OpenCV 3.4.3.16以后的版本，SIFT算法不能用了，解决方法是使用SURF算法。OpenCV 4.x版本提供了基于SURF算法的特征点检测函数。

OpenCV通过cv2.Stitcher_create函数(OpenCV 4.x)或cv2.createStitcher函数(OpenCV 3.x)实现图像的全景图拼接。OpenCV拼接函数的优点是对图像中的倾斜、尺度不同、图像畸变等情形，拼接效果良好，并且使用简单，而且一次可以拼接多张图片。它的缺点是需要两个图像有足够的相同特征区域；其次图像较大时拼接速度慢。

**3. 全景图拼接案例**

**【例14-11】** 源图片A、B如图14-12、图14-13所示，将它们拼接为一张全景图。

图14-12 源图片A

图14-13 源图片B

```
#E1411.py                                                      #【全景图拼接】
import numpy as np                                             # 导入第三方包-科学计算
import cv2                                                     # 导入第三方包-计算机视觉
from cv2 import Stitcher                                       # 导入第三方包-图像拼接

if __name__ == "__main__":                                     # 主程序
    img1 = cv2.imread('d:\\test\\14\\pic11A.jpg')              # 读入源图片A
    img2 = cv2.imread('d:\\test\\14\\pic11B.jpg')              # 读入源图片B
    stitcher = cv2.Stitcher.create(cv2.Stitcher_PANORAMA)      # 用SURF算法检测特征点
    (_result, pano) = stitcher.stitch((img1, img2))            # 图像融合，拼接A、B图片
    #cv2.imwrite("d:\\test\\14\\pic11out.png", pano)           # 保存拼接全景图
    cv2.imshow('QJT', pano)                                    # 显示拼接全景图
    cv2.waitKey(0)                                             # 等待退出
    cv2.destroyAllWindows()                                    # 释放窗口资源
>>>                                                            # 拼接效果如图14-14所示
```

图14-14 全景图拼接效果

程序第 9 行，OpenCV 4.x 版本通过 cv2.Stitcher_create()函数接收输入的图像列表，然后尝试将它们拼接成全景图。对 OpenCV 3.x 版本，通过 cv2.createStitcher()函数实现全景图拼接。函数只有一个固定参数 cv2.Stitcher_PANORAMA(全景图拼接)，无须其他参数，使用非常简单。

程序第 10 行，图片 A 和图片 B 融合。注意，拼接图像之间的重合度高；拼接图像的尺寸建议保存基本一致；图像可以多幅拼接。

## 14.2 视频处理程序设计

### 14.2.1 摄像视频显示与保存

**1. 摄像头视频读取和显示**

视频由一帧一帧的图像组成，视频或摄像头实时画面读取本质上是读取图像。OpenCV 能很好地支持视频的读入、捕获视频帧、在窗口中显示等操作。

OpenCV 打开一段视频文件分为以下步骤：一是定义一个数据容器(frame)，用来存放摄像头的实时画面数据，使用 VideoCapture()函数获取摄像头的实时画面数据。二是把 VideoCapture()函数读取到摄像头数据，写到数据容器(frame)中，读取当前画面帧。三是判断容器 frame 是否为空，如果不为空，用一个窗口(如 window)显示摄像头画面。四是最后关闭视频窗口，释放系统资源。

**【例 14-12】** 利用计算机摄像头捕捉和显示画面。

```
1   #E1412.py                                          #【摄像和显示图像】
2   import cv2                                         # 导入第三方包-计算机视觉
3
4   capture = cv2.VideoCapture(0)                      # 打开 0 号摄像头，开始视频捕捉
5   while True:                                        # 循环采集和播放视频
6       ret, frame = capture.read()                    # 逐帧读取视频
7       frame = cv2.flip(frame, 1)                     # 图像翻转(调整视频方向)
8       cv2.imshow("video", frame)                     # 显示图像帧
9       if cv2.waitKey(10) > 0:                        # 按键 ASCII 值大于 0 时强制退出
10          cv2.imwrite("d:\\test\\14\\video12.png", frame)  # 保存捕捉的图像帧
11          break                                      # 强制退出循环
12  capture.release()                                  # 关闭摄像头
13  cv2.destroyAllWindows()                            # 删除窗口，释放资源
    >>>                                                # 程序运行结果如图 14-15 所示
```

程序第 4 行，VideoCapture(0)表示从摄像头或文件中捕获视频；参数 0 是默认计算机的摄像头，如果是外接摄像头，这里改为 1。这个参数也可以是视频文件路径和文件名。

程序第 5 行，只要没跳出循环，则循环播放每一帧视频。

程序第 6 行，read()函数读取摄像头的某帧，返回值 ret 是 bool 型，值为 True 或 False，表示没有读到图片；返回值 frame 表示当前截取一帧的图片。

程序第 7 行，flip()为翻转函数，0 为沿 X 轴翻转(垂直翻转)；大于 0 为沿 Y 轴翻转(水平翻转)；小于 0 为先沿 X 轴翻转，再沿 Y 轴翻转，等价于图像旋转 180°。

图 14-15　摄像头图像捕捉

程序第 8 行，cv2. imshow ( "video", frame)为显示图像。窗口会自动调整为图像大小。参数"video"是窗口的名字，参数 frame 是捕捉的图像帧。

程序第 9 行，实时显示画面数据时，需要使用键盘绑定函数 waitKey()，如果没有这个函数，摄像头的画面就不会显示。cv2. waitKey(10)表示时间间隔超过 10ms 后，函数返回－1；如果 10ms 内键盘按了某个按键，则 waitKey()函数会返回对应按键的 ASCII 码值。如果设置 waitKey(0)，则相当于一直阻塞在一帧数据中，画面会停留在一个画面。

**2. 摄像头视频捕捉和保存**

**【例 14-13】** 捕捉视频图像，并保存为 MP4 格式文件。

```
1   #E1413.py                                          #【视频截取】
2   import cv2                                         # 导入第三方包
3
4   cap = cv2.VideoCapture(0)                          # 捕捉视频帧
5   fourcc = cv2.VideoWriter_fourcc(*'MJPG')           # 设置视频解码器
6   out = cv2.VideoWriter('d:\\test\\14\\tmp13.mp4', fourcc, 20.0, (640, 480))  # 设置视频输出参数
7   if not cap.isOpened():                             # 判断是否捕捉到画面
8       print("未获取帧……")
9   else:
10      while True:
11          ret, frame = cap.read()                    # frame=容器，存入读取的图像帧；ret=标志
12          if not ret:
13              print("未获取到图像帧，退出中……")
14              break
15          else:
16              frame = cv2.flip(frame, 1)             # 翻转图像(1 为画面水平翻转，0 为不翻转)
17              out.write(frame)                       # 存储摄像头捕捉的视频图像(MP4 格式)
18              cv2.imshow('frame', frame)             # 显示该帧图像
19              if cv2.waitKey(1) & 0xFF == ord('Q'):  # 按键为 Q 则退出
20                  print("正在退出视频存储……")
21                  break                              # 强制退出循环
22  cap.release()                                      # 先释放视频捕获
23  out.release()                                      # 再释放存储对象
24  cv2.destroyAllWindows()

    >>>                                                # 程序运行结果
```

程序第 6 行，参数 out1. mp4 为输出的视频文件名；参数 fourcc 为视频解码器；参数 20.0 为每秒帧数；参数 640×480 为视频分辨率。

### 14.2.2 视频画面截图与剪裁

**1. 视频画面截图与保存**

**【例 14-14】** 对 MP4 视频每隔 500 帧截取一帧图像，保存在指定目录。

```
#E1414.py                                                    #【视频批量截图】
import cv2                                                   # 导入第三方包-计算机视觉

cap = cv2.VideoCapture("d:\\test\\14\\你笑起来真好看.mp4")
c = 1
frameRate = 500                                              # 每隔 500 帧截取一帧
while(True):
    ret, frame = cap.read()
    if ret:
        if(c % frameRate == 0):
            print("开始截取视频第:" + str(c) + " 帧")
            cv2.imwrite("d:/test/temp/" + str(c) + ".jpg", frame)  # 保存图像(注意路径)
        c += 1                                                 # 注意,共 10 个截图文件
        cv2.waitKey(0)
    else:
        print("所有帧都已经保存完成")
        break
cap.release()
cv2.destroyAllWindows()
```

```
>>>                                                          # 程序运行结果
开始截取视频第:500 帧
…(输出略)
所有帧都已经保存完成
```

**2. 视频剪裁与保存**

OpenCV 底层采用 FFmpeg(用来记录、转换数字音频、视频的开源程序)开发，OpenCV 支持的视频编码类型有 X264、H264、MPEG-4、FLV 等；支持的音频编码方式有 MP3、AAC、flac、AC3 等。编码目的是高效存储和传输，如果不采用编码压缩，那么视频文件体积会非常大。OpenCV 通过 VideoWriter()函数保存视频，语法格式如下。

```
cv2.VideoWriter(filename, fourcc, fps, frameSize[, isColor])          # 语法格式
```

参数 filename 为要保存视频文件的路径和文件名。

参数 fourcc 为指定视频编码器，它是一个 32 位无符号数，用 4 个字母表示采用的编码器，如"DIVX"(推荐使用)、"MJPG"、"XVID"、"X264"。

DIVX 格式支持 MPEG-4、H.264 和 H.265 标准；分辨率高达 4K(超高清)。

MJPEG 是将 RGB 转换为 YCrCb 格式，它常用于将闭路电视摄像机的模拟视频信号翻译成视频流。MJPEG 不像 MPEG，不使用帧间编码，因此视频很容易编辑。MJPEG 的压缩算法与 MPEG 一脉相承，功能很强大，但是 MJPEG 视频的存储空间很大。

XVID 格式的文件扩展名可以是 avi、mkv、mp4 等；音频编码格式可以是 PCM、AC3、

MP3 等。XVID 是一个开源的 MPEG-4 视频编解码器。

X264 是 ITU 和 MPEG 联合制定的视频编码器。H264 属于 MPEG-4 编码，X264 是 H264 的开源编码格式。H264 的容器是 MP4，X264 的容器是 MKV；X264 可以与任何形式的音频格式再封装成 MKV 或 AVI。在同等清晰度下，X264 的文件大于 H264。

参数 fps 为要保存视频的帧率，视频画面一般为每秒 25 帧(25f/s)，fps 越高，画面细节越好，但是视频文件的容量也越高。

参数 frameSize 为保存视频的分辨率(画面大小)，它最好保持与源视频一致。

参数 isColor 表示是黑白画面还是彩色画面，默认为彩色。

**【例 14-15】** 按“起始-终止”帧数截取视频画面。

```
1  #E1415.py                                                          #【视频截取】
2  import cv2                                                          # 导入第三方包
3
4  videoCapture = cv2.VideoCapture('d:\\test\\14\\你笑起来真好看.mp4')   # 载入视频
5  fps = 25                                                            # 保存视频的帧率
6  size = (640, 360)                                                   # 视频的分辨率
7  videoWriter = cv2.VideoWriter('d:\\test\\14\\你笑起来真好看_out.avi',
8      cv2.VideoWriter_fourcc('X','V','I','D'), fps, size)             # 输出视频参数
9  i = 0                                                               # 帧计数初始化
10 while True:
11     success, frame = videoCapture.read()                            # 捕获一帧图像
12     if success:                                                     # success = false 时退出
13         i += 1                                                      # 视频帧计数
14         print('i = ', i)                                            # 打印当前帧
15         if(i>= 300 and i<= 1000):                                   # 截取 300～1000 帧
16             print('开始截取视频', i)                                 # 打印截取帧编号
17             videoWriter.write(frame)                                # 保存截取的视频
18     else:
19         print('视频截取结束')
20         break                                                       # 强制退出循环
21 cv2.destroyAllWindows()                                             # 关闭窗口，释放资源
   >>>…(输出略)                                                        # 程序运行结果
```

程序第 8 行，输出视频文件格式为 AVI，并且没有声音。cv2. VideoWriter_fourcc('参数')为视频写保存的解码器，它有以下语法形式：

cv2. VideoWriter_fourcc('I','4','2','0')为未压缩的 YUV 颜色编码文件，4:2:0 为色度子采样，保存文件扩展名为 avi。这种格式兼容性好，但文件较大。

cv2. VideoWriter_fourcc('P','I','M','1')为 MPEG-1 编码文件，保存时文件扩展名为 avi。它具有随机访问、灵活的帧率、可变的图像尺寸、运动补偿等功能。

cv2. VideoWriter_fourcc('X','V','I','D')为 MPEG-4 编码文件，保存时文件扩展名为 avi。MPEG-4 的存储空间是 MPEG-1 的 1/10，它有良好的清晰度，时间和画质可调。

cv2. VideoWriter_fourcc('T','H','E','O')为 OGGVorbis 音频编码文件，保存时文件扩展名为 ogv。音频为有损压缩格式，类似于 MP3 格式，这种格式兼容性较差。

cv2. VideoWriter_fourcc('F','L','V','1')为 Flash Video 编码文件，保存时文件扩展名

为 flv。FLV 流媒体格式的文件极小，加载速度极快。

程序第 8 行，函数 cv2. VideoWriter_fourcc()捕捉视频时，如果保存的文件大小为 0KB，但是用播放软件（如暴风影音）可以播放，原因是系统没有安装相应的视频编码器，因此无法生成视频；但是，播放软件有视频编码器，可以完成视频的编码。

### 14.2.3 案例：人脸识别和跟踪

人工智能涉及的领域众多，人脸识别是其中一个应用广泛的领域。百度的 BFR、Face＋＋的开放平台、汉王、讯飞等都提供了人脸识别的 API。OpenCV 开源软件包使我们不用重复造轮子，它可以运行在 Linux、Windows 和 Mac 操作系统中，软件包轻量而且高效，可以实现图像处理和视觉处理的很多通用算法。

**【例 14-16】** 以下利用 OpenCV 自带的识别模型（分类器），进行计算机摄像头人脸识别和动态跟踪。当然，OpenCV 的识别模型也会出现一些误识别和漏识别的情况，如果期望达到更好的识别效果，可能需要去自己训练模型，或者做一些图片预处理，使图片更容易识别。也可以调节 detectMultiScal()函数中的各个参数，来达到期望的识别效果。当然，还可以加载不同的识别模型（分类器），检测不同的物体（如车辆、动物等）。

```
1  #E1416.py                                                 #【人脸识别和跟踪】
2  import cv2                                                # 导入第三方包 - 图像识别
3  
4  capture = cv2.VideoCapture(0)                             # 打开摄像头
5  face = cv2.CascadeClassifier(r'D:/test/haarshare/haarcascade_frontalface_default.xml')
6                                                            # 导入人脸识别模型
7  cv2.namedWindow('摄像头')                                 # 获取摄像头画面
8  while True:
9      ret, frame = capture.read()                           # 读取视频图片
10     gray = cv2.cvtColor(frame, cv2.COLOR_RGB2GRAY)        # 转换为灰度图像
11     faces = face.detectMultiScale(gray, 1.1, 3, 0, (100,100)) # 人脸检测
12     for (x, y, w, h) in faces:
13         cv2.rectangle(frame, (x, y), (x + w, y + h), (0, 255, 0), 2)
14         cv2.imshow('CV', frame)                           # 显示人像跟踪画面
15         if cv2.waitKey(5) & 0xFF == ord('q'):             # 按 q 键退出
16             break
17 capture.release()                                         # 释放资源
18 cv2.destroyAllWindows()                                   # 关闭窗口
   >>>                                                       # 程序运行结果如图 14 - 16 所示
```

程序第 5 行，cv2. CascadeClassifier()函数为人脸图像识别模型（分类器），它是 OpenCV 官方训练好的人脸识别普适性模型，它采用的目标检测方法是滑动窗口＋级联分类器。数据结构包括 Data 和 FeatureEvaluator 两个主要部分，文件类型是 XML 文件。Data 是从人脸模型训练后获得的分类器数据；而 FeatureEvaluator 用于特征的载入、存储和计算。OpenCV 默认提供的训练文件是 haarcascade_frontalface_default. xml，它可以理解为人脸的特征数据。注意，本程序中，识别模型存放在 D:\test\haarshare 目录下（13 个模型文件）。

图 14-16　摄像头图像识别和跟踪

程序第 10 行，cv2. cvtColor()函数为将读取的彩色图像灰度化，降低运算强度。

程序第 11 行，face. detectMultiScale(gray，1. 1，3，0，(100，100))为图像多尺度检测函数。

参数 gray 是捕获的人脸灰度图像。

参数 scaleFactor＝1. 1 是图像缩放因子，因为不同人距离镜头的远近程度不同，有的人脸比较大，有的人脸比较小，scaleFactor 参数用来对此进行补偿。

参数 minNeighbors＝3 为图像矩形框邻近的个数(一个人周边有几个人脸)，它返回的是一个 NumPy 的 array 数组，函数检测出有几个人脸，列表的长度就是多少，faces 中每一行的元素分别表示检出人脸在图中的参数(坐标 x、坐标 y、宽度、高度)。

参数 minSize＝(100，100)是检测窗口的大小。

这些参数都可以针对图片进行调整，处理结果是返回一个人脸的矩形对象列表。

程序第 11 行也可以写为：faces ＝ faceCascade. detectMultiScale(gray，scaleFactor＝1. 1，minNeighbors＝5，minSize＝(30，30)，)的形式。

程序第 12 行，for ()语句为循环读取人脸的矩形对象列表，为每个人脸画一个矩形框。循环获得人脸矩形的坐标和宽高，然后在原图片中画出该矩形框。

程序第 13 行，cv2. rectangle()为人脸画矩形框，frame 为捕获的人脸图像；(x，y)为坐标原点；(x＋w，y＋h)为识别图像的大小；(0，255，0)表示矩形框为绿色；2 为矩形框线宽。

程序第 14 行，cv2. imshow()为显示人像跟踪画面。可以按 Ctrl＋PrintScreen 组合键捕获画面，然后启动 Windows 中的“画图”程序，按 Ctrl＋V 组合键粘贴捕获图像，再保存为图片文件。

# 14. 3　语音合成程序设计

## 14. 3. 1　TTS 转换原理

**1. TTS 介绍**

TTS(从文本到语音)是把文字转换为自然语音流的语音合成引擎。TTS 技术涉及声学、语言学、心理学、数学信号处理技术、多媒体技术等多个学科，它是中文信息处理领域的一项前沿技术。TTS 技术可以对文本文件进行实时转换，转换时间以秒计算。文本输出的语音音律流畅，听者感觉自然，毫无机器语音输出的冷漠与生涩感。TTS 技术覆盖了国标一二级汉字，具有英文接口，能够自动识别中文和英文，支持中英文混读。所有声音采用真人普通话为标准发音，实现了 120～150 个汉字/分钟的快速语音合成，朗读速度达 3～4 个汉字/秒，用户可以听到清晰悦耳的音质和连贯流畅的语调。

**2. TTS 转换过程**

TTS 的关键技术是语音合成。早期 TTS 一般采用专用芯片实现，目前基于微机应用的 TTS 一般用纯软件实现。TTS 的文语转换包括以下几个主要过程。

(1) 文本分析。对输入文本进行语言学分析，逐句进行词汇、语法和语义分析，以确定句子底层结构和每个单字音素的组成，包括文本的断句、字词切分、多音字处理、数字处理、中英文区分、缩略语处理等。

(2) 语音合成。把处理好的文本所对应的单字或短语从语音合成库中提取，把文字的语言学描述转换为言语波形。

(3) 韵律处理。合成音质(QSS)是指语音合成系统所输出的语音质量，一般从清晰度、自然度、连贯性等方面进行主观评价。清晰度是正确听辨有意义词语的百分率；自然度用来评价合成语音音质是否接近人说话的声音，合成词语的语调是否自然；连贯性用来评价合成语句是否流畅。

(4) 软件包。要合成出高质量的语音，采用的算法极为复杂，对机器的要求也非常高。除了 TTS 软件之外，很多商家还提供硬件产品。支持 Python 的软件 TTS 引擎很多，如 pyttsx3、百度语音合成 API、谷歌 gTTS、微软系统内置语音接口 SAPI 等。

## 14.3.2 案例：文本朗读 pyttsx3

pyttsx3 是一个 32 位的第三方语音引擎模块，它在 Python 3.x 版本下兼容性很好，在 64 位 Python 3.x 下运行时，会出现错误。我们还可以借助 pyttsx3 实现在线朗读文本文件或 rfc 文件等。而且，pytts3 对中文的支持也不错。

**1. 安装 pyttsx3**

**【例 14-17】** 因为 pyttsx3 是第三方模块，因此需要按以下方法进行安装。

```
> pip install pyttsx3                          # 安装 pyttsx3 模块命令
```

使用指南：https://pyttsx3.readthedocs.io/en/latest/engine.html.

**2. 短语朗读**

pyttsx3 通过初始化来获取语音引擎。当程序第一次调用 init()时，会返回一个 pyttsx3 的 engine 对象。再次调用时，如果存在 engine 对象实例，就会使用现有的对象实例；否则再重新创建一个对象实例。

**【例 14-18】** 朗读英文短语“Hello World!”。

```
#E1418.py                                      #【朗读英文】
import pyttsx3                                 # 导入第三方包 - 语音合成
teacher = pyttsx3.init()                       # 语音模块初始化
teacher.say('Hello World!')                    # 文本内容语音合成
teacher.runAndWait()                           # 朗读英文文本
>>>                                            # 程序运行结果，输出朗读声音
```

**【例 14-19】** 朗读朱自清《春》的中文短语。

```
#E1419.py                                       #【朗读中文】
import pyttsx3                                  # 导入第三方包-语音合成
msg = '盼望着,盼望着,东风来了'
teacher = pyttsx3.init()                        # 语音模块初始化
teacher.say(msg)                                # 文本内容语音合成
teacher.runAndWait()                            # 朗读中文文本
>>>                                             # 程序运行结果,输出朗读声音
```

【例 14-20】 调节朗读语速。

```
#E1420.py                                       #【调节语速】
import pyttsx3                                  # 导入第三方包-语音合成
msg = '盼望着,盼望着,东风来了'                   # 朗读文本赋值
teacher = pyttsx3.init()                        # 语音模块初始化
rate = teacher.getProperty('rate')
teacher.setProperty('rate', rate - 50)          # 调节语速,-50 为慢,+50 为快
teacher.say(msg)                                # 文本内容语音合成
teacher.runAndWait()                            # 朗读中文文本
>>>                                             # 程序运行结果,输出朗读声音
```

【例 14-21】 调节朗读音量。

```
#E1421.py                                       #【音量控制】
import pyttsx3                                  # 导入第三方包-语音合成
engine = pyttsx3.init()                         # 语音模块初始化
volume = engine.getProperty('volume')
engine.setProperty('volume', volume - 0.25)     # 调整音量
engine.say('盼望着,盼望着,东风来了')              # 文本内容语音合成
engine.runAndWait()                             # 朗读文本
>>>                                             # 程序运行结果,输出朗读声音
```

### 3. 文件朗读

【例 14-22】 朗读朱自清“春.txt”文本文件全部内容。

```
#E1422.py                                       #【文件朗读】
import pyttsx3                                  # 导入第三方包-语音合成
engine = pyttsx3.init()                         # 语音模块初始化
engine.setProperty('voice', 'zh')               # 设置语音引擎为中文
f = open('d:\\test\\14\\春.txt', 'r')           # 设置文件句柄
line = f.readline()                             # 按行读取文本文件内容
while line:                                     # 设置循环事件
    line = f.readline()                         # 读取行文本
    engine.say(line)                            # 文本内容语音合成
engine.runAndWait()                             # 朗读文本
f.close()                                       # 关闭文件
>>>                                             # 程序运行结果,输出朗读声音
```

## 14.3.3 案例：语音天气预报

语音天气预报的工作步骤为：获取天气数据；加载语音引擎；播报天气数据。

天气预报数据可以通过网络爬虫获取。提供天气预报数据的网站很多，如中国天气网、中国气象网、气象大数据平台等网站，大部分网站都免费提供短期气象预报数据。可以通过网站提供的 API 获取天气数据；也可以通过网页分析，爬取需要的数据。

语音播报引擎很多，如百度语音合成模块 AipSpeech、微软 TTS 语音引擎、Python 第三方语音引擎包 pyttsx3 等。不同语音引擎的 API 不同，可以在程序中加载语音引擎，并且设置相关的语音 API 参数。

将天气预报数据转换为 Python 可以识别的数据。可以在程序中指定播报的数据，如天气状况、温度、风级等；还可以用 Matplotlib 模块绘制温度变化图。

**【例 14-23】** 用网络爬虫爬取天气预报信息后，用语音播报出来。

```
#E1423.py                                                    #【音频 - 天气预报】
import urllib.request                                        # 导入标准模块 - 网络爬虫
import re                                                    # 导入标准模块 - 正则
from bs4 import BeautifulSoup                                # 导入第三方包 - 网页解析
import pyttsx3                                               # 导入第三方包 - 语音播报

def voice(engine, date, win, temp, weather):                 #【打印天气预报】
    print(date)                                              # 打印日期
    print('天气:' + weather)                                  # 打印天气
    print('最低温度:' + temp[4:8])                            # 打印温度
    print('最高温度:' + temp[1:3])                            # 打印温度
    print('风级:' + win)                                      # 打印风级
    print('\n')                                              # 打印换行
    engine.say(date)                                         # 调用语音播报函数
    engine.say('天气:' + weather)                             # 语音播报天气
    if temp[5:8] != '':                                      # 是否为最低温度
        engine.say('最低温度:' + temp[4:8])                   # 播报最低温度
    if temp[1:4] != '':                                      # 是否为最高温度
        engine.say('最高温度:' + temp[1:3])                   # 播报最高温度
    engine.say('风级小于:' + win[1:4])                        # 播报风力
    engine.runAndWait()                                      # 播报暂停

def parse_weather_infor(url):                                #【天气预报函数】
    #【爬取网络数据】
    headers = ("User-Agent","Mozilla/5.0 (Macintosh;\      # 伪装成浏览器访问
    Intel Mac OS X 10_12_6) \
    AppleWebKit/537.36 (KHTML, like Gecko)"
    "Chrome/61.0.3163.100 Safari/537.36")
    opener = urllib.request.build_opener()                   # 发送请求,获取数据
    opener.addheaders = [headers]                            # 读取网页头部信息
    resp = opener.open(url).read()                           # 读取网页内容
    soup = BeautifulSoup(resp, 'html.parser')                # 解析网页数据
    tagDate = soup.find('ul', class_ = "t clearfix")         # 获取当前日期
```

```
34      #【转换网络数据】
35      tgs = soup.findAll('h1', tagDate)                          # 解析一周天气数据
36      dates = tgs[0:7]                                            # 获取一周数据列表
37      for d in range(len(dates)):                                 # 循环输出日期数据
38          print(dates[d].getText())                               # 打印预报日期
39      tagAllTem = soup.findAll('p', class_ = "tem")               # 获取网页天气信息
40      tagAllWea = soup.findAll('p', class_ = "wea")               # 获取网页天气温度
41      tagAllWin = soup.findAll('p', class_ = "win")               # 获取网页风力信息
42      location = soup.find('div', class_ = 'crumbs fl')           # 网页位置定位
43      text = location.getText()                                   # 获取数据文本
44      #【语音初始化】
45      engine = pyttsx3.init()                                     # pyttsx 语音初始化
46      rate = engine.getProperty('rate')                           # 获取当前语速
47      print(f"默认语速:{rate}, 设置语速:{175}")                     # 打印当前语音速率
48      engine.setProperty('rate', 175)                             # 设置语音速率
49      volume = engine.getProperty('volume')                       # 获取当前音量水平
50      print('音量级别:', volume)                                   # 打印当前音量级别
51      engine.setProperty('volume', 1.0)                           # 设置音量(0 与 1 之间)
52      #【语音特征设置】
53      #voices = engine.getProperty('voices')                      # 获取当前语音信息
54      #engine.setProperty('voice', voices[0].id)                  # 语音指数(0 = 男性)
55      #engine.setProperty('voice', voices[1].id)                  # 语音指数(1 = 女性)
56      #【开始语音播报】
57      print('以下播报' + str(text.split(">")[2]) +
58          '未来 7 天天气情况......')
59      engine.say('以下播报' + str(text.split(">")[2]) +
60          '未来 7 天天气情况')
61      engine.runAndWait()                                         # 播报暂停
62      for k in range(len(dates)):                                 # 循环播报
63          voice(engine, dates[k].getText(), tagAllWin[k].i.string,
64              tagAllTem[k].getText(), tagAllWea[k].string)
65      engine.say('天气播报完毕')                                    # 播报提示信息
66      engine.runAndWait()                                         # 播报暂停
67
68  if __name__ == "__main__":                                      # 主程序
69      url = 'http://www.weather.com.cn/weather/101190401.shtml'   # 网址赋值
70      parse_weather_infor(url)                                    # 调用语音播报函数

>>> …(输出略)                                                    # 程序运行结果
```

程序第 29 行，函数 urllib.request.build_opener()为向网站服务器发送请求，并且获取服务器返回的响应数据。

程序第 31 行，函数 opener.open(url).read()为读取网页中的具体内容。

程序第 45 行，函数 pyttsx3.init()为构造一个新的 TTS 引擎实例，函数有 2 个参数：第 1 个参数是“驱动设备名”，即当前程序在什么设备上运行，如果为 None，则选择操作系统的默认的驱动程序，一般使用默认参数就好；第 2 个参数是 debug，就是要不要以调试模式输出，一般也设置为空。

程序第 63、64 行，函数 voice()为语音播报的数据；参数 engine 上面注释已经说明；参数 dates[k].getText()、参数 tagAllWin[k].i.string、tagAllTem[k].getText()、tagAllWea[k].string 为需要进行语音播报的数据文本。

### 14.3.4 案例：文本朗读 Windows API

微软语音合成引擎是 Microsoft Speech API SDK，简称为 SAPI。SAPI 的版本由 Windows 系统决定，从 Windows XP 起，就包含了 SAPI 5.x 版本的微软 Sam 语音合成引擎(TTS)。SAPI 引擎的两个基本功能是文本语音转换系统和语音识别系统。

在 SAPI 中，ISpVoice 是语音合成的主接口，应用程序通过 ISpVoice 的对象接口控制文本语音转换。应用程序已经建立了 ISpVoice 对象时，应用程序只需要调用 ISpVoice::Speak 就可以从文本数据得到发音。另外，ISpVoice 接口也提供了一些方法来改变声音合成属性，如语速控制 ISpVoice::SetRate、输出音量控制 ISpVoice::SetVolume、改变当前讲话声音 ISpVoice::SetVoice 等。

ISpRecoContext 是语音识别的主接口。像 ISpVoice 一样，它是一个 ISpEventSource 接口，它是语音程序接收被语音识别事件通知的媒介。

**【例 14-24】** 借助微软语音接口进行文语转换。利用第三方软件包 win32com 来调用 Windows 操作系统内置的语音引擎 SAPI 实现文本的朗读。

```
1   #E1424.py                                                        #【朗读字符串】
2   import win32com.client as win                                    # 导入第三方包
3
4   speak = win.Dispatch('SAPI.SpVoice')                             # 调用语音接口
5   print('The most distant way in the world,\n is not the way from birth to the   # 打印英文字幕
6   end')                                                            # \n 为换行符
7   print('It is when I sit near you,\n that you dont understand I love you')
8   speak.Speak('The most distant way in the world, is not the way from birth   # 朗读英文文本
9   to the end, It is when I sit near you, that you dont understand I love you')   # 打印中文字幕
10  print('泰戈尔《世界上最远的距离》\n 世界上最远的距离,')
11  print('不是生与死的距离,\n 而是我站在你面前,\n 你不知道我爱你。')
12  speak.Speak('泰戈尔《世界上最远的距离》。世界上最远的距离,不是生           # 朗读中文文本
    与死的距离,而是我站在你面前,你不知道我爱你')
```

```
>>>                                                                  # 输出朗读声音
The most distant way in the world,
…(输出略)
泰戈尔《世界上最远的距离》
…(输出略)
```

程序第 2 行，win32com 是第三方软件包 pywin32 中的一个模块(参见 8.2.4 节)。

程序第 4 行，调用 Windows 语音接口 SAPI.SpVoice。

程序第 5～8、11 和 12 行，这些长语句必须在一行中，不要分行，以免出错。

## 14.4 科学计算程序设计

### 14.4.1 符号计算编程

**1. 科学计算软件包**

Python 中科学计算的第三方软件包较多。例如，NumPy 中的 numpy.linalg.solve 模块可以求解线性方程组，但是 NumPy 软件包解的方程较为初级。

Scipy 软件包中的 from sciPy.optimize import fsolve 模块可以求解非线性方程组，使用非常方便，但是解集并不完备。SciPy 可以处理插值、积分、优化等初级应用。

SymPy 软件包符号计算功能强大，支持符号计算、高精度计算、解方程、微积分、组合数学、离散数学、几何学、概率与统计、物理学等方面的科学计算。

```
> pip install sympy -i https://pypi.tuna.tsinghua.edu.cn/simple   # 从清华大学镜像网站安装
> pip install scipy -i https://pypi.tuna.tsinghua.edu.cn/simple   # 从清华大学镜像网站安装
```

### 2. 符号计算

符号计算也称为计算机代数系统(CAS)，数学对象和表达式都进行了转换。符号计算可以减少数值计算问题的复杂性，或者说，在数值计算之前先用分析方法简化问题。在 Python 环境中，符号计算的主要软件包有 SymPy，SymPy 完全用 Python 编写，它为各种数学分析和符号计算问题提供了工具。

SymPy 的核心功能是将数学符号表示为 Python 对象。在 SymPy 软件包中，创建符号的函数有 sympy.Symbol、sympy.symbols、sympy.var 等。通常将 SymPy 中的符号与具有相同名称的变量相关联。如 x = sympy.Symbol("x")语句中，变量 x 表示一个抽象的数学符号 x，x 可以是实数、整数、复数、函数，以及其他可能的形式。与其他符号计算软件包不同，在 SymPy 中要明确声明(定义)符号变量。

**【例 14-25】** 符号计算简单案例。

```
>>> import sympy as sy                          # 导入第三方包-符号计算
>>> x = sy.symbols("x")                          # 定义符号 x
>>> f = x**2 + 3*x - 5                           # 符号表达式赋值
>>> print(f"f(x) = {f}")                         # 打印 f(x)函数表达式
f(x) = x**2 + 3*x - 5
>>> x1 = 3                                       # 变量赋值
>>> print(f"f({x1}) = {f.subs({x:x1})}")         # 代入变量数值，计算函数 f(x)
f(3) = 13
```

### 3. 数学表达式的 Latex 格式

Latex 是一个专业论文制作工具软件，国内外大多数论文都使用 Latex 进行排版。用 Latex 排版论文时，可以编排数学公式、生物分子式等符号，排版页面美观整洁。

绘图软件包 Matplotlib 支持 Latex 语法，无须安装软件包就可以显示数学公式。在渲染数学公式或文本时，在一对'$...$'之间使用 Latex 语法表示数学公式。

**【例 14-26】** 利用 Latex 语法输出数学公式(如图 14-17 所示)。

```
#E1426.py                                        #【显示数学公式】
import matplotlib.pyplot as plt                  # 导入第三方包-绘图
ax = plt.subplot(111)
ax.text(0.1, 0.8, r"$\int_a^b f(x)\mathrm{d}x$", fontsize=30, color="red") # r"$...$"内为数学公式
ax.text(0.1,0.3, r"$\sum_{n=1}^\infty\frac{-e^{i\pi}}{2^n}!$", fontsize=30)
plt.show()                                       # 显示图形
>>>                                              # 运行结果如图 14-17 所示
```

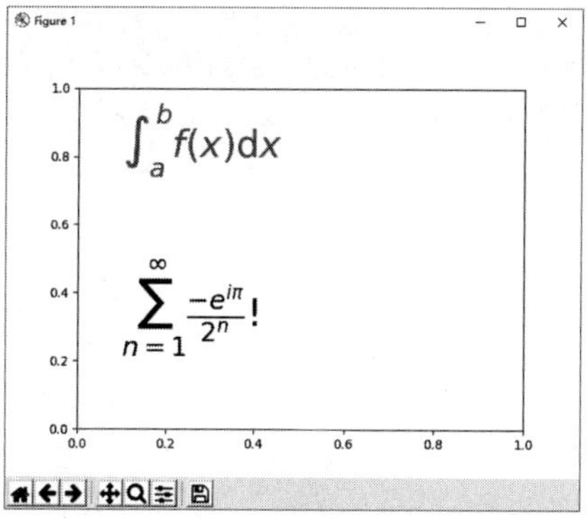


图 14-17　Latex 数学公式输出

### 4. 替换操作

数学表达式的另一种常用操作是表达式内的符号或子表达式的替换。例如，用变量 y 替换变量 x，或者用另一个表达式替换一个符号。SymPy 有两种替换方法：subs()和 replace()，通常情况下选用 subs()更合适。

subs()的典型应用是用数字代替符号进行数值计算。一种简单的方法是定义一个字典，将符号转换为数字，并将该字典作为参数传递给 subs()方法。

**【例 14-27】** 将数值代入符号表达式($xy+z^2x$)进行数字计算。

```
>>> import sympy as sy                        # 导入第三方包-符号计算
>>> x,y,z = sy.symbols("x y z")               # 定义多个符号，符号之间用空格或逗号隔开
>>> expr = x * y + z ** 2 * x                 # 定义符号表达式
>>> values = {x:1.25, y:0.4, z:3.2}           # 定义赋值字典
>>> expr.subs(values)                         # 将数值代入符号表达式进行计算
13.3000000000000
```

### 5. 因式分解

化简是数学表达式的常用操作。表达式化简是一种模糊操作，因为确定一个表达式比其他表达式对人类而言是简单还是复杂，并没有一个确定的标准。尽管如此，SymPy 还是提供了 factor()、cancle()、collect()、simplify()等函数，用于化简数学表达式。

**【例 14-28】** 利用 cancle()函数对表达式 1/x+(3 * x/2−2)/(x−4)进行约分和化简。

```
#E1428.py                                     #【数学约分化简】
from sympy import *                           # 导入第三方包-符号计算
import sympy as sy                            # 导入第三方包-符号计算

x = Symbol('x')                               # 注意，函数首字母 S 大写
expr = 1/x + (3 * x/2 - 2)/(x - 4)            # 定义符号表达式
r = cancel(expr)                              # 约分消去分式的公因数
print("expr 化简结果普通格式:", r)            # 化简结果普通输出
print("expr 化简结果 Latex 格式:", latex(r))  # 化简结果用 Latex 输出
sy.init_printing()                            # 符号输出初始化
print("expr 化简结果符号化格式:")
sy.pprint(r)                                  # 化简结果格式化打印
```

```
>>>                                                  # 程序运行结果
expr 化简结果普通格式：(3 * x ** 2 - 2 * x - 8)/(2 * x ** 2 - 8 * x)
expr 化简结果 Latex 格式：\frac{3 x^{2} - 2 x - 8}{2 x^{2} - 8 x}
expr 化简结果符号化格式：
   2
3 * x  - 2 * x - 8
---------------
     2
  2 * x  - 8 * x
```

表达式 1/x+(3 * x/2−2)/(x−4)的化简：源式为$\frac{\frac{3x}{2}-2}{x-4}+\frac{1}{x}$，化简后为$\frac{3x^2-2x-8}{2x^2-8x}$。

## 14.4.2 积分运算编程

函数的导数描述了它在给定点的变化率。在 SymPy 中，可以使用 diff()函数计算导数。diff()函数将一个或多个符号作为参数，然后对该符号进行求导。

**【例 14-29】** 求 $f=5x^5+6y$ 的导数。

```
>>> from sympy import *                    # 导入第三方包 - 符号计算
>>> x,y,a,b = symbols('x y a b')           # 符号之间用空格隔开，多符号时函数首字母 s 小写
>>> expr0 = 5 * x ** 5 + 6 * y             # 符号表达式赋值
>>> expr1 = diff(expr0, x)                 # expr0 为求导函数，x 为求导变量(n 为一阶导数时，不写)
>>> expr1                                  # 输出一阶求导结果
25 * x ** 4
>>> expr2 = diff(expr0, x, 2)              # expr0 为求导函数，x 为求导变量，2 为二阶导数
>>> expr2                                  # 输出二阶求导结果
100 * x ** 3
```

SymPy 使用 integrate()函数处理定积分和不定积分。如果只用表达式作为参数调用 integrate()函数，则计算不定积分。如果传递一个元组参数，则计算定积分，如元组为(x, a, b)时，其中 x 是积分变量，a 和 b 是积分区间。

**【例 14-30】** 用符号积分函数 integrate()进行定积分计算。

```
#E1430.py                                              # 【计算定积分】
from scipy import integrate                            # 导入第三方包 - 符号计算
def half_circle(x):
    return (1 - x ** 2) ** 0.5                         # 返回圆积分函数值
pi_half, err = integrate.quad(half_circle, -1, 1)      # 返回值 err 为误差精度
print(pi_half * 2)
```

```
>>> 3.1415926535897967                                 # 程序运行结果
```

**【例 14-31】** 对函数 f(x)=sin(x ** 2)指定区间[a,b]进行积分运算。

```
1   #E1431.py                                                          #【曲线区间积分】
2   import numpy as np                                                 # 导入第三方包 - 科学计算
3   import matplotlib.pyplot as plt                                    # 导入第三方包 - 绘图
4   
5   plt.rcParams['font.sans-serif'] = ['KaiTi']                        # 解决中文显示乱码问题
6   plt.rcParams['axes.unicode_minus'] = False                         # 解决负号显示乱码问题
7   def f(x):                                                          # 定义积分函数
8       return x ** 2
9   n = np.linspace(-1, 2, num = 50)                                   # 定义积分起始区间 n,分为 50 段
10  n1 = np.linspace(0, 1.8, num = 50)                                 # 定义积分终止区间 n1
11  plt.plot(n, f(n))                                                  # 绘制 f(n)函数曲线
12  plt.fill_between(n1, 0, f(n1), color='red', alpha=0.5)             # 曲线积分区间填充为红色
13  plt.xlim(-1, 2)                                                    # 横坐标 x 轴范围
14  plt.ylim(-1, 5)                                                    # 纵坐标 y 轴范围
15  plt.axvline(0,color = 'gray',linestyle = '--',alpha=0.8)           # 绘制积分区间垂直线 1
16  plt.axvline(1.8,color = 'gray',linestyle = '--',alpha=0.8)         # 绘制积分区间垂直线 2
17  plt.axhline(0,color = 'blue', linestyle = '--',alpha=0.8)          # 绘制积分区间水平线
18  area = 0                                                           # 积分面积初始化
19  xi = 0                                                             # 积分区段值初始化
20  for i in range(len(n1))[:-1]:                                      # 计算 0~1.8 上的积分值
21      xi = (n1[i]+n1[i+1])/2
22      area += (n1[i+1]-n1[i]) * f(xi)                                # 计算积分面积
23  print(area)                                                        # 打印积分值
24  plt.title('f(x)=sin(x**2)函数积分', fontsize=20)                    # 绘制曲线图标题
25  plt.show()                                                         # 显示图形
    >>> 1.943797584339858                                              # 程序运行结果如图 14-18 所示
```

程序第 9 行,np.linspace()为创建数值序列,参数 start 表示队列开始值;stop 表示队列结束值;num=50 为要生成的样本数,非负数;endpoint=True(为 True 时包含 stop 样本;否则 stop 不被包含);retstep=False(为 False 时返回等差数列)。

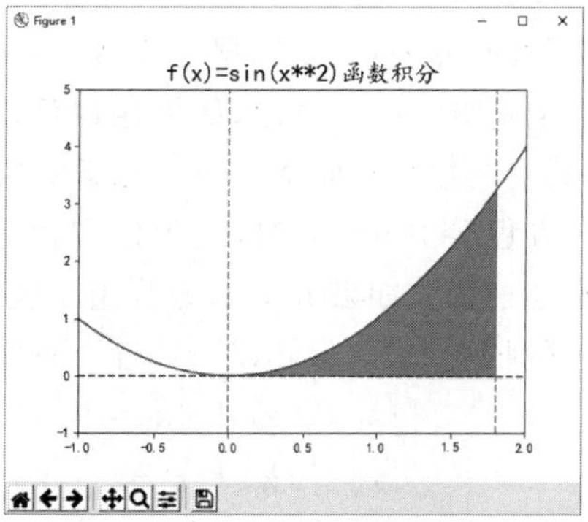


图 14-18 积分曲线和区间

### 14.4.3 解线性方程组

方程求解是科学计算的基本操作,SymPy 可以符号化地解各种各样的方程,即使原则上许多方程无解析解。如果一个方程或方程组有解析解,那么 SymPy 很有可能找到解。如果没有解析解,SymPy 则可以提供数值解。

**1. 二元一次方程求解**

**【例 14-32】** 一家早餐店一天卖出了 20 碗牛肉面和 10 笼小笼包,收入 350 元;第二天卖出了 17 碗牛肉面和 22 笼小笼包,收入 500 元。如果这两天的价格保持不变,那么一碗牛肉面和一笼小笼包的价格各是多少?

**解**:假设一碗牛肉面为 x 元,一笼小笼包为 y 元,则这两天经营情况如下:

$20x + 10y = 350$

$17x + 22y = 500$

```
#E1432.py                                  #【解线性方程组】
import numpy as np                         # 导入第三方包-科学计算

A = [[20, 10], [17, 22]]                   # 构造系数矩阵 A
b = [350, 500]                             # 构造常数列 b
x = np.linalg.solve(A, b)                  # 计算线性方程矩阵
print(x)                                   # 打印结果
>>>[10. 15.]                               # 程序运行结果(x=10,y=15)
```

**2. 线性方程组求解**

一般来说,线性方程组可以写成以下的形式:

$$\begin{cases} a_{11}x_1 + a_{12}x_2 \cdots + a_{1n}x_n = b_1 \\ a_{21}x_1 + a_{22}x_2 \cdots + a_{2n}x_n = b_2 \\ \vdots \\ a_{m1}x_1 + a_{m2}x_2 \cdots + a_{mn}x_n = b_m \end{cases}$$

这是一个具有 m 个等式,n 个未知数$\{x_1, x_2, \cdots, x_n\}\{x_1, x_2, \cdots, x_n\}$的线性方程组,其中$a_{mn}$和$b_m$是已知参数或常数。线性方程组用矩阵形式写出方程很方便:

$$\begin{pmatrix} a_{11} & a_{12} & \cdots & a_{1n} \\ a_{21} & a_{22} & \cdots & a_{2n} \\ \vdots & \vdots & \ddots & \vdots \\ a_{m1} & a_{m2} & \cdots & a_{mn} \end{pmatrix} \begin{pmatrix} x_1 \\ x_2 \\ \vdots \\ x_n \end{pmatrix} \begin{pmatrix} b_1 \\ b_2 \\ \vdots \\ b_n \end{pmatrix}$$

或者简单地 $\mathbf{Ax}=\mathbf{b}$,其中 **A** 是 $m \times n$ 矩阵,**b** 是 $m \times 1$ 矩阵(或 m 向量),**x** 是未知的 $n \times 1$ 解矩阵(或 n 向量)。根据矩阵 **A** 的性质,解向量 **x** 可能存在也可能不存在,如果存在解,它不一定是唯一的。然而,如果存在解,则可以将其表示为向量 **b** 与矩阵 **A** 列向量的线性组合,其中系数由解向量 **x** 中的元素给出。

方程组中 $n<m$ 时,认为该方程是欠定的,因为它的方程数比未知数少,因此不能完全确定唯一解。如果 $m>n$,方程组是超定的,这通常会引起约束冲突,导致解不存在。

**【例 14-33】** 求解以下线性方程组。

$$\begin{cases} 4x_1 + 6x_2 + 2x_3 = 9 \\ 3x_1 + 4x_2 + x_3 = 7 \\ 2x_1 + 8x_2 + 13x_3 = 2 \end{cases} \xrightarrow{\text{转换为矩阵}} \begin{bmatrix} 4 & 6 & 2 \\ 3 & 4 & 1 \\ 2 & 8 & 13 \end{bmatrix} \begin{bmatrix} x_1 \\ x_2 \\ x_3 \end{bmatrix} = \begin{bmatrix} 9 \\ 7 \\ 2 \end{bmatrix}$$

```
#E1433.py                                  #【解线性方程组】
import numpy as np                         # 导入第三方包-科学计算

A = [[4, 6, 2], [3, 4, 1], [2, 8, 13]]     # A为系数矩阵
b = [9, 7, 2]                              # b为常数列
x = np.linalg.solve(A, b)                  # 计算线性方程矩阵
print(x)                                   # 打印结果
>>>[ 3.  -0.5 0. ]                         # 程序运行结果(x1 = 3,x2 = -0.5,x3 = 0)
```

**3. 非线性方程组求解**

**【例 14-34】** 求解以下非线性方程组。

$$\begin{cases} x^2+y^2=10 \\ y^2+z^2=34 \\ x^2+z^2=26 \end{cases}$$

```
1  #E1434.py                                                    #【解非线性方程】
2  from scipy.optimize import fsolve                            # 导入第三方包-线性方程
3
4  def solve_function(unsolved_value):
5      x,y,z = unsolved_value[0], unsolved_value[1],            # 初始化
6  unsolved_value[2]
7      return [x**2+y**2-10,
8             y**2+z**2-34,                                     # 返回值为方程组
9             x**2+z**2-26,]                                    # 求解非线性方程
10 solved = fsolve(solve_function,[0, 0, 0])                    # 打印结果
   print(solved)
```

```
>>> [-1. 3. 5.]                                                 # 程序运行结果(x=-1,y=3,z=5)
```

程序第 10 行，fsolve(solve_function，[0，0，0])函数用于求方程或方程组的解，更常用于求解非线性方程组。其中 solve_function 是方程组，[0，0，0]是初值，第 5 行提前初始化。

从程序运行结果看，程序得出的结果并非完备解集。因为 x，y，z 都可正可负，如 1 或者 −1，3 或者 −3，5 或者 −5，但是 fsolve()函数只能解出一个解。

**【例 14-35】** 解非线性方程 2 * sin(x)−x+2。

```
1  #E1435.py                                      #【解非线性方程】
2  from scipy.optimize import root,fsolve         # 导入第三方包-线性方程计算
3  import numpy as np                             # 导入第三方包-科学计算
4  from matplotlib import pyplot as plt           # 导入第三方包-绘图
5
6  def f2(x):
7      return 2*np.sin(x)-x+2                     # 返回正弦函数值
8  x = np.linspace(-5, 5, num=100)                # 返回固定间隔的数据
9  y = f2(x)
10 root1 = fsolve(f2,[1])                         # 求解非线性方程
11 root2 = root(f2,[1])
12 print(root1)                                   # 打印运算结果
13 print(root2)
14 plt.plot(x,y,'r')                              # 绘制图形
15 plt.show()                                     # 显示图形
```

```
>>> …(输出略)                                   # 程序运行结果如图 14-19 所示
```

程序第 8 行，np.linspace(−5，5，num=100)为返回固定间隔的数据。−5 为队列开始值，5 为队列结束值，num=100 为等间距样本数。其中，区间结束端点被排除在外。

程序第 10 行，fsolve(f2，[1])函数用于求解非线性方程，f2 是方程，[1]是初值。

### 14.4.4 解微分方程组

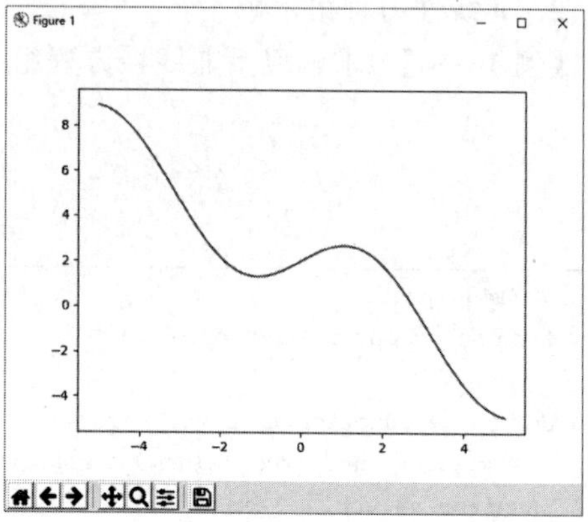


图 14-19 解非线性方程曲线

洛伦茨吸引子是混沌运动的主要特征之一。混沌行为会发生在天气运行、行星和恒星运行、单模激光、闭环对流、水轮转动等领域中。

洛伦茨吸引子由左右两簇构成，各自围绕一个不动点。当运动轨道在一个簇中由外向内绕到中心附近后，就随机地跳到另一个簇的外缘继续向内绕，然后在达到中心附近后再突然跳回到原来的那一个簇的外缘，如此构成随机性的来回盘旋。吸引子的运动对初始值表现出极强的敏感性，在初始值上的微不足道的差异，就会导致运动轨道的截然不同。

**【例 14-36】** 用 odeint()函数计算洛伦茨吸引子的轨迹。

洛伦茨吸引子由下面三个微分方程定义：

$$\begin{cases} dx/dt=\sigma(y-x) \\ dy/dt=x(\rho-z)-y \\ dz/dt=xy-\beta z \end{cases}$$

这三个方程定义了三维空间中各个坐标点上的速度矢量。从某个坐标开始沿着速度矢量进行积分，就可以计算出无质量点在此空间中的运动轨迹。其中，$\sigma,\rho,\beta$ 为常数，不同的参数可以计算出不同的运动轨迹：x(t)，y(t)，z(t)。当参数为某些值时，轨迹出现馄饨现象，即微小的初值变化也会显著地影响运动轨迹。

```
#E1436.py                                                          #【洛仑兹吸引子轨迹】
from scipy.integrate import odeint                                 # 导入第三方包-符号计算
import numpy as np                                                 # 导入第三方包-科学计算
import matplotlib.pyplot as plt                                    # 导入第三方包-绘图
from mpl_toolkits.mplot3d import Axes3D                            # 导入第三方包-绘制 3D 图

def lorenz(w, t, p, r, b):                                         # 移动方程
    x, y, z = w                                                    # 位置矢量 w 的参数 x, y, z
    return np.array([p*(y-x), x*(r-z)-y, x*y-b*z])                 # 分别计算 dx/dt, dy/dt, dz/dt
t = np.arange(0, 30, 0.01)                                         # 创建时间点
track1 = odeint(lorenz, (0.0, 1.00, 0.0), t, args=(10.0, 28.0, 3.0))  # 求洛伦茨吸引子轨迹 1
track2 = odeint(lorenz, (0.0, 1.01, 0.0), t, args=(10.0, 28.0, 3.0))  # 求洛伦茨吸引子轨迹 2
fig = plt.figure()                                                 # 以上用两个不同的初始值
ax = Axes3D(fig)                                                   # 绘制 3D 图
ax.plot(track1[:,0], track1[:,1], track1[:,2])                     # 绘制轨迹 1
ax.plot(track2[:,0], track2[:,1], track2[:,2])                     # 绘制轨迹 1
plt.show()                                                         # 显示图形
>>>                                                                # 程序运行结果如图 14-20 所示
```

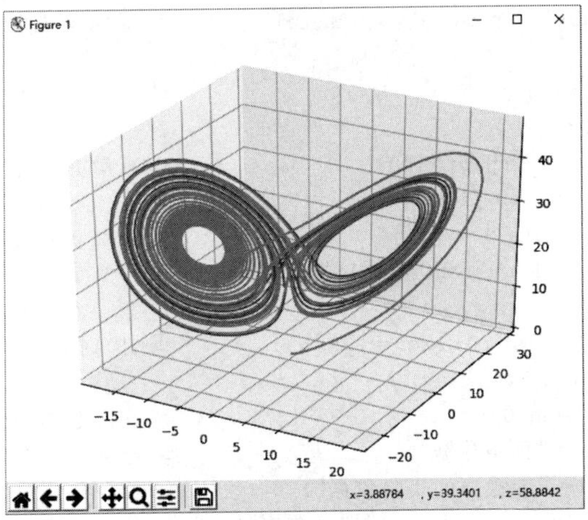


图 14-20 洛伦茨吸引子轨迹

程序第 11、12 行，odeint(lorenz, (0.0, 1.00, 0.0), t, args=(10.0, 28.0, 3.0))为计算洛伦茨吸引子的轨迹。参数 lorenz 是计算某个位移上各个方向的速度(位移的微分值)，直接根据洛伦茨吸引子公式得出。参数(0.0, 1.00, 0.0)为位移初始值，它是计算常微分方程所需的各个变量的初始值。参数 t 是表示时间的数组，odeint()函数对此数组中的每个时间点进行求解，得出所有时间点的位置。参数 args 是一组常量，它直接传递给 lorenz()函数。

程序第 11 与 12 行的位移初始值只相差 0.01，但是两条运动轨迹完全不同。

## 14.4.5 曲线拟合编程

**1. 最小二乘拟合**

假设有一组实验数据(x[i], y[i])，我们知道它们之间的函数关系为 y=f(x)，通过这些已知信息，需要确定函数中的一些参数项。例如，如果 f 是一个线性函数 f(x)=k * x+b，那么参数 k 和 b 就是需要确定的值。如果将这些参数用 p 表示，那么就是要找到一组 p 值使得 sin(2 * np.pi * k * x+theta)的函数值最小。这种算法称为最小二乘拟合。

**【例 14-37】** 拟合一个正弦波函数曲线，它有三个参数：A(振幅)、k(频率)、theta(相角)。假设实验数据是一组包含噪声的数据 x, y1，其中 y1 在真实数据 y0 的基础上加入了噪声。通过 leastsq()函数对带噪声的实验数据 x, y1 进行数据拟合，找到 x 和真实数据 y0 之间正弦关系的三个参数：A, k, theta。

```
#E1437.py                                          #【最小二乘法曲线拟合】
import numpy as np                                 # 导入第三方包 - 科学计算
from scipy.optimize import leastsq                 # 导入第三方包 - 线性方程计算
import pylab as pl                                 # 导入第三方包 - 绘图

pl.rcParams['font.sans - serif'] = ['KaiTi']       # 解决中文显示问题
pl.rcParams['axes.unicode_minus'] = False          # 解决坐标负值乱码问题
def func(x, p):                                    # 数据拟合所用函数
    A, k, theta = p                                # A 为振幅,k 为频率,theta 为相角
```

```
10         return A * np.sin(2 * np.pi * k * x + theta)          # 返回正弦曲线函数值
11
12     def residuals(p, y, x):                                   # x,y 为实验数据,p 为拟合系数
13         return y - func(x, p)
14     x = np.linspace(0, - 2 * np.pi, 100)                      # 求解非线性方程组
15     A, k, theta = 10, 0.34, np.pi/6                           # 真实数据的函数参数
16     y0 = func(x, [A, k, theta])                               # 计算真实数据
17     y1 = y0 + 2 * np.random.randn(len(x))                     # 计算加入噪声后的数据
18     p0 = [7, 0.2, 0]                                          # 第一次猜测的函数拟合参数
19     plsq = leastsq(residuals, p0, args = (y1, x))             # 计算拟合数据
20     print("真实参数:", [A, k, theta])
21     print("拟合参数:", plsq[0])                                # 实验数据拟合后的参数
22     pl.plot(x, y0, label = "真实数据")                          # 绘制真实数据
23     pl.plot(x, y1, label = "带噪声的实验数据")                   # 绘制噪声数据
24     pl.plot(x, func(x, plsq[0]), label = "拟合数据")            # 绘制拟合数据
25     pl.legend()                                               # 绘制图例
26     pl.show()                                                 # 显示图形
```

```
>>>                                                          # 程序运行结果如图 14-21 所示
真实参数:[10, 0.34, 0.5235987755982988]
拟合参数:[-10.12440899 0.34161717 -2.52864635]
```

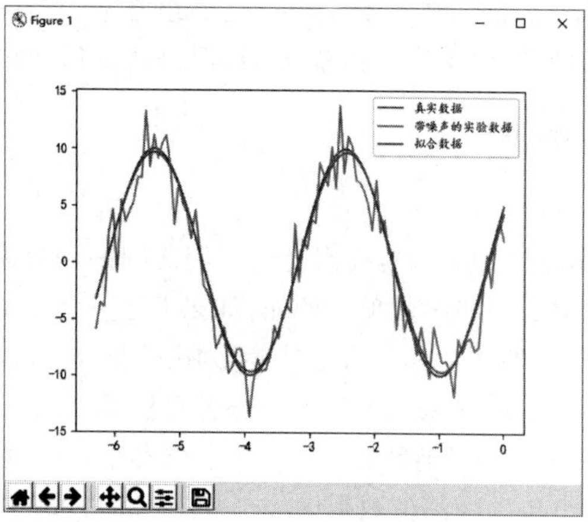


图 14-21 正弦波函数曲线

程序第 19 行,调用 leastsq()进行数据拟合;residuals 为计算误差函数;p0 为拟合参数的初始值;args 为需要拟合的实验数据。

通过图 14-21 可以看到,拟合参数虽然与真实参数完全不同,但是由于正弦函数具有周期性,实际上拟合参数得到的函数和真实参数对应的函数是一致的。

**2. 高次函数曲线的拟合**

**【例 14-38】** 对函数 y=sinx+0.5x 的曲线进行可视化拟合。

```
#E1438.py                                   #【高阶函数曲线拟合】
import numpy as np                          # 导入第三方包 - 科学计算
import matplotlib.pyplot as plt             # 导入第三方包 - 绘图
```

```
import pandas as pd                                    # 导入第三方包 - 数据分析

#【绘制原始曲线】
def f(x):
    return np.sin(x) + 0.5 * x                         # 返回正弦曲线数据列表
x = np.linspace( - 2 * np.pi, 2 * np.pi, 50)           # 计算曲线数据
plt.plot(x, f(x), 'b')                                 # 绘制原始曲线
plt.xlabel('x')                                        # 绘制 x 轴标签
plt.ylabel('f(x)')                                     # 绘制 y 轴标签
plt.grid(True)                                         # 绘制网格
plt.show()                                             # 显示原始曲线
#【一次函数拟合】
reg = np.polyfit(x, f(x), deg = 1)                     # 对数据做最小二乘法多项式拟合
ry = np.polyval(reg, x)                                # 做 x 次多项式曲线系数求值
plt.plot(x,f(x), 'b', label = 'f(x)')                  # 绘制正弦曲线
plt.grid(True)                                         # 绘制网格
plt.plot(x, ry, 'r.', label = 'reg')                   # 绘制一次拟合曲线(虚点直线)
plt.legend(loc = 0)                                    # 绘制图例
plt.show()                                             # 显示一次拟合曲线
#【高次函数拟合】
reg = np.polyfit(x,f(x), deg = 16)                     # 对数据做最小二乘法多项式拟合
ry = np.polyval(reg, x)                                # 做 x 次多项式曲线系数求值
plt.plot(x,f(x), 'b', label = 'f(x)')                  # 绘制正弦曲线
plt.grid(True)                                         # 绘制网格
plt.plot(x, ry, 'r.', label = 'reg')                   # 绘制高次拟合曲线(虚点曲线)
plt.legend(loc = 0)                                    # 绘制图例
plt.show()                                             # 显示高次函数拟合曲线
#【打印拟合误差】
print('平均误差:', sum((ry - f(x)) ** 2)/len(x))
>>>平均误差: 3.165184016346278e - 13                   # 程序运行结果如图 14 - 22 所示
```

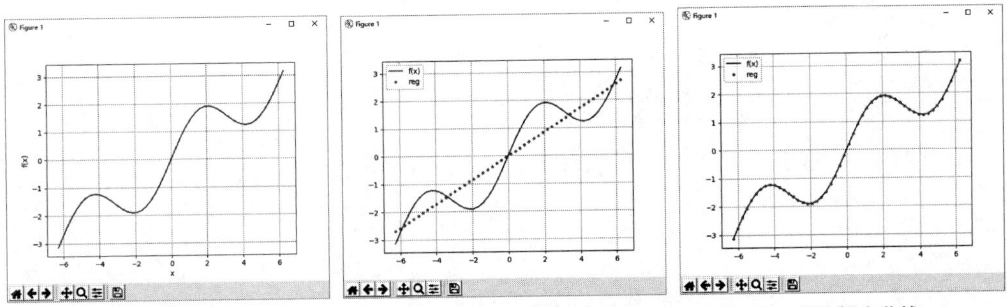


(a) 原始曲线　　(b) 一次拟合曲线　　(c) 高次拟合曲线

图 14-22　高次函数曲线的拟合

# 习　题　14

14-1　实验：调试 E1403.py 程序，掌握读取图像数据的方法。

14-2　实验：调试 E1404.py 程序，掌握读取图像边缘的方法。

14-3　实验：调试 E1406. py 程序，理解图像光滑处理的方法。

14-4　实验：调试 E1408. py 程序，掌握用模板对图像进行面积计算的方法。

14-5　实验：调试 E1412. py 程序，掌握用摄像头捕捉和显示画面的方法。

14-6　实验：调试 E1422. py 程序，掌握用计算机朗读文本文件的方法。

14-7　编程：用 numpy. linalg. solve 模块求解以下线性方程组。

$$\begin{cases} x + 2y = 3 \\ 4x + 5y = 6 \end{cases}$$

14-8　实验：调试 E1431. py 程序，掌握定积分运算的方法。

14-9　实验：调试 E1433. py 程序，掌握求解线性方程组的方法。

14-10　实验：调试 E1438. py 程序，掌握曲线可视化拟合的方法。

# 参考文献


[1] 董付国. Python 程序设计[M]. 2 版. 北京：清华大学出版社，2018.

[2] 嵩天，礼欣，黄天羽. Python 语言程序设计基础[M]. 2 版. 北京：高等教育出版社，2017.

[3] 夏敏捷，程传鹏，韩新超，等. Python 程序设计：从基础开发到数据分析[M]. 北京：清华大学出版社，2019.

[4] 余本国. 基于 Python 的大数据分析基础及实战[M]. 北京：中国水利水电出版社，2019.

[5] 常国珍，赵仁乾，张秋剑. Python 数据科学：技术详解与商业实践[M]. 北京：机械工业出版社，2018.

[6] HARRINGTON. P. 机器学习实战[M]. 李锐，李鹏，曲亚东，等译. 北京：人民邮电出版社，2013.

[7] 明日科技. Python 编程锦囊[M]. 长春：吉林大学出版社，2019.

[8] 刘瑜. Python 编程从零基础到项目实战[M]. 北京：中国水利水电出版社，2018.

[9] 蒋加伏，朱前飞. Python 程序设计基础[M]. 北京：北京邮电大学出版社，2019.

[10] vola9527. Python 中文排序. CSDN 网站博文，https://blog. csdn. net/vola9527/article/details/74999083，2017-07-11.

[11] jie_ming514. Python 实战(05)：使用 Matplotlib 让排序算法动起来，CSDN 网站博文，https://blog. csdn. net/m1090760001/，2019-11-23.

[12] 易建勋，等. 计算机导论——计算思维和应用技术[M]. 2 版. 北京：清华大学出版社，2018.

# 图书资源支持

感谢您一直以来对清华版图书的支持和爱护。为了配合本书的使用，本书提供配套的资源，有需求的读者请扫描下方的“书圈”微信公众号二维码，在图书专区下载，也可以拨打电话或发送电子邮件咨询。

如果您在使用本书的过程中遇到了什么问题，或者有相关图书出版计划，也请您发邮件告诉我们，以便我们更好地为您服务。

**我们的联系方式：**

地　　址：北京市海淀区双清路学研大厦 A 座 714

邮　　编：100084

电　　话：010-83470236　010-83470237

客服邮箱：2301891038@qq.com

QQ：2301891038（请写明您的单位和姓名）

资源下载：关注公众号“书圈”下载配套资源。

资源下载、样书申请

书圈　　获取最新书目　　观看课程直播